Gerhard Schnell
Konrad Hoyer
Martin Vömel

Grundlagen und Rechenverfahren der Elektrotechnik

Aus dem Programm
Elektrotechnik

Elektrische Meßtechnik
von Kurt Bergmann

Elemente der angewandten Elektronik
von Erwin Böhmer

Rechenübungen zur angewandten Elektronik
von Erwin Böhmer

Werkstoffkunde der Elektrotechnik
von Egon Döring

Elektro-Aufgaben
von Helmut Lindner

>   Band 1 **Gleichstrom**
>   Band 2 **Wechselstrom**
>   Band 3 **Leitungen, Vierpole, Fourier-Analyse,**
>   **Laplace-Transformation**

Allgemeine Elektrotechnik
von Alexander von Weiss und Manfred Krause

Grundlagen und Rechenverfahren der Elektrotechnik

von Gerhard Schnell, Konrad Hoyer, Martin Vömel

Vieweg

Gerhard Schnell
Konrad Hoyer
Martin Vömel

Grundlagen und Rechenverfahren der Elektrotechnik

Mit 255 Bildern

Friedr. Vieweg & Sohn   Braunschweig / Wiesbaden

CIP-Titelaufnahme der Deutschen Bibliothek

Schnell, Gerhard:
Grundlagen und Rechenverfahren der Elektrotechnik /
Gerhard Schnell; Konrad Hoyer; Martin Vömel. –
Braunschweig; Wiesbaden: Vieweg, 1989
    (Viewegs Fachbücher der Technik)

NE: Hoyer, Konrad:; Vömel, Martin:

ISBN-13: 978-3-528-04530-2   e-ISBN-13: 978-3-322-83037-1
DOI: 10.1007/978-3-322-83037-1

Der Verlag Vieweg ist ein Unternehmen der Verlagsgruppe Bertelsmann.

Satz: Vieweg, Braunschweig

Umschlaggestaltung: Hanswerner Klein, Leverkusen

Vorwort

Wer beabsichtigt, der stattlichen Reihe von Lehrbüchern der Elektrotechnik ein weiteres hinzuzufügen, von dem darf man eine Begründung dafür erwarten.

Hier ist die unsere:

1. Kein Bereich der Ingenieurwissenschaften verfügt über ein so geschlossenes, symmetrisches und wirksames System von Gesetzen und Formeln wie die Elektrotechnik. Darauf haben wir mehr, als in anderen Lehrbüchern üblich, abgehoben und Fragen der Technologie sowie Gerätebeschreibungen bewußt ausgespart. Dadurch ist dieses Lehrbuch straff gegliedert und an der Theorie der Elektrotechnik orientiert.

2. Es ist heute möglich und notwendig, den Studenten der Elektrotechnik gleich zu Beginn seines Studiums mit dem Werkzeug vertraut zu machen, mit dem er später sowieso arbeiten muß und das schließlich seinem Bereich entstammt: dem Computer. Es bringt angesichts der heutigen beruflichen Anforderungen nicht viel, den Studenten nur diejenigen, seit Jahrzehnten gleichen, Beispiele rechnen zu lassen, die gerade noch per Hand und geschlossen lösbar, aber praktisch ohne Bedeutung sind. Wir bieten darüber hinausgehende Methoden der numerischen Rechnung, die in der Berufspraxis schon lange üblich sind, und glauben, daß sie in der hier gebotenen, didaktisch aufbereiteten Form vom Leser problemlos (wenn auch vielleicht nicht immer mühelos) zu erfassen sind. Unsere Lehrerfahrung ermutigt uns dazu. Es muß aber betont werden, daß dieses Buch keine lose Programmsammlung, sondern ein Lehrbuch der theoretischen Elektrotechnik mit ergänzenden, erläuterten Programmen für bestimmte Bereiche ist. Die Programme sind alle sowohl in BASIC (für die Taschencomputer) als auch in Pascal (für Tisch- und Großcomputer) geschrieben.

3. Schon immer vermuteten wir, daß die Bilder elektrischer und magnetischer Felder in Lehrbüchern, die wir ansonsten schätzen, mehr intuitiv gezeichnet, als exakt berechnet sind. Wir haben deshalb alle Felder in diesem Buch numerisch berechnet und automatisch gezeichnet und haben im Detail in der Tat Abweichungen gegenüber mancher Literaturstelle festgestellt. Insofern darf dieses Buch hier den Anspruch besonderer Detailtreue erheben.

4. Der Stoff wird dreigeteilt vorgelegt:
- Theorie der elektrischen Grundlagen
- Mathematische Ergänzungen
- Programme

Damit ist eine größere Übersichtlichkeit verbunden und gleichzeitig die Möglichkeit, die Darstellung so zu wählen, daß sie den Anforderungen sowohl der Technischen Hochschulen im Grundstudium, als auch der Fachhochschulen gerecht wird.

Wir hoffen, daß wir dem Leser hiermit ein Buch zeitgemäßer Konzeption in die Hand geben, das ihn nicht nur während des Studiums, sondern auch in der späteren Berufspraxis hilfreich begleitet, und daß wir weiterhin unsere Kollegen an den Hochschulen damit in ihrem Bemühen unterstützen, einen klassischen Stoff zeitgemäß und effizient vorzutragen.

Wir danken schließlich all den Damen und Herren des Verlages, insbesondere Herrn Langfeld, die unser Manuskript in Buchform gebracht haben, für ihre große Sorgfalt und Geduld. Die Zusammenarbeit hätte nicht besser sein können.

Gerhard Schnell
Konrad Hoyer
Martin Vömel

Frankfurt, Frühjahr 1989

Inhaltsverzeichnis

1 Die Berechnung linearer Gleichstromnetze

1.1 Das Ohmsche Gesetz

Grundelement der Elektrik ist das Elektron mit seiner Elementarladung $e = -1{,}6 \cdot 10^{-19}$ As. Die Gesamtheit n der mit der Geschwindigkeit v durch einen Leiterquerschnitt S fließenden Elektronen ist der elektrische Strom

$$I = n \cdot e \cdot v \cdot S . \tag{1.1-1}$$

Einheit des Stromes ist das Ampere (A), die einzige elektrische Maßeinheit unter den sieben SI-Basiseinheiten.[1] (Es ist dort über die Kraft zwischen zwei parallelen Drähten mit je 1 A definiert.)

Die Einheit der Spannung, das Volt (V), ist definiert einerseits über das A und andererseits über die Leistung in Watt (W). (Die Leistung wird über die Größen Kraft (N), Weg (m) und Zeit (s) definiert. Die Brücke zwischen Elektrik und Mechanik bildet die Beziehung 1 Ws = 1 Nm.)

Die bis jetzt gültige Definition des elektrischen Widerstandes erfolgt über Strom und Spannung: 1 Ohm ist der elektrische Widerstand eines Leiters, der bei einem Strom von 1 A einen Spannungsabfall von 1 V erzeugt. Seit der Entdeckung des Plateauwiderstandes (v. Klitzing, 1980) kann das Ohm auch als Naturkonstante angegeben werden:

$$1 \text{ Ohm} = 3{,}874 \cdot 10^{-5} \cdot h/e^2 .$$

($h = 6{,}626 \cdot 10^{-34}$ Js, Plancksches Wirkungsquantum)

In der o.a. klassischen Definition des Ohm steckt bereits das fundamentale Ohmsche Gesetz

$$R = U/I . \tag{1.1-2}$$

Normalerweise ist der elektrische Widerstand verdinglicht durch einen Metalldraht, eine Metallschicht oder eine Kohleschicht. Deren Parameter (Länge l, Querschnitt S und spezifischer Widerstand ρ_{20}) sind folgendermaßen mit R verknüpft:

$$R \,(20\,^{\circ}\text{C}) = l \cdot \rho_{20}/S . \tag{1.1-3}$$

Beispiele: Kupfer: $\rho\,(20\,^{\circ}\text{C}) = 0{,}0178 \ \Omega\,\text{mm}^2/\text{m}$. (Ein Leiter von 1 m Länge und 1 mm² Querschnitt hat also einen Widerstand von 17,8 mΩ.)
Konstantan (CuNi44): $\rho\,(20\,^{\circ}\text{C}) = 0{,}49 \ \Omega\,\text{mm}^2/\text{m}$. Kohle: $\rho\,(20\,^{\circ}\text{C}) = 10-100 \ \Omega\,\text{mm}^2/\text{m}$.

---

[1] SI Internationales Einheitensystem, 1960 beschlossen

Die Tatsache, daß wir die vorstehenden Widerstandswerte stets auf 20 °C bezogen haben, läßt eine Temperaturabhängigkeit des elektrischen Widerstandes vermuten. Sie wird — ohne physikalische Basis — durch folgende Reihenentwicklung beschrieben:

$$R\,(T) = R\,(20\ ^\circ\mathrm{C}) \cdot [1 + \alpha \cdot \Delta T + \beta \cdot \Delta T^2 + ...]\,. \tag{1.1-4}$$

(ΔT ist auf 20 °C bezogen, α und β sind die Temperaturkoeffizienten.)

Im Bereich zwischen -50 °C und 200 °C kann in (1.1-4) das Glied zweiter Ordnung normalerweise vernachlässigt werden.

Beispiele für Materialwerte: Kupfer: $\alpha = 0{,}004/\mathrm{K}$; $\beta = 0{,}7 \cdot 10^{-6}/\mathrm{K}^2$. (Der Widerstand nimmt also um 4 ‰ je Kelvin Temperaturerhöhung zu.) Konstantan: $\alpha = 0{,}00004/\mathrm{K}$. Kohle für Schichtwiderstände: $\alpha = -0{,}0005/\mathrm{K}$.

Übungen

1.1-1: Ein Strom von 10 A fließt durch einen Kupferleiter mit $1\,\mathrm{mm}^2$ Querschnitt. Wie groß ist die Wandergeschwindigkeit v der Elektronen?
Hinweise: Je Cu-Atom steht ein freies Leitungselektron zur Verfügung. Im Mol jedes Stoffes sind $6{,}02 \cdot 10^{23}$ Atome (Mol = Molekulargewicht in g). Das Atomgewicht von Cu ist 63,57. Cu liegt atomar vor. Das spezifische Gewicht von Cu ist $8{,}9\,\mathrm{g/cm}^3$. Diese Angaben verwerte man in (1.1-1).

1.1-2: Die Kühlwassertemperatur eines Kfz-Motors wird mit einem NTC-Widerstand gemessen, dessen Widerstand bei 15 °C 904 Ohm, bei 90 °C 81 Ohm beträgt. Wie groß ist der Temperaturkoeffizient?

1.2 Arbeit und Leistung

1.2.1 Mechanische und elektrische Arbeit

Jedermann weiß, daß eine Arbeit zu leisten ist, wenn ein Sack Zement mit dem Gewicht G auf die Höhe h gehoben werden soll:

$$W = G \cdot h$$

Dimension Nm.
Bewegt man, analog dazu, eine Ladung Q gegen die Spannung U, so hat man ebenfalls eine Arbeit zu leisten:

$$W = Q \cdot U \tag{1.2-1}$$

Dimension VAs = Ws = J.
Mit $Q = I \cdot t$ wird aus (1.2-1)

$$W = U \cdot I \cdot t\,. \tag{1.2-2}$$

Dies ist so zu veranschaulichen: Treibt eine Spannung U einen Strom I durch einen Widerstand, so wird dort in der Zeit t die Arbeit (Energie) W in Wärme umgesetzt.

Bezieht man die Arbeit auf die Zeit, so erhält man die Leistung P:

$$P = W/t = U \cdot I \qquad\qquad (1.2\text{-}3)$$

Dimension W.

Man beachte, daß W sowohl als Formelzeichen der Arbeit, als auch als Einheit der Leistung auftritt.

Übung

1.2-1: Eine Glühbirne (100 W, 220 V) wird eingeschaltet.

a) Welcher Strom fließt im stationären Fall?

b) Welcher Strom fließt im Einschaltmoment?

(Betriebstemperatur der Wolframwendel 2250 °C, $\alpha = 0{,}0041/\mathrm{K}$, $\beta = 10^{-6}/\mathrm{K}$)

1.2.2 Energieübertragung in der Nachrichtentechnik

Man hat einen Energielieferanten mit fester Urspannung U_0 und unveränderlichem Innenwiderstand R_i, der Verbraucher R_v sei variierbar (Bild 1.2-1). Die an den Verbraucher abgegebene Leistung ist

$$P_v = U_v \cdot I = U_0 \cdot I - R_i \cdot I^2 . \qquad\qquad (1.2\text{-}4)$$

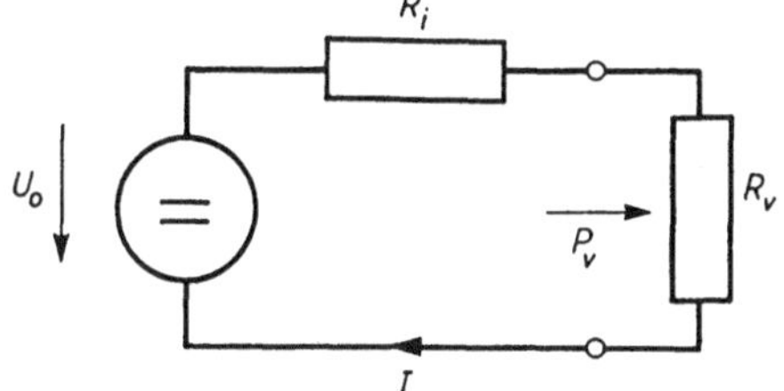

Bild 1.2-1:

Energieübertragung in der Nachrichtentechnik

Wir suchen nun dasjenige R_v, das die maximale Leistung vom Lieferanten übernimmt. Dazu leiten wir (1.2-4) nach I ab und setzen die Ableitung gleich Null. Das ergibt

$$I_{\max} = \frac{U_0}{2 \cdot R_i} . \qquad\qquad (1.2\text{-}5)$$

Da R_i bereits einmal vorhanden ist, muß demgemäß gelten:

$$R_v = R_i . \qquad\qquad (1.2\text{-}6)$$

Bei so gewähltem R_v wird die maximale Leistung übertragen (Anpassung).

Übung

1.2-2: Ein Verstärker hat $U_0 = 100$ V und $R_i = 8$ Ohm.

a) Welche Leistung gibt er bei Anpassung an einen Lautsprecher ab?

b) Welche Leistung gibt er ab, wenn zwei dieser Lautsprecher parallel angeschaltet werden?

1.2.3 Energieübertragung in der Energietechnik

Alle Parameter der Schaltung, ausgenommen die erzeugte Leistung P_0, können variiert werden, um einen optimalen Wirkungsgrad zu erhalten (Bild 1.2-2).

$$\text{Wirkungsgrad } \eta = \frac{\text{aufgenommene Leistung } P_v}{\text{erzeugte Leistung } P_0} \tag{1.2-7}$$

$$= \frac{P_0 - \Delta P}{P_0}$$

$$= 1 - R \cdot I/U_0 \ .$$

Für einen hohen Wirkungsgrad einer Energieübertragung müssen also die Generatorspannung U_0 groß, Innen- und Leitungswiderstand R_i und R_l klein und der fließende Strom I ebenfalls klein sein (Hochspannungsenergieübertragung).

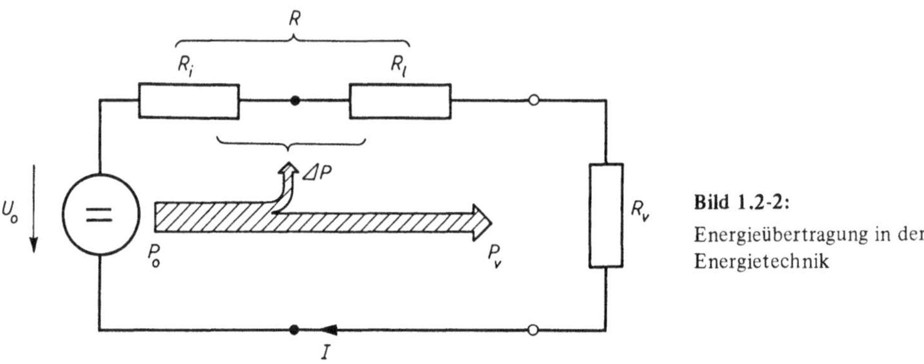

Bild 1.2-2:
Energieübertragung in der Energietechnik

Übung

1.2-3:   Ein Generator mit $R_i = 1{,}2$ Ohm liefert 3 MW. Der Leitungswiderstand ist $R_l = 2{,}8$ Ohm. Man berechne den Wirkungsgrad der Energieübertragung für folgende Generatorspannungen U_0:

a) 3464 V,

b) 5 kV,

c) 50 kV.

1.3 Kirchhoffsche Gesetze

1.3.1 Knotenregel

Man stelle sich eine Straßenkreuzung vor. Es leuchtet ein, daß im zeitlichen Mittel genauso viele Fahrzeuge in die Kreuzung hinein- wie auch herausfahren müssen, da im Kreuzungspunkt weder Wagen verschwinden noch erzeugt werden. Die Summe der zu- und abfahrenden Wagen ist Null. Analog dazu gilt für einen Knoten K, in dem mehrere elektrische Leitungen verbunden sind (Bild 1.3-1): Die vorzeichenrichtige Summe der zufließenden Ströme (+) und der abfließenden Ströme (−) ist Null.

$$I_1 + I_2 - I_3 + \ldots + I_n = 0 \; ,$$

oder

$$\sum_{i=1}^{n} I_i = 0 \; . \tag{1.3-1}$$

Dies ist das erste Kirchhoffsche Gesetz, die Knotenregel.

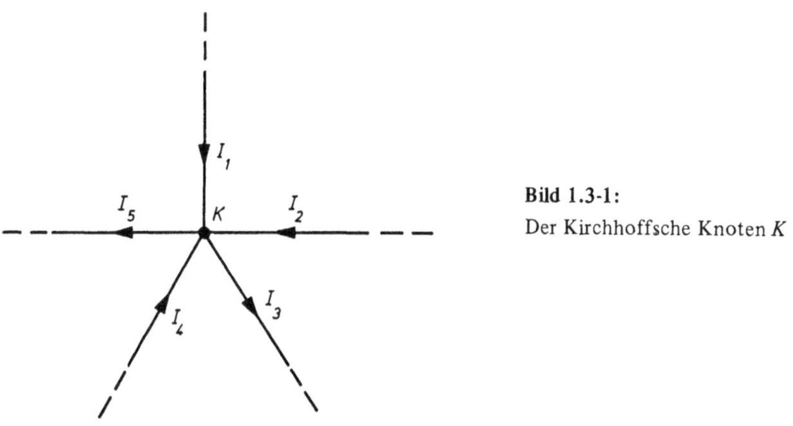

Bild 1.3-1:
Der Kirchhoffsche Knoten K

1.3.2 Maschenregel

Soll elektrischer Strom fließen, so muß ein Stromkreis geschlossen sein. Diesen Kreis nennt man auch Masche. Schaltet man mehrere Maschen zusammen, so nennt man das Resultat, wie im täglichen Leben, Netz (Bild 1.3-2).

Man geht nun so vor:

1. Die bekannten Spannungen aller Quellen werden vorzeichenrichtig gepfeilt.
2. An jedem Widerstand jeder Masche fällt eine (zunächst unbekannte) Spannung ab. Dies wird durch einen Spannungspfeil mit frei wählbarer Richtung angegeben.
3. Jeder Masche ordnet man einen frei wählbaren Umlaufsinn zu.

Nach diesen Vorarbeiten stellt man für jede Masche eine Gleichung auf (Bild 1.3-2):

$$M1: \qquad -U_1 + U_2 + U_3 = 0;$$

$$M2: \qquad -U_3 - U_4 + U_5 = 0;$$

$$M3: \qquad -U_5 + U_6 + U_7 - U_8 = 0.$$

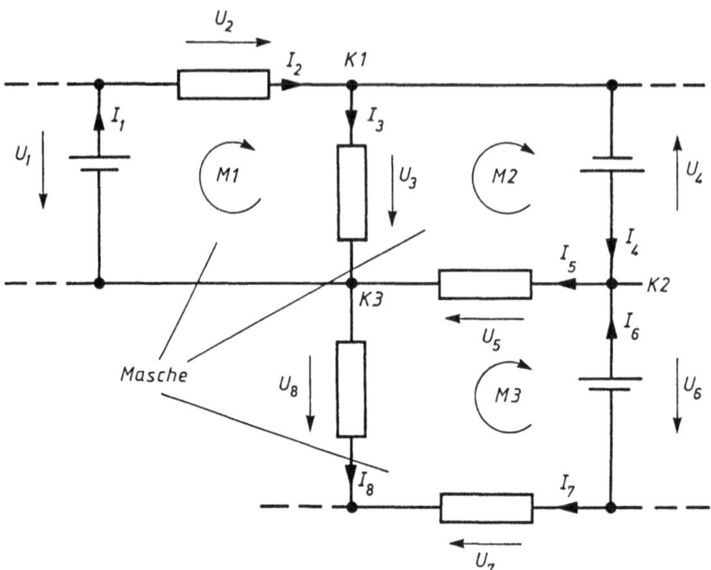

Bild 1.3-2: Die Kirchhoffschen Maschen M_1, M_2 und M_3 bilden das Netz

Für jede Masche gilt also: Die vorzeichenrichtige Summe aller Spannungen der Masche ist Null.

$$\sum_{i=1}^{n} U_i = 0 \ . \tag{1.3-2}$$

Dies ist das zweite Kirchhoffsche Gesetz, die Maschenregel. Die beiden Kirchhoffschen Gesetze stellen zusammen mit dem Ohmschen Gesetz die Grundlage jeder Netzwerkberechnung dar.

Beispiel: Wir wollen mit Hilfe der Kirchhoffschen Gesetze die Ströme einer gegebenen Schaltung berechnen. Die Schaltung in Bild 1.3-2 liefert zehn Gleichungen für zehn Unbekannte. Dies bedeutet beträchtliche Rechenarbeit. Wir berechnen deshalb eine einfachere Schaltung mit zwei Maschen (Bild 1.3-3). Gesucht sind alle Ströme und Spannungen.

Die Maschengleichungen:

$$M1: \qquad -U_1 + U_2 + U_3 = 0$$

$$M2: \qquad -U_4 + U_5 - U_3 = 0 \ .$$

Die Knotengleichungen:

$$K1: \qquad I_2 - I_5 - I_3 = 0$$

$$K2: \qquad I_5 + I_3 - I_2 = 0 \ .$$

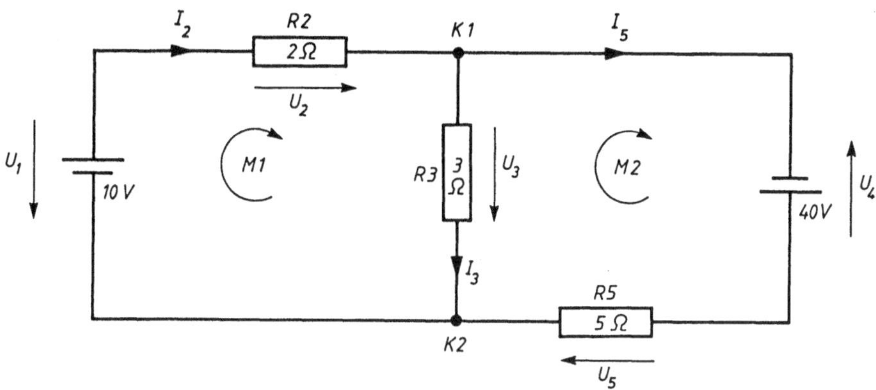

Bild 1.3-3: Schaltung des Beispiels

Die Ohmschen Gleichungen:

$$U_2 = R_2 \cdot I_2$$

$$U_3 = R_3 \cdot I_3$$

$$U_5 = R_5 \cdot I_5 \ .$$

Diese sechs Gleichungen ($K1$ und $K2$ sind gleich) liefern für die sechs Unbekannten die Werte

$$I_2 = 6{,}45 \text{ A}$$

$$I_3 = -0{,}97 \text{ A}$$

$$I_5 = 7{,}42 \text{ A}$$

$$U_2 = 12{,}90 \text{ V}$$

$$U_3 = -2{,}90 \text{ V}$$

$$U_5 = 37{,}10 \text{ V} \ .$$

1.4 Ersatzschaltungen

In der theoretischen Elektrotechnik dienen Ersatzschaltungen dazu,

a) mehr oder weniger komplizierte elektrotechnische Bauteile und Geräte (Batterien, Transistoren, Operationsverstärker, Transformatoren, Generatoren usw.) oder

b) umfangreichere Schaltungen (Spannungsteiler, Verstärkerschaltungen usw.)

vereinfacht so darzustellen, daß eine möglichst einfache Berechnung der an ihren Anschlußklemmen auftretenden Ströme und Spannungen möglich ist.

1.4.1 Parallele Widerstände

Die einfachste Ersatzschaltung ergibt sich, wenn man zwei parallele Widerstände durch
einen Ersatzwiderstand ersetzt (Bild 1.4-1). Man erhält:

$$I = I_1 + I_2 = U \cdot (1/R_1 + 1/R_2) \qquad \text{(Bild 1.4-1a)} \qquad (1.4\text{-}1a)$$

$$I = U/R_p \qquad \text{(Bild 1.4-1b)}. \qquad (1.4\text{-}1b)$$

Koeffizientenvergleich (1.4-1a)–(1.4-1b) ergibt:

$$1/R_p = 1/R_1 + 1/R_2 = G \ . \qquad (1.4\text{-}2)$$

(1.4-2) ist sehr praxisgerecht, weil

1. diese Beziehung verallgemeinert werden kann: Der resultierende Leitwert G beliebig
   vieler parallel geschalteter Leitwerte ergibt sich als Summe dieser Leitwerte;
2. durch die $1/x$-Taste aller besseren Taschenrechner die Berechnung des resultierenden
   Ersatzwiderstandes sehr einfach ist.

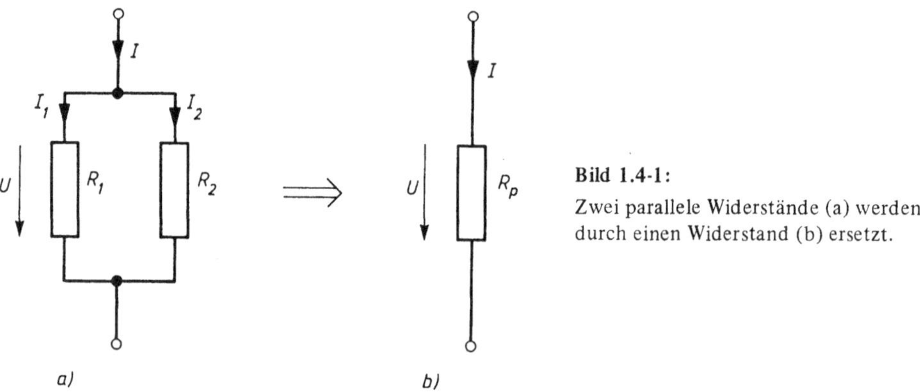

Bild 1.4-1:
Zwei parallele Widerstände (a) werden
durch einen Widerstand (b) ersetzt.

1.4.2 Ersatzspannungs- und Ersatzstromquelle

Jede Batterie, jedes Netzgerät, jeder Generator ist in bestimmten Betriebsgrenzen darstellbar durch eine Ersatzspannungsquelle, die ihrerseits aus einer idealen Urspannungsquelle
mit der festen Spannung U_0 und dem Innenwiderstand 0 besteht, sowie einem separaten
Innenwiderstand R_i (Bild 1.4-2).

Die Klemmenspannung U_k, die an der Last R_l wirkt, ist

$$U_k = U_0 - R_i \cdot I \ . \qquad (1.4\text{-}3)$$

Die unbekannten Größen U_0 und R_i müssen durch zwei Messungen gewonnen werden.

1. Leerlaufmessung: Für $I = 0$ ergibt sich aus (1.4-3)

$$U_k = U_0 \ . \qquad (1.4\text{-}3a)$$

2. Kurzschlußmessung: Für $U_k = 0$ ergibt sich

$$R_i = U_0/I_k \ . \qquad (1.4\text{-}3b)$$

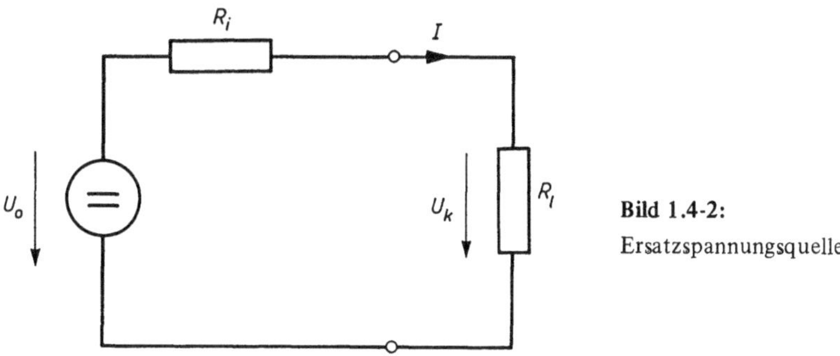

Bild 1.4-2:

Ersatzspannungsquelle

Ist aus irgendwelchen Gründen eine Kurzschlußmessung nicht durchführbar, so kann auch mit einem Lastwiderstand R_l gemessen werden:

$$R_i = U_0/I - R_l \, . \tag{1.4-3c}$$

Jede Batterie, jedes Netzgerät, jeder Generator ist in gewissen Betriebsgrenzen darstellbar durch eine Ersatzstromquelle, die ihrerseits aus einer idealen Urstromquelle mit dem festen Urstrom I_0 und dem Innenleitwert 0 besteht, sowie einem separaten Innenleitwert G_i (Bild 1.4-3).

Der durch den Lastwiderstand fließende Strom ist

$$I = I_0 - G_i \cdot U_k \, . \tag{1.4-4}$$

Man beachte die Dualität zwischen (1.4-3) und (1.4-4).

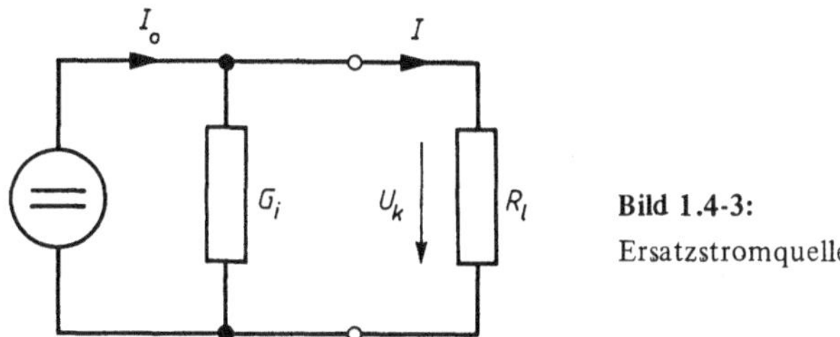

Bild 1.4-3:

Ersatzstromquelle

Da es für den Lastwiderstand gleichgültig sein muß, für welche Ersatzschaltung wir uns entschieden haben, muß er in beiden Fällen denselben Innenwiderstand „sehen", also gilt

$$G_i = 1/R_i \, . \tag{1.4-5}$$

Andererseits muß auch der Kurzschlußstrom in beiden Fällen derselbe sein:

$$I_0 = U_0/R_i \, .$$

Damit und (1.4-5) können die beiden Ersatzschaltungen ineinander umgerechnet werden.

Übung

1.4-1: Ein NiCd-Akku (ein Netzgerät) hat eine Leerlaufspannung von 6,416 V (5,019 V).
Bei Belastung mit 63,1 Ohm (5,0 Ohm) ergibt sich eine Klemmenspannung von 6,383 V
(4,939 V). Wie groß sind in beiden Fällen die Innenwiderstände?

1.4.3 Spannungsteiler

Bild 1.4-4a zeigt einen durch den Lastwiderstand R_l belasteten Spannungsteiler. Den
Innenwiderstand der Spannungsquelle denken wir uns in R_1 berücksichtigt. Wir suchen U_2.
Aus den beiden Maschengleichungen

$$I_1 \cdot R_1 + (I_1 - I_2) \cdot R_2 - U_0 = 0$$
$$(I_1 - I_2) \cdot R_2 - U_2 = 0$$

folgt ohne weiteres:

$$U_2 = U_0 \cdot R_2 / (R_1 + R_2) - I_2 \cdot (R_1 \mathbin{/\!/} R_2)^*, \qquad (1.4\text{-}6)$$

bzw.

$$U_2 = U_e - I_2 \cdot R_i . \qquad (1.4\text{-}6a)$$

Was wir in (1.4-6a) U_e nennen, ist nichts anderes als die Leerlaufspannung des unbe-
lasteten Spannungsteilers. Was wir in (1.4-6a) R_i nennen, ist die Parallelschaltung der
beiden Spannungsteilerwiderstände R_1 und R_2. Also kann der belastete Spannungsteiler
in Bild 1.4-4a durch die Urspannungsquelle in Bild 1.4-4b ersetzt werden.

Ergänzung: Es kann natürlich in (1.4-6) I_2 durch $U_2 : R_l$ ersetzt werden, wodurch man

$$U_2 = U_e \cdot R_l / (R_i + R_l) \qquad (1.4\text{-}7)$$

erhält.

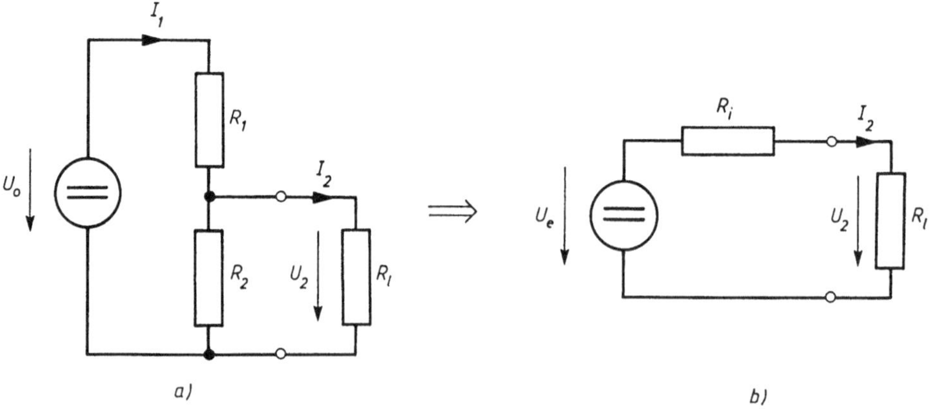

a)   b)

Bild 1.4-4: Belasteter Spannungsteiler (a) und seine Ersatzschaltung (b)

---

* lies: R_1 parallel R_2

Aus dem Obigen läßt sich folgende allgemeine Regel ableiten:

> Liegt eine Schaltung vor, bei der Strom und Spannung an einem Widerstand R gesucht wird, so kann man diese Schaltung auf eine Ersatzspannungsquelle zurückführen, indem man R entfernt und von seinen Anschlüssen her
>
> 1. den Gesamtwiderstand R_i der restlichen Schaltung bei kurzgeschlossener Spannungsquelle bestimmt, und
> 2. die Leerlaufspannung der Restschaltung bestimmt.

Übung

1.4-2: Es ist die Ersatzschaltung einer Wheatestone-Brücke in Bezug auf den Galvanometerwiderstand R_g zu berechnen (vgl. Bild 1.4-5).

(Hinweis: Man bestimme zunächst U_a und U_b und daraus U_e. R_i erhält man leicht durch Umzeichnen der Schaltung.)

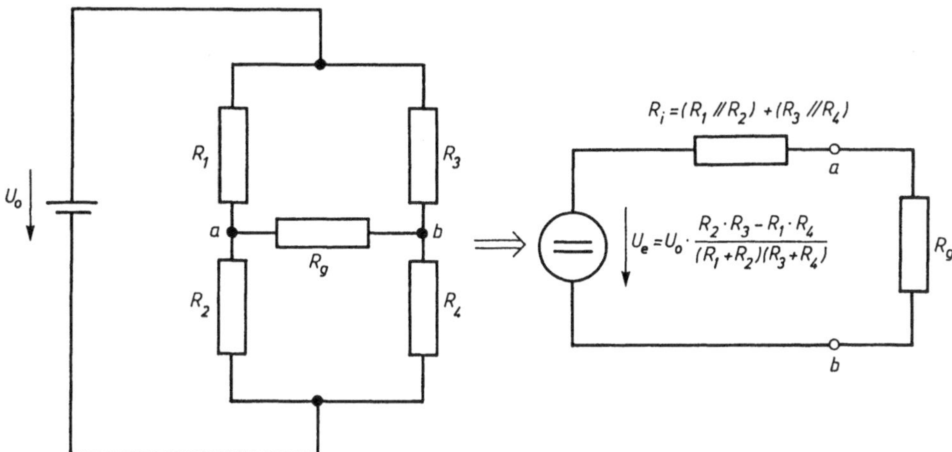

Bild 1.4-5: Wheatestone-Brücke

1.4.4 Umwandlung Dreieck/Stern und Stern/Dreieck

Bei der Berechnung bzw. Umformung mancher Schaltungen (z.B. Brückenschaltungen) ist die Dreieck/Stern- bzw. deren Umkehrung, die Stern/Dreieck-Umformung hilfreich (siehe dazu Bild 1.4-6).

Man fordert, daß von außen her gemessen die Widerstände zwischen den Eckpunkten a, b, c für beide Schaltungen die gleichen Werte haben sollen. Damit gilt:

$$a-b: \quad R_1 /\!/ (R_2 + R_3) = R_2^* + R_3^*$$

$$b-c: \quad R_2 /\!/ (R_1 + R_3) = R_1^* + R_3^*$$

$$a-c: \quad R_3 /\!/ (R_1 + R_2) = R_1^* + R_2^*. \tag{1.4-8}$$

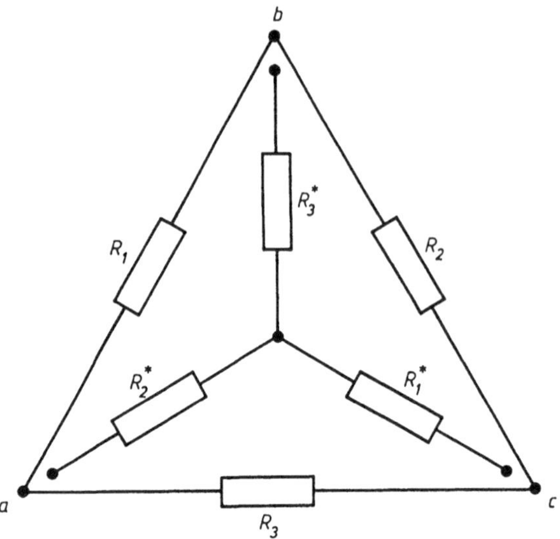

Bild 1.4-6: Zur Dreieck/Sternumwandlung

Durch eine einfache Rechnung erhält man aus (1.4-8) für die Dreieck/Stern-Umwandlung:

$$R_1^* = R_2 \cdot R_3 / (R_1 + R_2 + R_3)$$

$$R_2^* = R_1 \cdot R_3 / (R_1 + R_2 + R_3)$$

$$R_3^* = R_1 \cdot R_2 / (R_1 + R_2 + R_3) \,. \tag{1.4-9}$$

Will man vom Stern in ein Dreieck umwandeln, so geht man ebenfalls vom Gleichungssatz (1.4-8) aus. Durch eine geschickte Umformung [1] erhält man ein zu (1.4-9) analoges Ergebnis:

$$G_1 = G_2^* \cdot G_3^* / (G_1^* + G_2^* + G_3^*)$$

$$G_2 = G_1^* \cdot G_3^* / (G_1^* + G_2^* + G_3^*)$$

$$G_3 = G_1^* \cdot G_2^* / (G_1^* + G_2^* + G_3^*) \,. \tag{1.4-10}$$

Dabei ist G^* der Leitwert in der Sternschaltung.

Beispiel: Für die Brücke in Bild 1.4-7 ist der von der Spannungsquelle gelieferte Gesamtstrom I anzugeben. (Hinweis: Man forme zunächst das Dreieck a, b, c in den entsprechenden Stern um.)

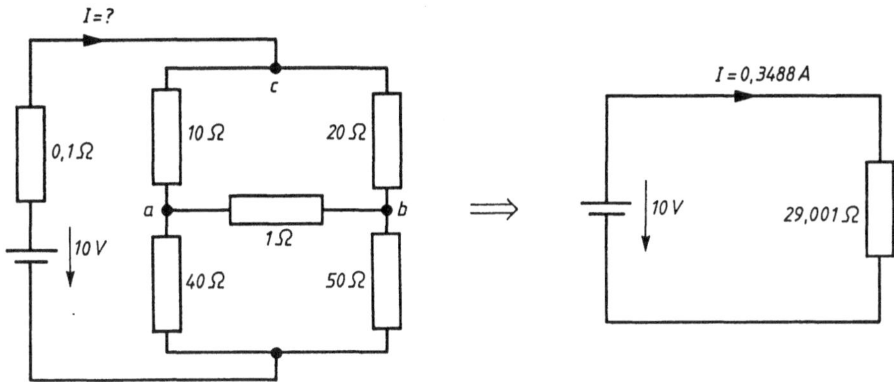

Bild 1.4-7: Ersatzschaltung der Wheatestone-Brücke

1.4.5 Transistor

Die einschlägige Literatur kennt rund ein Dutzend verschiedener Ersatzschaltungen zur Beschreibung des Bauelements Transistor. Uns kommt es hier nicht primär auf die Beschreibung des Transistors an, sondern auf die Ableitung und den Umgang mit einer seiner Ersatzschaltungen. Zunächst zwängt man den Dreipol Transistor in die Vierpolform (Bild 1.4-8). Die Pfeilrichtungen von U und I sind so üblich, wie gezeichnet, unabhängig von der tatsächlichen Stromrichtung. Diese wird durch das Vorzeichen berücksichtigt. Eine der Möglichkeiten, den Vierpol durch Formeln zu beschreiben, ist folgende:

$$U_1 = h_{11} \cdot I_1 + h_{12} \cdot U_2 \tag{1.4-11a}$$

$$I_2 = h_{21} \cdot I_1 + h_{22} \cdot U_2 \; . \tag{1.4-11b}$$

Dazu einige Erläuterungen:

1. Die Formelgrößen U und I sind im Grunde Wechselstromgrößen. Wir behandeln sie hier aber als Gleichstromgrößen. Dies ist solange erlaubt, als nur ohmsche Widerstände auftreten.
2. Die Koeffizienten in (1.4-11) nennt man h-Parameter, wobei h von hybrid = gemischt kommt, da die verschiedenen h von gemischter Dimension sind.
3. Die Doppelindizes der h zeigen den Platz im Gleichungssystem (1.4-11) an.

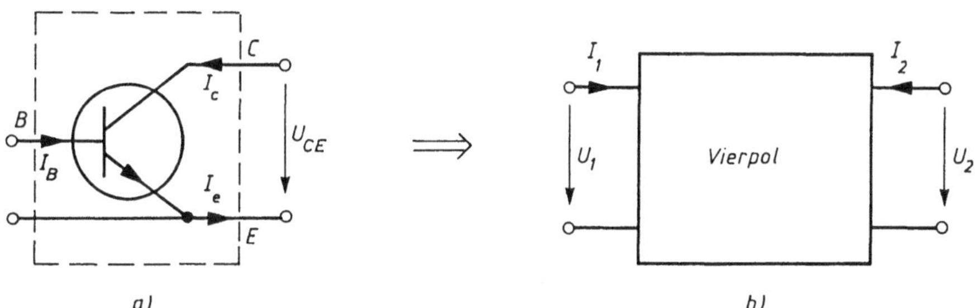

Bild 1.4-8: Der Transistor (a) als Vierpol (b)

Machen wir nun folgendes Gedankenexperiment: Der Ausgang des Vierpoles wird kurz-geschlossen, d.h. $U_2 = 0$. Dann folgt aus (1.4-11):

$$U_1 = h_{11} \cdot I_1 \qquad (h_{11} = \text{Eingangswiderstand})$$
$$I_2 = h_{21} \cdot I_1 \qquad (h_{21} = \text{Stromverstärkung}).$$

Dies ergibt eine vorläufige Ersatzschaltung, wie sie Bild 1.4-9a zeigt.

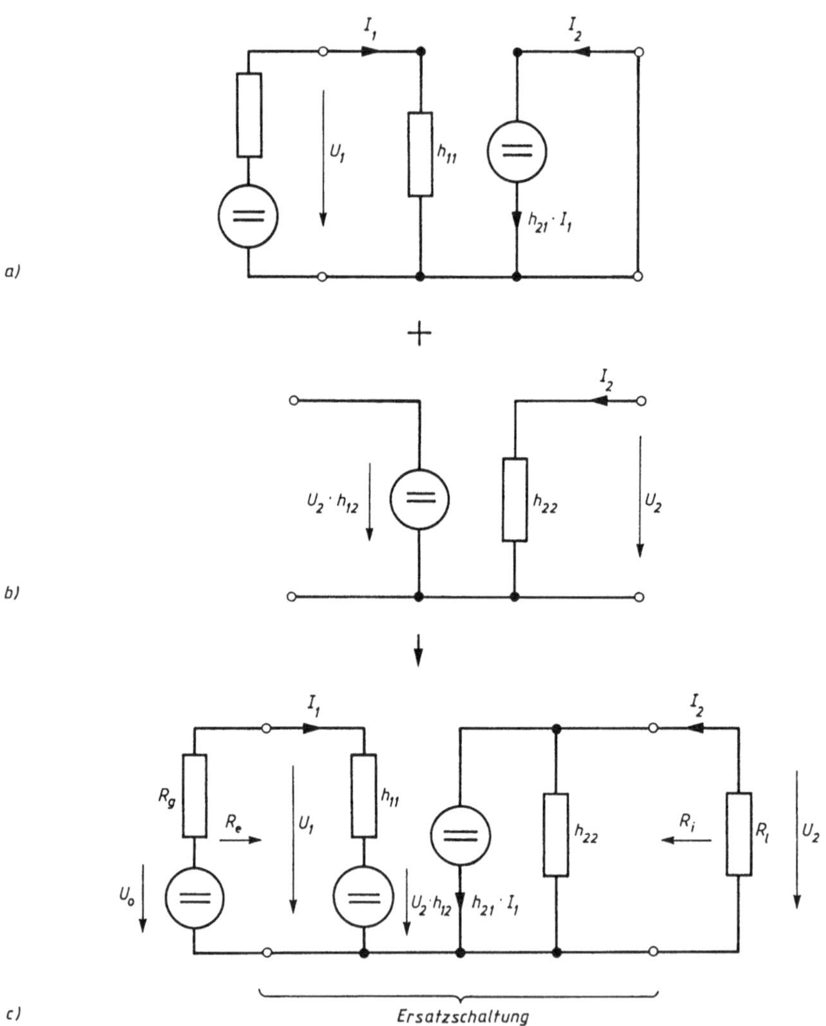

Bild 1.4-9: h-Ersatzschaltung des Transistors
a) Ausgang kurzgeschlossen
b) Eingang leerlaufend
c) vollständige Ersatzschaltung mit Quelle und Last

In einem weiteren Gedankenexperiment lassen wir den Eingang des Vierpols offen, d.h. $I_1 = 0$. Dann folgt aus (1.4-11):

$$U_1 = h_{12} \cdot U_2 \qquad (h_{12} = \text{Spannungsrückwirkung})$$
$$I_2 = h_{22} \cdot U_2 \qquad (h_{22} = \text{Innenleitwert}).$$

Dies ergibt eine vorläufige Ersatzschaltung, wie sie Bild 1.4-9b zeigt.

Überlagert man beide Ersatzschaltungen sinnvoll, so erhält man die vollständige h-Ersatzschaltung des Transistors (Bild 1.4-9c). Die h-Parameter entnimmt man im Bedarfsfall den Datenblättern des verwendeten Transistors.

Schließt man an den Eingang der Ersatzschaltung eine Spannungsquelle (Innenwiderstand R_g) an, z.B. ein Mikrophon, und an den Ausgang einen Lastwiderstand R_l, z.B. einen Ohrhöhrer, so hat man bereits die Ersatzschaltung eines einfachen Verstärkers. Seine Betriebsparameter sind:

1. die Stromverstärkung $V_i = I_2/I_1$,
2. die Spannungsverstärkung $V_u = U_2/U_1$,
3. der Eingangswiderstand $R_e = U_1/I_1$ (ohne Mikrophon; mit R_l),
4. der Innenwiderstand $R_i = U_2/I_2$ (ohne R_l; mit Mikrophon, dessen Quellspannung U_0 kurzgeschlossen ist).

Übung

1.4-3: Gegeben sei die vorstehend beschriebene Ersatzschaltung eines einfachen Verstärkers (Bild 1.4-9c). Man berechne

1. die Stromverstärkung V_i.
   Hinweis: Es ist $- U_2/I_2 = R_l$. Man verwende (1.4-11b).
2. die Spannungsverstärkung V_u.
   Hinweis: Man verwende (1.4-11a und b).
3. den Eingangswiderstand R_e.
   Hinweis: Man setze $U_1 = U_2/V_u$ und $I_1 = I_2/V_i$.
4. den Innenwiderstand R_i.
   Hinweis: U_0 wird kurzgeschlossen. Es ist $- U_1/I_1 = R_g$.

1.5 Numerische Maschen- und Knotenanalyse

1.5.1 Allgemeines

Die Berechnung der Ströme und Spannungen in einem elektrischen Netzwerk gehört nach wie vor zu den Grundaufgaben der Elektrotechnik. Um sich diese rechenintensive Arbeit zu erleichtern, hat man in der Vergangenheit verschiedene Hilfsverfahren entwickelt. Wir nennen z.B.:

Überlagerungssatz,
Stern/Dreieck- und Dreieck/Stern-Umrechnung,
Methode des vollständigen Baumes,

Knotenspannungs- und Maschenstromverfahren,
ideale Spannungs bzw. Stromquelle,
usw.

Im Zeitalter der Computer ist es naheliegend, diese nichtkreative Rechenarbeit dem
Computer zu übertragen. Dies ist spätestens seit 1968 (Jensen und Liebermann: ECAP
[2]) Stand der Technik, und heute findet man ausgefeilte derartige Schaltungsberech-
nungs- und -simulierprogramme wie z.B. SPICE (University of California, [3], 1975) und
ASTAP (IBM, [4], 1973) in allen einschlägigen Bereichen der industriellen Elektronik [5].
Die oben angeführten Verfahren verlieren damit weitgehend an Bedeutung.

Wir zeigen die computerunterstützte Berechnung für den Fall des linearen, mit Gleichspannung gespeisten Netzwerkes. Dabei betrachten wir parallel die allgemeine Darstellung
und ein einfaches Beispiel.

Die Grundidee ist folgende:

Man bildet das zu berechnende Netzwerk in geeigneter Form in eine Matrix ab und
löst dann das durch diese Matrix repräsentierte Gleichungssystem mittels Gaußschem
Algorithmus.

Die mathematischen Grundlagen der Matrizenrechnung und des Gauß-Algorithmus
findet der Leser im Anhang.

1.5.2 Das Netzelement „Zweig"

Der Zweig als die Verbindung zwischen zwei Knotenpunkten i und k hat die in Bild 1.5-1
gezeigte allgemeine Form. Man sieht, es sind zugelassen

ohmsche Widerstände R,
Spannungsquellen U_q,
Stromquellen I_q.

Die Knotenregel ergibt:

$$I_z = I_q + I_r .$$

(1.5-1)

Das Ohmsche Gesetz ergibt:

$$U_z = I_r \cdot R + U_q .$$

(1.5-2)

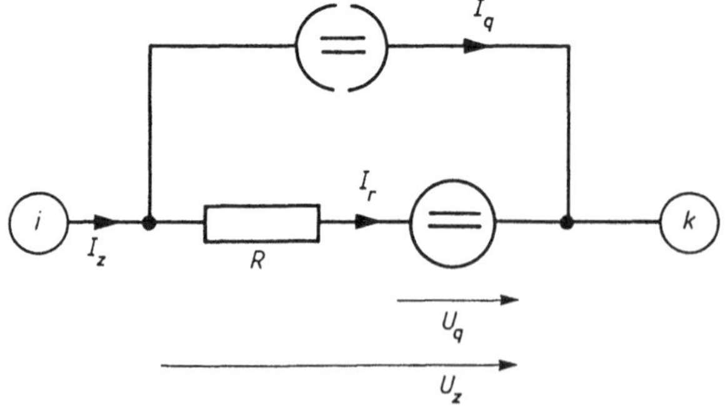

Bild 1.5-1:

Allgemeiner Zweig vom Knoten
i zum Knoten k

Daraus, mit $G = 1/R$:

$$I_r = (U_z - U_q) \cdot G . \tag{1.5-3}$$

Mit (1.5-3) in (1.5-1):

$$I_z\,[z] = I_q\,[z] + (U_z\,[z] - U_q\,[z]) \cdot G\,[z] . \tag{1.5-4}$$

Gleichung (1.5-4) gilt mit den entsprechenden Zahlenwerten für alle Zweige mit dem Index z, der von 1 bis n_z läuft. Dabei ist n_z die Gesamtzahl der Zweige, und die Indizierung wird durch den Zusatz [z] angegeben.

Durch die Umordnung nach den unbekannten Größen I_z und U_z einerseits und den bekannten Größen I_q und U_q andererseits ergibt sich:

$$I_z\,[z] = G\,[z] \cdot U_z\,[z] + B\,[z] , \tag{1.5-4a}$$

wobei gilt:

$$B\,[z] = I_q\,[z] - G\,[z] \cdot U_q\,[z] . \tag{1.5-4b}$$

Für die $2 \cdot n_z$ Unbekannten I_z und U_z sind durch die Zweiggleichungen (1.5-4) bereits n_z Gleichungen gefunden. Für unser Beispiel in Bild 1.5-2 heißt dies: Für die $2 \cdot 6 = 12$ Unbekannten I_z und U_z sind bereits $n_z = 6$ Gleichungen gefunden.

Diese Gleichungen (1.5-4a) und (1.5-4b) lauten:

$$
\begin{aligned}
I_z\,[1] &= 10\ \text{S} && \cdot U_z\,[1] + B\,[1], && \text{mit} && B\,[1] = 0 - 10\ \text{S} \cdot 10\ \text{V}; \\
I_z\,[2] &= 0{,}1\ \text{S} && \cdot U_z\,[2] + B\,[2], && \text{mit} && B\,[2] = 0 - 0; \\
I_z\,[3] &= 0{,}025\ \text{S} && \cdot U_z\,[3] + B\,[3], && \text{mit} && B\,[3] = 0 - 0; \\
I_z\,[4] &= 1\ \text{S} && \cdot U_z\,[4] + B\,[4], && \text{mit} && B\,[4] = 0 - 0; \\
I_z\,[5] &= 0{,}05\ \text{S} && \cdot U_z\,[5] + B\,[5], && \text{mit} && B\,[5] = 0 - 0; \\
I_z\,[6] &= 0{,}02\ \text{S} && \cdot U_z\,[6] + B\,[6], && \text{mit} && B\,[6] = 0 - 0.
\end{aligned}
$$

(S (Siemens) = 1/Ohm)

1.5.3 Die fiktive Masche und die Maschengleichungen

Was eine Masche im üblichen elektrotechnischen Sinne ist, wissen wir: In Bild 1.5-2 sind drei solcher Maschen auf Anhieb erkennbar. Wir können aber auch andere fiktive Maschen festlegen, für die die Kirchhoffsche Maschenregel genau so gilt (Bild 1.5-3):

Wir ordnen zuerst einem beliebigen Knoten das Potential 0 zu. Dann bilden wir mit dem Zweig $i - k$ die Maschengleichung:

$$U_z\,[z] - U_k\,[i] + U_k\,[k] = 0 . \tag{1.5-5}$$

Mit der Einführung dieser fiktiven Maschen ersparen wir uns die oft mühsame Bestimmung der voneinander unabhängigen Maschengleichungen.

Unsere Gleichungsbilanz sieht jetzt so aus: Wir haben weitere n_z Gleichungen gefunden, dafür aber auch weitere n_k Unbekannte eingeführt, nämlich die Knotenspannungen $U_k\,[1], \ldots, U_k\,[nk]$.

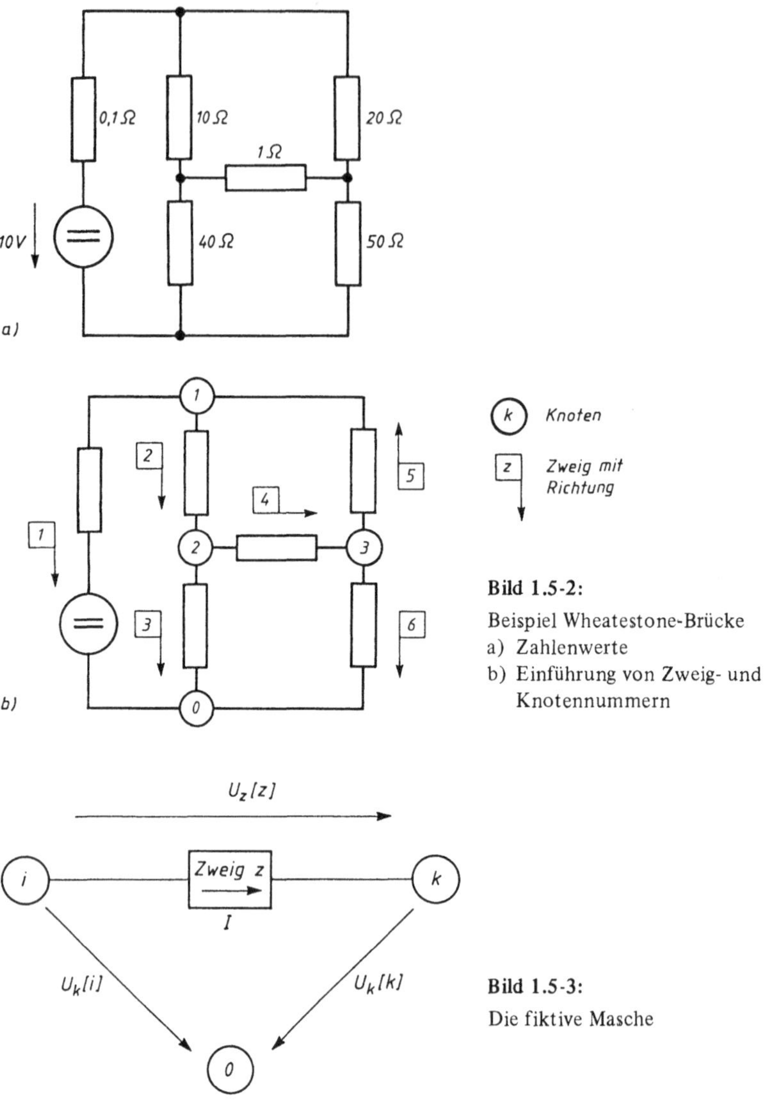

Bild 1.5-2:

Beispiel Wheatestone-Brücke
a) Zahlenwerte
b) Einführung von Zweig- und Knotennummern

Bild 1.5-3:
Die fiktive Masche

Für unser Beispiel in Bild 1.5-2 heißt dies: Wir haben weitere $n_z = 6$ Gleichungen mit weiteren $n_k = 3$ Unbekannten. Diese Gleichungen (1.5-5) lauten:

	$U_k[1]$	$U_k[2]$	$U_k[3]$
$U_z[1] = U_k[1]$;	1	0	0
$U_z[2] = U_k[1] - U_k[2]$;	1	-1	0
$U_z[3] = U_k[2]$;	0	1	0
$U_z[4] = U_k[2] - U_k[3]$;	0	1	-1
$U_z[5] = U_k[3] - U_k[1]$;	-1	0	1
$U_z[6] = U_k[3]$;	0	0	1

$$
\begin{bmatrix} Uz[1] \\ Uz[2] \\ Uz[3] \\ Uz[4] \\ Uz[5] \\ Uz[6] \end{bmatrix}
=
\begin{bmatrix} +1 & 0 & 0 \\ +1 & -1 & 0 \\ 0 & +1 & 0 \\ 0 & +1 & -1 \\ -1 & 0 & +1 \\ 0 & 0 & +1 \end{bmatrix}
*
\begin{bmatrix} Uk[1] \\ Uk[2] \\ Uk[3] \end{bmatrix}
$$

$$
\begin{array}{ccccc}
Uz & = & D & * & Uk \\
(nz)-\text{Vektor} & & (nz,nk)-\text{Matrix} & & (nk)-\text{Vektor}
\end{array}
$$

Bild 1.5-4: Die Maschengleichung der Brückenschaltung
Anzahl der Zweige: $nz = 6$
Anzahl der Knoten: $nk = 3$

Den Strom I_5 haben wir willkürlich entgegen der elektrotechnischen Vermutung angenommen.

Die Maschengleichungen (1.5-5) kann man leicht in Matrizenschreibweise darstellen. Für unser Beispiel zeigt Bild 1.5-4 diese Matrizendarstellung. Dabei werden die Zweigspannungen $U_z[z]$ zu einem n_z-dimensionalen Vektor U_z zusammengefaßt; entsprechend werden die Knotenspannungen $U_k[k]$ zu einen n_k-dimensionalen Vektor U_k zusammengefaßt. Diese beiden Vektoren werden durch die Matrix D mit n_z Zeilen und n_k Spalten miteinander verknüpft. Diese Matrix D gibt gewissermaßen die Geometrie des Netzwerkes an.

$$U_z = D \cdot U_k \ . \tag{1.5-5a}$$

1.5.4 Die Knotengleichungen

Unsere Gleichungsbilanz sieht bisher so aus: Wir haben $2 \cdot n_z + n_k$ Unbekannte und $2 \cdot n_z$ Gleichungen, es fehlen uns also noch n_k Gleichungen. In unserem Beispiel sind es $n_k = 3$. Wir stellen deswegen noch die Knotengleichungen auf, wobei der Knoten 0 unberücksichtigt bleibt, da er nur eine linear abhängige Aussage liefert:

Die Summe aller Ströme eines Knotens ist 0.

Für unser Beispiel ergibt dies (vgl. Bild 1.5-2):

		I_1	I_2	I_3	I_4	I_5	I_6
Knoten 1:	$I_1 + I_2 - I_5 = 0;$	1	1	0	0	-1	0
Knoten 2:	$-I_2 + I_3 + I_4 = 0;$	0	-1	1	1	0	0
Knoten 3:	$-I_4 + I_5 + I_6 = 0;$	0	0	0	-1	1	1

Auch diese Beziehungen bieten sich für eine Matrizendarstellung an:
Die Zweigströme $I_z[z]$ schreibt man als Vektor I_z. Die Multiplikation der Matrix E mit diesem Vektor I_z ergibt den Nullvektor:

$$E \cdot I_z = 0 \ . \tag{1.5-6}$$

Vgl. dazu Bild 1.5-5.

```
Knoten 1:   | +1  +1   0    0   -1    0 |         | Iz[1] |        | 0 |
Knoten 2:   |  0  -1  +1   +1    0    0 |    *    | Iz[2] |   =    | 0 |
Knoten 3:   |  0   0   0   -1   +1   +1 |         | Iz[3] |        | 0 |
                                                  | Iz[4] |
                                                  | Iz[5] |
                                                  | Iz[6] |

                  E                         *         Iz           =        0
             (nk,nz)-Matrix                      (nz)-Vektor         (nk)-Vektor
```

Bild 1.5-5: Die Knotengleichungen der Brückenschaltung

Die Matrix E mit n_k Zeilen und n_z Spalten ist gerade die Transponierte der bereits bekannten Matrix D, d.h.

$$D = E^T .$$

Man muß für die Netzwerksberechnung nur eine dieser beiden Matrizen aufstellen, die andere ergibt sich sofort durch Vertauschen von Spalten und Zeilen.

Wir haben damit für die $2 \cdot n_z + n_k$ Unbekannten ebensoviele Gleichungen gefunden.

1.5.5 Das Ordnen der Gleichungen

Es geht jetzt nur noch um die algebraische Behandlung der gefundenen Beziehungen. Fassen wir zusammen:

1. Aus (1.5-4a) und (1.5-4b) wird, nunmehr ebenfalls in Matrizenschreibweise:

$$I_z = A \cdot U_z + B . \tag{1.5-4c}$$

Dabei ist A eine Matrix, deren n_z Diagonalglieder mit den Leitwerten $G\,[z]$ besetzt sind, alle anderen Plätze sind mit 0 belegt. Bild 1.5-6 zeigt die Verhältnisse für unser Beispiel.

2. Gleichung (1.5-5a) übernehmen wir unverändert von oben:

$$U_z = D \cdot U_k = E^T \cdot U_k . \tag{1.5-5a}$$

3. Gleichung (1.5-6) übernehmen wir unverändert von oben:

$$E \cdot I_z = 0 . \tag{1.5-6}$$

```
| Iz[1] |       | 10    0      0      0     0      0   |   | Uz[1] |      | -100 |
| Iz[2] |       |  0   0.1     0      0     0      0   |   | Uz[2] |      |   0  |
| Iz[3] |   =   |  0    0    0.025    0     0      0   | * | Uz[3] |  +   |   0  |
| Iz[4] |       |  0    0      0      1     0      0   |   | Uz[4] |      |   0  |
| Iz[5] |       |  0    0      0      0    0.05    0   |   | Uz[5] |      |   0  |
| Iz[6] |       |  0    0      0      0     0     0.02 |   | Uz[6] |      |   0  |

     Iz      =                   A                       *     Uz     +    B
 (nz)-Vektor               (nz,nz)-Matrix                   (nz)-Vektoren
```

Bild 1.5-6: Die Zweiggleichungen der Brückenschaltung

Wie man leicht nachprüfen kann, ist stets n_k kleiner oder gleich n_z, d.h., die Zahl der Knoten ist kleiner oder höchstens gleich der Zahl der Zweige. Da der Aufwand zur Lösung eines linearen Gleichungssystems (LGS) erheblich mit der Zahl der Unbekannten ansteigt, wählen wir die n_k Knotenspannungen als zu bestimmende Unbekannte für das LGS, d.h., wir arbeiten mit dem Knotenspannungsverfahren als optimaler Methode.

Fassen wir die Gleichungen (1.5-6), (1.5-4c) und (1.5-5a) in dieser Reihenfolge zusammen, so ergibt sich

$$E \cdot I_z = E \cdot (A \cdot U_z + B)$$
$$= E \cdot (A \cdot E^T \cdot U_k + B) = 0$$

bzw., durch Separieren der Unbekannten U_k auf die linke Seite:

$$(E \cdot A \cdot E^T) \cdot U_k = - E \cdot B . \tag{1.5-7}$$

Der Ausdruck $E \cdot A \cdot E^T$ liefert eine quadratische Matrix mit n_k Zeilen, der Ausdruck $-E \cdot B$ einen Vektor mit ebenfalls n_k Zeilen. Bild 1.5-7 zeigt dies für unser Beispiel. Wie man diese Matrizenmultiplikation durchführt, haben wir im Abschnitt „Mathematische Ergänzungen" erläutert.

Es geht jetzt nur noch um die Lösung von (1.5-7) in der Matrizenschreibweise, wie sie Bild 1.5-7 für unser Beispiel zeigt. D.h., es handelt sich um die Lösung eines LGS mit n_k Unbekannten – in unserem Fall mit drei Unbekannten.

Hat man dadurch die Knotenspannungen U_k gewonnen, so setzt man die Werte in (1.5-5a) ein und erhält dadurch die Zweigspannungen U_z. Die Gleichung (1.5-4c) liefert damit dann die Zweigströme.

Für die Lösungen des Gleichungssystems verwendet man am sinnvollsten den Gaußschen Algorithmus. Er ist im Abschnitt „Mathematische Ergänzungen" beschrieben.

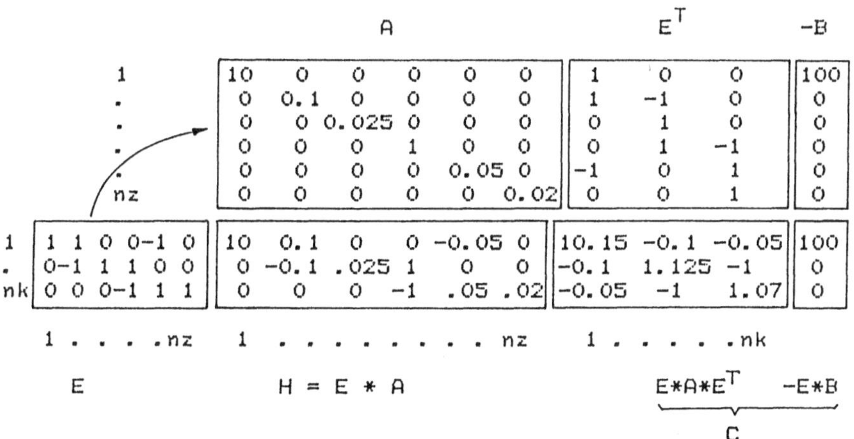

Bild 1.5-7: Das Aufstellen des linearen Gleichungssystems durch Matrizenmultiplikation

1.5.6 Das Rechenprogramm

Der im Vorhergehenden beschriebene Rechengang eignet sich hervorragend für die Lösung durch ein Programm. Dieses Programm, das wir NETZWERK nennen wollen, löst zwei Hauptaufgaben:

— die Reduzierung der Schaltung auf eine Matrizengleichung (1.5-7),
— die Berechnung des linearen Gleichungssystems LGS.

Das Resultat einer solchen Rechnung zeigt für unser Beispiel aus Bild 1.5-2 das Bild 1.5-8. Man erkennt, daß zur Kontrolle neben den gesuchten Strömen und Spannungen auch die der Rechnung zugrundeliegende Schaltung protokolliert wurde.

```
Netzwerkberechnung

Zweig Knoten --> Knoten      R           Uq           Iq
  1      1        0        0.100       10.000       0.00000
  2      1        2       10.000        0.000       0.00000
  3      2        0       40.000        0.000       0.00000
  4      2        3        1.000        0.000       0.00000
  5      3        1       20.000        0.000       0.00000
  6      3        0       50.000        0.000       0.00000

 Nr     Uk              Uz              Iz
  1    9.96552         9.96552      -3.44826E-1
  2    7.67895         2.28657       2.28657E-1
  3    7.64227         7.67895       1.91974E-1
  4    0.00000         3.66826E-2    3.66826E-2
  5    0.00000        -2.32325      -1.16162E-1
  6    0.00000         7.64227       1.52845E-1


           aus LGS                     vgl. Bild 1.5.6
                          vgl. Bild 1.5.4
```

Bild 1.5-8: Rechenprotokoll des Pascal-Programms NETZWERK für die Brückenschaltung (Bild 1.5-2).
oben: Eingabeprotokoll
unten: Ergebnisse

1.5.6.1 Das Struktogramm von NETZWERK

Das Struktogramm ist in Bild 1.5-9 zu sehen. Es erklärt sich selbst und wiederholt eigentlich nur, was wir im Vorangehenden erläutert haben. Im Unterprogramm ZWEIGEINGABE werden die Matrix A und der Vektor B berechnet, die in Gleichung (1.5-4c) auftreten. A repräsentiert bekanntlich die Zweigleitwerte $G\,[z]$ und B die eingeprägten Ströme I_q und Spannungen U_q.

Im Unterprogramm LGSAUFSTELLEN wird die Matrix C berechnet (vgl. Bild 1.5-7), die ihrerseits die Grundlage des zu lösenden linearen Gleichungssystems LGS darstellt. Das LGS wird im Unterprogramm LGS gelöst.

```
NETZWERK
  ┌──────────────────────────────────────────────────────────┐
  │ Ausgabe der Protokollüberschrift                         │
  ├──────────────────────────────────────────────────────────┤
  │ NULLSETZEN                                               │
  │ Einlesen von nz = Anzahl der Zweige und                  │
  │ Löschen der Speicherplätze                               │
  ├──────────────────────────────────────────────────────────┤
  │ ZWEIGEINGABE                                             │
  │ Einlesen und Protokollieren der Werte je Zweig           │
  │ und Bestimmen von nk = Anzahl der Knoten                 │
  │ sowie Aufbau der Matrizen A und E sowie Vektor B         │
  ├──────────────────────────────────────────────────────────┤
  │ LGSAUFSTELLEN                                            │
  │ Aufstellen der Matrix C als Eingabe für das LGS          │
  ├──────────────────────────────────────────────────────────┤
  │ LGS                                                      │
  │ Lösen des LGS mit Gaussalgorithmus auf Matrix C          │
  ├──────────────────────────────────────────────────────────┤
  │ AUSGABE                                                  │
  │ Bereitstellen von Uk, Uz und Iz sowie                    │
  │ Protokollieren dieser Werte                              │
  └──────────────────────────────────────────────────────────┘
```

Bild 1.5-9: Struktogramm des Programms NETZWERK

1.5.6.2 NULLSETZEN

Dieses Unterprogramm (Bild 1.5-10) liest die aktuelle Anzahl n_z der Zweige ein und belegt die vorsichtshalber quadratische Matrix $E(n_z, n_z)$ mit Nullen.

Man erinnert sich: Die Matrix E aus Gleichung (1.5-6) ist die Transponierte der Matrix D aus (1.5-5a), welche ihrerseits die Verknüpfung von Zweigspannungen U_z und Knotenspannungen U_k herstellt (siehe auch Bild 1.5-7).

```
┌──────────────────────────────────────────────────────────┐
│ nk := 0   (zum Bestimmen der Knotenzahl)                 │
├──────────────────────────────────────────────────────────┤
│ Knoten0 := false (Kontrolle auf Knoten 0)               │
├──────────────────────────────────────────────────────────┤
│ Einlesen von nz = Anzahl der Zweige                      │
├──────────────────────────────────────────────────────────┤
│ für z := 1 bis nz                                        │
│   ┌──────────────────────────────────────────────────┐  │
│   │ für k := 1 bis nz                                │  │
│   │   ┌──────────────────────────────────────────┐  │  │
│   │   │ A[z,k] := 0   (Matrix löschen)           │  │  │
│   │   ├──────────────────────────────────────────┤  │  │
│   │   │ E[z,k] := 0                              │  │  │
│   │   └──────────────────────────────────────────┘  │  │
│   ├──────────────────────────────────────────────────┤  │
│   │ Uk[z] := 0                                       │  │
│   ├──────────────────────────────────────────────────┤  │
│   │ B[z] := 0                                        │  │
│   └──────────────────────────────────────────────────┘  │
└──────────────────────────────────────────────────────────┘
```

Bild 1.5-10: Unterprogramm NULLSETZEN

1.5.6.3 ZWEIGEINGABE

Dieses Unterprogramm (vgl. Bild 1.5-11) übernimmt die Widerstandswerte R und die Quellströme I_q und -spannungen U_q aller Zweige von i nach k des zu berechnenden Netzwerkes. Daraus wird die Matrix E gefüllt und zwar wie folgt: Die Zeilen z der Matrix E beziehen sich auf die Knoten, die Spalten auf die Zweige des Netzes.

Es wird jeweils $+1$ eingetragen, wenn der Strom im Zweig z vom i-Knoten abgeht, und es wird -1 eingetragen, wenn dieser Zweigstrom zum k-Knoten hinfließt.

Dies ist immer so, denn i und k sind dementsprechend definiert, wie Bild 1.5.-3 zeigt.

Der Knoten 0 tritt vereinbarungsgemäß nicht auf, sein Potential ist 0. Parallel zum Füllen der Matrix E wird die Zahl n_k der eingelesenen Knoten von 0 auf den aktuellen Wert hochgezählt.

Weiterhin wird im Unterprogramm ZWEIGEINGABE die Matrix A und der Vektor B mit den zugehörigen Zahlenwerten versorgt. Der Leser erinnert sich: Die Matrix A aus Gleichung (1.5-4c) enthält in ihrer Diagonalen die n_z Leitwerte $G\,[z]$ des Netzwerkes. Die restlichen Plätze sind mit 0 belegt. Der Vektor B nach (1.5-4b) enthält die maximal n_z eingeprägten Ströme I_q bzw. Spannungen U_q des Netzwerkes.

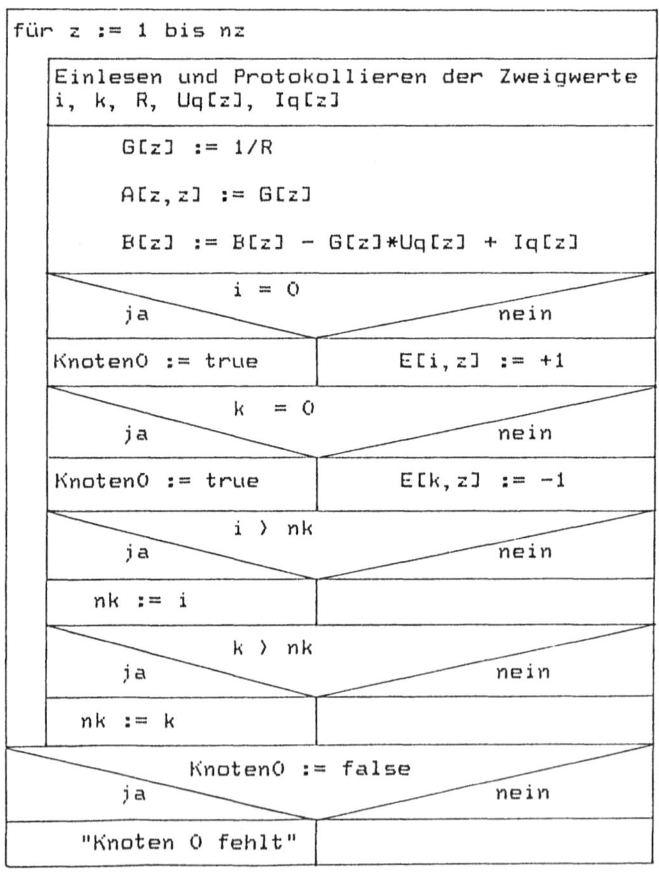

Bild 1.5-11: Unterprogramm ZWEIGEINGABE

1.5.6.4 LGSAUFSTELLEN

Dieses Unterprogramm (Bild 1.5-12) führt diejenigen Rechenoperationen aus, die in Bild 1.5-7 gemäß (1.5-7) für unser Beispiel veranschaulicht sind.

Es wird zunächst die Hilfsmatrix $H(n_k, n_z) = E \cdot A$ berechnet. Dies geschieht nach den Regeln der im Anhang beschriebenen Matrizenrechnung. In gleicher Weise wird entsprechend Bild 1.5-7 die quadratische Matrix

$$H \cdot E^T$$

berechnet. Dabei wird die transponierte Matrix E^T aus der bereits vorhandenen Matrix E durch einfaches Vertauschen von Spalten und Zeilen gewonnen. Anschließend wird, entsprechend Gleichung (1.5-7) und wie in Bild 1.5-7 veranschaulicht, der Vektor $-E \cdot B$ berechnet. Dieser Vektor hat n_k Komponenten, welche als $(n_k + 1)$te Spalte der Matrix $H \cdot E^T$ zugeschlagen werden (vgl. Bild 1.5-7). Die so entstehende Matrix $C(n_k, n_k + 1)$ enthält das gesamte lineare Gleichungssystem LGS des Netzes. Dieses LGS wird dem — im mathematischen Anhang näher beschriebenen — Unterprogramm LGS (Gauß-Algorithmus) zur Lösung übergeben.

```
für k := 1 bis nk

    für z := 1 bis nz

        H[k,z] := 0    (Hilfsmatrix)

        für j := 1 bis nz

            H[k,z] := H[k,z] + E[k,j]*A[j,z]

für k := 1 bis nk

    für j := 1 bis nk

        C[k,j] := 0    (Matrix löschen)

        für z := 1 bis nz

            C[k,j] := C[k,j] + H[k,z]*E[j,z]
            ( E[j,z] ist Transponierte von E[z,j])

    C[k,nk+1] := 0

    für z := 1 bis nz

        C[k,nk+1] := C[k,nk+1] - E[k,z]*B[z]
```

Bild 1.5-12: Unterprogramm LGSAUFSTELLEN

1.5.6.5 AUSGABE

Der Gauß-Algorithmus löst das LGS, indem er die Matrix C so umformt, daß in der letzten Spalte die gesuchten Knotenspannungen erscheinen. Als erstes werden vom Unterprogramm AUSGABE diese Lösungen übernommen und den Werten U_k [z] zugeordnet (Bild 1.5-13).

Dann werden die Zweigspannungen U_z berechnet. Man greift dazu zurück auf

$$U_z = D \cdot U_k = E^T \cdot U_k \ . \qquad\qquad (1.5\text{-}5a)$$

(E wird in ZWEIGEINGABE, E^T in LGSAUFSTELLEN bestimmt.)

Es müssen dabei alle Werte U_k [k] für die Spalten $k = 1, \ldots, n_k$ multipliziert werden mit den entsprechenden Werten E [k, z] der Zeile $z = 1, \ldots, n_k$ der Matrix E^T; sodann müssen die einzelnen Produkte addiert werden:

$$U_z [z] = U_z [z] + E [k, z] \cdot U_k [k] \ .$$

Man vergleiche das mit dem Beispiel in Bild 1.5-4.

Entsprechend werden die Zweigströme I_z berechnet: Man greift zurück auf die Beziehung

$$I_z = A \cdot U_z + B \ . \qquad\qquad (1.5\text{-}4c)$$

(A und B werden in ZWEIGEINGABE bestimmt.)

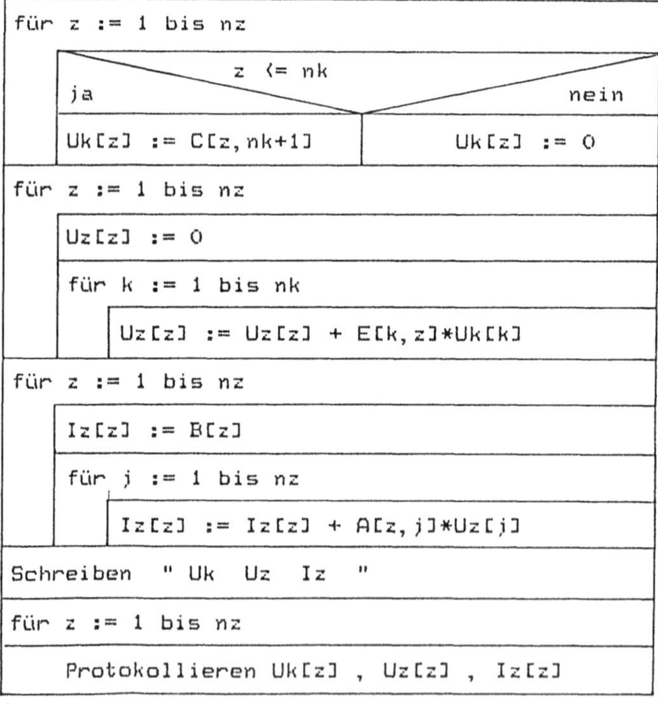

Bild 1.5-13: Unterprogramm AUSGABE

Es müssen dabei alle Werte U_z [j] für die Spalten $j = 1, ..., n_z$ multipliziert werden mit den entsprechenden Werten A [z, j] der Zeile $z = 1, ..., n_z$ der Matrix A; sodann müssen die einzelnen Produkte addiert werden:

$$I_z [z] = I_z [z] + A [z, j] \cdot U_z [j] .$$

Die zusätzliche Addition von B [z] ergibt sich durch die anfängliche Zuordnung I_z [z] = B [z]. Man vergleiche damit das Beispiel in Bild 1.5-6.

Abschließend werden durch AUSGABE die Größen U_k [z], U_z [z] und I_z [z] ausgedruckt. Bild 1.5-8 zeigt das für unser Beispiel.

1.5.7 Weitere Beispiele

1.5.7.1 Energieversorgungsnetz

Gegeben sei ein Netz mit vier Verbrauchern und zwei Generatoren, wie es Bild 1.5-14 zeigt. Wir entnehmen dieses Beispiel den Elektro-Aufgaben, Band I: Gleichstrom, von H. Lindner (Braunschweig 1987). Aus den vielen gleichen und auch sehr handlichen Zahlenwerten bemerkt der Leser sofort, daß das Beispiel für die Rechnung per Hand (mittels Überlagerungssatz) angelegt ist. Auch ist dort nur eine Größe, der Strom I_6, gefragt.

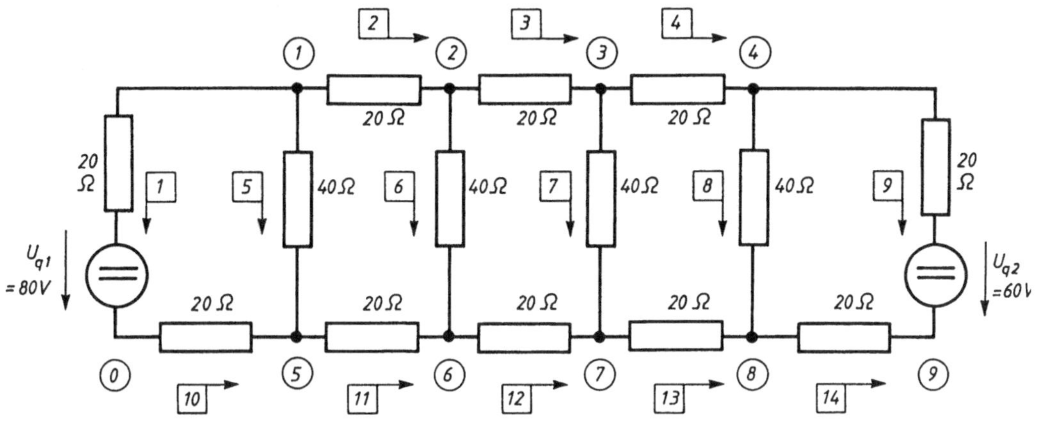

Bild 1.5-14: Beispiel Energieversorgungsnetz

Bei der Berechnung der Schaltung mit unserem Programm NETZWERK ist eine fehlerfreie Dateneingabe Vorbedingung, da wir in dem Programm, um es übersichtlich zu halten, keine Eingabekontrolle vorgesehen haben. Empfehlenswert ist deshalb die sorgfältige Aufstellung der Eingabeliste per Hand, bevor man die Werte in den Computer eintippt. Der obere Teil von Bild 1.5-15 zeigt diese Liste. Die berechneten Ergebnisse zeigt der untere Teil von Bild 1.5-15. Wir erhalten natürlich außer dem Kontrollwert I_6 auch alle anderen Ströme und Spannungen der Schaltung.

```
Netzwerkberechnung

Zweig Knoten --> Knoten      R          Uq           Iq
  1      1         0       20.000      80.000      0.00000
  2      1         2       20.000       0.000      0.00000
  3      2         3       20.000       0.000      0.00000
  4      3         4       20.000       0.000      0.00000
  5      1         5       40.000       0.000      0.00000
  6      2         6       40.000       0.000      0.00000
  7      3         7       40.000       0.000      0.00000
  8      4         8       40.000       0.000      0.00000
  9      4         9       20.000      60.000      0.00000
 10      0         5       20.000       0.000      0.00000
 11      5         6       20.000       0.000      0.00000
 12      6         7       20.000       0.000      0.00000
 13      7         8       20.000       0.000      0.00000
 14      8         9       20.000       0.000      0.00000

 Nr        Uk            Uz            Iz
  1      5.58182E1     5.58182E1      -1.20909
  2      4.74546E1     8.36363       4.18182E-1
  3      4.65455E1     9.09092E-1    4.54546E-2
  4      5.21818E1    -5.63636      -2.81818E-1
  5      2.41818E1     3.16364E1     7.90909E-1
  6      3.25455E1     1.49091E1     3.72727E-1
  7      3.34546E1     1.30909E1     3.27273E-1
  8      2.78182E1     2.43636E1     6.09091E-1
  9      1.00000E1     4.21818E1     -8.90909E-1
 10      0.00000      -2.41818E1      -1.20909
 11      0.00000      -8.36364      -4.18182E-1
 12      0.00000      -9.09096E-1    -4.54548E-2
 13      0.00000       5.63636       2.81818E-1
 14      0.00000       1.78182E1     8.90909E-1
```

Bild 1.5-15: Rechenprotokoll des Energieversorgungsnetzes
oben: Eingabeprotokoll,
unten: Rechenergebnisse

1.5.7.2 Netzwerk mit Stromquelle

Gegeben sei ein Netz mit acht Widerständen, einer Spannunrsquelle U_q mit Innenwiderstand und einer Stromquelle I_q mit Innenwiderstand (vgl. Bild 1.5-16a). Wir entnehmen dieses Beispiel dem Lehrbuch von Führer u.a., Grundgebiete der Elektrotechnik 1, München 1983. Dort ist allerdings die Stromquelle idealisiert angenommen, d.h., der parallele Innenleitwert ist 0. Diese unrealistische Annahme ist bei unserem Rechenprogramm NETZWERK nicht nötig und auch nicht erlaubt. Wir nehmen den Innenleitwert deshalb zu 0,1 mS an. Die damit erzielten Zahlenwerte (siehe Bild 1.5-16b) entsprechen dann weitgehend der Literaturstelle.

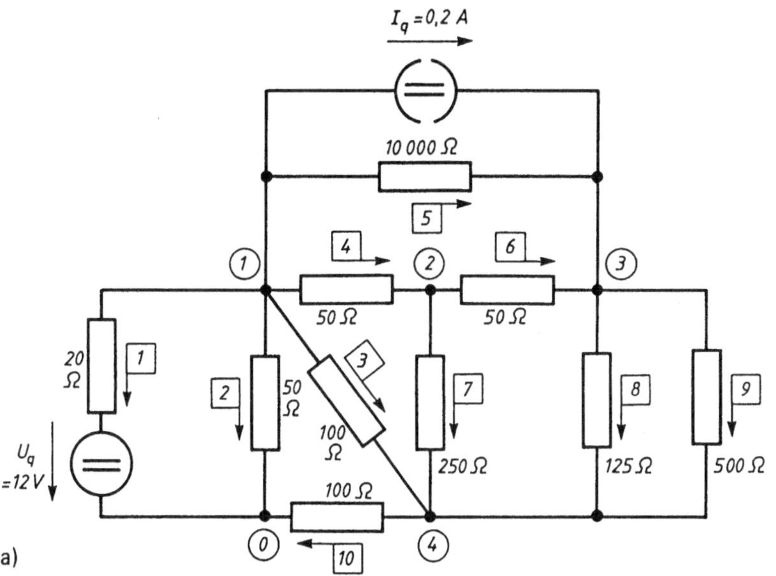


```
 Netzwerkberechnung

 Zweig Knoten --> Knoten        R            Uq             Iq
    1       1        0       20.000       12.000       0.00000
    2       1        0       50.000        0.000       0.00000
    3       1        4      100.000        0.000       0.00000
    4       1        2       50.000        0.000       0.00000
    5       1        3    10000.0          0.000       0.20000
    6       2        3       50.000        0.000       0.00000
    7       2        4      250.000        0.000       0.00000
    8       3        4      125.000        0.000       0.00000
    9       3        4      500.000        0.000       0.00000
   10       4        0      100.000        0.000       0.00000

   Nr      Uk            Uz             Iz
    1      7.31785       7.31785      -2.34107E-1
    2      1.21500E1     7.31785       1.46357E-1
    3      1.76572E1    -1.45718      -1.45718E-2
    4      8.77503      -4.83219      -9.66439E-2
    5      0.00000      -1.03394E1     1.98966E-1
    6      0.00000      -5.50720      -1.10144E-1
    7      0.00000       3.37501       1.35001E-2
    8      0.00000       8.88221       7.10577E-2
    9      0.00000       8.88221       1.77644E-2
   10      0.00000       8.77503       8.77503E-2
```

b)

Bild 1.5-16: Beispiel Netzwerk mit Strom- und Spannungsquelle.
a) Schaltung
b) Rechenprotokoll
   oben: Eingabeprotokoll
   unten: Rechenergebnisse

1.5.7.3 Gesteuerte Stromeinspeisung

Ein weites Feld berechenbarer Schaltungen tut sich auf, wenn wir unseren Netzwerkzweig, wie ihn Bild 1.5-1 zeigt, noch um eine gesteuerte Stromquelle I_w erweitern. Diesen erweiterten Zweig zeigt Bild 1.5-17.

Ist statt der gesteuerten Stromquelle I_w eine gesteuerte Spannungsquelle U_w gegeben, so ist, wie bereits in Abschnitt 1.4.2 gezeigt, eine Umrechnung leicht möglich:

Es sei die Spannungsquelle:

$$U_w = a \cdot U_x , \qquad (a = \text{Spannungssteuerfaktor}).$$

Daraus folgt für die Stromquelle:

$$I_w = \frac{a}{R_i} \cdot U_x , \qquad (R_i = \text{Innenwiderstand der Spannungsquelle}). \qquad (1.5\text{-}8)$$

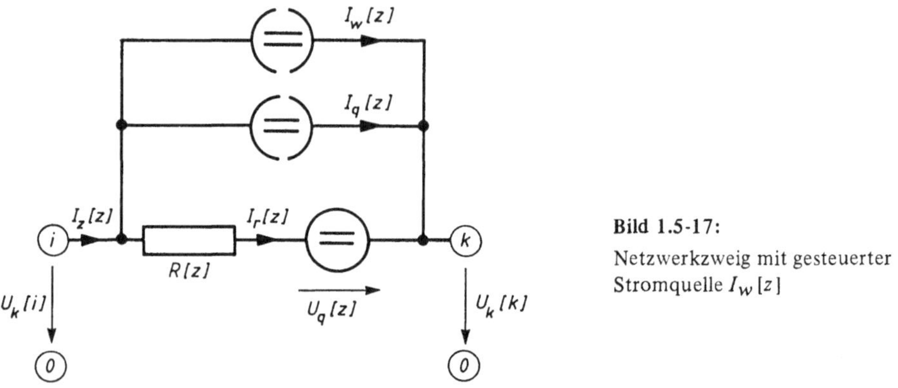

Bild 1.5-17:

Netzwerkzweig mit gesteuerter Stromquelle $I_w[z]$

Es bedarf nur einer Ergänzung des beschriebenen Programms NETZWERK an einer Stelle, um es als NETZWT für eine gesteuerte Stromeinspeisung, also Stromtransformation, geeignet zu machen. Wir greifen zur Erklärung dieser Änderung auf die Ausführungen in den vorigen Abschnitten zurück.

Das Netzelement „Zweig" in Bild 1.5-17 zeigt die gesteuerte Stromquelle

$$I_w[z] = \text{BETA}\,[z,j] \cdot I_r[j] .$$

Dabei ist BETA der Stromübertragungsfaktor vom beliebigen Zweig j zum betrachteten Zweig z.

Anstelle (1.5-1) gilt nun:

$$I_z[z] = I_q[z] + I_r[z] + \text{BETA}\,[z,j] \cdot I_r[j] . \qquad (1.5\text{-}1')$$

Daraus wird mit $I_r = (U_z - U_q) \cdot G$:

$$I_z[z] = I_q[z] + (U_z[z] - U_q[z]) \cdot G[z] \qquad (1.5\text{-}4')$$
$$+ \text{BETA}\,[z,j] \cdot G[j] \cdot U_z[j]$$
$$- \text{BETA}\,[z,j] \cdot G[j] \cdot U_q[j] .$$

Diese Beziehung (ohne BETA) hatten wir in Abschnitt 1.5.5 in Matrizenschreibweise so geschrieben:

$$I_z = A \cdot U_z + B \ . \tag{1.5-4c}$$

Das gilt hier genauso. Unverändert sind hier wie dort die Diagonalelemente der mit U_z verknüpften Matrix A:

$$A\,[z, z] = G\,[z] = 1/R\,[z] \ .$$

Zusätzlich wird die Matrix A jetzt an den entsprechenden Stellen belegt mit

$$A\,[z, j] = \text{BETA}\,[z, j] \cdot G\,[j] \ ,$$

wobei j ungleich z sein muß.

Der n_z-Vektor B nach (1.5-4b) in Abschnitt 1.5.2 wird jetzt ebenfalls erweitert und lautet somit:

$$B\,[z] = I_q\,[z] - U_q\,[z] \cdot G\,[z]$$
$$- \text{BETA}\,[z, j] \cdot G\,[j] \cdot U_q\,[j] \ . \tag{1.5-4b'}$$

Dabei läuft z von 1 bis n_z.

Alles weitere und der Rechenalgorithmus bleibt unverändert wie bei NETZWERK. In Bild 1.5-18 ist das Struktogramm für das so erweiterte Programm NETZWT für Strom-

```
NETZWT

    Ausgabe der Protokollüberschrift

    NULLSETZEN
    Einlesen von nz = Anzahl der Zweige und
    Löschen der Speicherplätze

    ZWEIGEINGABE
    Einlesen und Protokollieren der Werte je Zweig
    und Bestimmen von nk = Anzahl der Knoten
    sowie Aufbau der Matrizen A und E sowie Vektor B

    TRAFOEINGABE
    Einlesen und Protokollieren der Stromübertragungen
    BETA zwischen den Zweigen
    Vervollständigen der Matrix A und des Vektors B

    LGSAUFSTELLEN
    Aufstellen der Matrix C als Eingabe für das LGS

    LGS
    Lösen des LGS mit Gaussalgorithmus auf Matrix C

    AUSGABE
    Bereitstellen von Uk, Uz und Iz sowie
    Protokollieren dieser Werte
```

Bild 1.5-18: Struktogramm des Programms NETZWT mit Stromübertragung

übertragung (d.h. Stromtransformation, gesteuerte Stromeinspeisung) angegeben. Ein Vergleich mit dem entsprechenden Bild 1.5-9 zeigt, daß noch das Unterprogramm TRAFOEINGABE gemäß vorstehendem eingefügt wurde. Das Programm NETZWT findet man im Programmteil des Buches.

1.5.7.4 Gegengekoppelter Verstärker mit Transistor

Das Folgende gilt allgemein und ursprünglich für die Augenblickswerte von Wechselspannungen. Die interessierenden Größen können aber auch mit Gleichspannungsmethoden berechnet werden, wenn keine komplexen Widerstände auftreten, was hier der Fall sein soll.

Für den Transistor gilt u.a. die Ersatzschaltung in Bild 1.5-19.

Die zugehörigen Vierpolgleichungen lauten (vgl. Abschnitt 1.4.5):

$$u_1 = h_{11} \cdot i_1 + h_{12} \cdot u_2$$
$$i_2 = h_{21} \cdot i_1 + h_{22} \cdot u_2 \; .$$

$$(1.4\text{-}11)$$

Diese Gleichungen beschreiben das Wechselstromverhalten des Transistors, wobei die energieliefernde Batterie unberücksichtigt bleibt.

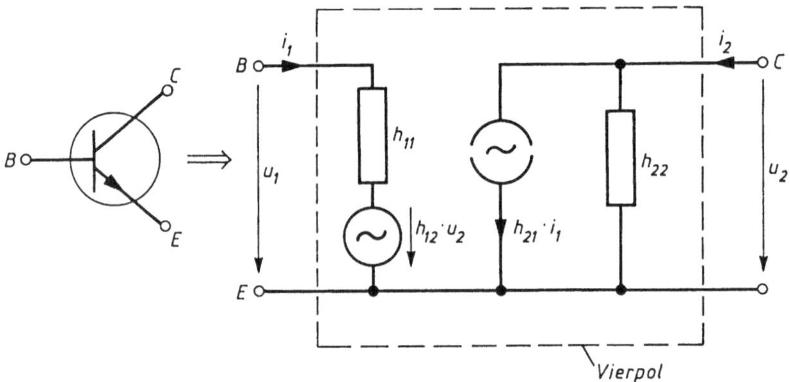

Bild 1.5-19: h-Ersatzschaltung des Transistors

Die so definierten h-Parameter sind in den Transistor-Datenblättern entweder direkt angegeben, oder sie können aus den Kennlinien leicht bestimmt werden. Wir nehmen sie hier als bekannt an. h_{12} ist normalerweise so klein, daß seine Wirkung geringer als 1 % ist. Wir vernachlässigen es hier der Übersichtlichkeit halber, obwohl unser Rechenprogramm NETZWT mittels Strom/Spannungsquellentransformation leicht damit umgehen könnte.

Die Grundschaltung des gegengekoppelten Verstärkers zeigt Bild 1.5-20a (Stromgegenkopplung, Strom-GK). Die von der Spannungsquelle gelieferte Spannung U_q steht am Verbraucherwiderstand R_v verstärkt zur Verfügung. Der Widerstand R_B dient zusammen mit R_a zur Einstellung des Arbeitspunktes des Transistors. Beide Widerstände liegen über

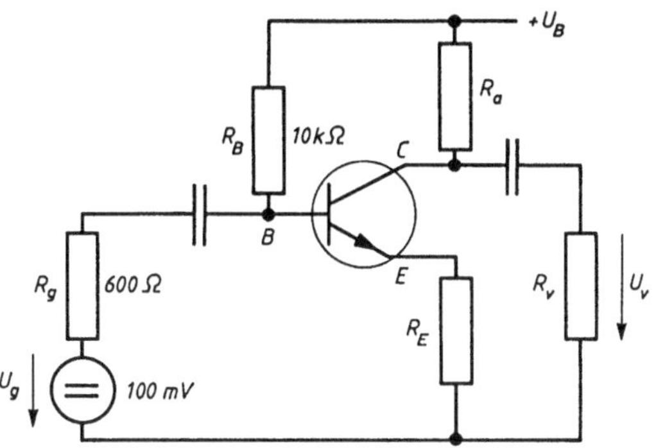

Bild 1.5-20: Beispiel gegengekoppelter Transistorverstärker
a) Schaltung
b) Vollständige Ersatzschaltung (Batterie kurzgeschlossen)

den vernachlässigbar kleinen Innenwiderstand der Batterie wechselspannungsmäßig an Masse (Bild 1.5-20b). Die Wechselstromwiderstände der beiden Kondensatoren seien vernachlässigbar klein. Die Größe des Gegenkopplungswiderstandes R_E bestimmt den Gegenkopplungsfaktor g:

$$g = V_0/V_g , \qquad V_0\text{-Verstärkung ohne GK}$$
$$V_g\text{-Verstärkung mit GK}$$

Je größer g, desto kleiner wird die Verstärkung V_g, desto kleiner werden aber auch die nichtlinearen Verzerrungen der Schaltung. Wir wollen folgende Betriebsparameter der Schaltung berechnen:

— Spannungsverstärkung mit und ohne GK,
— Innenwiderstand mit und ohne GK,
— Eingangswiderstand mit und ohne GK.

Netzwerkberechnung   (1)

Zweig	Knoten --> Knoten		R	Uq	Iq
1	1	0	0.600	0.100	0.00000
2	1	0	10.000	0.000	0.00000
3	1	3	3.000	0.000	0.00000
4	2	3	1.200	0.000	0.00000
5	2	0	1.000	0.000	0.00000
6	3	0	0.200	0.000	0.00000

Zweig ---> Zweig		Beta
3	4	250.000

Nr	Uk	Uz	Iz
1	9.24822E-2	9.24822E-2	-1.25297E-2
2	-4.09907E-1	9.24822E-2	9.24822E-3
3	8.26379E-2	9.84434E-3	3.28145E-3
4	0.00000	-4.92545E-1	4.09907E-1
5	0.00000	-4.09907E-1	-4.09907E-1
6	0.00000	8.26379E-2	4.13189E-1

Netzwerkberechnung   (2)

Zweig	Knoten --> Knoten		R	Uq	Iq
1	1	0	0.600	0.100	0.00000
2	1	0	10.000	0.000	0.00000
3	1	3	3.000	0.000	0.00000
4	2	3	1.200	0.000	0.00000
5	2	0	0.500!	0.000	0.00000
6	3	0	0.200	0.000	0.00000

Zweig ---> Zweig		Beta
3	4	250.000

Nr	Uk	Uz	Iz
1	9.28279E-2	9.28279E-2	-1.19535E-2
2	-2.10704E-1	9.28279E-2	9.28279E-3
3	8.48158E-2	8.01209E-3	2.67070E-3
4	0.00000	-2.95520E-1	4.21408E-1
5	0.00000	-2.10704E-1	-4.21408E-1
6	0.00000	8.48158E-2	4.24079E-1

Bild 1.5-21: Rechenprotokolle des gegengekoppelten Transistorverstärkers
1. Last 1 kOhm
2. Last 500 Ohm

Die Rechnung 1 (Bild 1.5-21) ergibt, daß bei einer Einspeisung von 100 mV am Transistor selbst $U_1 = 92{,}482$ mV anliegen und daraus und dem Betrag der Ausgangsspannung $U_5 = 409{,}91$ mV folgt eine Verstärkung mit GK von

$$V_g = U_5/U_1 = 4{,}432 \ .$$

Zur Bestimmung des dynamischen Innenwiderstandes der gegengekoppelten Schaltung wiederholen wir die Rechnung mit einem auf die Hälfte verringertem Lastwiderstand $R_L = R_a /\!/ R_v$. Damit ergibt sich aus Rechnung 1 und 2:

$$r_{ig} = \Delta U_5 / \Delta I_5$$

$$= \frac{|0{,}210704\ \text{V} - 0{,}409907\ \text{V}|}{|0{,}421408\ \text{mA} - 0{,}409907\ \text{mA}|}$$

$$= 17{,}320\ \text{kOhm.}$$

Zur Bestimmung des Eingangswiderstandes der Schaltung verwenden wir die Beziehung

$$r_{eg} = U_1 / I_3$$

$$= \frac{92{,}4822\ \text{mV}}{3{,}28145\ \mu\text{A}} \qquad \text{(Rechnung 1)}$$

$$= 28{,}183\ \text{kOhm.}$$

Zum Vergleich mit der nicht gegengekoppelten Schaltung (also $R_E = 0$) führen wir noch zwei Rechnungen durch: Rechnung 3 mit $R_L = 1\,\text{kOhm}$ und Rechnung 4 mit $R_L = 500\,\text{Ohm}$ (Bild 1.5-22). Wir erhalten aus Rechnung 3 für den Betrag der Verstärkung:

$$V_0 = U_5 / U_1$$

$$= \frac{3{,}6075\ \text{V}}{79{,}3651\ \text{mV}}$$

$$= 45{,}45.$$

Damit wird der Gegenkopplungsfaktor $g = V_0 / V_g = 10{,}255$.

Ebenfalls aus Rechnung 3 ergibt sich der Eingangswiderstand der nicht gegengekoppelten Schaltung zu

$$r_{e0} = U_1 / I_3$$

$$= \frac{79{,}3651\ \text{mV}}{26{,}455\ \mu\text{A}}$$

$$= 3000{,}0\ \text{Ohm.}$$

Die Belastung für die steuernde Spannungsquelle ist also mit GK etwa g-mal kleiner als ohne GK.

Zur Bestimmung des dynamischen Innenwiderstandes benötigen wir noch die Rechnung 4 mit $R_L = 500\,\text{Ohm}$ (Bild 1.5-22).

$$r_{i0} = \Delta U_5 / \Delta I_5$$

$$= \frac{|2{,}33427\ \text{V} - 3{,}6075\ \text{V}|}{|4{,}66853\ \text{mA} - 3{,}6075\ \text{mA}|}$$

$$= 1200{,}0\ \text{Ohm.}$$

Der Innenwiderstand ist also mit GK etwa g-mal größer als ohne GK.

```
 Netzwerkberechnung              (3)

 Zweig Knoten --) Knoten      R          Uq          Iq
   1     1        0         0.600       0.100      0.00000
   2     1        0        10.000       0.000      0.00000
   3     1        0         3.000       0.000      0.00000
   4     2        0         1.200       0.000      0.00000
   5     2        0         1.000       0.000      0.00000

 Zweig ---) Zweig          Beta
   3        4            250.000

  Nr     Uk              Uz              Iz
   1   7.93651E-2     7.93651E-2 /  -3.43915E-2
   2  -3.60750        7.93651E-2     7.93651E-3
   3   0.00000        7.93651E-2     2.64550E-2
   4   0.00000       -3.60750 /      3.60750 /
   5   0.00000       -3.60750       -3.60750
```

```
 Netzwerkberechnung              (4)

 Zweig Knoten --) Knoten      R          Uq          Iq
   1     1        0         0.600       0.100      0.00000
   2     1        0        10.000       0.000      0.00000
   3     1        0         3.000       0.000      0.00000
   4     2        0         1.200       0.000      0.00000
   5     2        0         0.500 !     0.000      0.00000

 Zweig ---) Zweig          Beta
   3        4            250.000

  Nr     Uk              Uz              Iz
   1   7.93651E-2     7.93651E-2    -3.43915E-2
   2  -2.33427        7.93651E-2     7.93651E-3
   3   0.00000        7.93651E-2     2.64550E-2
   4   0.00000       -2.33427 /      4.66853 /
   5   0.00000       -2.33427       -4.66853
```

Bild 1.5-22: Rechenprotokolle des nicht gegengekoppelten Transistorverstärkers
3. Last 1 kOhm
4. Last 500 Ohm

Alle diese Betriebsparameter (V, g, r_e, r_i) lassen sich mit den Formeln der Nachrichten-technik ebenfalls berechnen (vgl. Abschnitt 1.4.5, Lösungen zu Übung 1.4-3 und [6]).

Noch eine weitere interessante Eigenschaft läßt sich aus den vorstehenden Datensätzen 1−4 ableiten: Halbiert man den Lastwiderstand, so steigt ohne GK (Rechnung 3 und 4) der Ausgangstrom I_5 um

$$\frac{4{,}66853 \text{ mA} - 3{,}6075 \text{ mA}}{3{,}6075 \text{ mA}} = 29{,}4\,\% \,.$$

Halbiert man dagegen die Last bei GK (Rechnung 1 und 2), so steigt der Strom I_5 nur um

$$\frac{0{,}421408 \text{ mA} - 0{,}409907 \text{ mA}}{0{,}409907 \text{ mA}} = 2{,}8\ \% \ .$$

Die Stromänderung bei Laständerung ist also mit GK wesentlich kleiner als ohne. Man kann eine solche gegengekoppelte Schaltung daher auch als Konstantstromquelle bezeichnen.

1.5.7.5 Subtrahierverstärker mit Operationsverstärker

Operationsverstärker (OV) sind integrierte Schaltungen mit 20 und mehr Transistoren. Sie verstärken Spannungen von 0 Hz bis ca. 1 MHz je nach äußerer Beschaltung. Sie haben ein sehr breites Anwendungsfeld in der Regelungstechnik, in der industriellen Elektronik sowie der Nf-Technik. Die Vorteile der OV gegenüber Transistorschaltungen sind:

— Schaltungsparameter sind unabhängig vom individuellen OV,
— Berechnungsformeln sind einfach und dennoch sehr genau,
— Schaltungsparameter sind unabhängig von der Betriebsspannung.

Kennzeichnend für jeden OV ist seine sehr große Leerlaufverstärkung
($10000 < V_0 < 100000$).

Der OV hat einen invertierenden und einen nichtinvertierenden Eingang. Seine einfachste Ersatzschaltung zeigt Bild 1.5-23a, eingezeichnet in sein Schaltungssymbol, das OV-Dreieck.

Aus der Vielzahl der möglichen und gebräuchlichen Schaltungen mit OV greifen wir den Subtrahierverstärker heraus (Bild 1.5-23a).

Seine Ausgangsspannung, hier U_7, gehorcht der aus einfacher Ableitung resultierenden Beziehung [6]:

$$U_7 = (R_f/R_1) \cdot (U_{q2} - U_{q1}) \ . \tag{1.5-9}$$

Hier: $U_7 = 2{,}2 \cdot (2\,\text{V} - 1\,\text{V})$
$ = 2{,}2\ \text{V}.$

Diese Beziehung, die für Gleich- und Wechselspannung gilt, wollen wir nachprüfen. Dazu müssen zwei Schritte erfolgen:

1. Die Schaltung muß mit Zweig- und Knotennummern versehen werden. Dies ist in Bild 1.5-23a bereits erfolgt.

2. Die gesteuerte Ersatzspannungsquelle $V_0 \cdot U$ muß in eine gesteuerte Ersatzstromquelle umgerechnet werden. Wie Bild 1.5-23b veranschaulicht, gilt nach (1.5-8):

$$I_2 = \frac{V_0}{R_i} \cdot U_d$$

$$ = \frac{V_0}{R_i} \cdot R_d \cdot I_1$$

$$ = \text{BETA} \cdot I_1$$

$$\text{mit} \quad \text{BETA} = \frac{V_0}{R_i} \cdot R_d = 10^4 \cdot 10^4/10^2 = 10^6 \ .$$

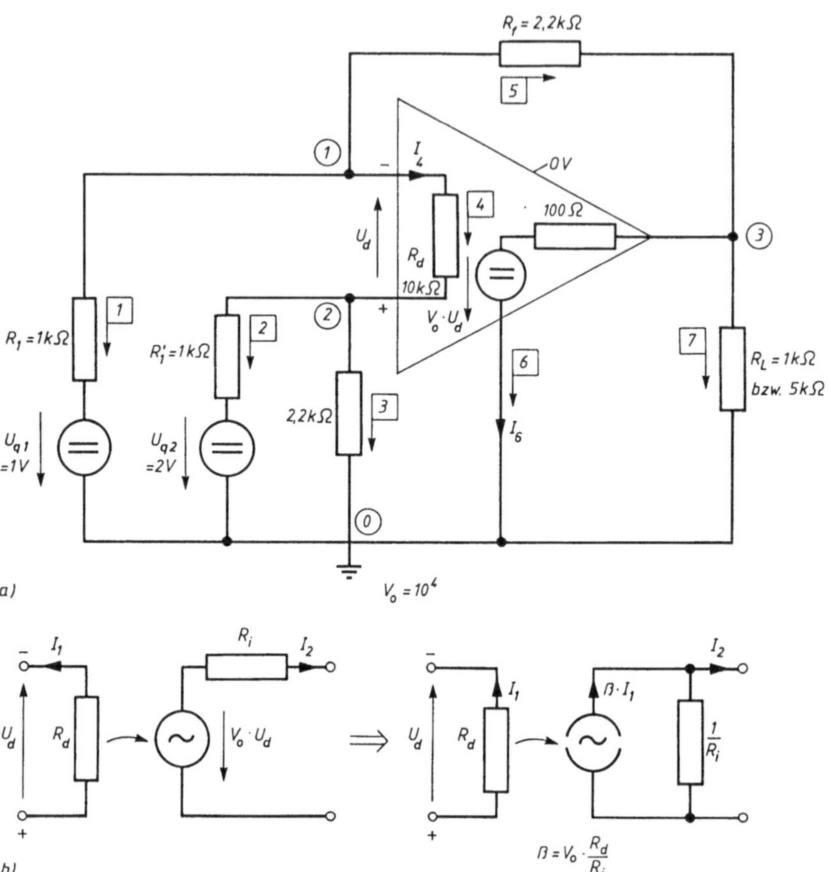

Bild 1.5-23: Beispiel Subtrahierverstärker mit Operationsverstärker OV

a) Schaltung mit Ersatzschaltung des OV

b) Umwandlung Spannungsquelle/Stromquelle beim OV

Mit diesem Wert und den anderen Schaltungsparametern füttern wir das für die Stromtransformation vorbereitete Programm NETZWT und erhalten die Datensätze 1 (R_L = 1 kOhm) und 2 (R_L = 5000 Ohm), wie sie Bild 1.5-24 zeigt. Daraus resultiert:

1. In beiden Fällen stimmt die Ausgangsspannung U_7 sehr genau mit dem nach (1.5-9) berechneten Wert von 2,2 V überein.

2. Der dynamsiche Innenwiderstand der Schaltung ergibt sich zu

$$r_i = \Delta U_7 / \Delta I_7$$

$$= \frac{|2,19911\ \text{V} - 2,19917\ \text{V}|}{|2,19911\ \text{mA} - 0,439834\ \text{mA}|}$$

$$= 34,105\ \text{mOhm}.$$

Die Schaltung verhält sich also praktisch wie eine Urspannungsquelle, gesteuert von der Differenz der Eingangsspannungen.

```
Netzwerkberechnung                    (1)

Zweig Knoten --> Knoten        R              Uq              Iq
  1      1         0        1000.00          1.000         0.00000
  2      2         0        1000.00          2.000         0.00000
  3      2         0        2200.00          0.000         0.00000
  4      1         2        10000.0          0.000         0.00000
  5      1         3        2200.00          0.000         0.00000
  6      3         0        100.000          0.000         0.00000
  7      3         0        1000.00 !        0.000         0.00000

Zweig ---> Zweig          Beta
  4          6         1.00000E6

 Nr       Uk              Uz                Iz
  1     1.37474        1.37474/       3.74738E-4/
  2     1.37498        1.37498/      -6.25017E-4/
  3     2.19911        1.37498        6.24992E-4
  4     0.00000       -2.45690E-4    -2.45690E-8
  5     0.00000       -8.24368E-1    -3.74713E-4
  6     0.00000        2.19911       -2.57798E-3
  7     0.00000        2.19911        2.19911E-3
```

```
Netzwerkberechnung                    (2)

Zweig Knoten --> Knoten        R              Uq              Iq
  1      1         0        1000.00          1.000         0.00000
  2      2         0        1000.00          2.000         0.00000
  3      2         0        2200.00          0.000         0.00000
  4      1         2        10000.0          0.000         0.00000
  5      1         3        2200.00          0.000         0.00000
  6      3         0        100.000          0.000         0.00000
  7      3         0        5000.00 !        0.000         0.00000

Zweig ---> Zweig          Beta
  4          6         1.00000E6

 Nr       Uk              Uz                Iz
  1     1.37476        1.37476        3.74756E-4
  2     1.37498        1.37498       -6.25016E-4
  3     2.19917        1.37498        6.24993E-4
  4     0.00000       -2.28167E-4    -2.28167E-8
  5     0.00000       -8.24413E-1    -3.74733E-4
  6     0.00000        2.19917       -8.24962E-4
  7     0.00000        2.19917/       4.39834E-4/
```

Bild 1.5-24: Rechenprotokolle des Subtrahierverstärkers
1. Last 1 kOhm
2. Last 5 kOhm

3. Der Eingangsstrom ist $I_4 = 24{,}569\,\text{nA}$, also sehr klein gegen die anderen vorkommenden Ströme. Die bei der Berechnung von OV-Schaltungen übliche Annahme, der Eingangsstrom sei vernachlässigbar, ist also zulässig.

4. Die Differenzspannung zwischen den beiden OV-Eingängen ist $U_4 = -U_d = -0{,}24569\,\text{mV}$, als sehr klein gegen die anderen vorkommenden Spannungen. Die bei der Berechnung von OV-Schaltungen übliche Annahme, die Differenzspannung sei vernachlässigbar, ist also zulässig.

5. Die Eingangswiderstände der Schaltung sind diejenigen Widerstände, welche die Spannungsquellen „sehen" :

$$r_{e-} = 1\ \text{kOhm} + \frac{1{,}3747\ \text{V}}{0{,}374738\ \text{mA}}$$

$$= 4668{,}43\ \text{Ohm},$$

$$\text{bzw.}\ r_{e+} = 1\ \text{kOhm} + \frac{1{,}37498\ \text{V}}{0{,}625017\ \text{mA}}$$

$$= 3199{,}9\ \text{Ohm}.$$

Dieser Wert ist aus der Schaltung direkt abzulesen: $1\ \text{kOhm} + 2{,}2\ \text{kOhm} = 3{,}2\ \text{kOhm}$, während dies für r_{e-} nicht ohne weiteres möglich ist, weil am Knoten 1 ein zusätzlicher Strom eingespeist wird.

2 Die Berechnung einfacher nichtlinearer Gleichstromnetze

In einem Netzwerk aus linearen Elementen (ohmschen Widerständen, Spulen und Kondensatoren) kann man für jede angelegte Spannung den dazugehörigen Strom ohne weiteres berechnen. Ist aber ein Element nichtlinear (Diode, Transistor, Glühlampe, Leuchtstoffröhre, Eisenkernspule, usw.), so ist diese direkte Berechnung nicht mehr möglich. Die Bestimmung des Stromes bei gegebener Spannung gelingt nur

— mittels Ersatzschaltung des nichtlinearen Elementes, oder
— graphisch über die Kennlinie des nichtlinearen Elementes, oder
— numerisch über die Kennlinie des nichtlinearen Elementes.

2.1 Graphische Bestimmung des Arbeitspunktes

2.1.1 Die Kennlinie als Funktion

Wir zeigen das Verfahren der Schaltungsberechnung anhand einer Diode als nichtlineares Element. Ein Widerstand R sei mit der Diode D in Durchlaßrichtung in Reihe geschaltet (Bild 2.1-1). Die Kennlinie einer Diode ist in weitem Bereich exponentiell und kann durch folgende Funktion angenähert werden:

$$I = I_s \cdot (\exp (U/U_t) - 1) \ . \tag{2.1-1}$$

Dabei ist $\quad U$ = Spannung an der Diode,

$\qquad I_s$ = Sperrstrom der Diode,

$\qquad U_t$ = thermische Spannung

$\qquad\quad = k \cdot T/e = 26 \text{ mV bei } 25 \text{ °C}$,

$\qquad k = 1{,}38 \cdot 10^{-23} \text{ Ws/grd, Boltzmannkonstante,}$

$\qquad T$ = absolute Temperatur,

$\qquad e = 1{,}6 \cdot 10^{-19} \text{ As, Elementarladung.}$

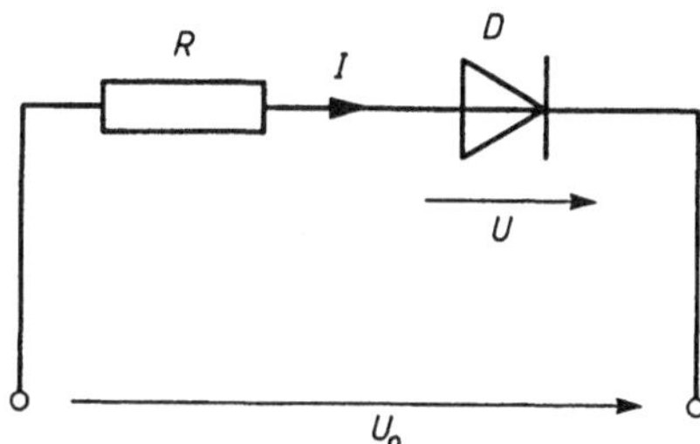

Bild 2.1-1:
Reihenschaltung von Diode und Widerstand

Für $U \gg U_t$ wird aus (2.1-1):

$$I \cong I_s \cdot \exp\left(U/U_t\right) . \qquad (2.1\text{-}1\text{a})$$

Setzt man für I_s den gemessenen Sperrstrom und für U_t 26 mV ein, so ist die Übereinstimmung zwischen (2.1-1) bzw. (2.1-1a) und der gemessenen Durchlaßkennlinie einer Diode nicht befriedigend. Wir behelfen uns hier so, daß wir zwei Punkte der gemessenen Kennlinie herausgreifen und damit rückwärts numerische Werte für I_s und U_t bestimmen. Dies sieht z.B. für die Diode BAV17 so aus:

Meßwerte: $U\,(I = 1\ \text{mA}) = 0{,}60\ \text{V},$
$\phantom{\text{Meßwerte:}\ \ }U\,(I = 10\ \text{mA}) = 0{,}73\ \text{V}.$

Dies in (2.1-1a) eingesetzt, liefert:

	numerisch	theoretisch	Messung
I_s/nA	24,2	–	< 100
U_t/mV	56,5	26	–

In Bild 2.1-2 ist die gemessene Kennlinie der Diode BAV17 aufgetragen.

Die Reihenschaltung von Widerstand R und Diode D ergibt

$$U = U_0 - R \cdot I . \qquad (2.1\text{-}2)$$

Die Gerade (2.1-2) wird in dasselbe Diagramm folgendermaßen eingezeichnet:

1. Der Abszissenpunkt ergibt sich für $I = 0$ aus (2.1-2) zu

$$U = U_0 .$$

2. Der Ordinatenpunkt ergibt sich für $U = 0$ aus (2.1-2) zu

$$I = U_0/R .$$

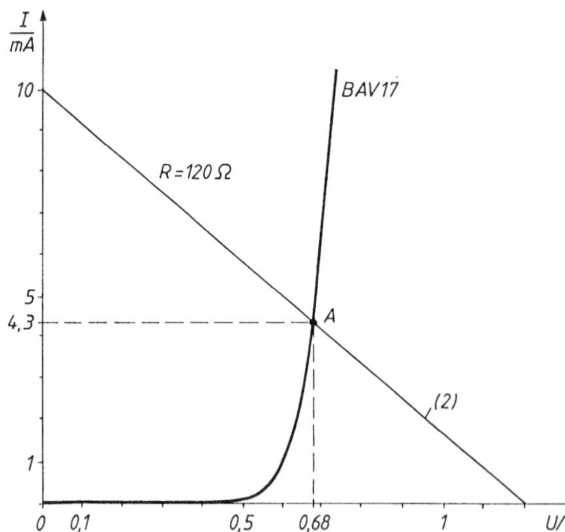

Bild 2.1-2:

Diodenkennlinie BAV17 und Arbeitsgerade (nach ITT-Datenblatt)

Es gibt nur einen Punkt im Diagramm, in dem sowohl (2.1-1) als auch (2.1-2) gleichzeitig erfüllt sind: Den Schnittpunkt, den man Arbeitspunkt A nennt. Der zu A gehörige Strom I_a fließt durch die Reihenschaltung von R und D. An D liegt die Spannung U_a.

2.1.2 Die Kennlinie als Tabelle

Normalerweise liegt die Kennlinie des nichtlinearen Elementes in Tabellenform als Resultat einer Messung vor. Wir zeigen das Verfahren der Schaltungsberechnung anhand einer Glühlampe (also eines NTC-Widerstandes). Die Glühlampe G sei mit einem Widerstand R in Reihe geschaltet (Bild 2.1-3).

Die Kennlinie der Glühlampe wird aus Tabellenwerten konstruiert, die ihrerseits aus Messungen gewonnen wurden. Aus dem Schaltbild ließt man ab:

$$U = U_0 - R \cdot I \,. \tag{2.1-2}$$

U = Spannung an der Glühlampe.

Zeichnet man (2.1-2) wie in Abschnitt 2.1.1 angegeben in das Diagramm ein, so erhält man als Schnittpunkt von Kennlinie und (2.1-2) den Arbeitspunkt A.

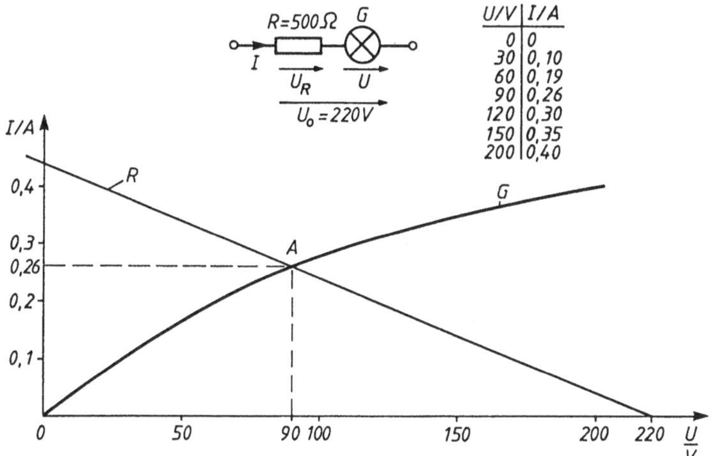

Bild 2.1-3: Glühlampenkennlinie G und Arbeitsgerade

2.2 Numerische Bestimmung des Arbeitspunktes

Anstelle der graphischen Lösung kann in manchen Fällen die numerische Berechnung der Schaltung von Vorteil sein. Wir erläutern unser Programm am einfachen Fall der bekannten Kennlinie.

2.2.1 Die Kennlinie als Funktion

Wir gehen aus von der implizit geschriebenen Gleichung der Kennlinie des nichtlinearen Elementes, also z.B. der Diode:

$$F_1(U, I) = I - I_s \cdot (\exp(U/U_t) - 1) = 0 \,. \tag{2.2-1}$$

Die Widerstandskennlinie sei in expliziter Form gegeben, wobei U die unabhängige und I die abhängige Variable ist:

$$F_2(U) = I = (U_0 - U)/R \ . \tag{2.2-2}$$

Setzt man (2.2-2) in (2.2-1) ein, so entsteht das „Nullstellenproblem":

$$F_1(U, F_2(U)) = 0 \ . \tag{2.2-3}$$

Wir suchen jetzt dasjenige U, bei dem diese Funktion zu 0 wird. Für unser Beispiel ergibt sich nach Multiplikation mit R:

$$F(U) = U_0 - U - R \cdot [I_s \cdot (\exp(U/U_t - 1)] = 0 \ . \tag{2.2-4}$$

Für die numerische Berechnung der Nullstelle (2.2-4) bedient man sich vorteilhafterweise des Verfahrens der Intervallhalbierung. Dieses ist im Abschnitt „Mathematische Ergänzungen" beschrieben.

Das Struktogramm des Hauptprogramms zeigt Bild 2.2-1. Man sieht, daß man zunächst die Grenzen U_1 und U_2, zwischen denen der Nulldurchgang von $F(U)$ gesucht werden

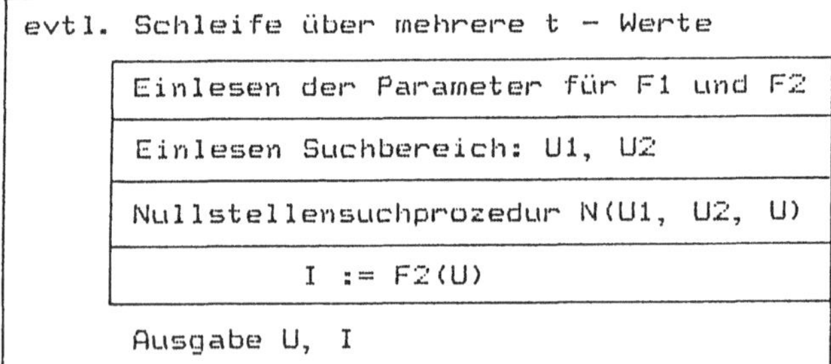

Bild 2.2-1:

Struktogramme des Programms ARBPKTK und seiner Unterfunktionen soll, einzugeben hat. Dann bestimmt die Prozedur $N(U_1, U_2, U)$ das gesuchte U des Nulldurchgangs von $F(U)$. Mit diesem U wird dann das zugehörige I des Arbeitspunktes berechnet. Für die Nullstellensuchprozedur $N(U_1, U_2, U)$ sind folgende Funktionen notwendig:

1. Die Elementkennlinie $F_1(U, I)$,   im Beispiel (2.2-1).
2. Die Widerstandskennlinie $F_2(U)$,   im Beispiel (2.2-2).
3. Die Nullstellenfunktion $F(U)$,   im Beispiel (2.2-4).

Die entsprechenden Programme ARBPKTK in BASIC und in Pascal findet der Leser im Abschnitt 9. Im Abschnitt „Mathematische Ergänzungen" befindet sich ein Ablaufdiagramm von ARBPKTK. Die folgenden Beispiele mögen der Erläuterung dienen.

Beispiel 1: Die Diode mit $I_s = 24\,\text{nA}$ und $U_t = 56{,}5\,\text{mV}$ ist mit dem Widerstand $R = 120\,\text{Ohm}$ in Reihe geschaltet (Bild 2.1-1). Die Schaltung liegt an $U_0 = 1{,}2\,\text{V}$. Als Suchbereich geben wir $U_1 = 0\,\text{V}$ und $U_2 = 1\,\text{V}$ ein. Das Programm ARBPKTK liefert dann die Ergebnisse in Bild 2.2-2.

Als „Fehler" drucken wir das bei Abbruch der Rechnung verbleibende Intervall aus, in dem das Ergebnis noch schwanken könnte.

```
Arbeitspunktbestimmung, Diode mit Widerstand
Eingabe: Is/A, Ut/V, Uo/V, R/Ohm ?   24E-9, 56.5E-3, 1.2, 120
Suchbereich: U1/V, U2/V ?             0, 1

U/V=0.6834848    I/A=4.304294 E-003    Rest=-5.122274 E-009
READY
```

Bild 2.2-2: Beispiel Diode und Widerstand an Gleichspannung (Bild 2.1-2).
Protokoll der Eingabe und Ergebnis.
Programm ARBPKTK

Beispiel 2: An die gleiche Schaltung wie in Beispiel 1 mit derselben Diode, aber $R = 200\,\text{Ohm}$ legen wir jetzt die Wechselspannung $U_0 = 2\,\text{V} \cdot \sin(2 \cdot \pi \cdot 50\,\text{Hz} \cdot t)$. Man kann sich mit Bild 2.1-2 klar machen, was geschieht: Der Arbeitspunkt wandert im Takte der Sinusspannung an der Kennlinie auf und ab. Wir berechnen die Positionen des wandernden Arbeitspunktes wie zuvor, indem wir ARBPKTK mehrmals aktivieren. Dazu berechnen wir zuvor die Sinusspannung für $t = T_1, T_1 + \Delta T, T_1 + 2 \cdot \Delta T, ..., T_2$. Das Resultat der Rechnung für das erste Periodenviertel zeigt Bild 2.2-3. (Dort haben wir durch Schleifenbildung die Rechnung automatisiert, wodurch das Programm ARBPKTKS entstand.)

2.2.2 Die Kennlinie als Tabelle

Dieser Fall ist in der Praxis der häufigste: Die gemessenen Kennlinienwerte U_k, I_k des nichtlinearen Schaltungselementes werden nacheinander als Tabelle ins Programm ARBPKTK eingefügt und wieder abgefragt, was dann das Programm ARBPKTT ergibt. Die notwendigen Zwischenwerte I_n zwischen zwei Meßwerten $U(k-1)$ und $U(k)$ bestimmt das Programm durch lineare Interpolation. Diese und ARBPKTT sind im Abschnitt „Mathematische Ergänzungen" näher beschrieben.

```
Arbpkt. Diode mit Widerstand, Wechselstrom 50 Hz
EINGABE: Is/A, Ut/V, R/Ohm, Uamp/V ?   24E-9, 56.5E-3, 200, 2
Zeitintervall: T1/s, T2/s, DeltaT/s ?  -0.5E-3, 3.6E-3, 1E-3
Suchbereich: U1/V, U2/V ?                -1, 1

T/ms=-0.5   Uo/V=-0.3128689 U/V=-0.3128641 I/A=-2.384186 E-008
T/ms=0.5    Uo/V=0.3128689 U/V=0.3116797 I/A=5.94601  E-006
T/ms=1.5    Uo/V=0.907981 U/V=0.6213503 I/A=1.433153  E-003
T/ms=2.5    Uo/V=1.414214 U/V=0.6748861 I/A=3.696639  E-003
T/ms=3.5    Uo/V=1.782013 U/V=0.6965815 I/A=5.427158  E-003
READY
```

a)

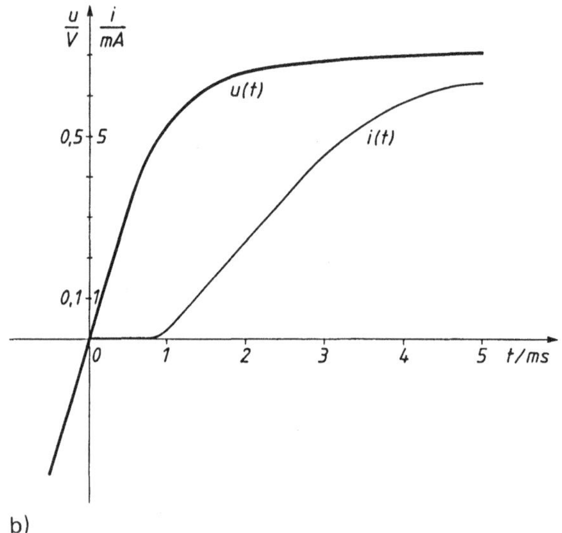

Bild 2.2-3:

Beispiel Diode und Widerstand an Wechselspannung,

a) Protokoll der Eingabe und Ergebnis
b) Graphische Darstellung des Ergebnisses

Programm ARBPKTKS für Sinusspannungen

b)

Als Beispiel betrachten wir die Reihenschaltung aus Glühlampe G und Widerstand R. Die Glühlampe wird durch 11 Meßwerte beschrieben. Das Ergebnis des Rechenlaufs von ARBPKTT zeigt Bild 2.2-4. Man sieht, daß wir zur Kontrolle auch die Tabellenwerte der Glühlampe mit ausdrucken ließen.

Übung

2.2-1: Ein Heißleiter (NTC-Widerstand) wird über $R = 600$ Ohm an eine Spannungsquelle mit 12 V angeschlossen.

Die Kennlinie des Heißleiters:

U/V	(0)	2,2	2,3	2,6	2,9	3,4	4,2	4,5
I/mA	(0)	30	25	20	15	10	5	2,5

```
Eingabe der Parameter
U0/V = 220
R/Ohm = 500
Eingabe des Suchbereiches
U1/V = 0
U2/V = 150
Kennlinie der Lampe im Suchbereich
uKenn/V =        0.000000,  iKenn/A =        0.000000
uKenn/V =        1.500000E1,  iKenn/A =    5.100000E-2
uKenn/V =        3.000000E1,  iKenn/A =    1.020000E-1
uKenn/V =        4.500000E1,  iKenn/A =    1.530000E-1
uKenn/V =        6.000000E1,  iKenn/A =    1.920000E-1
uKenn/V =        7.500000E1,  iKenn/A =    2.250000E-1
uKenn/V =        9.000000E1,  iKenn/A =    2.580000E-1
uKenn/V =        1.050000E2,  iKenn/A =    2.870000E-1
uKenn/V =        1.200000E2,  iKenn/A =    3.080000E-1
uKenn/V =        1.350000E2,  iKenn/A =    3.290000E-1
uKenn/V =        1.500000E2,  iKenn/A =    3.500000E-1
U/V =    9.047621E1,  I/A =    2.590476E-1,  Rest/A =   -2.980232E-8
```

Bild 2.2-4: Beispiel Glühlampe mit Widerstand (Bild 2.1-3).
Protokoll der Eingabe und Ergebnis.
Erweitertes Programm ARBPKTT mit Tabellenverarbeitung.

Die Formel des Heißleiters:

$$U = I \cdot R_n \cdot \exp\left(B \cdot (1/T - 1/T_n)\right) .$$
(2.2-5)

T_n = 273,15 K + 25 °C,
R_n = $R(T_n)$, hier R_n = 5,0 kOhm,
B = Kennwert des Heißleiters, hier B = 4250 K.

a) Man bestimme Strom und Spannung am Heißleiter im Arbeitspunkt, d.h., bei thermischem Gleichgewicht.

Hinweis: Da wir zunächst nicht wissen, bei welcher Temperatur T thermisches Gleichgewicht herrscht, kann (2.2-5) nicht zur Berechnung herangezogen werden. Es bleibt nur die graphische oder die numerische Lösung. Bei letzterer läßt man den Tabellenwert 0/0 unberücksichtigt.

b) Bei welcher Temperatur T herrscht thermisches Gleichgewicht?

Hinweis: Mit der Lösung von a) kann $R(T)$ des Heißleiters und mit (2.2-5) dann T gefunden werden.

```
Arbeitspunkt  nichtlin.  Element  mit  Widerstand
Eingabe:  Uo,  R  ?12,600
Suchbereich:  U1,  U2  ?2,5
Kennlinie  des  nichtlin.  Elements  im  Suchbereich
Ukenn/V=          2                Ikenn/A=          3 E-002
Ukenn/V=          2.428571            Ikenn/A=          2.285714 E-002
Ukenn/V=          2.857143            Ikenn/A=          1.571429 E-002
Ukenn/V=          3.285714            Ikenn/A=          1.114286 E-002
Ukenn/V=          3.714286            Ikenn/A=          8.035713 E-003
Ukenn/V=          4.142857            Ikenn/A=          5.357142 E-003
Ukenn/V=          4.571429            Ikenn/A=          2.5 E-003
Ukenn/V=          5                Ikenn/A=          2.5 E-003
U/V=     2.888889     I/A=          1.518518 E-002          Rest=
9.313226 E-010
```

a)

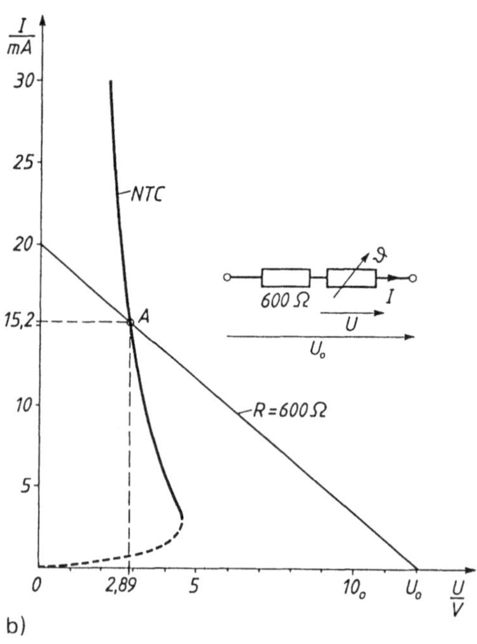

b)

Bild 2.2-5:

Beispiel Heißleiter mit Widerstand

a) Protokoll der Eingabe und Ergebnis
b) Diagramm

Programm ARBPKTT

3 Die Berechnung linearer Wechselstromnetze

3.1 Grundlegendes über sinusförmige Wechselspannung

3.1.1 Erzeugung und Darstellung

In einem homogenen Magnetfeld B dreht sich eine rechteckige Leiterschleife der Fläche A mit der Winkelgeschwindigkeit ω (Bild 3.1-1). Der wirksame magnetische Fluß ϕ durch die Schleife ist von deren Stellung abhängig:

$$\phi = B \cdot A \cdot \cos \alpha \, ,$$

oder, wegen $\alpha = \omega \cdot t$:

$$\phi = B \cdot A \cdot \cos (\omega \cdot t) \, .$$

Die in der Leiterschleife infolge Drehung induzierte Spannung ist (vgl. Abschnitt 5.8):

$$u \, (t) = - \, \frac{d\phi}{dt}$$

$$u \, (t) = B \cdot A \cdot \omega \cdot \sin (\omega \cdot t) \tag{3.1-1}$$

oder

$$u \, (\alpha) = B \cdot A \cdot \omega \cdot \sin \alpha \, .$$

Diese sich sinusförmig ändernde Spannung kann an den beiden Anschlüssen der Schleife abgegriffen werden. Wir haben so den primitivst möglichen Wechselstromgenerator konstruiert.

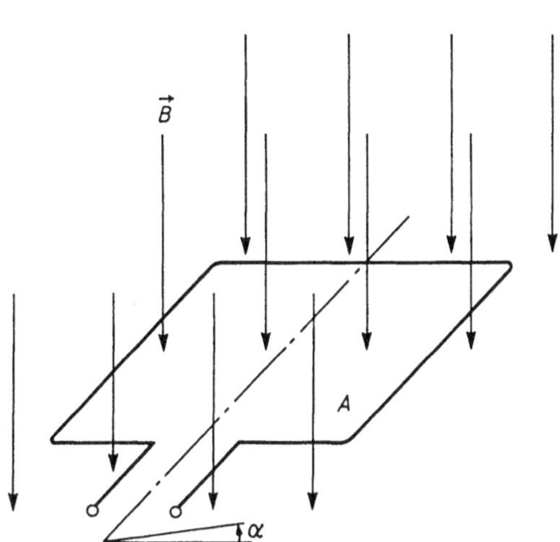

Bild 3.1-1:
Erzeugung der Wechselspannung

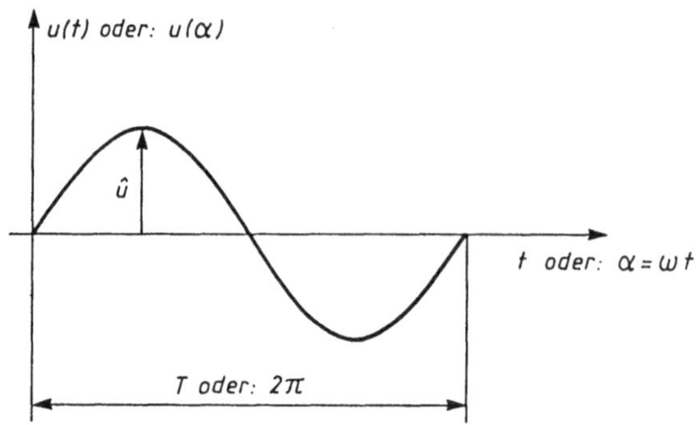

Bild 3.1-2:

Darstellung der Sinusfunktion in Abhängigkeit von der Zeit t bzw. dem Winkel φ

Stellt man (3.1-1) graphisch dar, so ergibt sich Bild 3.1-2 mit Darstellung im Zeitmaßstab oder im Winkelmaßstab:

$u\,(t)$	— Augenblickswert der Spannung im Zeitmaßstab,
$u\,(\alpha) = u\,(\omega \cdot t)$	— Augenblickswert der Spannung im Winkelmaßstab,
$B \cdot A \cdot \omega = \hat{u}$	— Amplitude der Sinusspannung,
ω	— Kreisfrequenz [1/s],
$f = \omega/(2 \cdot \pi)$	— Frequenz [Hz],
$T = 1/f$	— Periodendauer im Zeitmaßstab,
$2 \cdot \pi$	— Periode im Winkelmaßstab.

Man bedient sich in der Elektrotechnik beider Darstellungen.

Betrachten wir jetzt eine zweite Leiterschleife, die gegen die erste um den Winkel φ verdreht ist (Bild 3.1-3). In ihr wird bei gemeinsamer Drehung eine um den Winkel φ nacheilende Spannung induziert:

$$u_2\,(t) = B \cdot A \cdot \omega \cdot \sin\,(\omega \cdot t - \varphi)\,.$$

Man beachte: $-\varphi$ bedeutet Nacheilung,

$+\varphi$ bedeutet Voreilung.

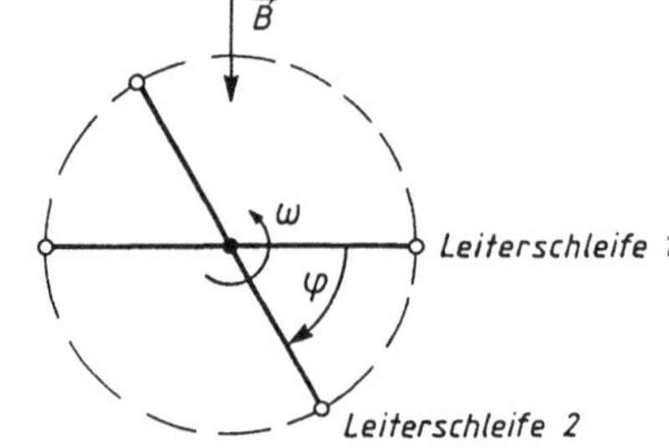

Bild 3.1-3:

Die Spannung $u_2\,(t)$ ist gegen $u_1\,(t)$ phasenverschoben.

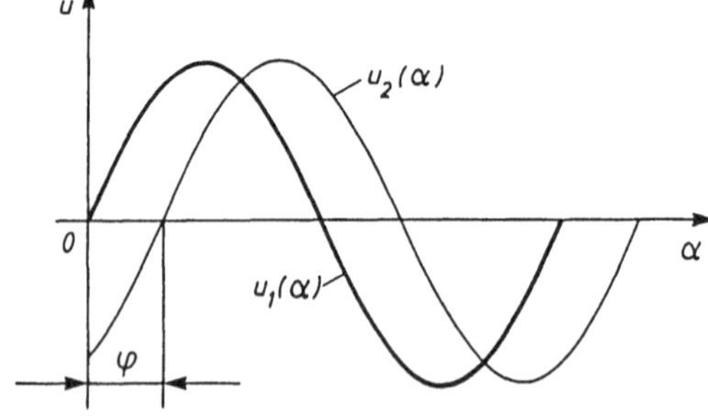

3.1.2 Der arithmetische Mittelwert

Der arithmetische Mittelwert ist allgemein (also nicht nur für sinusförmige elektrische Größen) über den Flächeninhalt definiert:

Der arithmetische Mittelwert einer periodischen Funktion ist gleich dem Flächeninhalt unter der Kurve, bezogen auf die Periode $2 \cdot \pi$:

$$\overline{u} = \frac{1}{2 \cdot \pi} \cdot \int_{0}^{2\pi} u\,(\alpha)\,d\alpha\ . \tag{3.1-2}$$

Beispiel 1: Sinusspannung (Bild 3.1-4a)

Man sieht auch ohne Rechnung, daß der arithmetische Mittelwert $= 0$ ist, da sich die Flächen ober- und unterhalb der Sinuskurve aufheben.

Beispiel 2: Gleichgerichtete Sinusspannung (Bild 3.1-4b)

Es genügt aus Symmetriegründen, die Beziehung (3.1-2) von 0 bis π anzuwenden:

$$\overline{u} = \frac{\hat{u}}{\pi} \cdot \int_{0}^{\pi} \sin \alpha\,d\alpha\ ,$$

$$\overline{u} = \frac{2}{\pi} \cdot \hat{u}\ .$$

Auf diesen Wert stellt sich der Zeiger eines mit Gleichstrom geeichten Drehspulgerätes ein, das über einen Zweiweggleichrichter an eine Wechselspannung angeschlossen wird.

Beispiel 3: Gleichgerichtete Dreieckspannung (Bild 3.1-4c)

Es genügt aus Symmetriegründen, (3.1-2) von 0 bis $\pi/2$ anzuwenden.

$$\overline{u} = \frac{\hat{u}}{\pi/2} \cdot \int_{0}^{\pi/2} \frac{1}{\pi/2} \cdot \alpha\,d\alpha\ ,$$

$$\overline{u} = \frac{\hat{u}}{2}\ .$$

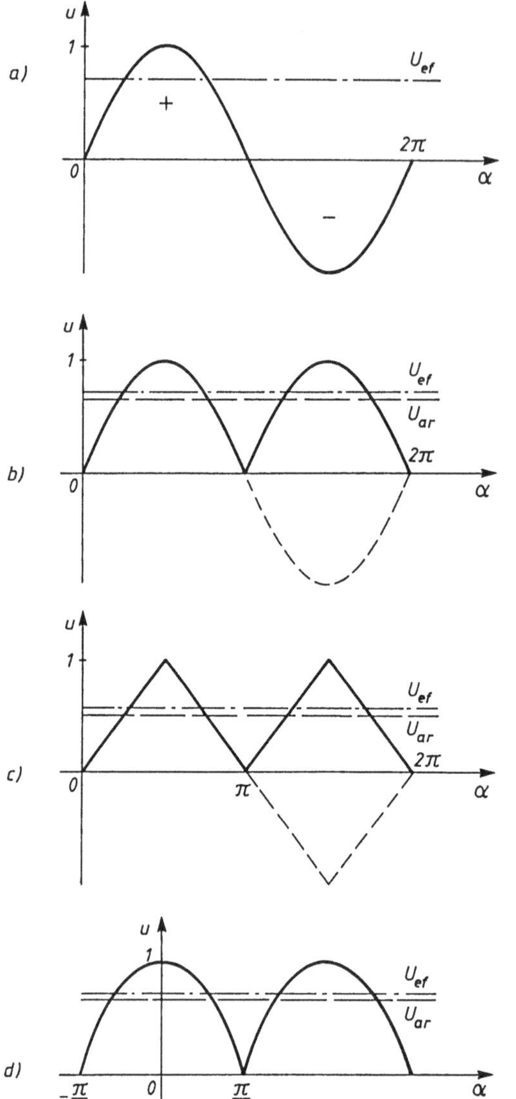

Bild 3.1-4:

Mittelwerte verschiedener Wechselspannungen

a) Sinus
b) gleichgerichteter Sinus
c) gleichgerichtetes Dreieck
d) Parabelbögen

Übung

3.1-1: In Bild 3.1-4d ist eine aus Parabelbögen zusammengesetzte Spannung gezeichnet.
Man berechne den arithmetischen Mittelwert.
Hinweis: Die Parabel hat hier die allgemeine Form

$$u\,(\alpha) = a \cdot \alpha^2 + c\;.$$

Sie geht durch die Punkte $(0\,|\,\hat{u})$ und $(\pi/2\,|\,0)$. Damit sind a, c bestimmbar und (3.1-2)
kann unter Beachtung der Symmetrie angewandt werden.

3.1.3 Der Effektivwert

Der Effektivwert ist nur in der Elektrotechnik definiert und zwar über den Leistungs-begriff: Der Effektivwert einer Wechselspannung $u\,(t)$ ist derjenige Mittelwert dieser Spannung, der in einem Widerstand R die gleiche Arbeit leistet wie die Gleichspannung U_{ef}.

$$\frac{U_{ef}^2}{R} \cdot T = \frac{1}{R} \cdot \int_0^T u^2\,(t)\,dt$$

$$\text{oder}\quad U_{ef}^2 = \frac{1}{T} \cdot \int_0^T u^2\,(t)\,dt \tag{3.1-3a}$$

$$\text{oder}\quad U_{ef}^2 = \frac{1}{2 \cdot \pi} \cdot \int_0^{2\pi} u^2\,(\alpha)\,d\alpha\ . \tag{3.1-3b}$$

(Obige Beziehungen gelten natürlich genauso für Wechselströme.)

Beispiel 1: Sinusspannung (Bild 3.1-4a).

Nach (3.1-3b):

$$U_{ef}^2 = \frac{\hat{u}^2}{2 \cdot \pi} \cdot \int_0^{2\pi} \sin^2 \alpha\,d\alpha$$

$$U_{ef} = \frac{\hat{u}}{\sqrt{2}}\ .$$

Für den effektiven Wechselstrom gilt entsprechend:

$$I_{ef} = \frac{\hat{i}}{\sqrt{2}}\ .$$

Beispiel 2: Dreieckspannung (Bild 3.1-4c).

Da man nicht über eine Unstetigkeitsstelle hinwegintegrieren darf, wenden wir (3.1-3b) nur von 0 bis $\pi/2$ an. Aus Symmetriegründen genügt dieses Teilintegral zur Bestimmung des Effektivwertes.

$$U_{ef}^2 = \frac{\hat{u}^2}{\pi/2} \cdot \int_0^{\pi/2} \left(\frac{2 \cdot \alpha}{\pi}\right)^2 d\alpha\ ,$$

$$U_{ef} = \frac{\hat{u}}{\sqrt{3}}\ .$$

Übungen

3.1-2: Die Netzspannung hat den Effektivwert 220 V. Wie groß ist die Amplitude?

3.1-3: Welchen Effektivwert hat die gleichgerichtete Wechselspannung (Bild 3.1-4b)?
Hinweis: Wegen der Quadrierung von u (t) spielt dessen Vorzeichen keine Rolle.

3.1-4: Welchen Effektivwert hat die Parabelspannung (Bild 3.1-4d)?
Hinweis: Man beachte die Übung in Abschnitt 3.1.2.

3.1.4 Addition zweier Sinusspannungen

3.1.4.1 Schwingungen gleicher Frequenz
Es sei

$$u_1(t) = \hat{u}_1 \cdot \sin(\omega \cdot t)$$

und

$$u_2(t) = \hat{u}_2 \cdot \sin(\omega \cdot t + \varphi) \, .$$

Formt man die letzte Gleichung um mittels Additionstheorem

$$\sin(x + y) = \sin x \cdot \cos y + \cos x \cdot \sin y \, ,$$

so folgt für die Summe:

$$u_s(t) = u_1(t) + u_2(t)$$

$$u_s(t) = (\hat{u}_1 + \hat{u}_2 \cdot \cos\varphi) \cdot \sin(\omega \cdot t) + \hat{u}_2 \cdot \sin\varphi \cdot \cos(\omega \cdot t)$$

$$u_s(t) = a \cdot \sin(\omega \cdot t) + b \cdot \cos(\omega \cdot t) \, . \tag{3.1-4}$$

Wir wollen (3.1-4) in der in der Elektrotechnik üblichen Form

$$u_s(t) = A \cdot \sin(\omega \cdot t + \varphi_s) \tag{3.1-5}$$

schreiben und formen dazu zunächst diese Beziehung mittels Additionstheorem um und
unterziehen das Ergebnis einem Koeffizientenvergleich mit (3.1-4). Dies beschert uns

$$\varphi_s = \arctan\frac{b}{a} \, , \tag{3.1-5a}$$

$$A = \sqrt{a^2 + b^2} \, . \tag{3.1-5b}$$

Die Abkürzungen a und b ergeben sich aus (3.1-4).
Wir haben somit bewiesen: Die Summe zweier gleichfrequenter Sinusspannungen ergibt
stets eine Sinusspannung gleicher Frequenz.

Übung

3.1-5: Gegeben sind zwei gleichfrequente Sinusspannungen mit $\hat{u}_1 = 1\,\text{V}$, $\hat{u}_2 = 1{,}5\,\text{V}$. $u_2(t)$
eile $u_1(t)$ um 90° voraus. Stellen Sie die Summenspannung $u_s(t)$ in der Form (3.1-5) dar.

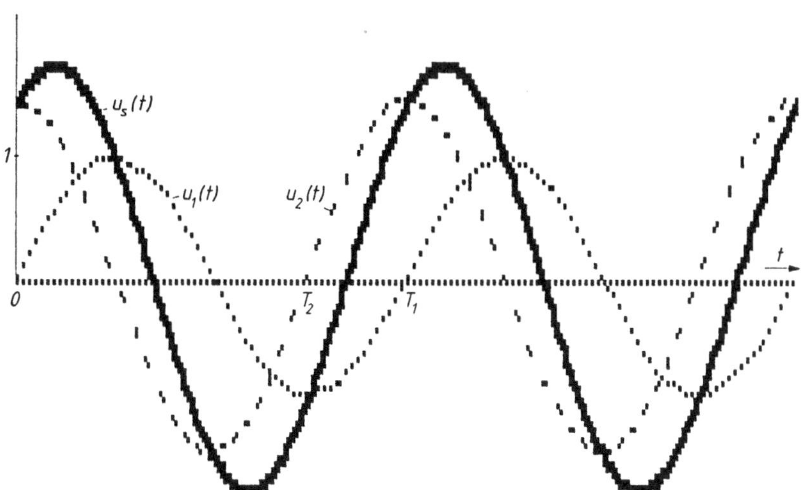

Bild 3.1-5: Summe zweier Sinusspannungen gleicher Frequenz

Die Kurvenverläufe dieser Übung sind in Bild 3.1-5 dargestellt. Das Bild ist mit einem Matrixdrucker mit primitiver Graphikeinrichtung erstellt worden. Das verwendete einfache Zeichenprogramm SINUS4 übernimmt die mühsame Addition der Sinuswerte für jedes $\omega \cdot t$.

Das Programm SINUS4 ist ein kleines graphisches BASIC-Programm ohne programmiertechnische Finessen. Es druckt drei Sinusfunktionen aus:

1. $u_1(t) = \hat{u}_1 \cdot \sin(\text{Omega} \cdot t)$.

Omega gibt an, wieviele Perioden von $u_1(t)$ auf die Zeichenbreite kommen sollen.

2. $u_2(t) = \hat{u}_2 \cdot \sin(n \cdot \text{Omega} \cdot t + \text{deltaPhi})$.

Der Faktor n gibt an, wieviel mal höher die Frequenz von $u_2(t)$ als die von $u_1(t)$ sein soll. DeltaPhi ist die Phasenverschiebung von $u_2(t)$ gegenüber $u_1(t)$. Positives deltaPhi bedeutet Voreilung.

3. $u_s(t) = u_1(t) + u_2(t)$.

Alle drei Kurven werden mit verschiedener Strichart dargestellt.

3.1.4.2 Schwingungen ungleicher Frequenz

Die Summe der beiden Spannungen

$$u_1(t) = \hat{u}_1 \cdot \sin(\omega_1 \cdot t)$$

und

$$u_2(t) = \hat{u}_2 \cdot \sin(\omega_2 \cdot t + \varphi)$$

läßt sich formal nicht weiter vereinfachen. Wir setzen deshalb, um das Wesentliche zu erkennen, $\hat{u}_1 = \hat{u}_2 = \hat{u}$ und $\varphi = 0$. Dann ergibt sich die Summe zu

$$u_s(t) = 2 \cdot \hat{u} \cdot \sin\left(\frac{\omega_2 - \omega_1}{2} \cdot t\right) \cdot \cos\left(\frac{\omega_1 + \omega_2}{2} \cdot t\right) . \qquad (3.1\text{-}6)$$

Dies kann man interpretieren als eine cos-Schwingung, die mit dem Mittelwert

$$\omega_s = \frac{\omega_1 + \omega_2}{2} \qquad (3.1\text{-}6a)$$

schwingt, und deren Amplitude sich mit der Differenzfrequenz

$$\omega_d = \frac{\omega_2 - \omega_1}{2} \qquad (3.1\text{-}6b)$$

ebenfalls sinusförmig ändert.

Beispiel 1: Wir addieren zwei Spannungen stark unterschiedlicher Frequenz:

$$u_1(t) = 1\,\text{V} \cdot \sin(2 \cdot t)$$

und

$$u_2(t) = 1\,\text{V} \cdot \sin(4 \cdot t) .$$

Dann ist nach (3.1-6a, b)

die Summenfrequenz $\quad \omega_s = 3 \ 1/\text{s}$,
die Differenzfrequenz $\quad \omega_d = 1 \ 1/\text{s}$.

In Bild 3.1-6 sind die drei Schwingungen zu sehen. Man kann dort in $u_s(t)$ weder die Summen- noch die Differenzfrequenz ausmachen.

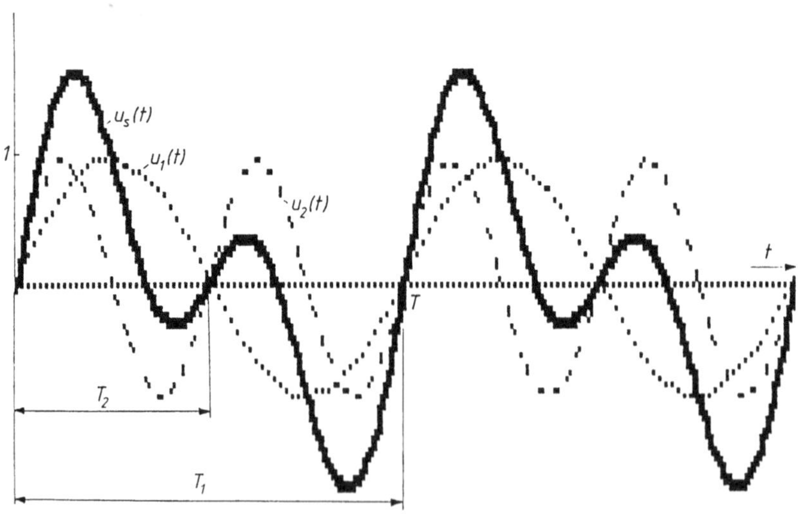

Bild 3.1-6: Summe zweier Sinusspannungen ungleicher Frequenz ($f_2 = 2 \cdot f_1$)

Beispiel 2: Wir addieren zwei Spannungen fast gleicher Frequenz:

$$u_1(t) = 1\,\text{V} \cdot \sin(10 \cdot t)$$

und

$$u_2(t) = 1\,\text{V} \cdot \sin(11{,}5 \cdot t)\,.$$

Dann ist nach (3.1-6a, b)

die Summenfrequenz $\omega_s = 10{,}75\ 1/\text{s}$,
die Differenzfrequenz $\omega_d = 0{,}75\ 1/\text{s}$.

In Bild 3.1-7 ist der Übersichtlichkeit halber nur $u_s(t)$ dargestellt. Wir messen $u_s(t)$ aus, indem wir auf die Zeiteinheit „Achsenlänge" beziehen:

Für die Summenfrequenz gilt: $\qquad \omega_s = \dfrac{\text{Achsenlänge}}{T_s} = 10{,}75\ 1/\text{s};$

für die Differenzfrequenz gilt: $\qquad \omega_d = \dfrac{\text{Achsenlänge}}{T_d} = 0{,}75\ 1/\text{s}.$

Beide Frequenzen sind im Diagramm von $u_s(t)$ in Bild 3.1-7 leicht nachzuweisen. Die Differenzfrequenz nennt man in einem solchen Falle auch Schwebungsfrequenz.

Wir fassen zusammen:

1. Die Summe zweier Sinusspannungen ungleicher Frequenz ist im allgemeinen keine sinusförmige Wechselspannung.
2. Liegen die beiden ursprünglichen Frequenzen dicht beieinander, so entsteht eine Schwebung mit ω_d gemäß (3.1-6b).

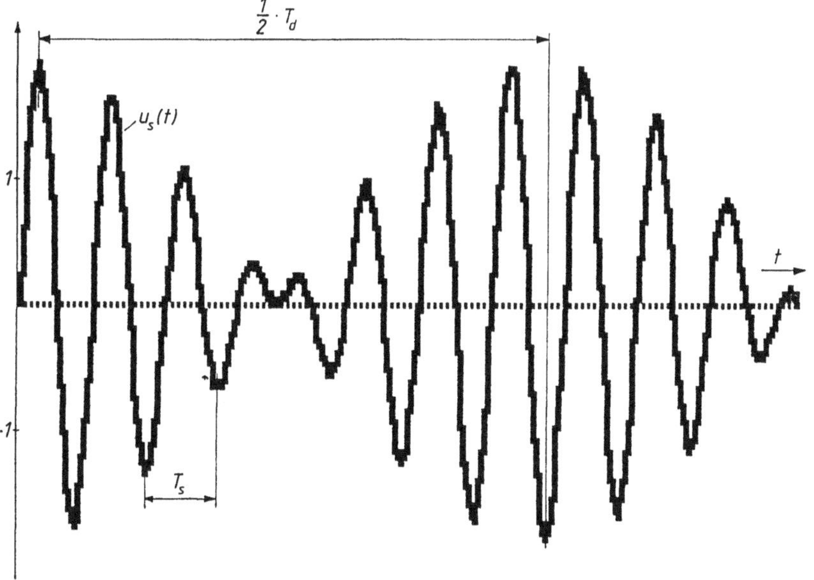

Bild 3.1-7: Summe zweier Sinusspannungen ungleicher Frequenz (f2 = 1.15 · f1, Schwebung)

3.1.5 Multiplikation zweier Sinusspannungen

Es sei

$$u_1(t) = \hat{u}_1 \cdot \cos(\omega_1 \cdot t) \, ,$$

$$u_2(t) = \hat{u}_2 \cdot \cos(\omega_2 \cdot t + \varphi) \, .$$

Wir arbeiten hier mit der cos-Funktion, da sich dadurch übersichtlichere Formeln ergeben als bei der sin-Funktion. Dies ändert an der Allgemeingültigkeit der Überlegungen nichts. Für das Produkt schreiben wir

$$u_p(t) = \frac{u_1(t) \cdot u_2(t)}{\hat{u}_2} \, .$$

Die Division durch $\hat{u}_2$ ergibt für u_p wieder die Dimension einer Spannung. Daraus mit Obigem mit $\varphi = 0$:

$$u_p(t) = m \cdot \cos(\omega_1 \cdot t) \cdot \hat{u}_2 \cdot \cos(\omega_2 \cdot t) \, , \qquad m = \hat{u}_1/\hat{u}_2 \, .$$

Durch Umformung:

$$u_p(t) = \frac{\hat{u}_2 \cdot m}{2} \cdot (\cos(\omega_1 + \omega_2) \cdot t + \cos(\omega_2 - \omega_1) \cdot t) \, . \tag{3.1-7}$$

Wir erhalten also zwei voneinander unabhängige Schwingungen, die sich überlagern. Von technischer Bedeutung ist das Ergebnis, das man erhält, wenn man $u_p(t)$ nach (3.1-7) noch $u_2(t)$ überlagert:

$$u_p'(t) = u_p(t) + u_2(t)$$

$$u_p'(t) = \hat{u}_2 \cdot (\cos(\omega_2 \cdot t) + \frac{m}{2} \cdot [\cos(\omega_1 + \omega_2) \cdot t + \cos(\omega_2 - \omega_1) \cdot t]) \, . \tag{3.1-8}$$

Die Beziehung (3.1-8) ist die Grundlage der Amplitudenmodulation (AM), mit der der Großteil der drahtlosen Nachrichtenübertragung abgewickelt wird. Man nennt

$$\begin{aligned}
\omega_1 &\quad \text{die Modulationsfrequenz (Sprache oder Musik),} \\
\omega_2 &\quad \text{die Trägerfrequenz,} \\
m &\quad \text{den Modulationsgrad,} \\
\omega_1 + \omega_2 &\quad \text{die obere Seitenschwingung,} \\
\omega_2 - \omega_1 &\quad \text{die untere Seitenschwingung.}
\end{aligned}$$

Stets ist $\omega_2 \gg \omega_1$.

Beispiel: Es sei $u_1(t) = 0{,}75\,\text{V} \cdot \cos(1 \cdot t)$ und $u_2(t) = 1\,\text{V} \cdot \cos(10 \cdot t)$.

a) Wie sieht das Spektrum des Produkts $u_p(t)$ und des Modulationsprodukts $u_p'(t)$ aus? (Spektrum: Diagramm, das die Amplituden der einzelnen Teilschwingungen einer Wechselspannung als senkrechte Linien über der Frequenzachse zeigt.)

In Bild 3.1-8 sind die beiden Spektren zu sehen. $u_p(t)$ hat zwei Linien, nämlich die obere und die untere Seitenfrequenz, $u_p'(t)$ hat zusätzlich noch die Linie der Trägerfrequenz.

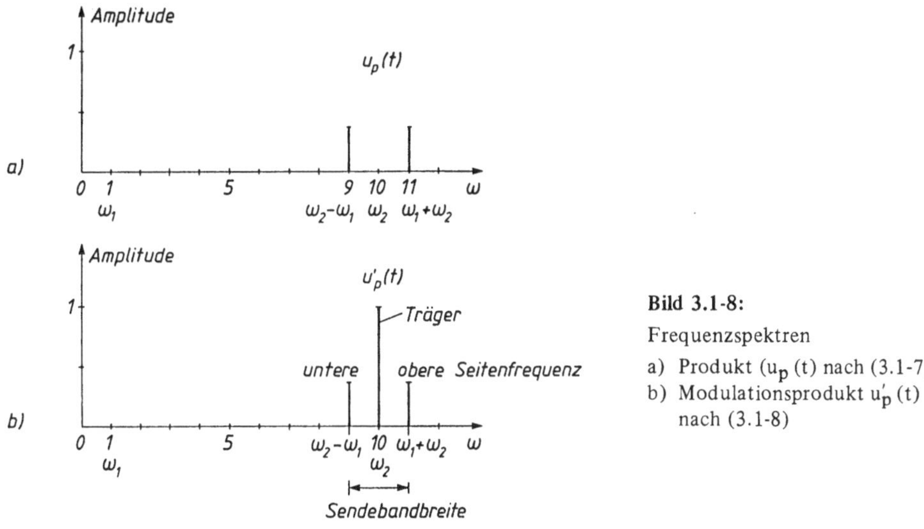

Bild 3.1-8:

Frequenzspektren

a) Produkt (u_p (t) nach (3.1-7)
b) Modulationsprodukt u'_p (t) nach (3.1-8)

b) Wie sieht das Liniendiagramm von $u'_p(t)$ aus?

In Bild 3.1-9 ist das von einem Drucker mittels Programm SINUS5 erstellte Diagramm zu sehen. Die Trägerspannung $u_2(t)$ ist der Übersichtlichkeit halber weggelassen. Wir messen $u'_p(t)$ aus, indem wir auf die Zeiteinheit „Achsenlänge'' beziehen:

Für die Trägerfrequenz gilt:
$$ω_2 = \frac{\text{Achsenlänge}}{T_2} = 10 \ \ 1/\text{s};$$

für die Modulationsfrequenz gilt:
$$ω_1 = \frac{\text{Achsenlänge}}{T_1} = 1 \ \ 1/\text{s}.$$

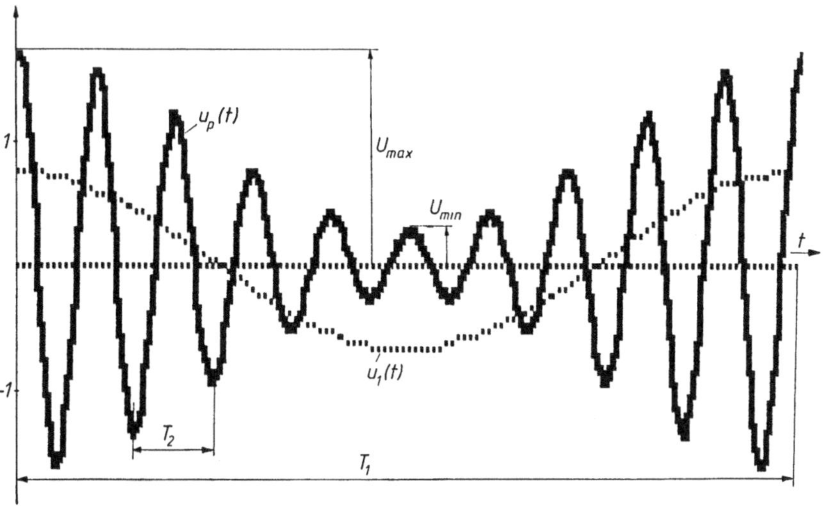

Bild 3.1-9: Modulationsprodukt u'_p (t) zweier Sinusspannungen ungleicher Frequenz ($f_2 = 10 \cdot f_1$)

Beide Frequenzen sind ohne Schwierigkeit im Liniendiagramm von $u_p'(t)$ in Bild 3.1-9 nachzuweisen.

Man kann sich $u_p'(t)$ von zwei Hüllkurven begrenzt vorstellen. Deren Maximalwert U_{max} und Minimalwert U_{min} gestatten rückwärts die Bestimmung des Modulationsgrades m:

$$m = \frac{U_{max} - U_{min}}{U_{max} + U_{min}} \, .$$

Der Leser kann das im Bild 3.1-9 nachprüfen für $m = 0{,}75$.

Das BASIC-Programm SINUS5 zum Zeichnen des Modulationsproduktes $u_p'(t)$ ist fast identisch mit SINUS4. Es zeichnet

1. die Modulationsspannung $u_1(t) = \hat{u}_1 \cdot \cos(\text{Omega1} \cdot t)$,

2. die Trägerspannung $u_2(t) = 1\,\text{V} \cdot \cos(n \cdot \text{Omega2} \cdot t + \text{deltaPhi})$,

3. das Modulationsprodukt $u_p'(t) = u_2(t) + \dfrac{u_1(t) \cdot u_2(t)}{\hat{u}_2} \, .$

Übung

3.1-6:   Jedem europäischen Mittelwellensender ist eine Sendebandbreite von maximal 9 kHz zugewiesen.

a) Welches ist die höchste und welches die niedrigste Sendefrequenz eines Senders mit 600 kHz Trägerfrequenz?

b) Wie groß kann der maximal übertragbare Bereich der Modulationsfrequenz sein?

Hinweis: Man beachte Bild 3.1-8.

3.1.6 Leistung

Zu Beginn dieses Buches (Abschnitt 1.2) hatten wir die Gleichstromleistung zu

$$P = U \cdot I \tag{1.2-2}$$

definiert. Bei Wechselspannung und -strom entspricht dem der Augenblickswert der Leistung

$$p(t) = u(t) \cdot i(t) \, . \tag{3.1-9}$$

Setzen wir

$$u(t) = \hat{u} \sin(\omega \cdot t)$$

und

$$i(t) = \hat{i} \sin(\omega \cdot t - \varphi)$$

in (3.1-9) ein, so folgt nach einigen trigonometrischen Umformungen:

$$p(t) = \frac{\hat{u} \cdot \hat{i}}{2} \cdot (\cos\varphi - \cos(2 \cdot \omega \cdot t) \cdot \cos\varphi + \sin(2 \cdot \omega \cdot t) \cdot \sin\varphi)$$

$$p(t) = \underbrace{U_{ef} \cdot I_{ef} \cdot \cos\varphi \cdot (1 - \cos(2 \cdot \omega \cdot t))} + \underbrace{U_{ef} \cdot I_{ef} \cdot \sin\varphi \cdot \sin(2 \cdot \omega \cdot t)} \tag{3.1-9a}$$

$$p(t) = P \cdot (1 - \cos(2 \cdot \omega \cdot t)) \qquad\qquad + Q \cdot \sin(2 \cdot \omega \cdot t) \, . \tag{3.1-9b}$$

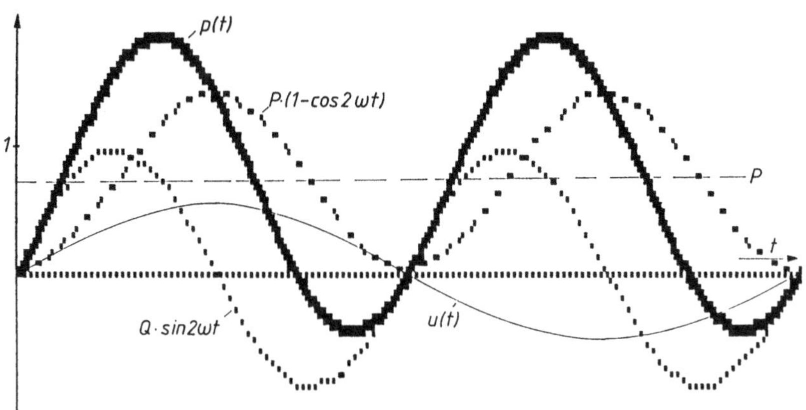

Bild 3.1-10: Augenblickswerte der Wirk-Blind- und Gesamtleistung (cosφ = 0.60)

Die Beziehung (3.1-9b) ist in Bild 3.1-10 dargestellt. Betrachten wir die beiden Terme in (3.1-9b) getrennt. Der Term

$$P \cdot (1 - \cos (2 \cdot \omega \cdot t))$$

ist eine mit doppelter Frequenz wie $u(t)$ und $i(t)$ schwingende Leistungsgröße. Ihr zeitlicher Mittelwert ist, wie ein Koeffizientenvergleich (3.1-9a/3.1-9b) zeigt:

$$P = U_{ef} \cdot I_{ef} \cdot \cos \varphi \ . \tag{3.1-10}$$

P ist die Wirkleistung, gemessen in W (Watt); cos φ ist der Leistungsfaktor des Verbrauchers. P stellt die am Verbraucher tatsächlich wirksame Leistung dar. Bei ohmscher Last ist sie maximal ($\varphi = 0$, cos $\varphi = 1$).

Der Term

$$Q \cdot \sin (2 \cdot \omega \cdot t)$$

ist eine mit doppelter Frequenz wie $u(t)$ und $i(t)$ schwingende Leistungsgröße. Ihr zeitlicher Mittelwert ist 0 und ihre Amplitude ist, wie ein Koeffizientenvergleich (3.1-9a/ 3.1-9b) zeigt:

$$Q = U_{ef} \cdot I_{ef} \cdot \sin \varphi \ . \tag{3.1-11}$$

Q ist die Amplitude der Blindleistung mit der SI-Einheit W, darf normgemäß aber auch mit var (Voltampère réactif) bezeichnet werden. Die Blindleistung pendelt nutzlos, aber energieverschwendend zwischen Generator und Verbraucher hin und her.

Es ist üblich, das Produkt $U_{ef} \cdot I_{ef}$ als Scheinleistung zu bezeichnen:

$$S = U_{ef} \cdot I_{ef} \ . \tag{3.1-12}$$

mit der SI-Dimension W, darf normgemäß aber auch mit VA bezeichnet werden. Sie ist die maximal mögliche Wirkleistung bei cos $\varphi = 1$. Sie tritt nicht als meßbare Größe auf. Aus geometrischen Gründen gilt (vgl. Bild 3.1-11):

$$S^2 = P^2 + Q^2 \ .$$

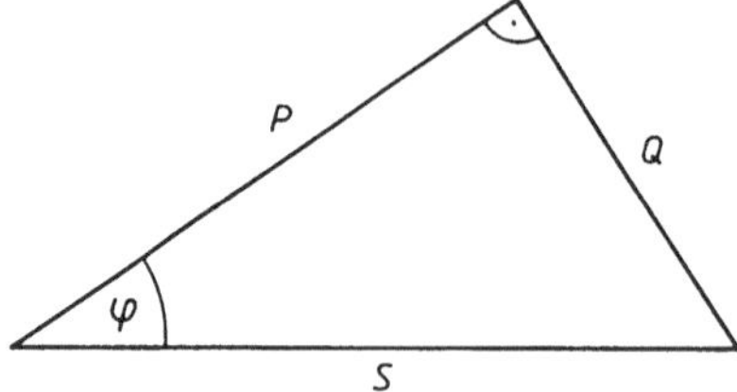

Bild 3.1-11:

Dreieck aus Wirk-, Blind- und Scheinleistung

Übungen

3.1-7: Das Leistungsschild eines Elektromotors trägt die Angaben: 220 V (50 Hz), 14,42 A, $\cos \varphi = 0{,}79$. Man berechne:

a) Scheinleistung S,

b) Wirkleistung P,

c) Blindleistung Q.

3.1-8: Obiger Motor ist gegen Aufpreis bei gleicher Wirkleistung auch mit einem um 10 % größeren Leistungsfaktor lieferbar. Um wieviel Prozent vermindern sich dann die Leitungsverluste?

Hinweis: Die Leitungsverluste sind $P_l = R_l \cdot I_{ef}^2$. Man untersuche also die Änderung von I_{ef}.

3.2 Die verschiedenen Verfahren der Netzwerkberechnung

Die Berechnung der Ströme und Spannungen von Netzwerken bei Wechselstrom erfolgt mit den gleichen Gesetzen wie bei Gleichstrom:

— Ohmsches Gesetz

— Kirchhoffsche Maschen- und Knotenregel.

Erschwerend tritt hinzu, daß neben dem ohmschen Widerstand R jetzt die Induktivität L und die Kapazität C eine Rolle als Schaltungselement spielen. Dadurch treten Phasenverschiebungen zwischen Strömen und Spannungen auf. Die Berechnungen werden zwangsläufig umfangreicher.

3.2.1 Spannung und Strom an R, L und C

Wir untersuchen hier die Verknüpfungen von Strom und Spannung an den Elementen R, L und C. Bekanntlich ist beim Widerstand R:

$$u = R \cdot i \qquad \text{oder} \qquad i = \frac{u}{R} \ .$$

Für die Induktivität L gilt entsprechend (vgl. Abschnitt 5.8.2):

$$u = L \cdot \frac{di}{dt} \qquad \text{oder} \qquad i = \frac{1}{L} \cdot \int u \, dt \ .$$

Für die Kapazität C gilt entsprechend (vgl. Abschnitt 4.6.1):

$$i = C \cdot \frac{du}{dt} \qquad \text{oder} \qquad u = \frac{1}{C} \cdot \int i \, dt \; .$$

Betrachten wir nun als Beispiel die Reihenschaltung von R, L und C (Bild 3.2-1). Die Maschenregel ergibt:

$$u_R + u_L + u_C = u_0 \; . \tag{3.2-1}$$

Mit den obigen Beziehungen wird daraus:

$$R \cdot i + L \cdot \frac{di}{dt} + \frac{1}{C} \cdot \int i \, dt = u_0 \; . \tag{3.2-2}$$

Diese Integrodifferentialgleichung beschreibt die Schaltung in Bild 3.2-1 in allgemeinster Form. Ein derartiger Ansatz ist für alle Schaltungen möglich. Die davon ausgehenden Lösungswege werden im Folgenden besprochen.

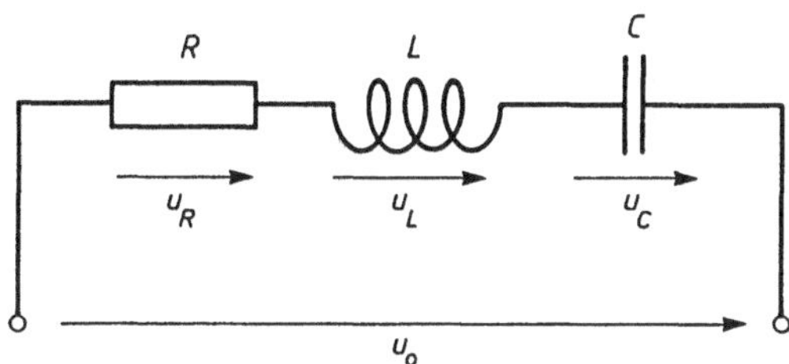

Bild 3.2-1:
RLC-Reihenschaltung

3.2.2 Lösung mit Sinusfunktion im Zeitbereich

Es sei

$$i = \hat{i} \cdot \sin \omega \cdot t \qquad \text{(bekannt: } \hat{i}, \omega)$$

$$u_0 = \hat{u}_0 \cdot \sin (\omega \cdot t + \varphi_0) \qquad \text{(bekannt: } \omega; \text{ unbekannt: } \hat{u}_0, \varphi_0).$$

Wir betrachten also i als die bekannte Bezugsgröße. Allgemein ist

$$\frac{di}{dt} = \hat{i} \cdot \omega \cdot \cos \omega \cdot t \; , \qquad\qquad \int i \, dt = \frac{-\hat{i}}{\omega} \cdot \cos \omega \cdot t \; .$$

Dies in (3.2-2) ergibt

$$R \cdot \hat{i} \cdot \sin \omega \cdot t + \omega \cdot L \cdot \hat{i} \cdot \cos \omega \cdot t - \frac{\hat{i}}{\omega \cdot C} \cdot \cos \omega \cdot t = \hat{u}_0 \cdot \sin (\omega \cdot t + \varphi_0) \; . \tag{3.2-3}$$

Vergleicht man (3.2-3) mit (3.2-1), so kann man für die Amplituden und Phasenbeziehungen an den drei Elementen R, L und C die in Bild 3.2-2 dargestellten allgemein gültigen Werte ablesen.

Formen wir (3.2-3) um:

$$\hat{i} \cdot [R \cdot \sin \omega \cdot t + \left(\omega \cdot L - \frac{1}{\omega \cdot C} \right) \cdot \sin (\omega \cdot t + \pi/2)] = \hat{u}_0 \cdot \sin (\omega \cdot t + \varphi_0) \; .$$

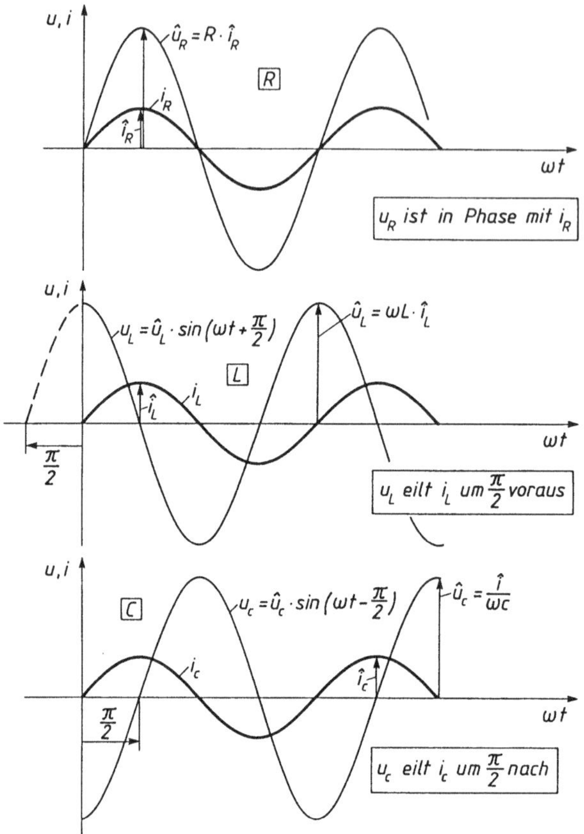

Bild 3.2-2:
Zeitdiagramme der Spannungen und Ströme an R, L und C

Die Summe zweier phasenverschobener Sinusfunktionen gleicher Frequenz ergibt wieder eine Sinusfunktion gleicher Frequenz:

$$\hat{i} \cdot \sqrt{R^2 + \left(\omega \cdot L - \frac{1}{\omega \cdot C}\right)^2} \cdot \sin(\omega \cdot t + \varphi_Z) = \hat{u}_0 \cdot \sin(\omega \cdot t + \varphi_0) \; ; \tag{3.2-4}$$

$$\varphi_Z = \arctan \frac{\omega \cdot L - 1/(\omega \cdot C)}{R} \; . \tag{3.2-4a}$$

Aus (3.2-4) kann man durch Koeffizientenvergleich für die gesuchten Größen der vorliegenden Schaltung entnehmen:

$$\hat{u}_0 = \hat{i} \cdot \sqrt{R^2 + \left(\omega \cdot L - \frac{1}{\omega \cdot C}\right)^2} \tag{3.2-5}$$

$$= \hat{i} \cdot Z \; .$$

Man nennt

$$Z = \sqrt{R^2 + \left(\omega \cdot L - \frac{1}{\omega \cdot C}\right)^2} \tag{3.2-6}$$

den Scheinwiderstand (die Impedanz) der Schaltung.

Weiterhin ist

$$\varphi_0 = \varphi_Z \; .$$

Der zeitliche Verlauf von u_0 und i ist in Bild 3.2-3 gezeichnet für den Fall, daß der induktive Anteil $\omega \cdot L$ größer ist als der kapazitive Anteil $1/(\omega \cdot C)$, d.h. φ_0 nach (3.2-4a) ist positiv. Es eilt u_0 dem i voraus.

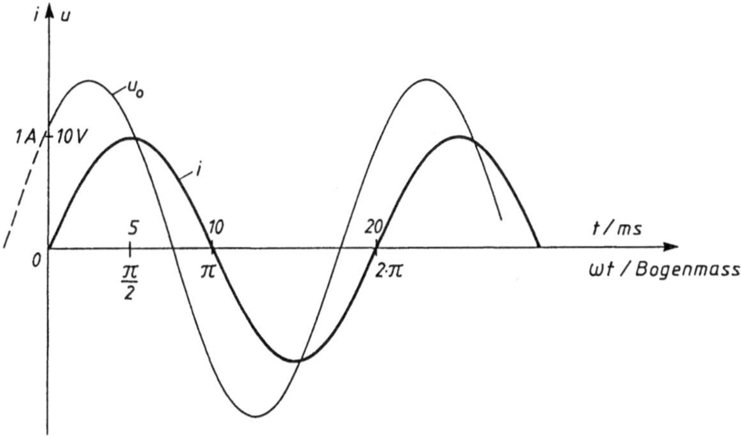

Bild 3.2-3: Zeitdiagramm von Spannung und Strom der RLC-Reihenschaltung

Übung 3.2-1: Gegeben ist eine RLC-Reihenschaltung gemäß Bild 3.2-1. Es sei:

$f = 50$ Hz,
$\hat{i} = 1$ A,
$R = 12$ Ohm,
$L = 80$ mH,
$C = 212 \, \mu$F.

Wie groß ist Z, φ_0, $\hat{u}_0$?

3.2-2: Man berechne analog zu obigem den Gesamtstrom durch die Parallelschaltung von R, L und C. $\hat{u}_0 = 1$ V.

Hinweis: Statt der drei Teilspannungen in (3.2-1) setze man jetzt die drei Teilströme an. Statt des Widerstandes R rechne man mit dem Leitwert G.

3.2.3 Die Lösung mit Zeigerdiagramm

Man weiß: Rotiert ein Stab gleichmäßig im Gegenuhrzeigersinn um sein eines Ende, so beschreibt der Schatten des anderen Endes auf einer dahinter liegenden, sich gleichmäßig von links nach rechts bewegenden Ebene eine Sinuskurve.

Man kann also eine Sinusfunktion durch einen mathematisch positiv rotierenden „Zeiger" (Stab) sich dargestellt denken, dessen Länge der Amplitude der Sinusfunktion entspricht. Eine z.B. um den Winkel φ nacheilende Sinusfunktion wird dann durch einen um den Winkel φ mathematisch negativ verdrehten Zeiger mit dem gleichen Drehpunkt dargestellt. Da die gleichmäßige Rotation des Zeigersystems keine Information enthält, halten wir die Zeiger zu einem beliebigen Zeitpunkt an und haben damit das Zeigerdiagramm.

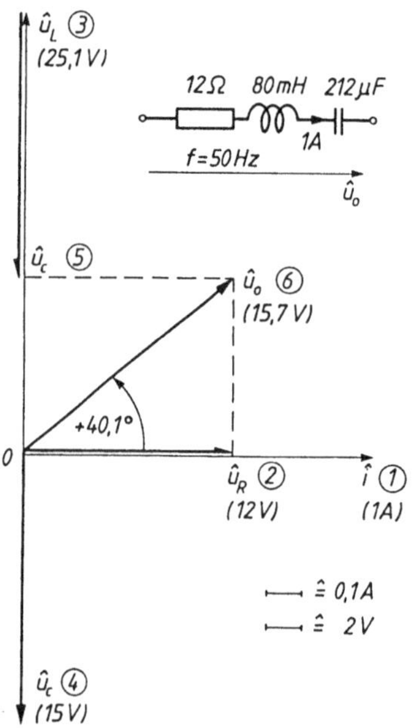

Bild 3.2-4:

Zeigerdiagramm der RLC-Reihenschaltung. Die eingekreisten Ziffern geben die Konstruktionsfolge an.

Zur Erläuterung des Obigen diene die Konstruktion des Zeigerdiagramms einer *RLC*-Reihenschaltung (Bild 3.2-4). Wir gehen aus von der Beziehung (3.2-3) und konstruieren schrittweise:

1. Die Funktion $i = \hat{i} \cdot \sin \omega \cdot t$ stellen wir als einen Zeiger $\hat{i}$ dar, dessen Länge proportional zu $\hat{i}$ ist (z.B. 1 A $\hat{=}$ 10 cm), und den wir willkürlich waagerecht anordnen.

2. Parallel zum Zeiger $\hat{i}$ ordnen wir in seinem Fußpunkt 0 einen Zeiger $\hat{u}_R$ an, dessen Länge proportional zu

$$\hat{u}_R = R \cdot \hat{i}$$

ist (z.B. 1 V $\hat{=}$ 0,5 cm).

3. Senkrecht zum Zeiger $\hat{i}$, und nach oben, da um $\pi/2$ voreilend, ordnen wir, ebenfalls von 0 ausgehend, einen Zeiger $\hat{u}_L$ an, der den gleichen Maßstab wie $\hat{u}_R$ hat.

$$\hat{u}_L = \omega \cdot L \cdot \hat{i} \,.$$

Begründung: Stellen wir uns das ganze System um 0 im Linkssinn rotierend vor, so erlebt ein in der Ebene ruhender Beobachter zuerst das voreilende $\hat{u}_L$ und dann $\hat{i}$.

4. Senkrecht zum Zeiger $\hat{i}$, und nach unten, da um $\pi/2$ nacheilend, ordnen wir, ebenfalls von 0 ausgehend, einen Zeiger $\hat{u}_C$ an, der den gleichen Maßstab wie $\hat{u}_R$ hat.

$$\hat{u}_C = \hat{i}/(\omega \cdot C) \,.$$

Begründung: Analog zu 3.: ... zuerst $\hat{i}$ und dann $\hat{u}_C$.

5. und 6. Alle drei Zeiger ($\hat{u}_R$, $\hat{u}_L$, $\hat{u}_C$) werden nach den Regeln der Vektorrechnung addiert und ergeben so einen resultierenden Zeiger $\hat{u}_0$, der um den Winkel φ gegen den Zeiger $\hat{i}$ gedreht ist. Seine Länge und sein Winkel können aus dem Zeigerdiagramm abgelesen werden.

Ergänzend sei bemerkt, daß häufig anstelle der Amplituden $\hat{u}$, $\hat{i}$ die Effektivwerte U, I als Zeigerlängen verwendet werden.

Der Vorteil des Zeigerdiagramms ist seine Anschaulichkeit, Übersichtlichkeit und Fehlersicherheit. Als Nachteil kann man werten, daß die Ergebnisse nur mit Zeichengenauigkeit erhalten werden.

Übung

3.2-3: Für die in Bild 3.2-5 gezeigte Schaltung soll das Zeigerdiagramm konstruiert werden. Gegeben sind die Schaltungselemente und die Eingangsspannung.

Hinweis: Man beginne mit $\hat{u}_C$, dem man willkürlich die Größe 100 V ($\hat{=}$ 10 cm) zuweist. Dann baue man das Zeigerdiagramm in der in Bild 3.2-5 angegebenen Reihenfolge auf. Man erhält schließlich graphisch $\hat{u}_0 = 74$ V. Da in Wirklichkeit $\hat{u}_0 = 200$ V ist, sind alle Zeigerlängen mit dem Faktor $200/74 = 2,7$ zu multiplizieren, um die wahren Ströme und Spannungen zu erhalten. Alle Winkel bleiben unverändert. (Die exakten Zahlenwerte findet der Leser im Testbeispiel für das BASIC-Programm WNETZWERK.)

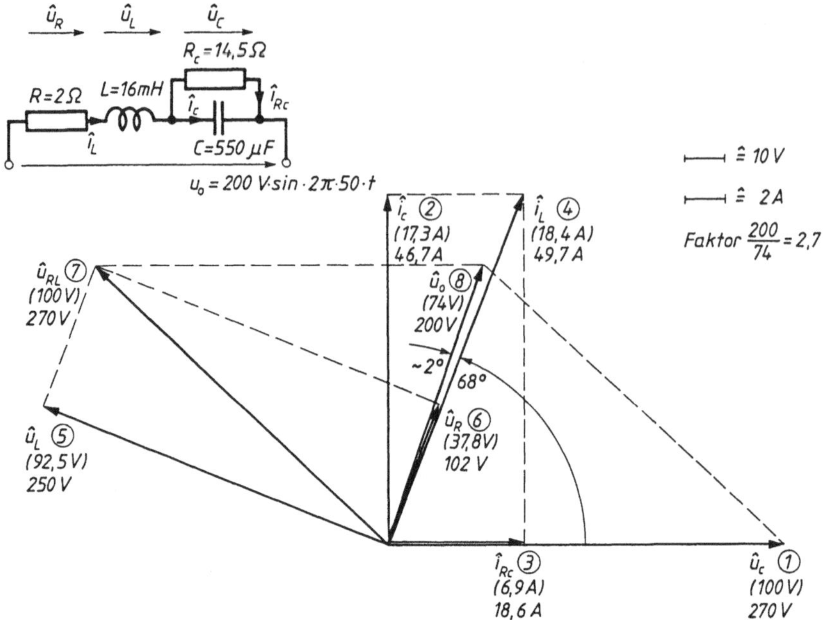

Bild 3.2-5: Zeigerdiagramm der RLC-Schaltung mit Verlustwiderstand. Die eingekreisten Ziffern geben die Konstruktionsfolge an.

3.2.4 Die Lösung mit komplexer Rechnung im Frequenzbereich

Das in Abschnitt 3.2.3 beschriebene Zeigerdiagramm läßt sich auch in der komplexen Gaußschen Zahlenebene darstellen. Man kommt damit von der graphischen zur rechnerischen Lösung. Den Übergang von der Graphik zur Rechnung kann man sich in drei Schritten vorstellen (Bild 3.2-6):

1. Man bringt das Zeigerdiagramm in die kartesischen x/y-Koordinaten, 0-Punkt auf 0-Punkt.

2. Man ersetzt das kartesische durch das Gaußsche System, indem man die x-Achse als reelle Achse und die y-Achse als imaginäre Achse definiert.

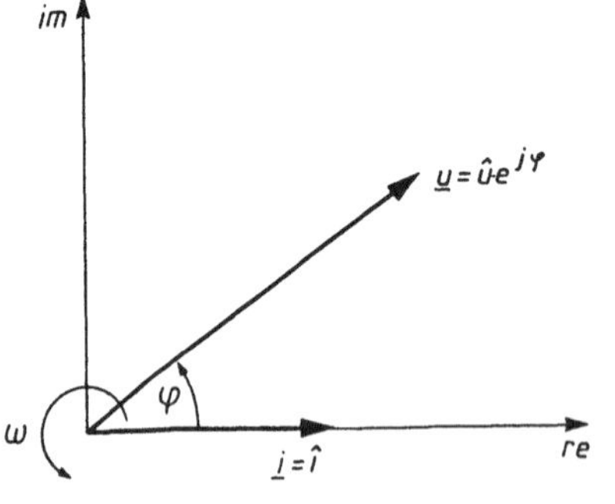

Bild 3.2-6:
Zeiger in der komplexen Ebene

3. Man stellt den Zeiger $\hat{i}$ dar durch die komplexe Zeitfunktion

$$\underline{i} = \hat{i} \cdot e^{j\omega t},$$

oder

$$\underline{i} = \hat{i} \cdot \exp(j \cdot \omega \cdot t) .$$

Dieser Zeiger rotiert mit Winkelgeschwindigkeit ω um seinen Fußpunkt.

Ein um den Winkel φ vorauseilender Zeiger $\hat{u}$ schreibt sich so:

$$\underline{u} = \hat{u} \cdot e^{j(\omega t + \varphi)},$$

oder

$$\underline{u} = \hat{u} \cdot \exp(j \cdot \omega \cdot t + \varphi) .$$

Allgemein ist

$$\frac{d\underline{i}}{dt} = j \cdot \omega \cdot \hat{i} \cdot e^{j\omega t},$$

$$\int \underline{i} \, dt = \frac{1}{j \cdot \omega} \cdot \hat{i} \cdot e^{j\omega t}.$$

Betrachten wir als Beispiel die *RLC*-Reihenschaltung (Bild 3.2-1). Aus (3.2-2) wird unter Verwendung der obigen Beziehungen:

$$R \cdot \hat{i} \cdot e^{j\omega t} + \omega \cdot \hat{i} \cdot L \cdot j \cdot e^{j\omega t} + \frac{\hat{i}}{j \cdot \omega \cdot C} \cdot e^{j\omega t} = \hat{u}_0 \cdot e^{j(\omega t + \varphi_u)} . \tag{3.2-7}$$

Aus (3.2-7) kürzen wir jetzt den Drehoperator $e^{j\omega t}$ heraus, was elektrotechnisch bedeutet, daß wir das eigentlich mit der Winkelgeschwindigkeit ω um den Ursprung rotierende Zeigersystem nun ruhig stellen. Damit wird aus (3.2-7):

$$\hat{i} \cdot \left(R + j \cdot \omega \cdot L + \frac{1}{j \cdot \omega \cdot C} \right) = \hat{u}_0 \cdot e^{j\varphi_u} . \tag{3.2-7a}$$

Die Induktivität L tritt uns hier entgegen mit ihrem rein imaginären Widerstand

$$X_L = j \cdot \omega \cdot L . \tag{3.2-7b}$$

Entsprechend zeigt sich die Kapazität als

$$X_c = \frac{1}{j \cdot \omega \cdot C} = \frac{-j}{\omega \cdot C} . \tag{3.2-7c}$$

In dieser Form werden L und C im Folgenden stets auftreten.

Rein formal können wir (3.2-7a) auch so schreiben:

$$\hat{i} \cdot |Z| \cdot e^{j\varphi_z} = \hat{u}_0 \cdot e^{j\varphi_u} . \tag{3.2-7d}$$

Der Betrag des Scheinwiderstandes Z ergibt sich nach den Regeln der komplexen Rechnung aus dem Klammerausdruck in (3.2-7a) zu

$$|Z| = \sqrt{R^2 + (\omega \cdot L - 1/(\omega \cdot C))^2} \,.$$
(3.2-7e)

Für den Winkel φ_z des Scheinwiderstandes Z ergibt sich:

$$\varphi_z = \arctan \frac{\omega \cdot L - 1/(\omega \cdot C)}{R} \,.$$
(3.2-7f)

Der Koeffizientenvergleich (3.2-7a/3.2-7d) ergibt

$$\varphi_u = \varphi_z \,.$$

3.2.5 Beispiele

3.2.5.1 RC-Schaltungen

Die einfachste RC-Schaltung ist der frequenzabhängige, unbelastete Spannungsteiler (Bild 3.2-7). Wir betrachten im Folgenden die Schaltung in Bild 3.2-7a. Für den Übertragungsfaktor liest man dort ohne weiteres ab:

$$A = \frac{U_2}{U_1} = \frac{R}{R + X_c} \qquad (X_c = 1/(j \cdot \omega \cdot C))$$

$$= \frac{\omega \cdot R \cdot C}{\omega \cdot R \cdot C - j} \,.$$
(3.2-8)

Teilt man (3.2-8) auf in Real- und Imaginärteil, so erhält man:

$$A = \frac{a}{a + 1} \cdot (a + j) \qquad (a = \omega \cdot R \cdot C).$$

Teilt man (3.2-8) auf in Betrag und Winkel, so erhält man:

$$|A| = \frac{a}{\sqrt{a^2 + 1}}$$
(3.2-8a)

$$< (A) = \arctan (1/a) \,.$$
(3.2-8b)

Wir suchen nunmehr die Kreisfrequenz ω_0, bei der $< (A) = 45°$ ist. Dies ist allgemein der Fall, wenn

$$\text{Realteil} = \text{Imaginärteil}$$

ist. Also aus Obigem:

$$a = 1 \,,$$

oder

$$\omega_0 = 1/(R \cdot C) \,.$$

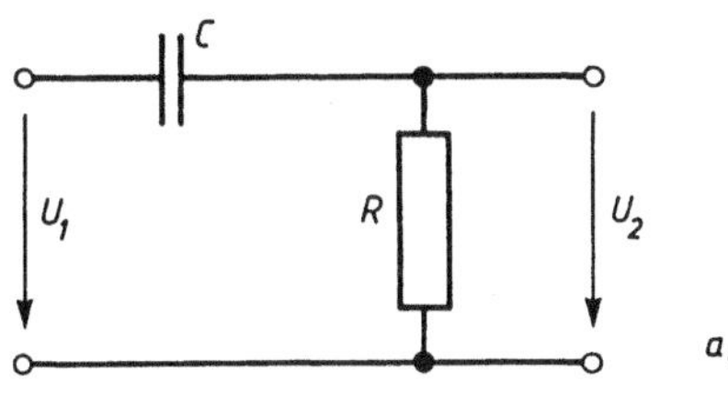

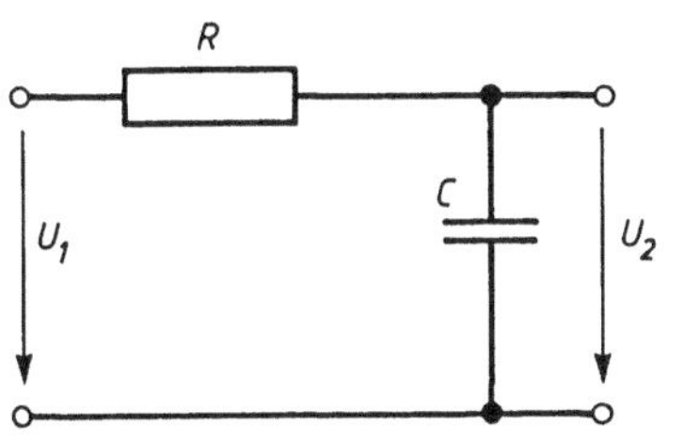

Bild 3.2-7:

Einfache RC-Schaltungen

a) CR-Schaltung (Hochpaß 1. Ordnung)
b) RC-Schaltung (Tiefpaß 1. Ordnung)
c) Amplitudengänge
d) Phasengänge

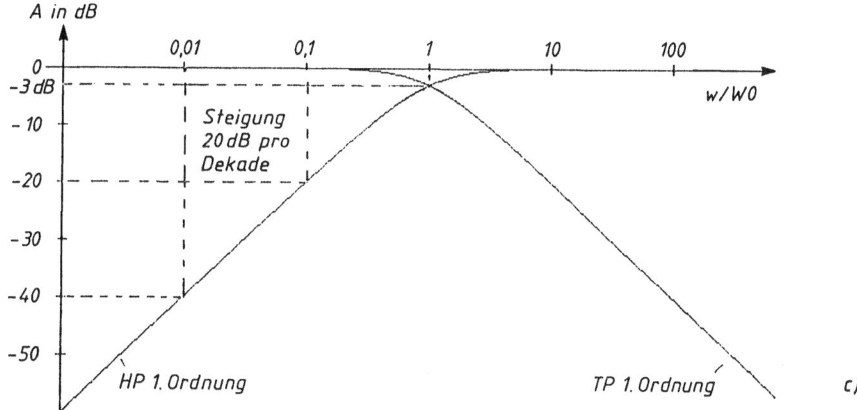

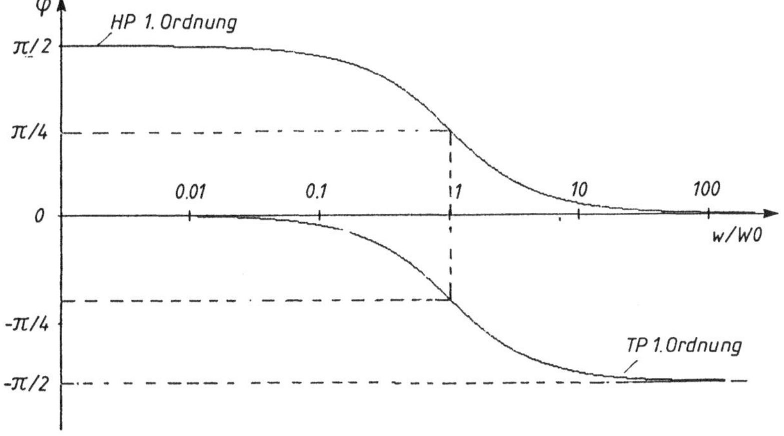

Außerdem:

$$|A(\omega_0)| = 1/\sqrt{2} \, .$$

Das *CR*-Glied findet Anwendung als Phasendrehglied, als Hochpaß, oder als Differenzierglied. Letzteres erkennt man folgendermaßen:

Es ist

$$u_2 = R \cdot i \, ,$$

andererseits

$$i = C \cdot \frac{du_c}{dt} \, .$$

Daraus:

$$u_2 = R \cdot C \cdot \frac{d(u_1 - u_2)}{dt} \, ,$$

oder, für $u_1 \gg u_2$:

$$u_2 \cong R \cdot C \cdot \frac{du_1}{dt} \, . \qquad\qquad (3.2\text{-}9)$$

Es bedeutet $u_1 \gg u_2$ andererseits $R \gg X_c$, woraus folgt:

$$\omega \gg \omega_0 \, .$$

Das *CR*-Glied wirkt also als Differenzierglied für Frequenzen weit oberhalb ω_0.

Das *CR*-Glied, nunmehr als Zweipol betrachtet, stellt die Serienersatzschaltung des technischen Kondensators dar (Bild 3.2-8a).

Man liest dort ab: $Z_s = R_s + X_{cs}$, woraus folgt:

$$\tan \vartheta_s = R_s \cdot \omega \cdot C_s \, .$$

Man nennt ϑ_s den Verlustwinkel und $\tan \vartheta_s$ den Verlustfaktor des Kondensators. Gleichwertig ist die Parallelersatzschaltung des technischen Kondensators (Bild 3.2-8b).

Man liest dort ab: $Y_p = G_p + Y_{cp}$, woraus folgt:

$$\tan \vartheta_p = G_p/(\omega \cdot C_p) \, .$$

Bei einer bestimmten Frequenz muß $Z_s = 1/Y_p$ sein. Daraus ergeben sich, wie der Leser übungshalber nachrechnen kann, folgende Umrechnungsformeln:

$$R_s = \frac{G_p}{(\omega \cdot C_p)^2 \cdot (1 + \tan^2 \vartheta_p)} \cong \frac{G_p}{(\omega \cdot C_p)^2} \qquad \text{für} \quad \tan \vartheta_p \ll 1 \, , \qquad (3.2\text{-}10a)$$

$$C_s = C_p \cdot (1 + \tan^2 \vartheta_p) \cong C_p \qquad\qquad\qquad \text{für} \quad \tan \vartheta_p \ll 1 \, , \qquad (3.2\text{-}10b)$$

$$\tan \vartheta_s = \tan \vartheta_p \, . \qquad\qquad\qquad\qquad\qquad\qquad\qquad\qquad\qquad (3.2\text{-}10c)$$

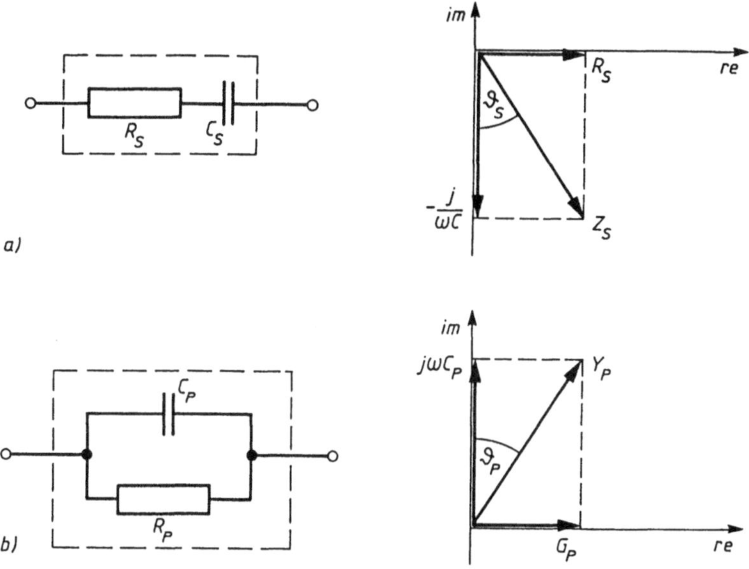

Bild 3.2-8: Ersatzschaltungen des technischen Kondensators
a) Reihenschaltung b) Parallelschaltung

Man kann also beim Verlustfaktor auf die Unterscheidung zwischen Reihen- und Parallelschaltung verzichten.

Zahlenwerte:

Folienkondensatoren: $0{,}001 < \tan\vartheta < 0{,}01$ bei 1 kHz,
Elektrolytkondensatoren: $0{,}06 \; < \tan\vartheta < 0{,}15$ bei 100 Hz.

Übungen

3.2-4: Man berechne analog zum CR-Glied die Übertragungsfunktion g des RC-Gliedes in Bild 3.27-7b.

3.2-5: Die RC-Schaltung in Bild 3.2-7b ist ein Integrierglied. Man beweise dies durch Herleitung der die Gleichung (3.2-9) entsprechenden Beziehung.

3.2-6: Ein Kondensator hat $C = 96$ nF und $\tan\vartheta = 0{,}003$ bei $f = 1$ kHz. Man berechne den Serien- und Parallelersatzwiderstand.

Schaltet man zwei RC-Glieder hintereinander, so ergeben sich die Schaltungen in Bild 3.2-9. Zur Bestimmung der Übertragungsfunktion A der $CRCR$-Schaltung in Bild 3.2-9a setzen wir die beiden Maschenströme I_1 und I_2 an und erhalten:

$$X_c \cdot I_1 + (I_1 - I_2) \cdot R - U_1 = 0$$
$$X_c \cdot I_2 + (I_2 - I_1) \cdot R + U_2 = 0$$
$$I_2 \cdot R = U_2 \; .$$

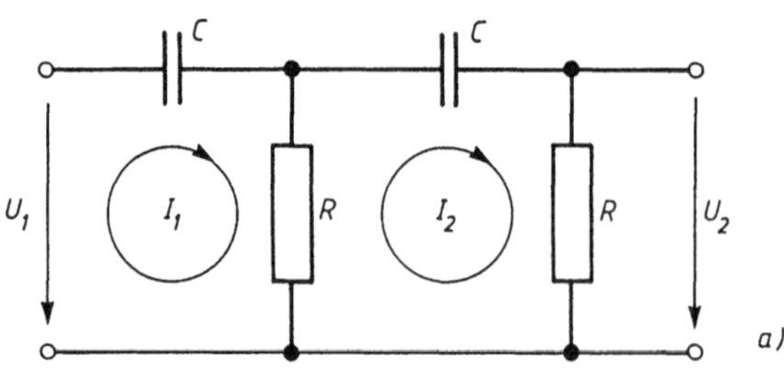

Bild 3.2-9:

Zusammengesetzte RC-Schaltungen
a) CRCR-Schaltung
b) RCRC-Schaltung

Daraus leite der Leser folgende Beziehung ab:

$$A = \frac{U_2}{U_1} = \frac{R}{R^2 + X_c^2 + 3 \cdot R \cdot X_c} \cdot \qquad (3.2\text{-}11)$$

Aufgeteilt nach Real- und Imaginärteil:

$$A = \frac{a^2}{(a^2 - 1)^2 + (3 \cdot a)^2} \cdot (a^2 - 1 + j \cdot 3 \cdot a) , \qquad a = \omega \cdot R \cdot C . \qquad (3.2\text{-}11a)$$

Aufgeteilt nach Betrag und Winkel:

$$|A| = \frac{a^2}{\sqrt{(a^2 - 1)^2 + (3 \cdot a)^2}} , \qquad (3.2\text{-}11b)$$

$$<(A) = \arctan \frac{3 \cdot a}{a^2 - 1} \cdot$$

Wir suchen nun die Kreisfrequenz ω_0, bei der $<(A) = 45°$ ist. Aus (3.2-11a) folgt:

$$a^2 - 1 = 3 \cdot a .$$

Diese quadratische Gleichung hat eine sinnvolle Lösung:

$$a = 3{,}303 ,$$

was heißt:

$$\omega_0 = \frac{3{,}303}{R \cdot C} \cdot$$

Dies in (3.2-11b):

$$|A(\omega_0)| = 0{,}7785 .$$

Wir suchen nun die Frequenz ω_1, bei der $\sphericalangle (A) = 90°$ ist. Dies bedeutet, daß in (3.2-11a) der Realteil verschwindet, da $\cos 90° = 0$ ist. Also

$$a^2 - 1 = 0$$
$$a = 1 \; .$$

Somit ist die 90°-Frequenz $\omega_1 = 1/R \cdot C$ und aus (3.2-11b) folgt

$$|A (\omega_1)| = 1/3 \; .$$

Diese Schaltung kann als Hochpaß und zur Phasendrehung eingesetzt werden.

Übungen

3.2-7: Das *CRCR*-Glied in Bild 3.2-9a habe $C = 10$ nF.

a) Welches R läßt U_2 der Spannung U_1 um 45° vorauseilen, wenn $f_0 = 1$ kHz ist?
b) Wie groß ist die 90°-Frequenz f_1?

3.2-8: Leiten Sie die Übertragungsfunktion A der *RCRC*-Schaltung in Bild 3.2-9b ab. Wie groß sind die Kreisfrequenzen für $\sphericalangle (A) = 45°$ und $\sphericalangle (A) = 90°$?

Hinweis: Man vertausche in (3.2-11) R und X_c.

Kombinieren wir jetzt die *RC*-Glieder mit einem Operationsverstärker (Bild 3.2-10). Für die Schaltung in Bild 3.2-10a liest man ab:

(I) $\quad - U_1 + I_1 \cdot X_c + I_2 \cdot (R + X_c) = 0$ $\hfill$ (3.2-12)

(II) $\quad U_2 + I_r \cdot R - I_2 \cdot (R + X_c) = 0$

(K) $\quad \qquad \qquad I_1 - I_2 - I_r = 0$

(V) $\quad \qquad \qquad \quad I_2 \cdot R \cdot v = U_2 \; .$

Daraus folgt, wenn man die Ströme eliminiert hat, für die Übertragungsfunktion

$$A = \frac{U_2}{U_1} = \frac{-v}{\left(\dfrac{\omega_0}{\omega}\right)^2 + j \cdot \dfrac{\omega_0}{\omega} \cdot (3 - v) - 1} \qquad \text{mit} \quad \omega_0 = 1/(R \cdot C) \; . \qquad (3.2\text{-}13)$$

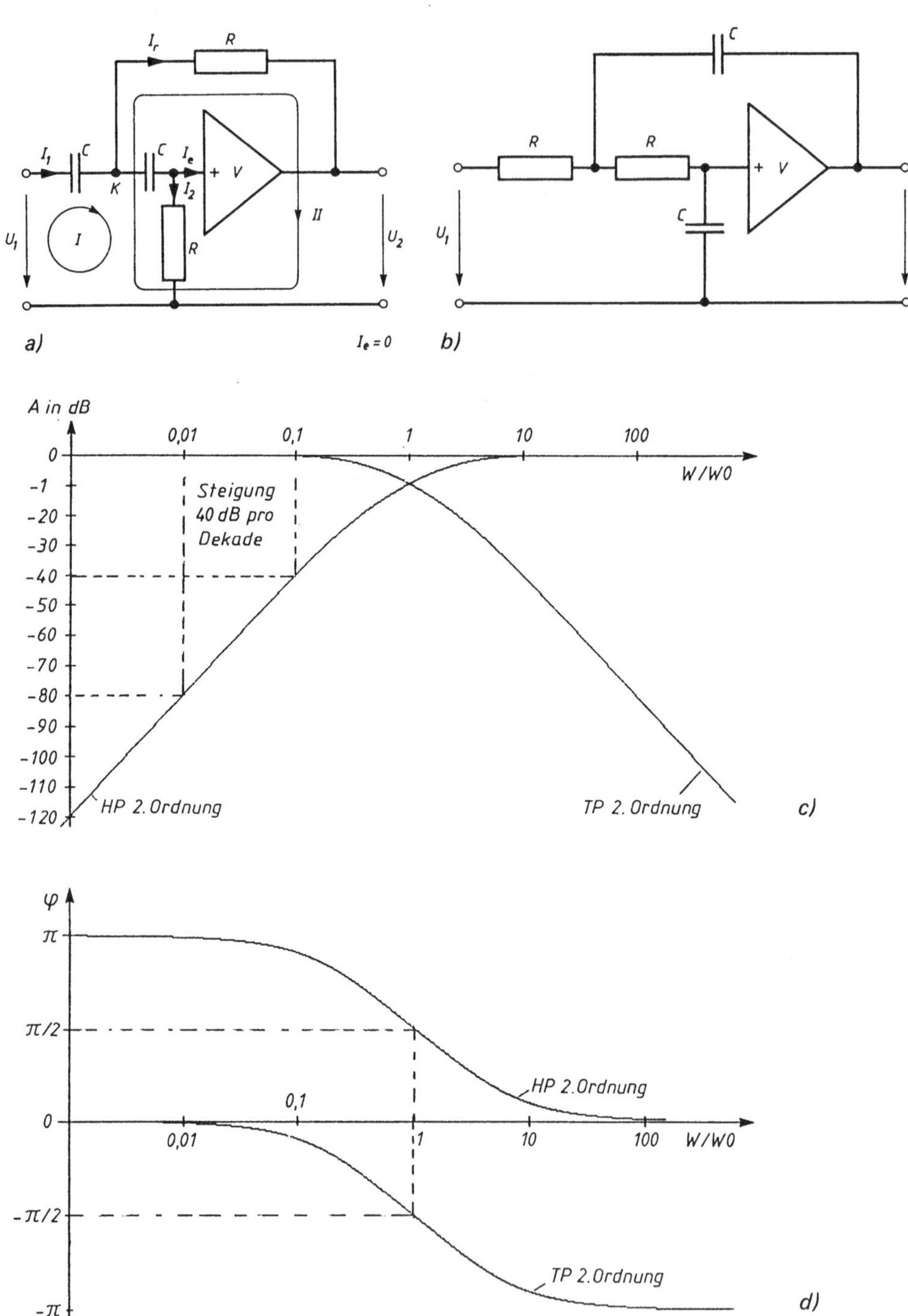

Bild 3.2-10: RC-Schaltungen mit Operationsverstärker
a) Hochpaß; b) Tiefpaß; c) Amplitudengänge; d) Phasengänge

Wir suchen nun die Kreisfrequenz ω_1, bei der $< (A) = 90°$ ist. Das bedeutet, daß in (3.2-13) der Realteil verschwindet, da $\cos 90° = 0$ ist. Also

$$\omega_1 = \omega_0 \ .$$

Setzen wir fest, daß

$$|A\,(\omega_1)| = v/\sqrt{2}$$

ist, so folgt mit $\omega_1 = \omega_0$ aus (3.2-13)

$$v = 1,586 \ .$$

Bei dieser Dimensionierung handelt es sich um einen Butterworth-Hochpaß zweiter Ordnung.

Übung

3.2-9:　Leiten Sie die Übertragungsfunktion der *RCRC*-Schaltung in Bild 3.2-10b ab. Wie lautet die Beziehung für ω_1?

Hinweis: Man vertausche in (3.2-13) jeweils R und X_c. Man kürze ab: $1/(R \cdot C) = \omega_0$.
ab: $1/(R \cdot C) = \omega_0$.

3.2.5.2 *LC-Schaltungen*

Wir untersuchen die *LC*-Schaltung in Bild 3.2-11. Die Spule besteht aus Induktivität L und Verlustwiderstand R_s. Normalerweise gibt man nicht den Verlustwiderstand R_s, sondern die Güte Q der Spule an (entsprechend dem Verlustfaktor $\tan \vartheta$ des Kondensators):

$$Q = \omega \cdot L/R_s \ . \tag{3.2-14}$$

Den Verlustparallelwiderstand des Kondensators kann man sich im R_v der Schaltung enthalten denken. Wir fragen nach der Dämpfung D des Zweitores (Vierpoles):

$$D = \frac{U_1}{U_2} = \frac{Z + R_i}{Z} = 1 + R_i \cdot Y \ . \tag{3.2-15}$$

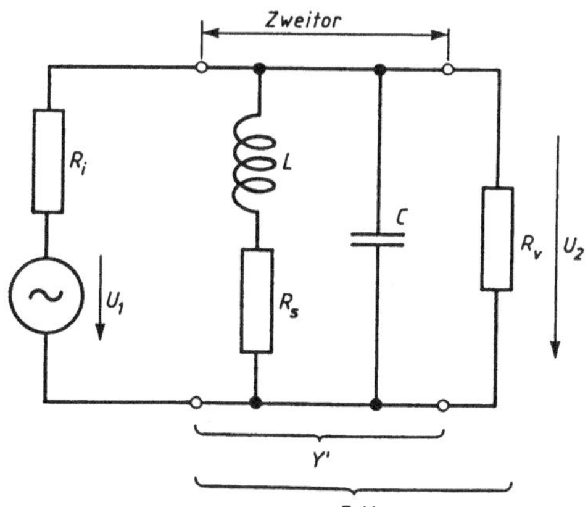

Bild 3.2-11:

LC-Parallelkreis mit Generator und Last

Bei den folgenden Berechnungen setzen wir $R_s = 0$. Dann ist der komplexe Leitwert Y des Parallelschwingkreises

$$Y = G_v + j \cdot \left(\omega \cdot C - \frac{1}{\omega \cdot L} \right) . \tag{3.2-16}$$

Bei welcher Kreisfrequenz ω_0 ist Y und damit D reell? Aus (3.2-16) folgt:

$$\omega_0 = 1/\sqrt{L \cdot C} . \tag{3.2-17}$$

Damit erhält man aus (3.2-15) und (3.2-16):

$$D(\omega_0) = 1 + R_i \cdot G_v , \qquad Y(\omega_0) = G_v . \tag{3.2-18}$$

Bei welcher Kreisfrequenz ist $\mathrm{Re}\,(D) = \mathrm{Im}\,(D)$, d.h., $\varphi = \pm\, 45°$?

Aus (3.2-15) mit (3.2-16) ergeben sich zwei quadratische Gleichungen (eine für $\omega \cdot L < 1/(\omega \cdot C)$ und eine für $\omega \cdot L > 1/(\omega \cdot C)$). Deren sinnvolle Lösungen sind:

$$\omega_h = d + \sqrt{d^2 + \omega_0^2} ,$$

$$\omega_t = -d + \sqrt{d^2 + \omega_0^2} , \qquad \text{mit} \quad d = \frac{G_i + G_v}{2 \cdot C} . \tag{3.2-19}$$

Man bezeichnet ω_h und ω_t als Eckfrequenzen und die Differenz $\omega_h - \omega_t$ als Bandbreite $\Delta\omega$. Mit (3.2-19):

$$\Delta\omega = (G_i + G_v)/C . \tag{3.2-19a}$$

Mittels $\Delta\omega$ wird, nebenbei bemerkt, die Güte Q des Schwingkreises definiert:

$$Q = \frac{\omega_0}{\Delta\omega} . \tag{3.2-19b}$$

Aus (3.2-15) folgt (vgl. Bild 3.2-12):

$$D(\omega_h, \omega_t) = (1 + R_i \cdot G_v) \cdot \sqrt{2} . \tag{3.2-15a}$$

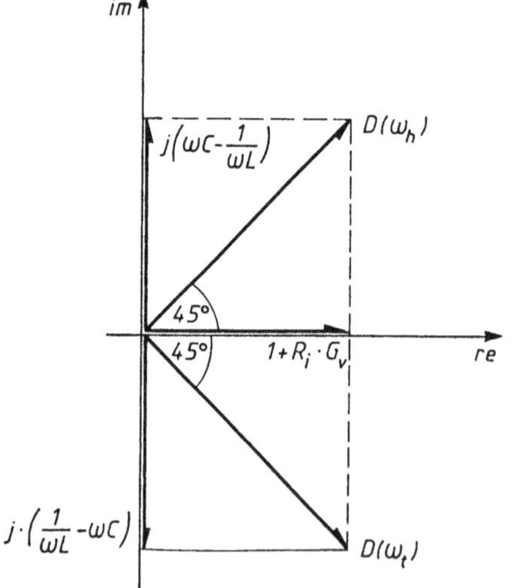

Bild 3.2-12:
Dämpfung D bei 45°

Übungen

3.2-10: Gegeben ist der LC-Kreis in Bild 3.2-11 mit

$$R_s = 0,$$
$$L = 640 \ \mu\text{H},$$
$$C = 158,3 \ \text{pF},$$
$$G_i = 3,465 \ \text{mS},$$
$$G_v = 0,3465 \ \text{mS}.$$

a) Bei welcher Frequenz ist D reell und wie groß ist es da?
b) Wie groß sind die Eckfrequenzen f_t und f_h und die Bandbreite Δf?
c) Wie groß ist die Dämpfung bei den Eckfrequenzen?
d) Wie groß ist die Güte Q des Schwingkreises?

3.2.11: Gegeben ist der LC-Kreis in Bild 3.2-11 ohne Generator und Verbraucher. Man bestimme allgemein:

a) den Scheinleitwert Y',
b) die Resonanzfrequenz ω_{res}, bei der Y' reell wird,
c) $Y'(\omega_{res})$.

3.2-12: Es sei bei der Schaltung nach Übung 3.2-11:

$$R_s = 524,4 \ \text{Ohm},$$
$$L = 0,113 \ \text{H},$$
$$C = 96 \ \text{nF}.$$

Man bestimme die Zahlenwerte von

a) Kennfrequenz f_0,
b) Resonanzfrequenz f_{res},
c) $Z'(f_0)$,
d) $Z'(f_{res})$.

3.2.5.3 Phasenkompensation

Nichtohmsche Verbraucher erzeugen am Netz Blindstrom, der auf den Leitungen Verluste erzeugt. Da diese zu Lasten der Elektrizitätswerke gehen, haben diese ein Interesse daran, den Blindstrom möglichst klein zu halten. Es wird Phasenkompensation vorgeschrieben. Wir untersuchen, wie das zu bewerkstelligen ist.

Gehen wir aus von einem induktiven Verbraucher (Bild 3.2-13). Man erkennt im Zeigerdiagramm, daß der Strom I fiktiv in eine Wirkkomponente I_w und eine Blindkomponente I_b aufgeteilt werden kann. Letztere kompensiert man ganz oder teilweise durch Parallelschaltung eines Kondensators C (Bild 3.2-14). Wir bestimmen das notwendige C mittels Zeigerdiagramm. Gesucht ist zunächst $I_c = \overline{AE}$ (mit I_c ist C leicht bestimmbar). Man liest aus dem Zeigerdiagramm ab:

$$\overline{AE} = \overline{AB} - \overline{BE} \ .$$

Im Dreieck SAB gilt: $\quad \overline{AB} = I \cdot \sin \varphi_0$,
Im Dreieck SEB gilt: $\quad \overline{BE} = I \cdot \cos \varphi_0 \cdot \tan \varphi.$

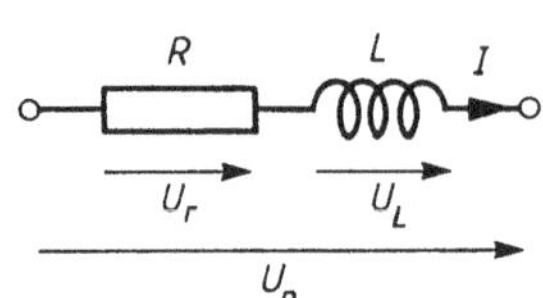

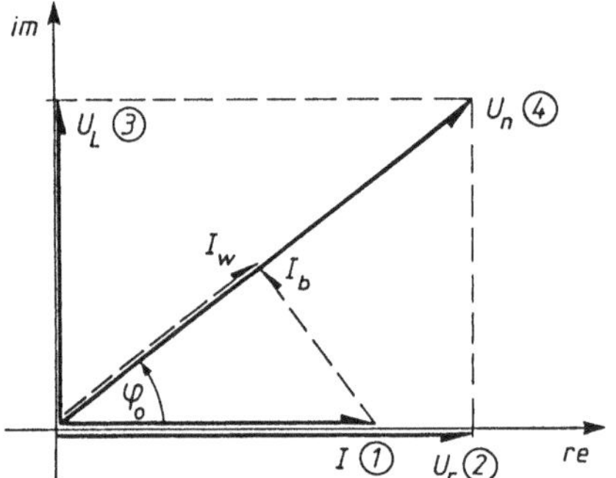

Bild 3.2-13: Zeigerdiagramm eines induktiven Verbrauchers. Die eingekreisten Ziffern geben die Konstruktionsfolge an.

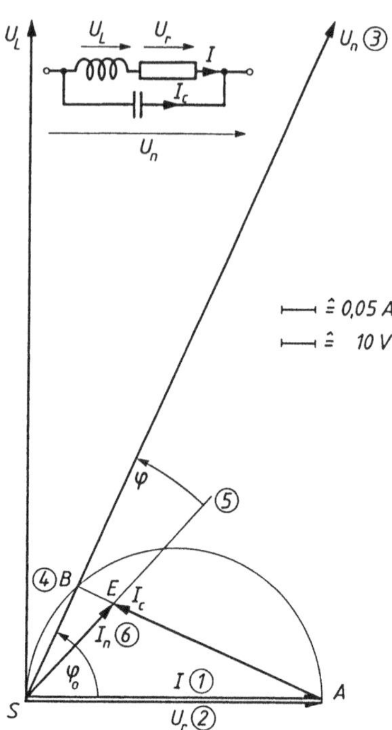

Bild 3.2-14: Phasenkompensation bei induktivem Verbraucher. (Zahlenwerte nach Übung 3.2-1). Die eingekreisten Ziffern geben die Konstruktionsfolge an.

Damit ergibt sich

$$I_c = I \cdot \sin \varphi_0 - I \cdot \cos \varphi_0 \cdot \tan \varphi \, .$$

Mit $X_c = U_n/I_c$ erhält man schließlich:

$$C = \frac{I \cdot (\sin \varphi_0 - \cos \varphi_0 \cdot \tan \varphi)}{\omega \cdot U_n} \, . \tag{3.2-20}$$

Dabei ist φ_0 der Phasenwinkel vor und φ der Phasenwinkel nach Kompensation.

Übungen

3.2-13: Eine Leuchtstofflampe mit 40 W, $I = 0{,}44$ A soll über eine Vorschaltdrossel L an das 220 V-Netz angeschlossen werden. Berechnen Sie

a) die Brennspannung der Röhre,

b) die Induktivität der Vorschaltdrossel,

c) den Leistungsfaktor $\cos \varphi_0$ der Schaltung.

Es soll jetzt auf $\cos \varphi = 0{,}85$ kompensiert werden.

d) Wie groß muß C sein?

e) Man zeichne das Zeigerdiagramm maßstäblich (0,05 A $\hat{=}$ 1 cm, 10 V $\hat{=}$ 1 cm).

3.2-14: Ein Motor habe die Daten: U_n = 220 V, P = 3050 W, $\cos\varphi_0$ = 0,55. Er soll auf $\cos\varphi$ = 0,85 kompensiert werden.

a) Welcher Kondensator ist dazu notwendig?

b) Wie groß ist der Netzstrom vor und nach Kompensation?

3.3 Numerische Maschen- und Knotenanalyse

3.3.1 Allgemeines

Schon für die Berechnung von Gleichstromnetzen haben wir die Zweckmäßigkeit des Einsatzes des Rechenprogramms NETZWERK begründet (vgl. Abschnitt 1.5). Für die Berechnung von Wechselstromnetzwerken mittels erweitertem Programm WNETZWERK gilt diese Begründung verstärkt, kommen hier doch zwei neue Schaltelemente (L und C) und die komplexe Rechnung hinzu. Wer das Programm WNETZWERK durchschauen will, dem sei als erstes die Beschreibung von NETZWERK in Abschnitt 1.5 empfohlen. Vom Benutzer aus gesehen, sind bei WNETZWERK folgende Erweiterungen vorgenommen worden:

- Der Zweig ist jetzt komplex.
- Pro Zweig sind Stromübertragungen von anderen Zweigen möglich.

3.3.2 Das Netzelement „Zweig"

Die Grundlage der Rechnung ist das Netzelement „Zweig" vom Knoten i zum Knoten k, wie es Bild 3.3-1 zeigt. Daraus liest man ab (Knotenregel):

$$I_z\,[z] = I_q\,[z] + I_w\,[z] + I_L\,[z] \tag{3.3-1}$$

für $z = 1, \ldots, n_z$; n_z = Anzahl der Zweige.

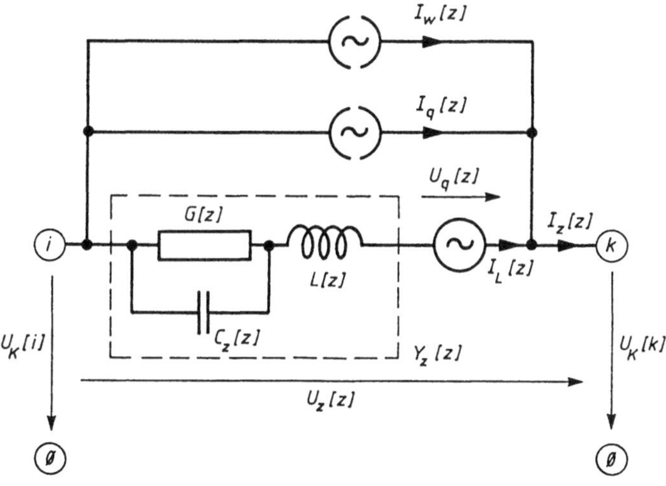

Bild 3.3-1: Das allgemeine Netzelement „Zweig" für WNETZWERK

Dabei ist $I_q\,[z]$ der Strom einer evtl. vorhandenen Stromquelle im Zweig z; $I_w\,[z]$ die Summe aller evtl. von anderen Zweigen l auf Zweig z übertragenen Ströme:

$$I_w\,[z] = \sum_{l=1}^{n_z} \mathrm{BETA}\,[l,\,z] \cdot I_L\,[l] \qquad \text{mit } l \neq z. \tag{3.3-2}$$

$I_L\,[z]$ ist der Strom durch den resultierenden, komplexen Ersatzleitwert $Y_z\,[z]$ im Zweig z. Der Ersatzleitwert ist

$$Y_z\,[z] = \cfrac{1}{\cfrac{1}{G\,[z]} \;//\; \cfrac{1}{j \cdot \omega \cdot C\,[z]} + j \cdot \omega \cdot L\,[z]} \,.$$

Man liest aus Bild 3.3-1 ab (Maschenregel):

$$I_L\,[z] = (U_z\,[z] - U_q\,[z]) \cdot Y_z\,[z]\,. \tag{3.3-3}$$

Setzt man (3.3-2) und (3.3-3) in (3.3-1) ein, so folgt

$$I_z\,[z] = \sum_{l=1}^{n_z} A\,[z,\,l] \cdot U_z\,[l] + B\,[z]\,. \tag{3.3-4}$$

Dabei ist für

$$l \neq z: \quad A\,[z,\,l] = \mathrm{BETA}\,[l,\,z] \cdot Y_z\,[z]\,, \qquad l = z: \quad A\,[z,\,l] = Y_z\,[l]\,.$$

$$B\,[z] = I_q\,[z] - Y_z\,[z] \cdot U_q\,[z] - \sum_{\substack{l=1 \\ l \neq z}}^{n_z} \mathrm{BETA}\,[l,\,z] \cdot Y_z\,[l] \cdot U_q\,[l]\,.$$

Man vergleiche (3.3-4) mit (1.5-4a) und man wird formale Übereinstimmung finden. Für die n_z Zweige erhält man also n_z Gleichungen (3.3-4), die man in Matrizenform schreiben kann:

$$I_z = A \cdot U_z + B \tag{3.3-4a}$$

mit Matrix $A = A\,[z,\,l]$, beinhaltet die Zweigleitwerte und evtl. Stromübertragungen; Vektor $B = B\,[z]$, beinhaltet die eingeprägten Ströme und Spannungen und evtl. Stromübertragungen, wobei $z = 1, \dots, n_z$, $l = 1, \dots, n_z$ ist.

Sind keine Stromübertragungen vorhanden, so wird A zu einer Matrix, bei der nur die Diagonalglieder besetzt sind, und zwar mit den komplexen $Y_z\,[z]$. Wir haben bisher n_z Gleichungen für $2 \cdot n_z$ Unbekannte I_z und U_z.

3.3.3 Die Maschengleichungen

Die Maschenregel ergibt für den Zweig in Bild 3.3-1:

$$U_z\,[z] = U_k\,[i] - U_k\,[k]\,. \tag{3.3-5}$$

Man vergleiche (3.3-5) mit (1.5-5). Damit haben wir zusätzlich n_z Gleichungen, aber dafür n_k neue Unbekannte, nämlich die Knotenspannungen $U_k\,[1] \dots U_k\,[n_k]$.

3.3.4 Die Knotengleichungen

Für jeden der n_k Knoten des Netzwerks kann man die Knotenregel ansetzen:

Die Summe aller Ströme eines Knotens ist Null.

Dies als Formel:

$$E \cdot I_z = 0 \, . \qquad\qquad (3.3\text{-}6)$$

Man vergleiche (3.3-6) mit (1.5-6).

In (3.3-6) ist E eine Matrix, die jeweils an der Stelle, wo ein Zweigstrom I_z auf einen Knoten zufließt, eine -1, und wo er abfließt, eine $+1$ enthält. Alle anderen Stellen sind 0. Damit haben wir weitere n_k Gleichungen gefunden, womit die Gleichungsbilanz ausgeglichen, d.h., das Gleichungssystem (3.3-4a), (3.3-5) und (3.3-6) lösbar ist. Das Ordnen der Gleichungen geschieht genauso, wie in Abschnitt 1.5.5 beschrieben.

3.3.5 Das Rechenprogramm

Der im Vorhergehenden beschriebene Rechengang eignet sich hervorragend für die Lösung durch ein Programm. Dieses Programm, im folgenden WNETZWERK genannt, löst zwei Hauptaufgaben:

— die Reduzierung der Schaltung auf eine Matrizengleichung,
— die Berechnung des linearen, komplexen Gleichungssystems LGS.

Die folgende Beschreibung entspricht der in Abschnitt 1.5.6.

3.3.5.1 Das Struktogramm von WNETZWERK

Das Struktogramm ist in Bild 3.3-2 zu sehen. Im Vergleich zum Struktogramm von NETZWERK (Bild 1.5-9) fallen die Änderungen sofort ins Auge.

Nach NULLSETZEN wie dort folgt ZWEIGEINGABE. Dieses Unterprogramm berechnet jetzt nicht mehr die Matrix A und den Vektor B. Dies besorgt an seiner Stelle jetzt ABRECHNEN, da die Eingabewerte für die je Frequenz f erneute Rechnung zwischengespeichert werden müssen.

Im Unterprogramm UETRAEINGABE werden die evtl. vorkommenden Stromübertragungen von Zweig zu Zweig berücksichtigt. Der restliche Programmteil arbeitet in einer REPEAT-Schleife, die folgendermaßen verfährt: Nach einem Rechenlauf wird gefragt, ob eine weitere Rechnung mit den gleichen Parametern, aber neuer Frequenz f erwünscht ist (Y/N). Bei der Antwort „Y" wird mit dieser neuen Frequenz nochmals gerechnet. Dies ist z.B. bei der Berechnung von Frequenzgängen praktisch. Im Unterprogramm LGSAUFSTELLEN wird die Matrix C berechnet, die ihrerseits die Grundlage des zu lösenden linearen Gleichungssystems LGS darstellt. Das LGS wird im Unterprogramm LGS gelöst. Das Unterprogramm AUSGABE besorgt die Bereitstellung und Ausgabe der Werte U_z, U_k, I_z.

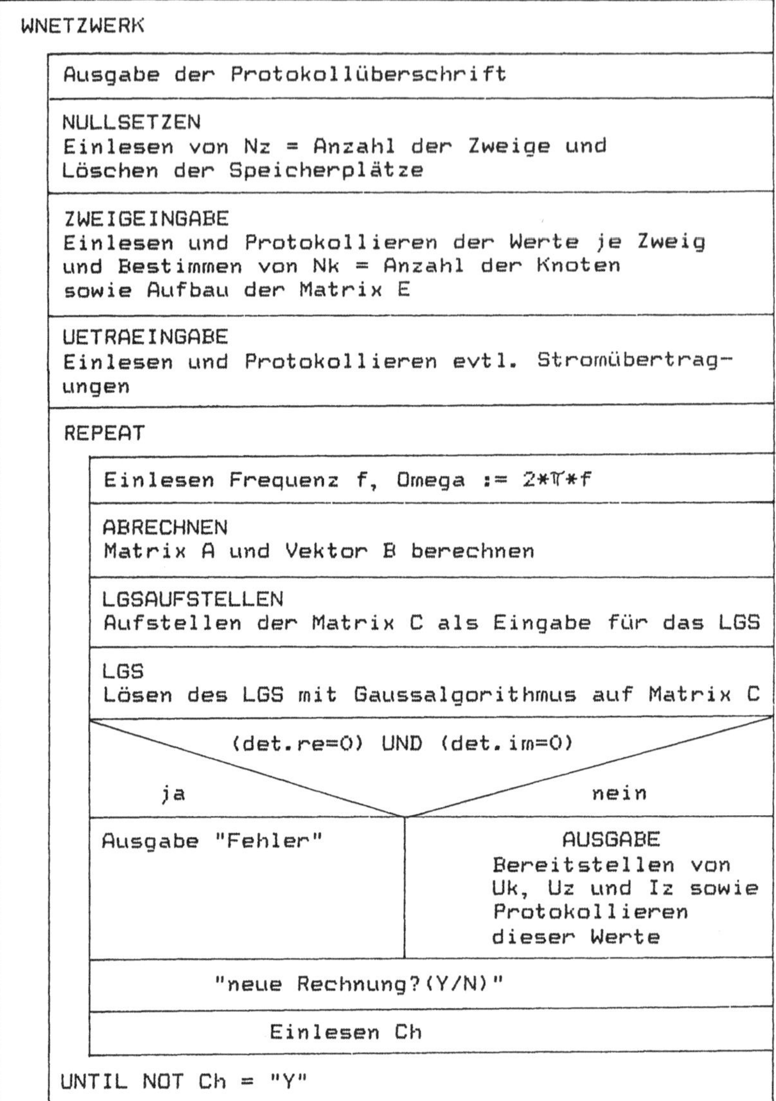

Bild 3.3-2: Struktogramm des Programms WNETZWERK

3.3.5.2 NULLSETZEN

Dieses Unterprogramm (Bild 3.3-3) liest die aktuelle Anzahl n_z der Zweige ein und belegt die vorsichtshalber quadratische Matrix E (n_z, n_z) mit Nullen. Man erinnert sich: Die Matrix E aus Gleichung (3.3-6) stellt die Verknüpfung zwischen den Knotenströmen her.

```
nk := 0   (zum Bestimmen der Knotenzahl)

KNOTENO := false (Kontrolle auf Knoten 0);
UETRA := false

Einlesen von nz = Anzahl der Zweige

für z := 1 bis nz

    für k := 1 bis nz

        E[z,k] := 0   (Matrix löschen)
        BETA[z,k] := 0
```

Bild 3.3-3:

Unterprogramm
NULLSETZEN

3.3.5.3 ZWEIGEINGABE

Dieses Unterprogramm (vgl. Bild 3.3-4) übernimmt die Werte der Schaltelemente $C_z\,[z]$, $L\,[z]$, $G\,[z]$, sowie $U_q\,[z]$ und $I_q\,[z]$ nach Betrag und Phase (in Winkelgrad) aller Zweige von i nach k des zu berechnenden Netzwerkes. Daraus wird die Matrix E gefüllt und zwar wie folgt.

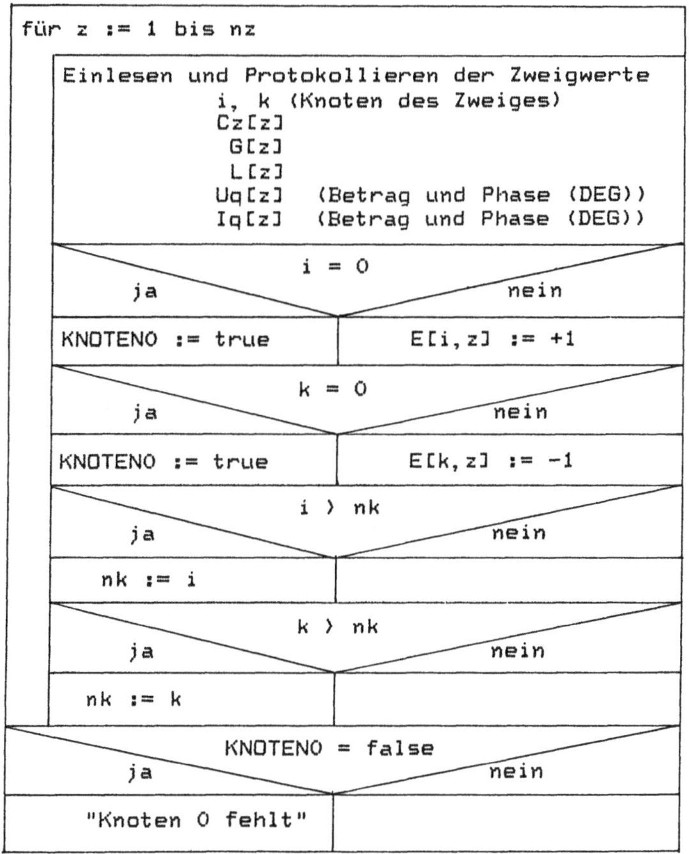

Bild 3.3-4:

Unterprogramm
ZWEIGEINGABE

Die Zeilen z der Matrix E beziehen sich auf die Knoten, die Spalten auf die Zweige des Netzes.

Es wird jeweils eine $+1$ eingetragen, wenn der Strom im Zweig z vom i-Knoten abgeht und es wird eine -1 eingetragen, wenn dieser Zweigstrom zum k-Knoten hinfließt. Dies ist immer so, denn i und k sind dementsprechend definiert, wie Bild 3.3-1 zeigt.

Der Knoten 0 tritt vereinbarungsgemäß nicht auf, sein Potential ist 0. Parallel zum Füllen der Matrix E wird die Zahl n_k der eingelesenen Knoten von 0 auf den aktuellen Wert hochgezählt.

Im Vergleich zu Bild 1.5-11 wurde dem Unterprogramm ZWEIGEINGABE die Versorgung der Matrix A und des Vektors B mit den zugehörigen Zahlenwerten entzogen.

3.3.5.4 UETRAEINGABE

Der Blick auf das Struktogramm in Bild 3.3-5 zeigt, daß dieses Unterprogramm nur aktiv wird, wenn Stromübertragungen stattfinden. Dann werden die Übertragungsfaktoren BETA und jeweils Quell- und Zielzweig eingelesen.

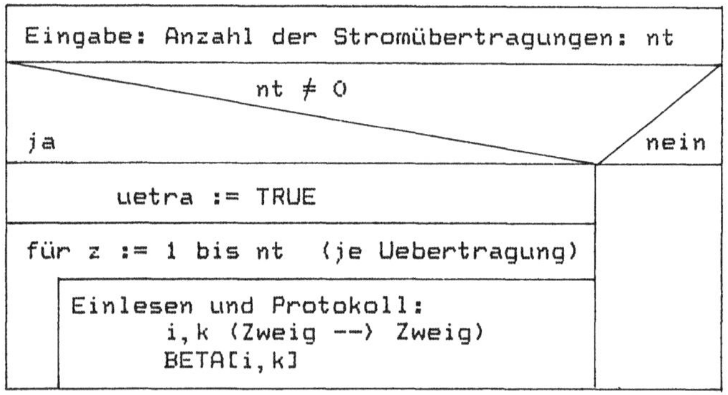

Bild 3.3-5:
Unterprogramm
UETRAEINGABE

3.3.5.5 ABRECHNEN

Zunächst berechnet dieses Unterprogramm (Bild 3.3-6) den komplexen Zweigleitwert $Y_z[z]$. Aus (3.3-2a) folgt:

$$Y_z[z] = (G[z] + j \cdot \omega \cdot C_z[z])/((1 - \omega \cdot \omega \cdot L[z] \cdot C_z[z]) + j \cdot \omega \cdot L[z] \cdot G[z]) \, .$$

Dann folgt die Belegung von A und B.

Man erinnere sich: Die Matrix A aus (3.3-4a) enthält in ihrer Diagonalen die n_z Leitwerte $Y_z[z]$ des Netzwerks. Daneben sind ggf. die Stromübertragungen BETA abgelegt. Die restlichen Plätze sind mit 0 belegt. Der Vektor B nach (3.3-4a) enthält die maximal n_z Ströme I_q, Spannungen U_q und ggf. die übertragenen Ströme.

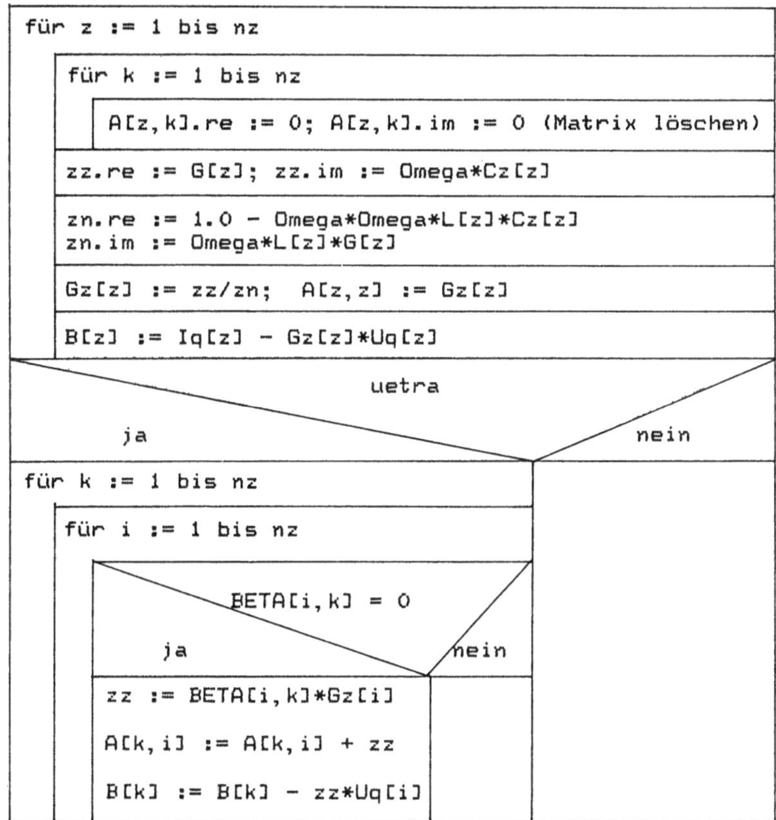

Bild 3.3-6: Unterprogramm ABRECHNEN

3.3.5.6 LGSAUFSTELLEN

Das Struktogramm dieses Unterprogrammes (Bild 3.3-7) ist praktisch identisch mit dem entsprechenden von NETZWERK (Bild 1.5-12).

Es wird zunächst die Hilfsmatrix $H = E \cdot A$ berechnet. Dies geschieht nach den Regeln der in den „Mathematischen Ergänzungen" beschriebenen Matrizenrechnung. In gleicher Weise wird die quadratische Matrix

$$H \cdot E^T$$

berechnet. Dabei wird die transponierte Matrix E^T aus der bereits vorhandenen Matrix E durch einfaches Vertauschen von Spalten und Zeilen gewonnen. Anschließend wird entsprechend Gleichung (1.5-7) und wie in Bild 1.5-7 veranschaulicht, der Vektor $-E \cdot B$ berechnet. Dieser Vektor hat n_k Komponenten, welche als (n_{k+1})te Spalte der Matrix $H \cdot E^T$ zugeschlagen werden (vgl. Bild 1.5-7). Die so entstehende Matrix $C(n_k, n_{k+1})$ enthält das gesamte lineare Gleichungssystem LGS des Netzes. Dieses LGS wird dem — in den „Mathematischen Ergänzungen" näher beschriebenen — Unterprogramm LGS (Gauß-Algorithmus) zur Lösung übergeben.

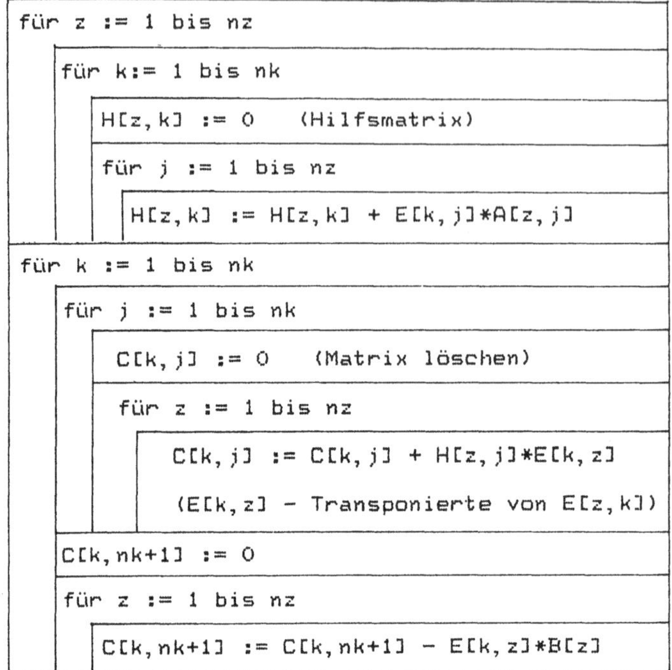

Bild 3.3-7: Unterprogramm LGSAUFSTELLEN

3.3.5.7 AUSGABE

Der Gauß-Algorithmus löst das LGS, indem er die Matrix C so umformt, daß in der letzten Spalte die gesuchten Knotenspannungen erscheinen. Als erstes werden vom Unterprogramm AUSGABE diese Lösungen übernommen und den Werten $U_k\,[z]$ zugeordnet (Bild 3.3-8).

Dann werden die Zweigspannungen U_z berechnet. Man greift dazu zurück auf

$$U_z = D \cdot U_k = E^T \cdot U_k \ . \tag{1.5-5a}$$

(E wird in ZWEIGEINGABE, E^T in LGSAUFSTELLEN bestimmt.)

Entsprechend werden die Zweigströme I_z berechnet: Man greift zurück auf die Beziehung

$$I_z = A \cdot U_z + B \ . \tag{3.3-4a}$$

(A und B werden in ABRECHNEN bestimmt.)

Abschließend werden durch AUSGABE die Größen $U_k\,[z]$, $U_z\,[z]$ und $I_z\,[z]$ ausgedruckt.

Für das vorstehend beschriebene Programm WNETZWERK findet der Leser nachfolgend mehrere Beispiele.

```
┌─────────────────────────────────────────────────┐
│ für z := 1 bis nz                                │
│   ┌───────────────────────────────────────────┐ │
│   │ Uk[z] := C[z,nk+1]                        │ │
│   └───────────────────────────────────────────┘ │
├─────────────────────────────────────────────────┤
│ für z := 1 bis nz                                │
│   ┌───────────────────────────────────────────┐ │
│   │ Uz[z] := 0                                │ │
│   ├───────────────────────────────────────────┤ │
│   │ für k := 1 bis nk                         │ │
│   │   ┌─────────────────────────────────────┐ │ │
│   │   │ Uz[z] := Uz[z] + E[k,z]*Uk[k]       │ │ │
│   │   └─────────────────────────────────────┘ │ │
│   └───────────────────────────────────────────┘ │
├─────────────────────────────────────────────────┤
│ für z := 1 bis nz                                │
│   ┌───────────────────────────────────────────┐ │
│   │ Iz[z] := B[z]                             │ │
│   ├───────────────────────────────────────────┤ │
│   │ für j := 1 bis nz                         │ │
│   │   ┌─────────────────────────────────────┐ │ │
│   │   │ Iz[z] := Iz[z] + A[z,j]*Uz[j]       │ │ │
│   │   └─────────────────────────────────────┘ │ │
│   └───────────────────────────────────────────┘ │
├─────────────────────────────────────────────────┤
│ Protokoll für Uk[z], Uz[z], Iz[z]                │
└─────────────────────────────────────────────────┘
```

Bild 3.3-8:
Unterprogramm AUSGABE

3.4 Frequenzgang

3.4.1 Überblick

Die komplexen Ausdrücke der Impedanz Z, der Admittanz Y, der Übertragungsfunktion A oder der Dämpfungsfunktion D sind alle frequenzabhängig. Zeichnet man den Betrag einer dieser Funktionen über der logarithmischen Frequenzskala auf, so erhält man den Amplitudengang. Zeichnet man den Winkel einer dieser Funktionen über der logarithmischen Frequenzskala auf, so erhält man den Phasengang. Beides zusammen nennt man den Frequenzgang.

$$
\left.
\begin{array}{ll}
\text{Amplitudengang} & |Z|\,(f),\quad |Y|\,(f),\quad |A|\,(f),\quad |D|\,(f) \\
\text{und} & \\
\text{Phasengang} & {<}Z\,(f)^{*},\ {<}Y\,(f),\ {<}A\,(f),\ {<}D\,(f)
\end{array}
\right\} = \text{Frequenzgang}
$$

Es leuchtet ein, daß die Berechnung von Frequenzgängen umfangreicherer Netzwerke heute eine Aufgabe der Computer ist. Geschlossene Theorien, wie z.B. die Filter- und Vierpoltheorie haben viel von ihrer praktischen Bedeutung verloren. Professionelle, spezielle Filterprogramme, aber auch allgemeine Netzwerkprogramme wie TOUCHSTONE oder PSPICE, oder unser Programm WNETZWERK erlauben eine bequeme Konstruktion, Diagnose und Optimierung komplexer Schaltungen.

---

* $<$ lies: Winkel von

3.4.2 Frequenzgänge mit linearem Ordinatenmaß

Mit linearer Ordinate (und logarithmischer Abszisse) werden die Z- und Y-Frequenzgänge gezeichnet. Ausgangspunkt ist die Schaltung. Damit kann man entweder

— die geschlossene Formel aufstellen und damit per Hand oder mit Taschenrechner für alle interessierenden Frequenzen die Amplituden- und Phasenwerte berechnen, oder

— die Werte der einzelnen Schaltelemente ins Programm WNETZWERK eingeben und sich für alle interessierenden Frequenzen die Ströme und Spannungen berechnen lassen.

Wir betrachten als Beispiel den Parallelschwingkreis (Bild 3.4-1). Wir haben die Schaltung in Abschnitt 3.2.5.2 bereits behandelt (vgl. Übung 3.2-10). Dort ist auch die Formel für die Admittanz Y' angegeben. Wir ziehen es aber zur Berechnung des Frequenzganges vor, das Programm WNETZWERK einzusetzen. Die dazu notwendige Numerierung der Knoten und Maschen ist in Bild 3.4-1 bereits erfolgt.

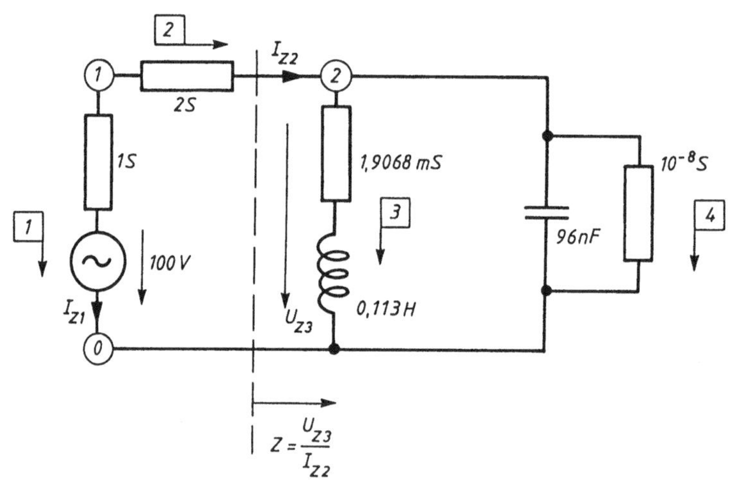

Bild 3.4-1: Beispiel RLC-Parallelkreis mit 3 Zweigen und 2 Knoten.
Der Zweig 2 wurde hilfsweise eingeführt, um die gewünschte Phase für I_{z2} zu erhalten.

Bild 3.4-2 zeigt das Protokoll der Eingabewerte und einen Teil des Rechenprotokolls. Daraus ergeben sich die gesuchten Größen wie folgt:

$$|Z| = \left| \frac{U_{z3}}{I_{z2}} \right| , \qquad\qquad \sphericalangle (Z) = - \sphericalangle (I_{z1}) .$$

Die so gewonnenen Ergebnisse in graphischer Form, also den Frequenzgang, zeigt Bild 3.4-3. Man sieht dort, daß $|Z|$ sein Maximum bei $f_0 = 1528.1\,\text{Hz}$ erreicht, ein reelles Z sich dagegen bei $f_{res} = 1337.7\,\text{Hz}$ ergibt. Geht der Spulenwiderstand $R_s \rightarrow 0$, so wandert $f_{res} \rightarrow f_0$.

```
Wechselstromnetzwerk-Berechnung  (C)Hy

z= 1 i= 1 k= 0  C=      0.00000 G=      1.00000 L=      0.00000
Betrag und Winkel:  Uq=    1.00000E2    0.0 Iq=      0.00000   0.0
z= 2 i= 1 k= 2  C=      0.00000 G=      2.00000 L=      0.00000
Betrag und Winkel:  Uq=      0.00000    0.0 Iq=      0.00000   0.0
z= 3 i= 2 k= 0  C=      0.00000 G= 1.90680E-3 L= 1.13000E-1
Betrag und Winkel:  Uq=      0.00000    0.0 Iq=      0.00000   0.0
z= 4 i= 2 k= 0  C= 9.60000E-8 G= 1.00000E-8 L=      0.00000
Betrag und Winkel:  Uq=      0.00000    0.0 Iq=      0.00000   0.0
Frequenz f =     1528.10

  Nr        Uk/V            Uz/V              Iz/A
  1      99.9639  -0.0    99.9639  -0.0    0.040081 205.8
  2      99.9459  -0.0     0.0200  25.8    0.040094  25.8
  3       0.0000   0.0    99.9459  -0.0    0.082939 -64.2
  4       0.0000   0.0    99.9459  -0.0    0.092123  90.0
Frequenz f =     1337.70

  Nr        Uk/V            Uz/V              Iz/A
  1      99.9555  -0.0    99.9555  -0.0    0.044518 180.0
  2      99.9332  -0.0     0.0223   0.0    0.044525   0.0
  3       0.0000   0.0    99.9332  -0.0    0.092110 -61.1
  4       0.0000   0.0    99.9332  -0.0    0.080634  90.0
Frequenz f =     2000.00

  Nr        Uk/V            Uz/V              Iz/A
  1      99.9771  -0.0    99.9771  -0.0    0.062947 248.6
  2      99.9656  -0.1     0.0315  68.6    0.062953  68.6
  3       0.0000   0.0    99.9656  -0.1    0.066038 -69.8
  4       0.0000   0.0    99.9656  -0.1    0.120596  89.9
```

Bild 3.4-2: Beispiel RLC-Parallelkreis: Protokoll der Eingabe und Ergebnisse.
Programm WNETZWERK

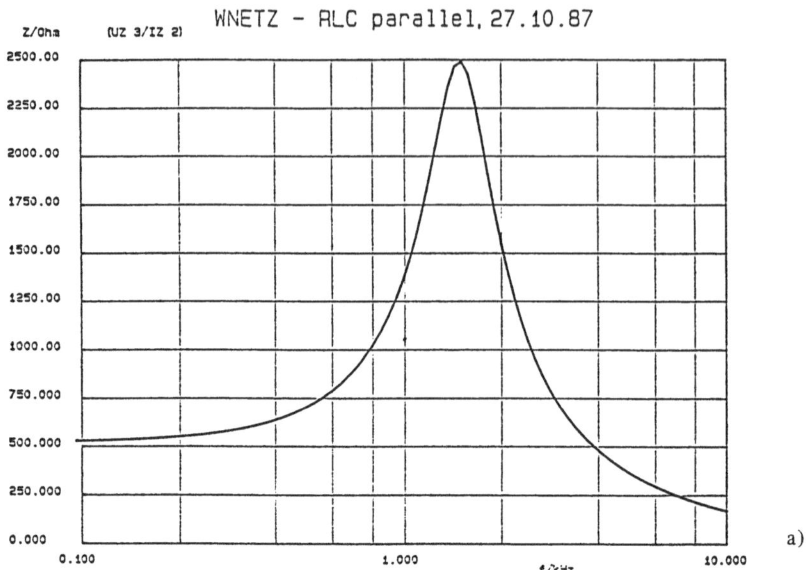

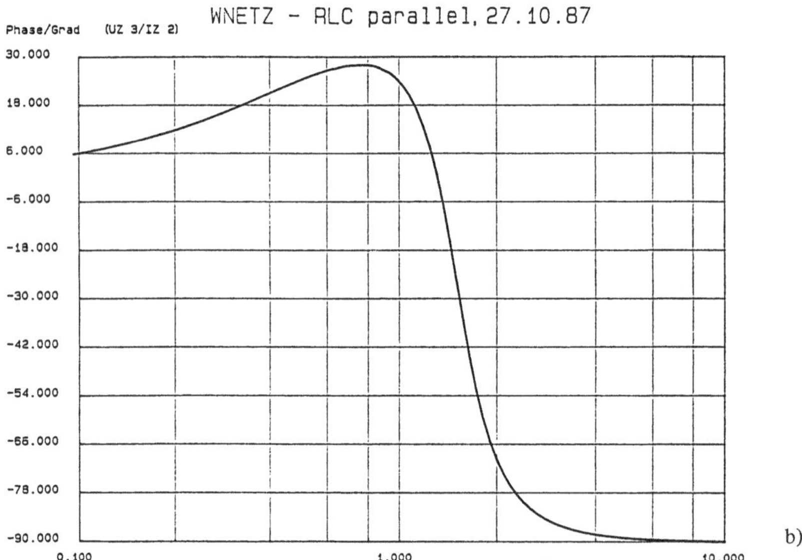

Bild 3.4-3: Beispiel RLC-Parallelkreis: Frequenzgang
a) Amplitudengang   b) Phasengang

3.4.3 Amplitudengänge mit logarithmischem Ordinatenmaß

Betrachten wir das Zweitor (früher Vierpol genannt) in Bild 3.4-4. Die eingangsseitig aufgenommene Leistung ist

$$P_1 = U_1^2/R_1 \ .$$

Die Ausgangsseitig abgegebene Leistung ist

$$P_2 = U_2^2/R_2 \ .$$

Das Verhältnis der beiden Leistungen ist für $R_1 = R_2$:

$$\frac{P_2}{P_1} = \frac{U_2^2}{U_1^2} \ .$$

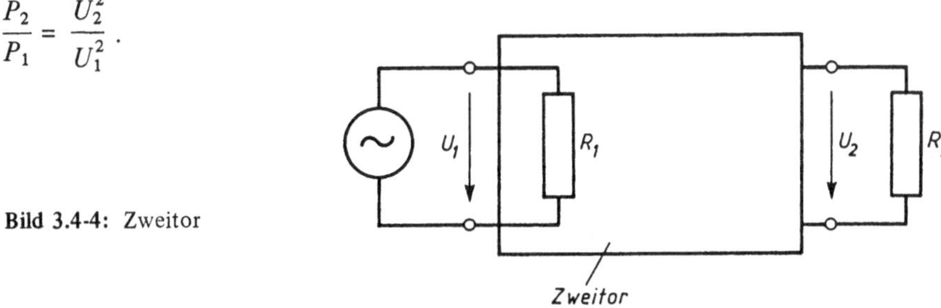

Bild 3.4-4: Zweitor

Dieses Verhältnis logarithmieren wir:

$$A = \lg \frac{P_2}{P_1} = 2 \cdot \lg \frac{U_2}{U_1} \ [\text{Bel}] \ .$$

Das Bel ist eine Pseudoeinheit des dimensionslosen Verhältnisses A. Man verwendet meist die zehnmal kleinere Einheit dB (Dezibel):

$$A = 20 \cdot \lg \frac{U_2}{U_1} \ [\text{dB}] \ . \tag{3.4-1}$$

Diese logarithmische Darstellung eines Spannungsverhältnisses hat sich als so praktisch erwiesen, daß man die Voraussetzung von (3.4-1), nämlich $R_1 = R_2$, aufgegeben hat und (3.4-1) allgemein anwendet.

Prinzipiell kann man die Bezugsspannung U_1 beliebig wählen. Man spricht dann vom relativen Pegel. Der absolute Pegel ergibt sich, wenn man auf $U_1 = 0{,}775\,\text{V}$ bezieht. Diese Spannung erzeugt an 600 Ohm eine Leistung von 1 mW. (Der Wert 1 mW ist historisch bedingt: Es ist dies die maximal abgebbare Leistung eines Telefonkohlemikrofons.) Merkwürdig sind die Spannungsverhältnisse

$$\sqrt{2} : 1 \rightarrow \ \ 3 \ \text{dB},$$
$$2 : 1 \rightarrow \ \ 6 \ \text{dB},$$
$$10 : 1 \rightarrow 20 \ \text{dB},$$
$$100 : 1 \rightarrow 40 \ \text{dB} \ \ \text{usw.}$$

Es ist üblich, Amplitudengänge von Übertragungsmassen (also A oder D) in dB aufzuzeichnen. Dazu im folgenden einige Beispiele.

Beispiel 1: CR-Hochpaß

Die Schaltung (Bild 3.4-5) ist uns aus Abschnitt 3.2.5.1 bekannt. Dort haben wir das Übertragungsmaß A nach (3.4-1) bereits berechnet: $|A|$ mit (3.2-8a), $<(A)$ mit (3.2-8b). Den Frequenzgang des Hochpasses kann man entweder aus diesen Beziehungen direkt, oder mittels Programm WNETZWERK berechnen (Bild 3.4-6). Dann gilt:

$$|A| = \left| \frac{U_{k2}}{U_{k1}} \right|, \qquad <(A) = <(U_{k2}) - <(U_{k1}) .$$

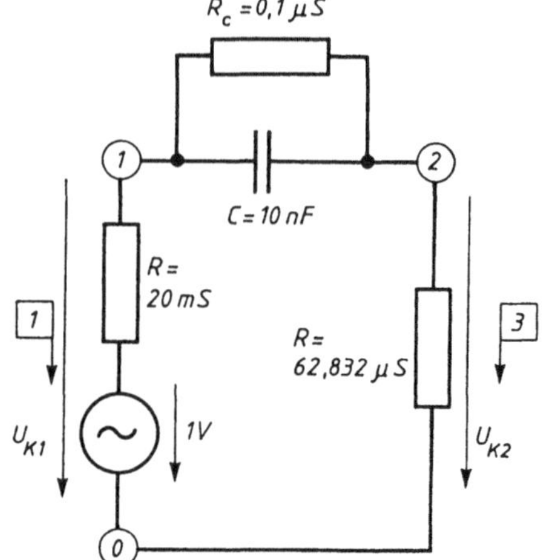

Bild 3.4-5: Beispiel CR-Hochpaß 1. Ordnung: Schaltung

Den so berechneten Frequenzgang zeigt Bild 3.4-7. Nähert man die Amplitudenkurve durch zwei Geraden an (Bodediagramm), so erhält man zwei charakteristische Werte:

1. Der Schnittpunkt der beiden Geraden liefert die sog. Eckfrequenz f_0 (hier: $f_0 = 1$ kHz). Hier ist der wahre Wert von $|A|$ um 3 dB abgefallen ($\overset{\triangle}{=} 1/\sqrt{2}$). Wir haben diese Frequenz in Abschnitt 3.2.5.1 als 45°-Frequenz bezeichnet.

2. Die Steigung der Flanke beträgt 20 dB/Dekade ($\overset{\triangle}{=} 6$ dB/Oktave). Das ist das Charakteristikum jedes Filters erster Ordnung.

```
Wechselstromnetzwerk-Berechnung (C)Hy

 z= 1 i= 1 k= 0  C=       0.00000 G=  2.00000E-2 L=    0.00000
 (Betrag und Winkel)  Uq=       1.00000    0.0 Iq=    0.00000    0.0
 z= 2 i= 1 k= 2  C= 1.00000E-8 G=  1.00000E-7 L=    0.00000
 (Betrag und Winkel)  Uq=       0.00000    0.0 Iq=    0.00000    0.0
 z= 3 i= 2 k= 0  C=       0.00000 G=  6.28320E-5 L=    0.00000
 (Betrag und Winkel)  Uq=       0.00000    0.0 Iq=    0.00000    0.0
Frequenz f =      1000.00

 Nr      Uk                      Uz                    Iz
  1    ▸ 0.9984   -0.1          0.9984   -0.1       0.000044 224.9
  2    ▸ 0.7054   44.9          0.7054  -45.0       0.000044  44.9
  3      0.0000    0.0          0.7054   44.9       0.000044  44.9
Frequenz f =      1500.00

 Nr      Uk                      Uz                    Iz
  1    ▸ 0.9978   -0.1          0.9978   -0.1       0.000052 213.6
  2    ▸ 0.8298   33.6          0.5532  -56.4       0.000052  33.6
  3      0.0000    0.0          0.8298   33.6       0.000052  33.6
Frequenz f =      2000.00

 Nr      Uk                      Uz                    Iz
  1    ▸ 0.9975   -0.1          0.9975   -0.1       0.000056 206.5
  2    ▸ 0.8919   26.5          0.4460  -63.5       0.000056  26.5
  3      0.0000    0.0          0.8919   26.5       0.000056  26.5
```

Bild 3.4-6: Beispiel CR-Hochpass 1. Ordnung: Protokoll der Eingabe und Ergebnisse. Programm WNETZWERK

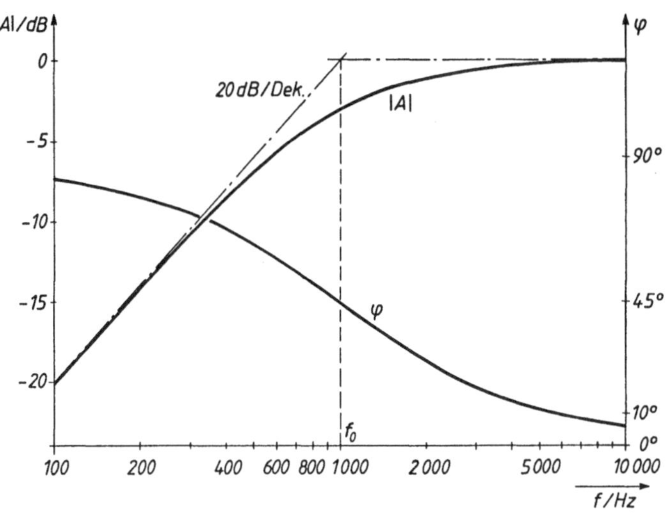

Bild 3.4-7: Beispiel CR-Hochpaß 1. Ordnung: Frequenzgang

Übung

3.4-1: Man berechne und zeichne den Frequenzgang des RC-Tiefpasses erster Ordnung.
Hinweis: Der Tiefpaß entsteht durch Vertauschung von R in Zweig 3 mit $C \parallel R_c$ in Bild 3.4-5. Im Übrigen vergleiche man mit Übung 3.2-4 in Abschnitt 3.2.5.1.

Beispiel 2: CRCR-Hochpaß

Die Schaltung (Bild 3.4-8) ist uns aus Abschnitt 3.2.5.1 bekannt. Dort hatten wir in (3.2-11) den Betrag und den Winkel des Übertragungsmaßes A bestimmt. Den Frequenz-

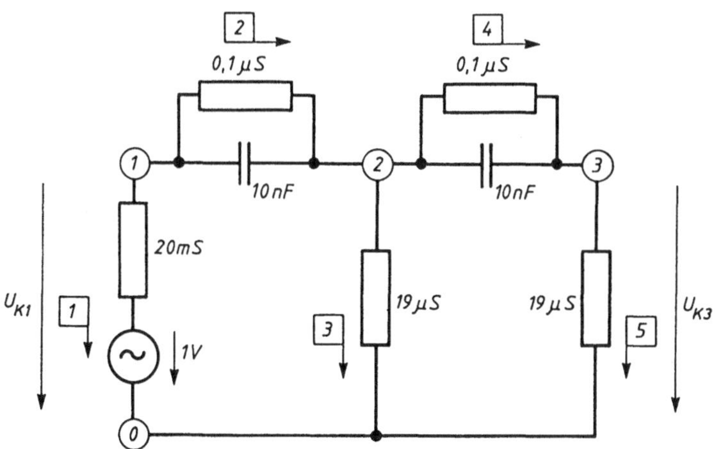

Bild 3.4-8: Beispiel CRCR-Hochpaß 2. Ordnung: Schaltung

```
Wechselstromnetzwerk-Berechnung  (C)Hy

  z= 1 i= 1 k= 0  C=        0.00000 G=  2.00000E-2 L=      0.00000
  (Betrag und Winkel)  Uq=        1.00000    0.0 Iq=        0.00000    0.0
  z= 2 i= 1 k= 2  C= 1.00000E-8 G=  1.00000E-7 L=      0.00000
  (Betrag und Winkel)  Uq=        0.00000    0.0 Iq=        0.00000    0.0
  z= 3 i= 2 k= 0  C=        0.00000 G=  1.90240E-5 L=      0.00000
  (Betrag und Winkel)  Uq=        0.00000    0.0 Iq=        0.00000    0.0
  z= 4 i= 2 k= 3  C= 1.00000E-8 G=  1.00000E-7 L=      0.00000
  (Betrag und Winkel)  Uq=        0.00000    0.0 Iq=        0.00000    0.0
  z= 5 i= 3 k= 0  C=        0.00000 G=  1.90240E-5 L=      0.00000
  (Betrag und Winkel)  Uq=        0.00000    0.0 Iq=        0.00000    0.0
Frequenz f =      1000.00

  Nr       Uk                        Uz                    Iz
   1     ▶0.9988    -0.1         0.9988    -0.1       0.000030 216.3
   2      0.8120    28.1         0.4759   -53.6       0.000030  36.3
   3     ▶0.7768    44.9         0.8120    28.1       0.000015  28.1
   4      0.0000     0.0         0.2352   -45.0       0.000015  44.9
   5      0.0000     0.0         0.7768    44.9       0.000015  44.9
Frequenz f =       302.78

  Nr       Uk                        Uz                    Iz
   1     ▶0.9997    -0.0         0.9997    -0.0       0.000014 243.2
   2      0.4708    44.8         0.7441   -26.5       0.000014  63.2
   3     ▶0.3321    89.7         0.4708    44.8       0.000009  44.8
   4      0.0000     0.0         0.3321    -0.0       0.000006  89.7
   5      0.0000     0.0         0.3321    89.7       0.000006  89.7
```

Bild 3.4-9: Beispiel CRCR-Hochpaß 2. Ordnung: Protokoll der Eingabe und Rechenergebnisse.
Programm WNETZWERK

gang kann man entweder aus diesen Beziehungen direkt oder mit Hilfe des Programms
WNETZWERK berechnen. Dann gilt (Bild 3.4-9):

$$|A| = \left| \frac{U_{k3}}{U_{k1}} \right| , \qquad <(A) = <(U_{k3}) - <(U_{k1}) .$$

Den so berechneten Frequenzgang zeigt Bild 3.4-10. Nähert man die Amplitudenkurve
durch zwei Geraden an (Bodediagramm), so erkennt man:

1. Der Schnittpunkt der beiden Geraden liefert die Eckfrequenz f_1 (hier: f_1 = 302,78 Hz).
   Wir haben f_1 bereits in Abschnitt 3.2.5.1 berechnet und als $90°$-Frequenz bezeichnet.
   Der wahre Wert von $|A|$ ist dort um 9,57 dB ($\hat{=}$ 1/3) abgefallen.

2. Die Amplitudenkurve nähert sich, wenn auch gemächlich, der 40 dB/Dekade-Geraden
   an. Die Steigung 40 dB/Dekade ist das Charakteristikum jedes Filters zweiter Ordnung.

Als Hochpaß wird man diese Schaltung wegen ihres schwach ausgeprägten Knicks nicht
einsetzen, wohl aber als Phasendrehglied (oft mit einer *CR*-Stufe mehr).

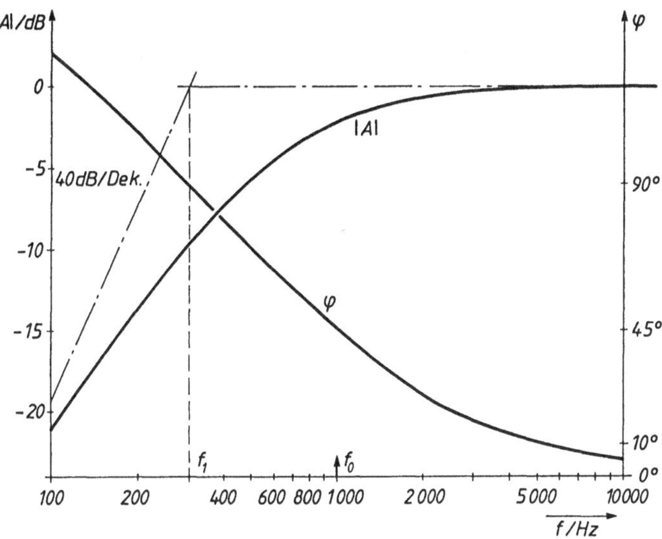

Bild 3.4-10: Beispiel CRCR-Hochpaß 2. Ordnung: Frequenzgang

Beispiel 3: RC-Hochpaß mit Operationsverstärker

Die Schaltung dieses aktiven Filters (Bild 3.4-11a) ist aus Abschnitt 3.2.5.1 bekannt. Dort wurde das Übertragungsmaß A bereits bestimmt (vgl. (3.2-12)). Die Verstärkung des Operationsverstärkers soll auf $v = +1{,}586$ eingestellt werden. Man hat dann einen Hochpaß vom Butterworth-Typ [8]. (Filter vom Butterworth-Typ haben im Durchlaßbereich einen besonders flachen Verlauf.) Die Einstellung von $v = +1{,}586$ erfolgt durch die beiden Widerstände 1 kOhm und 586 Ohm (Bild 3.4-11b).

Um die Schaltung realitätsnäher und programmgerechter zu machen, versehen wir sie mit einem ansteuernden Generator von 1V Urspannung und 50 Ohm Innenwiderstand (Bild 3.4-11c). Als Lastwiderstand wählen wir 5 kOhm. Den Operationsverstärker ersetzt man durch sein einfachstes Ersatzschaltbild mit Spannungssteuerung (vgl. Abschnitt 1.5.7.5). Die 10 kOhm zwischen + und − Eingang symbolisieren den Eingangswiderstand R_e, die 100 Ohm den Innenwiderstand R_i des Operationsverstärkers.

Im letzten Schritt (Bild 3.4-11d) gehen wir von der Spannungssteuerung mit v_0 über auf die Stromsteuerung mit BETA, wie sie das Programm WNETZWERK verlangt. Für den Stromübertragungsfaktor BETA gilt:

$$\text{BETA} = V_0 \cdot \frac{R_e}{R_i} = 1\,000\,000.$$

Außerdem versehen wir die Kondensatoren mit ihren Verlustwiderständen.

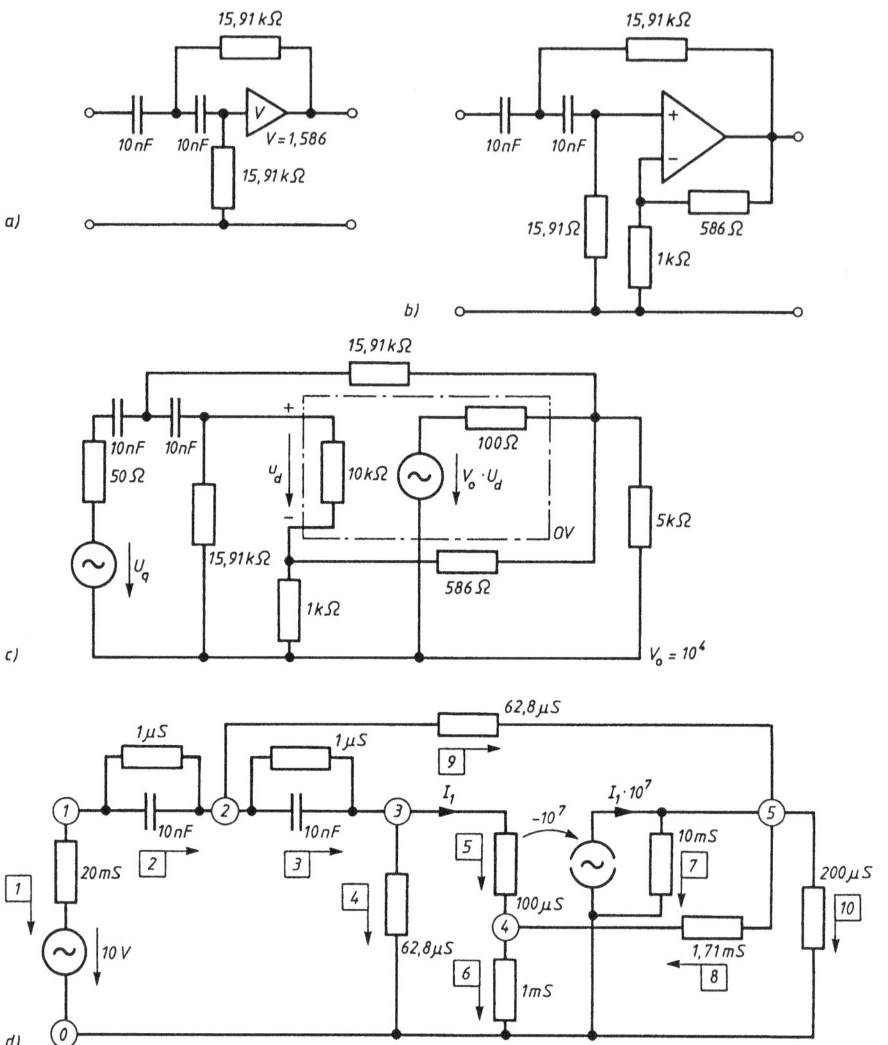

Bild 3.4-11: Beispiel Aktiver RC-Hochpaß mit Operationsverstärker
a) Prinzip der Schaltung   b) vollständige Schaltung   c) Ersatzschaltung
d) rechnergerechte Schaltung mit Knoten- und Maschennummern

Das Programm WNETZWERK liefert ein Protokoll (Bild 3.4-12), dem wir die erforderlichen Spannungswerte entnehmen

$$|A| = \left| \frac{U_{z\,10}}{U_{z\,1}} \right| , \qquad \sphericalangle (A) = \sphericalangle (U_{z\,10}) - \sphericalangle (U_{z\,1}) .$$

Den so berechneten Frequenzgang zeigt Bild 3.4-13. Nähert man die Amplitudenkurve durch zwei Geraden an (Bodediagramm), so erkennt man:

1. Der Schnittpunkt der beiden Geraden liefert die Eckfrequenz f_1 (hier: $f_1 = 1\,\mathrm{kHz}$).
   f_1 wurde bereits in Abschnitt 3.2.5.1 berechnet und als 90°-Frequenz bezeichnet.

```
Wechselstromnetzwerk-Berechnung (C) Hy

z= 1 i= 1 k= 0  C=        0.00000 G=  2.00000E-2 L=       0.00000
Betrag und Winkel:  Uq=      1.00000E1    0.0 Iq=          0.00000    0.0
z= 2 i= 1 k= 2  C=  1.00000E-8 G=  1.00000E-6 L=       0.00000
Betrag und Winkel:  Uq=        0.00000    0.0 Iq=          0.00000    0.0
z= 3 i= 2 k= 3  C=  1.00000E-8 G=  1.00000E-6 L=       0.00000
Betrag und Winkel:  Uq=        0.00000    0.0 Iq=          0.00000    0.0
z= 4 i= 3 k= 0  C=        0.00000 G=  6.28000E-5 L=       0.00000
Betrag und Winkel:  Uq=        0.00000    0.0 Iq=          0.00000    0.0
z= 5 i= 3 k= 4  C=        0.00000 G=  1.00000E-4 L=       0.00000
Betrag und Winkel:  Uq=        0.00000    0.0 Iq=          0.00000    0.0
z= 6 i= 4 k= 0  C=        0.00000 G=  1.00000E-3 L=       0.00000
Betrag und Winkel:  Uq=        0.00000    0.0 Iq=          0.00000    0.0
z= 7 i= 5 k= 0  C=        0.00000 G=  1.00000E-2 L=       0.00000
Betrag und Winkel:  Uq=        0.00000    0.0 Iq=          0.00000    0.0
z= 8 i= 5 k= 4  C=        0.00000 G=  1.71000E-3 L=       0.00000
Betrag und Winkel:  Uq=        0.00000    0.0 Iq=          0.00000    0.0
z= 9 i= 2 k= 5  C=        0.00000 G=  6.28000E-5 L=       0.00000
Betrag und Winkel:  Uq=        0.00000    0.0 Iq=          0.00000    0.0
z=10 i= 5 k= 0  C=        0.00000 G=  2.00000E-4 L=       0.00000
Betrag und Winkel:  Uq=        0.00000    0.0 Iq=          0.00000    0.0


Zweig ---> Zweig         Beta
   5          7      -1.00000E0
Frequenz f =      1000.00

  Nr        Uk/V                    Uz/V                Iz/A
   1       9.9782  -0.1          > 9.9782   -0.1     0.000472 202.4
   2       9.8280  44.5            7.5032  -66.7     0.000472  22.4
   3       6.8960  89.0            6.8935   -0.1     0.000433  89.0
   4       6.8948  89.0            6.8960   89.0     0.000433  89.0
   5      10.9268  89.0            0.0012   89.2     0.000000  89.2
   6       0.0000   0.0            6.8948   89.0     0.006895  89.0
   7       0.0000   0.0           10.9268   89.0     0.009294 -88.3
   8       0.0000   0.0            4.0320   89.0     0.006895  89.0
   9       0.0000   0.0            7.9299  -30.6     0.000498 -30.6
  10       0.0000   0.0          >10.9268   89.0     0.002185  89.0
```

Bild 3.4-12: Beispiel Aktiver RC-Hochpaß: Protokoll der Eingabe und Rechenergebnisse. Programm WNETZWERK

Bei dieser Frequenz f_1 ist der Abfall 3 dB gegenüber dem Durchlaßbereich. Dieser liegt jetzt wegen $v = +\,1{,}586$ bei $+4$ dB:

$$20 \cdot \lg 1{,}586 = 4 \text{ dB} .$$

2. Die Flanke der Amplitudenkurve nähert sich rasch der Steigung 40 dB/Dekade. Es liegt also ein Filter zweiter Ordnung vor.

Die durch Einsatz des Operationsverstärkers erzielte Verbesserung des Sperrverhaltens gegenüber der passiven CRCR-Schaltung wird beim Vergleich mit Bild 3.4-10 offensichtlich. Diese Art RC-Filter mit Operationsverstärker wird in der Praxis eingesetzt, solange die Frequenzen nicht zu hoch sind ($f < 1$ MHz).

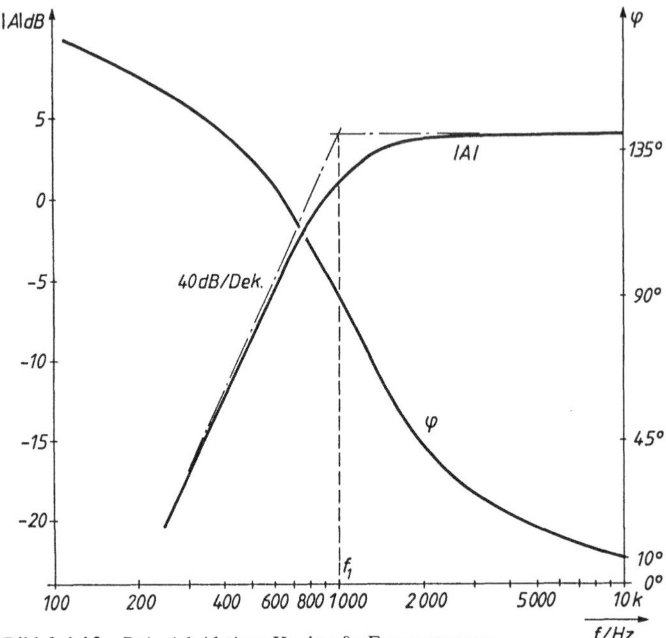

Bild 3.4-13: Beispiel Aktiver Hochpaß: Frequenzgang

Übungen

3.4-2: Man ersetze in der Schaltung des Hochpasses in Bild 3.4-11 den Widerstand $R = 586\,\text{Ohm}$ durch $R = 1234\,\text{Ohm}$ (Tschebyscheff-Filter). Welcher Frequenzgang ergibt sich?

Hinweis: Man kann sowohl mit Gleichung (3.2-12) und $v = 2{,}234$ als auch mit WNETZWERK arbeiten.

3.4.3: Man vertausche in der Schaltung Bild 3.4-11 $R = 15{,}91\,\text{kOhm}$ und $C = 10\,\text{nF}$ miteinander. Welcher Frequenzgang ergibt sich?

Hinweis: Man kann sowohl mit Übung 3.2-9 als auch mit WNETZWERK arbeiten.

Beispiel 4: Parallelschwingkreis

Wir untersuchen den LC-Parallelschwingkreis (vgl. Bild 3.4-1). Dort wurde er als Zweipol betrachtet und $Z = U_1/I_1$ berechnet (Bild 3.4-3). Nun soll er zusammen mit G_i als Vierpol (bzw. Zweitor) betrachtet und sein Übertragungsmaß A (Bild 3.4-14a) errechnet werden. Die im Beispiel verwendeten Zahlenwerte zeigt Bild 3.4-14b. Diese Werte findet man im Protokoll von WNETZWERK (Bild 3.4-15) wieder. Es sind dieselben Zahlenwerte wie in Übung 3.2-9. Dort hatten wir allerdings der Einfachheit halber $R_s = 0$ gesetzt; dies ist hier nicht mehr vorteilhaft. Wir hatten dort die Dämpfung $D = U_1/U_2$ untersucht, während wir hier das Übertragungsmaß

$$A = \frac{U_2}{U_1} = \frac{U_{k1}}{U_q}$$

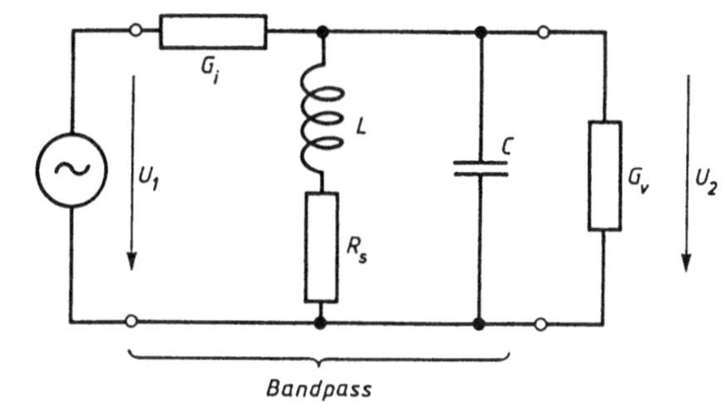

Bild 3.4-14:

Beispiel LC-Bandpaß
1. Ordnung

a) Prinzipschaltung

b) rechnergerechte Schaltung
   mit Knoten- und Maschennummern

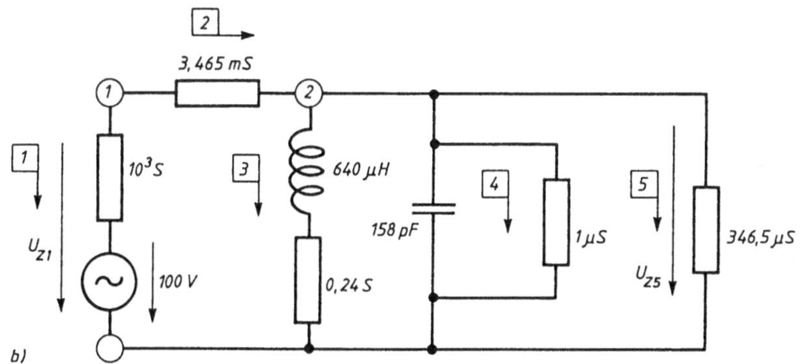


```
Wechselstromnetzwerk-Berechnung (C)Hy

z= 1 i= 1 k= 0   C=      0.00000 G=   1.00000E3 L=      0.00000
Betrag und Winkel:  Uq=   1.00000E2    0.0 Iq=      0.00000   0.0
z= 2 i= 1 k= 2   C=      0.00000 G=   3.46500E-3 L=      0.00000
Betrag und Winkel:  Uq=      0.00000    0.0 Iq=      0.00000   0.0
z= 3 i= 2 k= 0   C=      0.00000 G=   2.40000E-1 L=   6.40000E-4
Betrag und Winkel:  Uq=      0.00000    0.0 Iq=      0.00000   0.0
z= 4 i= 2 k= 0   C= 1.58000E-10 G=   1.00000E-6 L=      0.00000
Betrag und Winkel:  Uq=      0.00000    0.0 Iq=      0.00000   0.0
z= 5 i= 2 k= 0   C=      0.00000 G=   3.46500E-4 L=      0.00000
Betrag und Winkel:  Uq=      0.00000    0.0 Iq=      0.00000   0.0
Frequenz f =   3.90300E6

 Nr       Uk/V               Uz/V               Iz/A
  1    99.9998  -0.0       99.9998  -0.0      0.238915 221.2
  2    64.2783 -45.0       70.9894  39.8      0.245978  39.8
  3     0.0000   0.0       64.2783 -45.0      0.004095 225.0
  4     0.0000   0.0       64.2783 -45.0      0.249058  45.0
  5     0.0000   0.0       64.2783 -45.0      0.022272 -45.0
Frequenz f =   500000.

 Nr       Uk/V               Uz/V               Iz/A
  1   100.000    0.0      100.000    0.0      0.031250 179.9
  2    90.8607   0.0        9.1393  -0.1      0.031668  -0.1
  3     0.0000   0.0       90.8607   0.0      0.045190 -89.9
  4     0.0000   0.0       90.8607   0.0      0.045101  89.9
  5     0.0000   0.0       90.8607   0.0      0.031483   0.0
```

Bild 3.4-15: Beispiel LC-Bandpaß: Protokoll der Eingabe und Rechenergebnisse.
Programm WNETZWERK

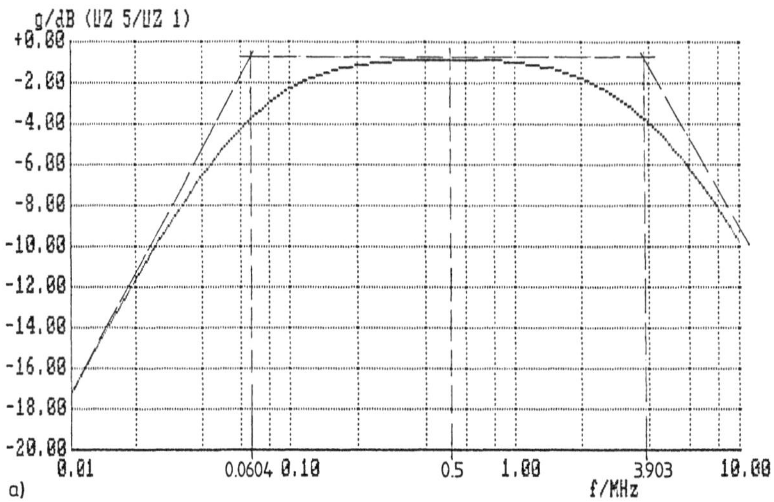

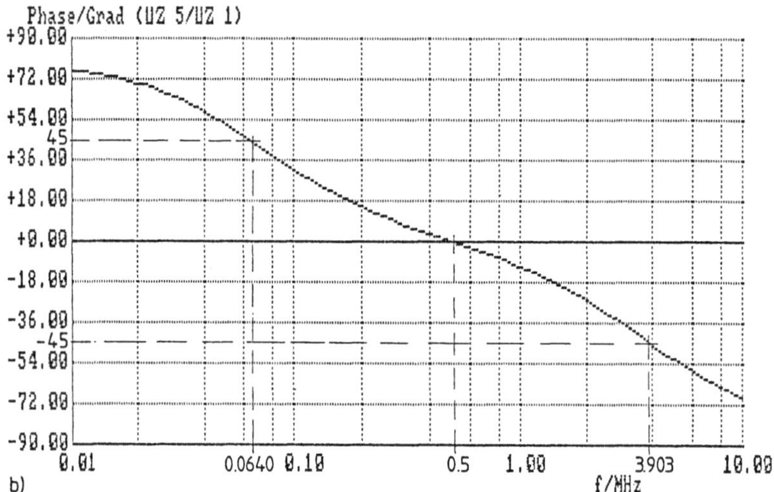

Bild 3.4-16: Beispiel LC-Bandpaß: Frequenzgang
a) Amplitudengang   b) Phasengang

berechnen. Die Rechenergebnisse zeigen sich als Frequenzgang von A in Bild 3.4-16. Nähert man die Amplitudenkurve durch drei Geraden an (Bodediagramm), so erkennt man:

1. Die Schnittpunkte der Geraden liefern zwei Eckfrequenzen, f_t und f_h. Wir haben also einen Bandpaß vor uns mit der Bandbreite

$$\Delta f = f_h - f_t ,$$
$$= 3{,}8394 \text{ MHz.}$$

Bei f_t ist $\angle(A) = 45°$, bei f_h ist $\angle(A) = -45°$ und bei beiden ist $|A|$ um 3 dB gegenüber $|A(f_0)|$ gefallen.

2. Die Steilheit der Flanken beträgt 20 dB/Dekade. Es handelt sich also um einen Bandpaß erster Ordnung.

Übungen

3.4-4: Der Amplitudengang in Bild 3.4-16 liegt um 0,83 dB unterhalb der 0 dB-Linie. Wieso?

Hinweis: Man zeichne das Ersatzschaltbild bei Resonanzfrequenz anhand der Übung 3.2-11.

3.4-5: Wie wäre ein Bandpaß gemäß Bild 3.4-14a zu dimensionieren, der dieselbe Resonanzfrequenz f_0, aber eine zehnmal kleinere Bandbreite Δf als unser Beispiel hat?

Beispiel 5: Frequenzweiche

Wir untersuchen die Frequenzweiche (Dreitor) in Bild 3.4-17a. Eine derartige Schaltung wird beispielsweise eingesetzt zur Trennung hoher und tiefer Frequenzen bei der Ansteuerung von Hochton- und Tieftonlautsprechern. Wenn man festlegt, daß bei der Über-

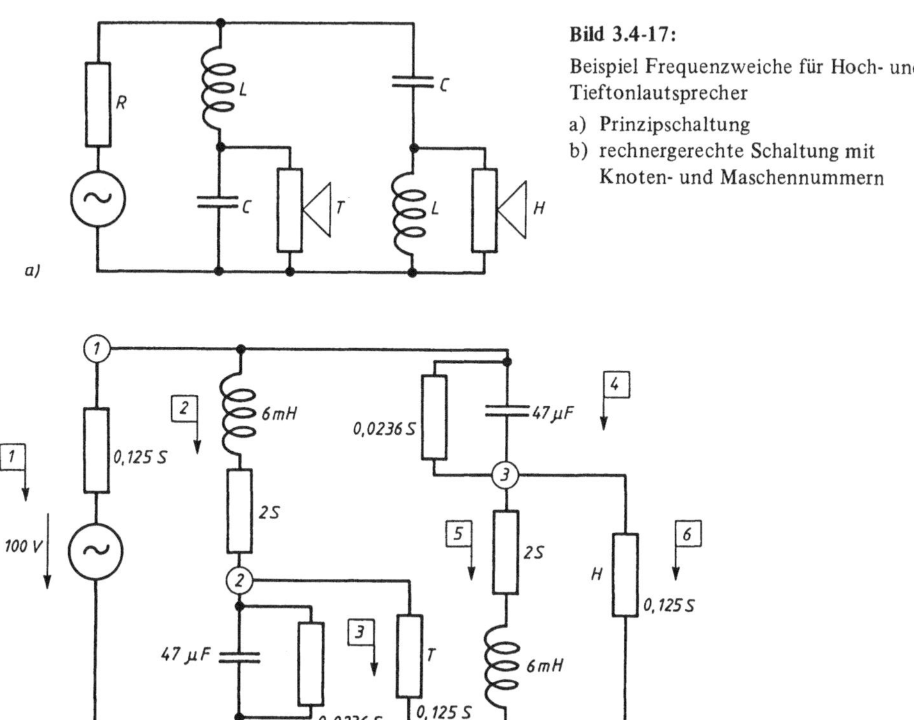

Bild 3.4-17:
Beispiel Frequenzweiche für Hoch- und Tieftonlautsprecher
a) Prinzipschaltung
b) rechnergerechte Schaltung mit Knoten- und Maschennummern

nahmefrequenz $f_ü$ die Spannung (und damit die Leistung) an beiden Lastwiderständen $T = H = R$ gleich groß sein soll, dann gilt für die Bauelemente [7]:

$$L = \frac{\sqrt{2} \cdot R}{\omega_ü}, \qquad C = \frac{1}{\sqrt{2} \cdot R \cdot \omega_ü}.$$

Diese Werte für $R = 8$ Ohm und die unvermeidlichen Verlustwiderstände der Spulen und Kondensatoren haben wir in Bild 3.4-17b berücksichtigt. Nicht berücksichtigt haben wir der Übersichtlichkeit halber die Induktivitäten der Lautsprecherschwingspulen.

In Bild 3.4-18 findet der Leser das Eingabeprotokoll und einige Rechenergebnisse des Programms WNETZWERK. In Bild 3.4-19 sind die beiden Amplitudengänge

$$|A_T| = \left| \frac{U_{k2}}{U_{k1}} \right|, \qquad |A_H| = \left| \frac{U_{k3}}{U_{k1}} \right|$$

in dB aufgezeichnet.

Man sieht, daß es sich um einen Tiefpaß T und einen Hochpaß H jeweils zweiter Ordnung handelt. Die leichten Unsymmetrien rühren von den Verlustwiderständen her.

```
Wechselstromnetzwerk-Berechnung (C)Hy

z= 1 i= 1 k= 0  C=       0.00000 G=  1.25000E-1 L=      0.00000
Betrag und Winkel: ▶Uq=      1.00000E2    0.0 Iq=      0.00000     0.0
z= 2 i= 1 k= 2  C=       0.00000 G=       2.00000 L= 6.00000E-3
Betrag und Winkel:  Uq=       0.00000    0.0 Iq=      0.00000     0.0
z= 3 i= 2 k= 0  C=  4.70000E-5 G=  1.48600E-1 L=      0.00000
Betrag und Winkel:  Uq=       0.00000    0.0 Iq=      0.00000     0.0
z= 4 i= 1 k= 3  C=  4.70000E-5 G=  2.36000E-2 L=      0.00000
Betrag und Winkel:  Uq=       0.00000    0.0 Iq=      0.00000     0.0
z= 5 i= 3 k= 0  C=       0.00000 G=       2.00000 L= 6.00000E-3
Betrag und Winkel:  Uq=       0.00000    0.0 Iq=      0.00000     0.0
z= 6 i= 3 k= 0  C=       0.00000 G=  1.25000E-1 L=      0.00000
Betrag und Winkel:  Uq=       0.00000    0.0 Iq=      0.00000     0.0
Frequenz f =       300.00

  Nr          Uk/V              Uz/V              Iz/A
   1      ▶ 49.5521    5.2      49.5521    5.2    ▶6.35596   175.0
   2    T▶ 28.7019  -82.4      56.2142   35.9      4.96557   -51.6
   3    H▶ 29.7902   80.1      28.7019  -82.4      4.96557   -51.6
   4         0.0000    0.0      50.7586  -29.3      4.65367    45.7
   5         0.0000    0.0      29.7902   80.1      2.63146    -7.3
   6         0.0000    0.0      29.7902   80.1      3.72378    80.1
Frequenz f =       100.00

  Nr          Uk/V              Uz/V              Iz/A
   1      ▶44.5166    3.7      44.5166    3.7    ▶6.95576   177.1
   2      ▶39.6915  -27.2      22.8689   66.5      6.01349   -15.9
   3      ▶ 5.7061  106.6      39.6915  -27.2      6.01349   -15.9
   4         0.0000    0.0      46.1339   -3.3      1.74398    48.1
   5         0.0000    0.0       5.7061  106.6      1.50044    24.2
   6         0.0000    0.0       5.7061  106.6      0.713258  106.6
```

Bild 3.4-18: Beispiel Frequenzweiche: Protokoll der Eingabe und Rechenergebnisse. Programm WNETZWERK

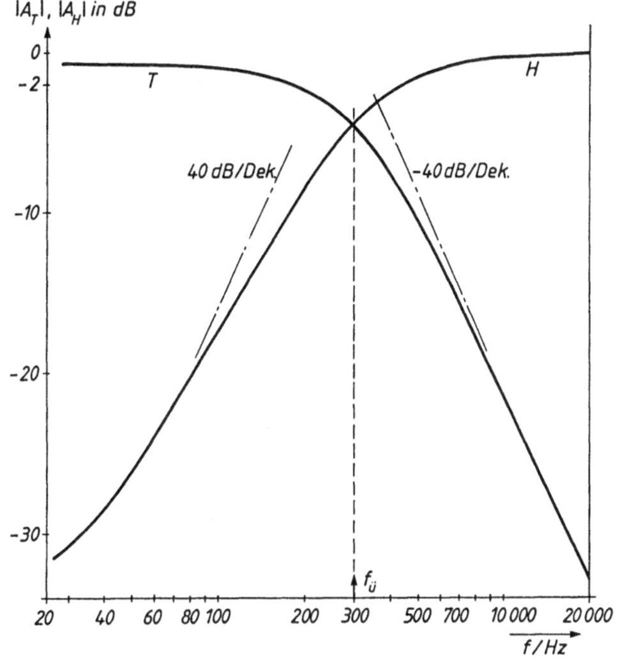

Bild 3.4-19:
Beispiel Frequenzweiche:
Amplitudengang

Übungen

3.4-6: Die folgenden Fragen beziehen sich auf das Rechenprotokoll der Frequenzweiche (Bild 3.4-18). Frequenz 300 Hz.

a) Welche Leistung P_0 liefert der Generator?

b) Welche Leistung P_i geht am Innenwiderstand des Generators verloren?

c) Welche Leistung P_h geht an den Hochtonlautsprecher und welche Leistung P_t an den Tieftonlautsprecher?

d) Welcher Wirkungsgrad η ergibt sich?

$$\eta = (P_h + P_t)/P_0 \ .$$

e) Welcher Wirkungsgrad ergibt sich bei $f = 100\,\text{Hz}$?

Beispiel 6: Bandpaß fünfter Ordnung

Filter höherer Ordnungen, die bestimmte Anforderungen erfüllen sollen, werden heute mit Hilfe von Filterkatalogen konstruiert. Diesen liegen umfangreiche EDV-Berechnungen zugrunde. Als Beispiel nehmen wir einen Bandpaß [8], ohne weiter darauf einzugehen, wie er entstanden ist (Bild 3.4-20). Es wäre kein Problem, den Frequenzgang dieses Bandpasses mit dem Programm WNETZWERK zu berechnen. Wir benützen hier aber zwei andere Programme: PSPICE [3] und TOUCHSTONE.

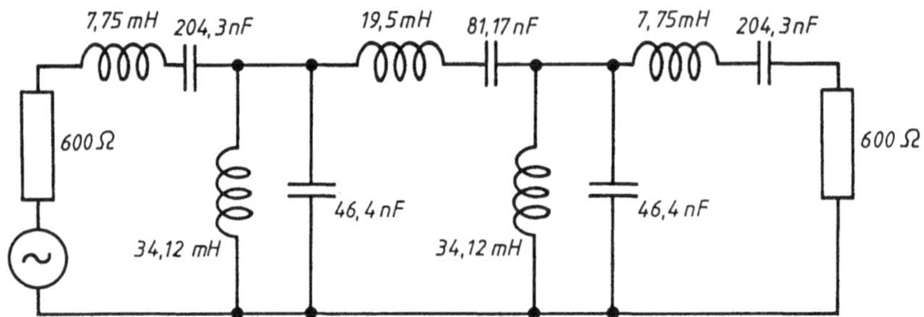

Bild 3.4-20: Beispiel Tschebyscheff-Bandpaß 5. Ordnung [8]

Obwohl diese Programme letzten Endes auch nur Netzwerke berechnen, bieten sie darüber hinaus Zusatzinformationen (z.B. bei Toleranzen der Bauteile). Sie beinhalten fertige Modelle (z.B. Transistorersatzschaltungen bei hohen Frequenzen) und sie rechnen aufgrund besonderer Rechenstrukturen schneller.

Den Frequenzgang des Bandpasses, berechnet mit TOUCHSTONE, zeigt im Originalformat Bild 3.4-21. Der Leser prüfe die Flankensteilheit des Amplitudenganges nach. Er wird eine Steilheit von 100 dB/Dekade feststellen, was für ein Filter fünfter Ordnung charakteristisch ist (5 · 20 dB/Dekade). Der Phasengang zeigt bei den beiden Eckfrequenzen sog. Phasensprünge. Den Frequenzgang des gleichen Bandpasses, berechnet mit PSPICE, zeigt im Originalformat Bild 3.4-22. Natürlich sind die Ergebnisse dieselben.

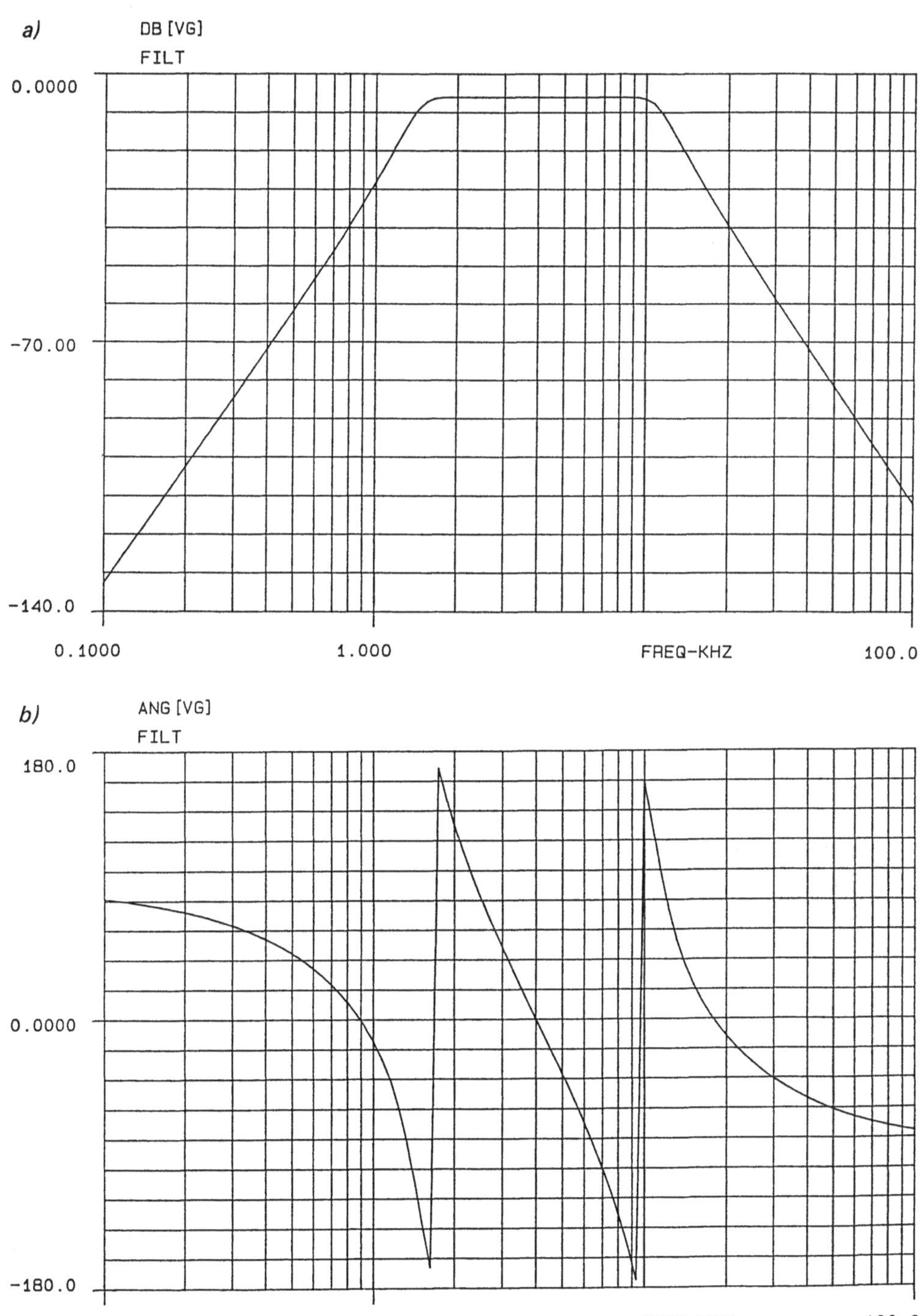

Bild 3.4-21: Beispiel Tschebyscheff-Bandpaß: Frequenzgang
a) Amplitudengang   b) Phasengang
Programm TOUCHSTONE.

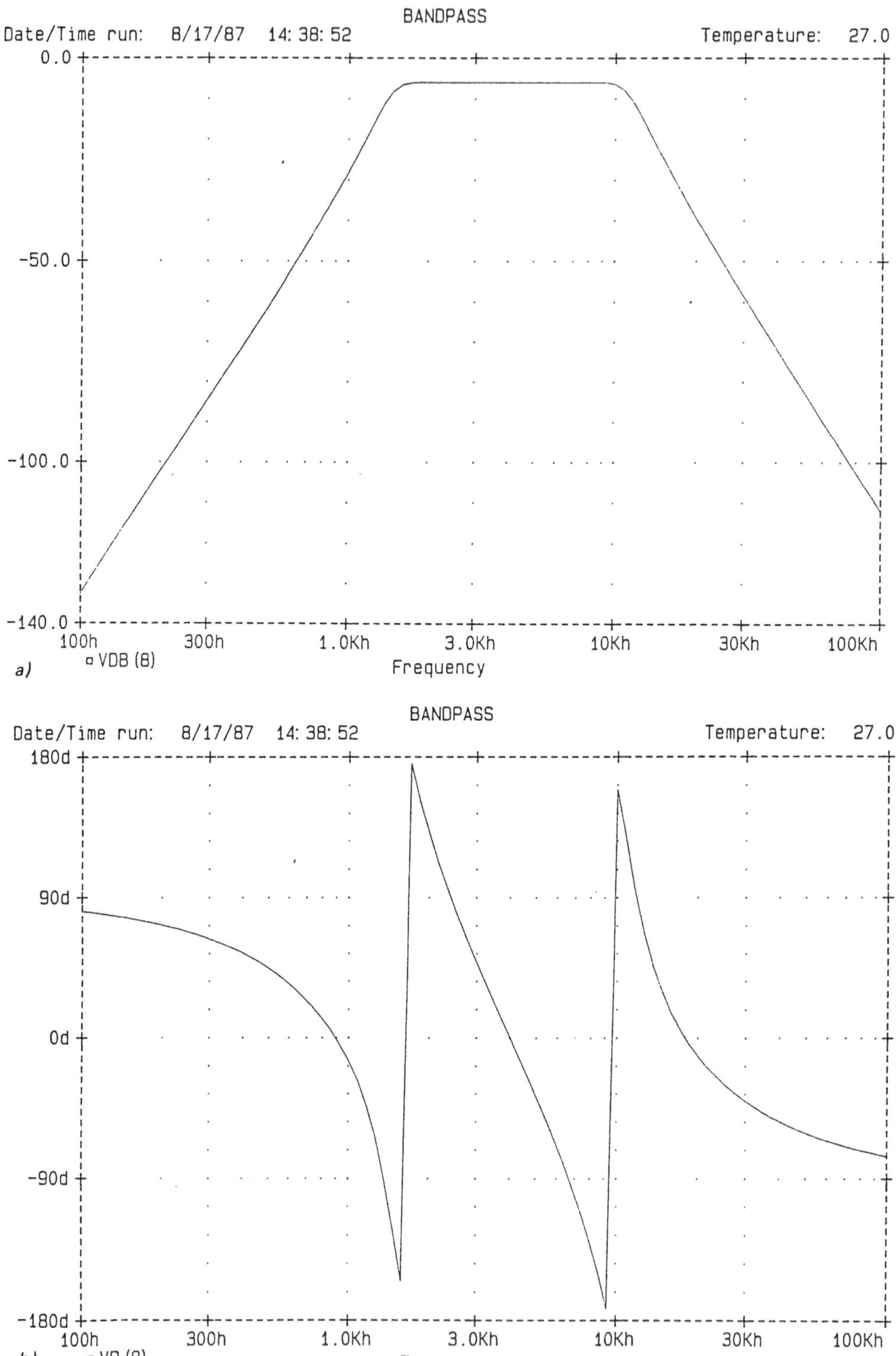

Bild 3.4-22: Beispiel Tschebyscheff-Bandpaß: Frequenzgang a) Amplitudengang; b) Phasengang Programm PSPICE.

3.5 Ortskurven

3.5.1 Allgemeines

Gegenstand der Ortskurve OK ist die Reaktanz Z oder die Admittanz Y oder eine Übertragungsfunktion, jeweils dargestellt in der komplexen Ebene. Wir bieten zwei Definitionen der Ortskurve OK an:

1. Die OK ist der geometrische Ort aller Zeigerspitzen eines Zeigerdiagramms für alle Frequenzen.
2. Die OK ist die Verknüpfung des Amplitudenganges und des Phasenganges einer Schaltung zu einer Kurve.

Markiert ist die OK normalerweise mit der Frequenz, es kann aber prinzipiell auch jedes variable Element der Schaltung als Markierung auftreten.

Trotz ihrer Anschaulichkeit findet man die OK in der Praxis wegen der Mühe ihrer Erstellung wesentlich seltener als den Frequenzgang. In der Nachrichtentechnik verwendet man Netzwerksanalysatoren, die mit Hilfe eines Rechners aus Meßwerten OK konstruieren.

3.5.2 Die Ortskurve ist eine Gerade

Bekanntlich läßt sich jeder komplexe Ausdruck in die Form bringen

$$Z = a + j \cdot b \,.$$

Für den Sonderfall, daß entweder a oder b unabhängig von der Frequenz sind, ist die OK eine Gerade.

Beispiele:
$$Z = R + j \cdot \omega \cdot L \,,$$
$$Y = G + j \cdot \omega \cdot C \,,$$
$$Z = R + j \cdot (\omega \cdot L - 1/(\omega \cdot C)) \,,$$
$$Y = G + j \cdot (\omega \cdot C - 1/(\omega \cdot L)) \,,$$
usw.

Da in allen diesen Beispielen der Realteil konstant ist, ergeben sich als OK Parallelen zur imaginären Achse im Abstand R bzw. G.

Gesucht sei beispielsweise die Z-OK der Reihenschaltung von $R = 50\,\text{Ohm}$ und $L = 8\,\text{mH}$ (Bild 3.5-1a).

Konstruktionsanleitung:

1. Wir legen auf der reellen Achse im beliebigen, aber sinnvollen Maßstab die Ohm-Skala so fest, daß $R = 50\,\text{Ohm}$ an günstiger Stelle liegt, z.B. $10\,\text{Ohm} \,\widehat{=}\, 1\,\text{cm}$ (Bild 3.5-1b). Die imaginäre Achse trägt denselben Maßstab.
2. $R = 50\,\text{Ohm}$ wird eingetragen.
3. In R als Fußpunkt errichten wir die Senkrechte. Dies ist wegen $Z = R + j \cdot \omega \cdot L$ die gesuchte OK.

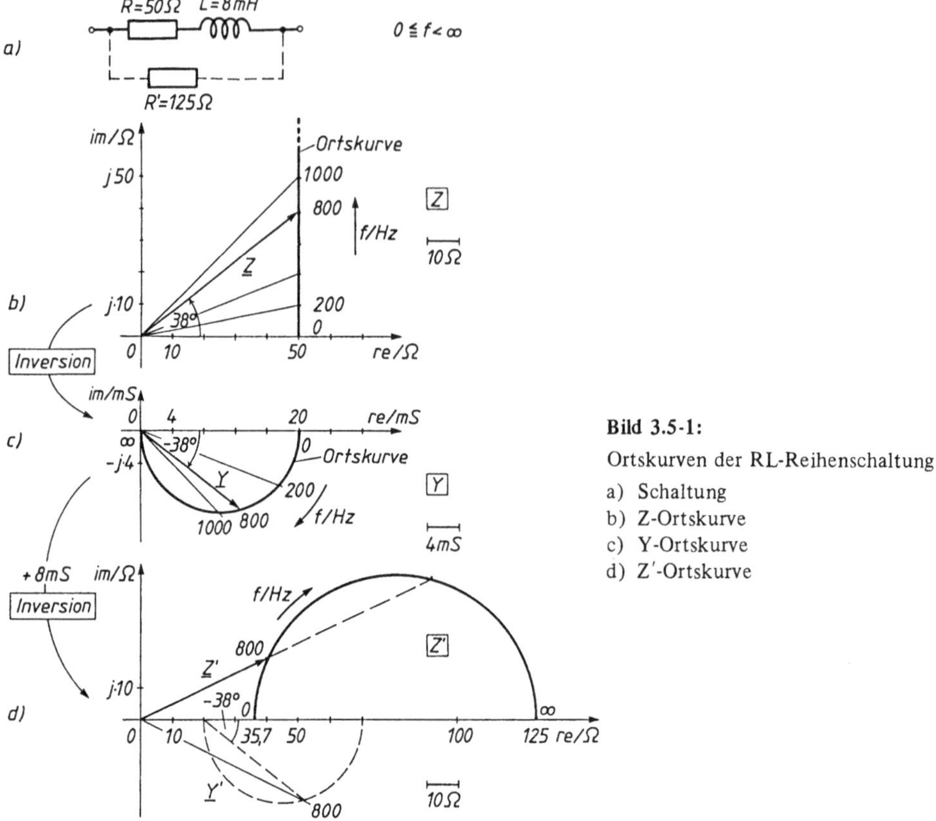

Bild 3.5-1:

Ortskurven der RL-Reihenschaltung
a) Schaltung
b) Z-Ortskurve
c) Y-Ortskurve
d) Z'-Ortskurve

4. Zur Bestimmung der Frequenzskala auf der OK berechnen wir $X = j \cdot \omega \cdot L$ für verschiedene ω bzw. f und tragen sie vom Fußpunkt her auf der Senkrechten auf. An die betreffende Stelle schreiben wir statt X aber f.

Beispiel: Für $f = 1\,\text{kHz}$ ist $X = j \cdot 50\,\text{Ohm}$. $j \cdot 50\,\text{Ohm}$ wird auf der Senkrechten nach oben aufgetragen und der Endpunkt mit $1\,\text{kHz}$ beziffert.

Man erkennt, daß in diesem Falle die Bezifferung linear ist.

Übung

3.5-1: Gegeben ist die Reihenschaltung von $R = 2,5\,\text{kOhm}$, $L = 0,8\,\text{H}$ und $C = 0,5\,\mu\text{F}$ (Bild 3.5-2a).

a) Man konstruiere die OK von Z.

b) Man markiere auf der OK die Frequenzen für $\varphi_z = 0, +45°, -45°$. Wie läuft also die f-Bezifferung?

Hinweis: Man gehe wie beim obigen Beispiel vor, beachte aber, daß die OK wegen $Z = R + j \cdot (\omega \cdot L - 1/(\omega \cdot C))$ einen Ast auch im vierten Quadranten besitzt.

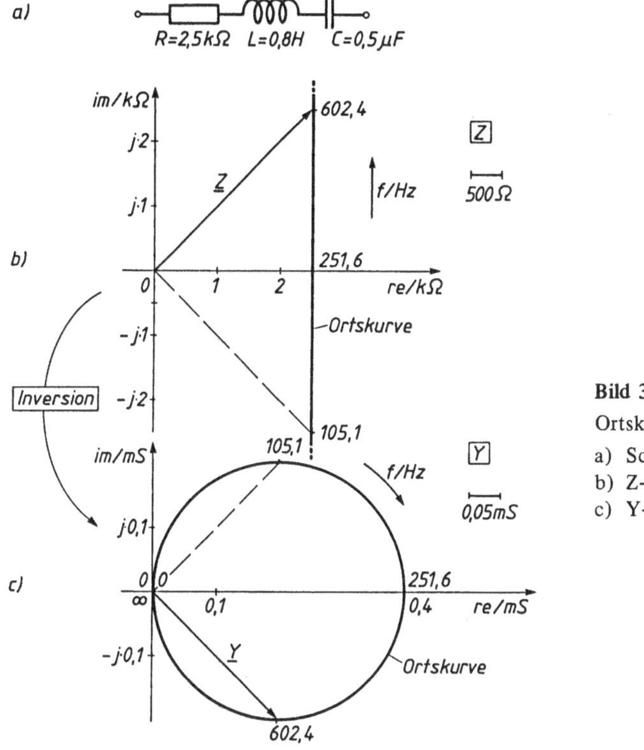

Bild 3.5-2:

Ortskurven der RLC-Reihenschaltung
a) Schaltung
b) Z-Ortskurve
c) Y-Ortskurve

3.5.3 Die Ortskurve ist ein Kreis

Aus der Impedanz Z entsteht durch Kehrwertbildung die Admittanz Y und umgekehrt. Entsprechend gilt: Aus der Z-OK entsteht durch Kehrwertbildung (Inversion) die Y-OK und umgekehrt. Es gilt also das Abbildungsgesetz

$$Y = \frac{1}{Z} = \frac{1}{|Z|} \cdot e^{-\varphi_z} \; . \tag{3.5-1}$$

Die Inversion der Z- in die Y-Ebene (oder umgekehrt) ist durch folgende umkehrbare Sätze gekennzeichnet:

1. Die obere komplexe Halbebene wird auf die untere Halbebene abgebildet.
2. Aus einer achsenparallelen Geraden wird ein Kreis durch den Nullpunkt.
3. Aus einem Kreis, der nicht durch den Nullpunkt geht, wird ein Kreis, der nicht durch den Nullpunkt geht.
4. Der dem Nullpunkt nächste Punkt wird als nullpunktfernster Punkt abgebildet (insbesondere: Der unendlich ferne Punkt wird zum Nullpunkt). Punkte auf der reellen Achse bleiben dort.
5. Die Winkel bleiben im Kleinen erhalten (konforme Abbildung).
6. Die Y-Zeiger haben wegen (3.5-1) dieselben, aber vorzeichengedrehten Winkel wie die entsprechenden Z-Zeiger (Spiegelung an der reellen Achse).

Als Beispiel konstruieren wir die OK vom Y der in Bild 3.5-1a gezeigten Schaltung, indem wir die dortige Z-OK invertieren (Bild 3.5-1b).

— Nach Satz 1 erwarten wir die Y-OK im 4. Quadranten der komplexen Ebene.
— Nach Satz 2 erwarten wir einen Kreis, von dem wir bereits wissen, daß er durch den Nullpunkt geht. Wir brauchen zu seiner Bestimmung noch zwei Kreispunkte.
— Satz 4 ergibt, daß der Punkt $R = 50$ Ohm auf der reellen Achse zu $G = 20$ mS daselbst wird.
— Nach Satz 5 muß der Kreis die reelle Achse rechtwinklig schneiden, also liegt sein Mittelpunkt auf ihr und zwar bei 10 mS. Damit ist der Kreis, also die Y- OK, zeichnenbar (Bild 3.5-1c).
— Mit Satz 6 legen wir die f-Markierung der Y-OK fest. Wir nehmen den Z-Zeiger einer bestimmten Frequenz und spiegeln ihn an der reellen Achse. Der Schnittpunkt der Spiegelgeraden mit dem Y-Kreis trägt dieselbe Frequenzmarke wie der ursprüngliche Zeiger.

Damit haben wir die Y-OK konstruiert.

Führen wir das Beispiel noch etwas weiter und schalten wir zur RL-Reihenschaltung noch einen Widerstand $R' = 125$ Ohm parallel. Wie sieht die resultierende Y'- bzw. Z'-OK aus? Die Y'-OK ergibt sich ganz einfach, indem wir die bereits bekannte Y-OK in Bild 3.5-1c um 8 mS nach rechts verschieben, bzw. den Nullpunkt um 8 mS nach links. Daraus folgt die Z'-OK durch erneute Inversion gemäß Satz 3. Die f-Bezifferung folgt mittels Satz 6 aus der Y'-OK (Bild 3.5-1d).

Übungen

3.5-2: Man erkennt beim Betrachten der Z'-OK in Bild 3.5-1d, daß Z' denselben Winkel für zwei Beträge und Frequenzen hat. Welche beiden Frequenzen ergeben sich für z.B. $\varphi_z = 26°$?

Hinweis: Man stelle die Beziehung für $\tan \varphi_z$ auf und löse die entstehende quadratische Gleichung nach f_1 und f_2 auf.

3.5-3: Man konstruiere aus der Z-OK des Reihenschwingkreises in Bild 3.5-2b die Y-OK einschließlich f-Bezifferung. Vorgeschlagener Maßstab: $0{,}05$ mS $\hat{=}$ 1 cm.

Hinweis: Man invertiere den oberen und den unteren Zweig der Z-OK getrennt unter Berücksichtigung der Sätze 1...6.

3.5-4: Man konstruiere die Z-OK der RLC-Parallelschaltung in Bild 3.5-3a.

Hinweis: Man konstruiere zunächst die Y-OK wie in Abschnitt 3.5.1 (empfohlener Maßstab: $0{,}4$ mS $\hat{=}$ 1 cm). Markierungsfrequenzen für $\varphi_y = 0°, +45°, -45°$ (Bild 3.5-3b). Daraus folgt durch Inversion die Z-OK (empfohlener Maßstab: 50 Ohm $\hat{=}$ 1 cm).

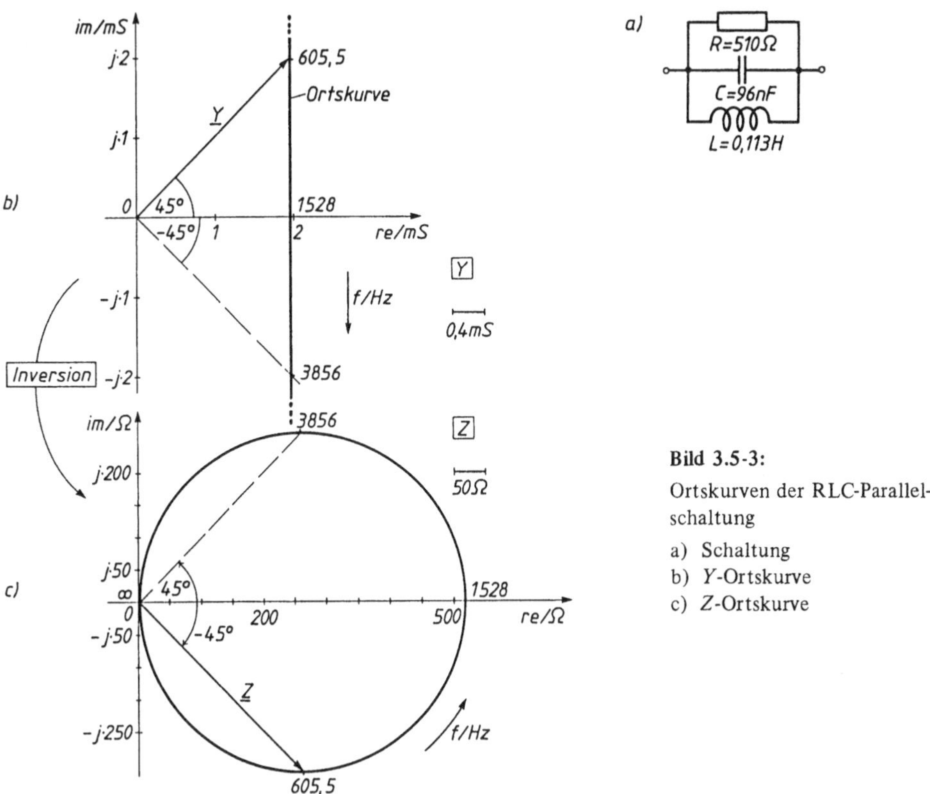

Bild 3.5-3:

Ortskurven der RLC-Parallelschaltung

a) Schaltung
b) Y-Ortskurve
c) Z-Ortskurve

3.5.4 Die Ortskurve ist weder Gerade noch Kreis

Dieser allgemeine Fall tritt stets auf, wenn sowohl Realteil als auch Imaginärteil von Z bzw. Y Funktionen der Frequenz f sind. Die OK kann dann nicht mehr mittels Sätzen pauschal konstruiert werden (obwohl diese Sätze 1...6 weiterhin kontrollierend angewendet werden können), sondern es ist ein punktweiser Aufbau der Kurve notwendig. Dazu sind Rechenprogramme, wie z.B. WNETZWERK wertvolle Hilfsmittel. Als Beispiel für die punktweise Erstellung ist in Bild 3.5-4 die Z- und die Y-OK der RLC-Parallelschaltung mit verlustbehafteter Spule gezeichnet. Die Zahlenwerte der Schaltung sind die gleichen wie beim Frequenzgang in Bild 3.4-3. Der Leser möge beim Vergleich der Z- und der Y-OK in Bild 3.5-4 die Gültigkeit der Sätze 1, 4, 5 und 6 nachprüfen.

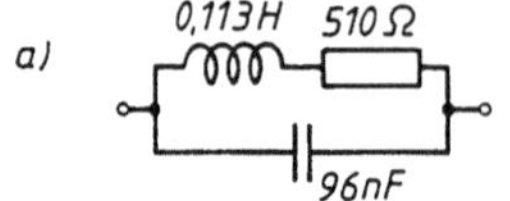

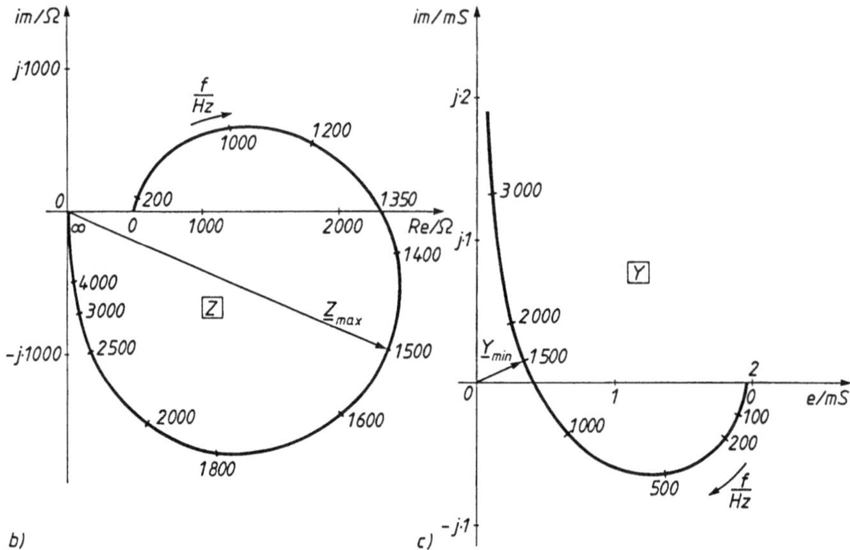

Bild 3.5-4: Ortskurven der RL-Schaltung parallel zu C

a) Schaltung
b) Z-Ortskurve
c) Y-Ortskurve

4 Das elektrische Feld

4.1 Der Feldbegriff

4.1.1 Skalar- und Vektorfeld

Zur Erläuterung des Begriffes „Feld" soll zunächst ein einfaches Beispiel betrachtet werden: Eine punktförmige Wärmequelle strahlt nach allen Richtungen des Raumes Energie gleichmäßig ab. Bringt man sehr kleine Probekörper in den umgebenden Raum der Quelle an geometrisch unterschiedlichen Orten ein, so stellen sich an ihnen auch unterschiedliche Temperaturen ein (Bild 4.1-1). Im Raum um die Quelle herrscht ein Raum- bzw. Energiezustand, der ortsabhängig ist.

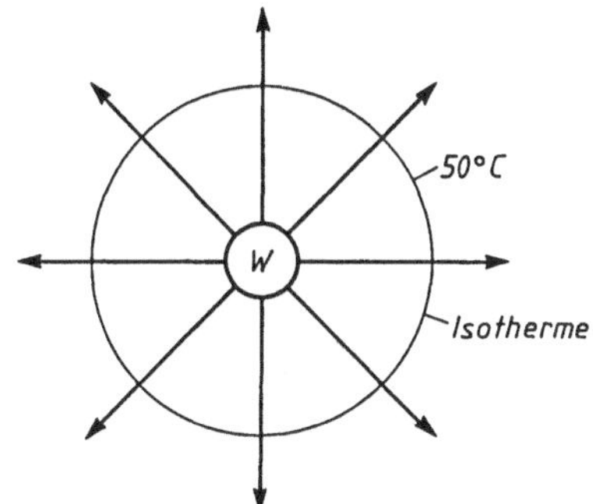

Bild 4.1-1:
Temperaturfeld einer Wärmequelle

Man nennt einen solchen ortsabhängigen Energiezustand des Raumes ein „Feld", im betrachteten Beispiel ein Temperaturfeld. Die Wirkung des Temperaturfeldes auf Probekörper kann man durch Flächen gleicher Temperatur grafisch darstellen: Alle Ortspunkte gleicher Temperatur ergeben beim Auftragen in der zweidimensionalen Ebene konzentrische Kreise um die Wärmequelle, die Isothermen. Solche Linien gleicher Raumeigenschaften werden durch die Angabe der Feldgröße näher spezifiziert, im Beispiel also mit Temperatur T. Weitere Beispiele: Linien gleichen Luftdrucks (Isobaren) einer Wetterkarte; Höhenlinien einer Landkarte.

Da die Temperatur eine ungerichtete Größe (Skalar) ist, genügt zur Beschreibung eines Feldpunktes die Angabe ihres Betrages. Man bezeichnet ein solches Feld deshalb als skalares Feld.

Ist die Feldgröße dagegen eine gerichtete (vektorielle) Größe, wie z.B. die Kraft F auf einen Körper im Gravitationsfeld der Erde, so spricht man von einem Vektorfeld. Dann wird die Feldgröße neben der Angabe des Betrages durch ihre Wirkungsrichtung gekennzeichnet. Die Wirkungsrichtung wird durch die Richtung der Feldlinien dargestellt, die Wirkungsstärke durch ihre Dichte. Das elektrische Feld ist ein Vektorfeld.

4.1.2 Elektrische Feldstärke

Man weiß, daß zwischen elektrischen Ladungen Kraftwirkungen zu beobachten sind. Bringt man eine sehr kleine punktförmige Ladung q in die Nähe einer sehr großen Ladung $+Q$, die irgendwo im Raum ihre Partnerladung $-Q$ haben möge, so wirkt auf q die Kraft (Bild 4.1-2)

$$F \sim q \ .$$

Offensichtlich führt die Ladung Q einen Raumzustand herbei, der als Kraftwirkung auf q nach außen wirksam wird. Die ruhende Ladung Q erzeugt ein ruhendes elektrisches Feld, dessen vektorielle Feldgröße man die elektrische Feldstärke $\vec{E}$ nennt:

$$\vec{E} = \vec{F}/q \ \ [N/C = V/m] \ . \tag{4.1-1}$$

Die Richtung des Vektors $\vec{E}$ ist definiert durch die Kraftwirkung zwischen zwei gleichartig geladenen Körpern (vgl. Bild 4.1-2).

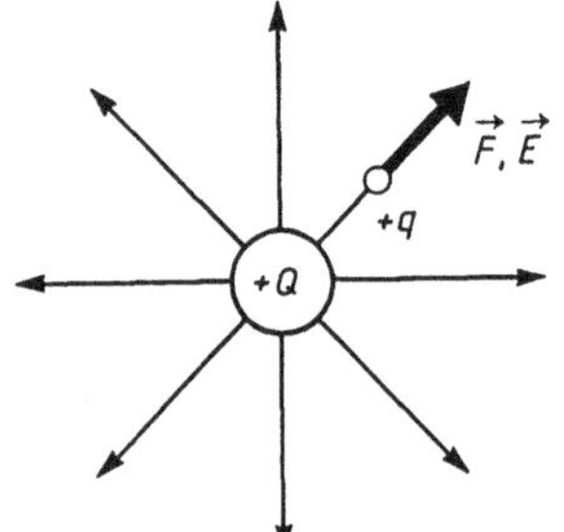

Bild 4.1-2:
Zur Definition der elektrischen Feldstärke

Wichtige Merksätze zum Begriff der Feldstärke:
— Die Feldlinien der elektrischen Feldstärke $\vec{E}$ verlaufen von der positiven zur negativen Ladung. Ein solches Feld nennt man Quellenfeld.
— Auf eine positive Ladung wirken Zugkräfte in Richtung der Feldlinien.
— Gleichnamige Ladungen stoßen sich ab, ungleichnamige ziehen sich an.
— Die Dichte der Feldlinien ist proportional zur Wirkung des Feldes.

4.2 Das Potential

Wir bestimmen zunächst die Arbeit, die bei der Verschiebung einer Ladung im elektrostatischen Feld aufgewendet bzw. gewonnen wird. Dazu betrachten wir das homogene Feld eines Plattenkondensators, dessen Ladung auf die Platten z.B. durch kurzes Anlegen einer Gleichspannung aufgebracht wurde. Im homogenen Feld bewegt sich eine positive punktförmige Ladung Q entlang einer Feldlinie von a nach b. Dann wird dadurch die mechanische Arbeit dW freigesetzt (Bild 4.2-1):

$$dW = \vec{F} \cdot d\vec{s} \ .$$

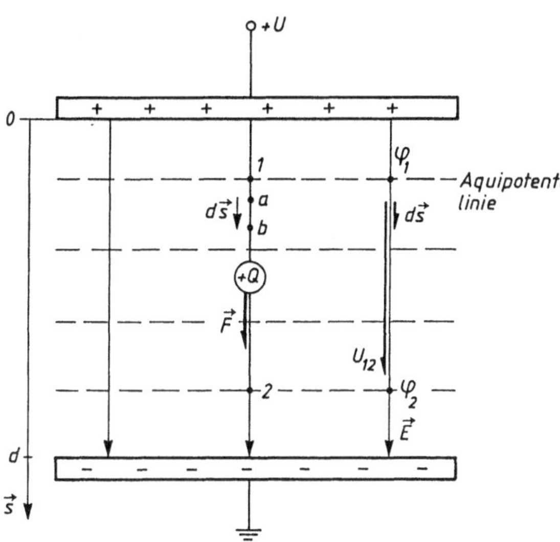

Bild 4.2-1:

Ladung im homogenen elektrischen
Feld

Da im homogenen Feld $\vec{E}$ entlang einer Feldlinie konstant ist, folgt mit $\vec{F} = Q \cdot \vec{E}$

$$dW = Q \cdot \vec{E} \cdot d\vec{s} \,.$$

Erstreckt sich der Weg durch das elektrische Feld über mehrere Wegelemente ds vom beliebigen Punkt 1 zum Punkt 2, so gilt

$$W = Q \cdot \int_1^2 \vec{E} \cdot d\vec{s} \,. \tag{4.2-1}$$

Das Integral in (4.2-1) wird als Potentialfunktion bezeichnet. Es liefert die negative Potentialdifferenz zwischen den Punkten 1 und 2:

$$\varphi_2 - \varphi_1 = -\int_1^2 \vec{E} \cdot d\vec{s} \,. \tag{4.2-2}$$

Man beachte das Vorzeichen: Integriert man in Richtung von $\vec{E}$, so nimmt das Potential ab ($\varphi_2 < \varphi_1$).

Die Potentialdifferenz ihrerseits wird in der Elektrotechnik als Spannung U bezeichnet, so daß man (4.2-2) auch anders schreiben kann (Bild 4.2-1):

$$\varphi_1 - \varphi_2 = U_{12} = \int_1^2 \vec{E} \cdot d\vec{s} \,. \tag{4.2-2a}$$

Beispiel: Erstreckt man im Falle des Plattenkondensators das Integral (4.2-2a) von Platte zu Platte, so folgt (Bild 4.2-1):

$$U = E \cdot d \; . \tag{4.2-2b}$$

Bei gegebener Plattenspannung U kann damit die Feldstärke E berechnet werden.

Unter Anwendung von (4.2-2) lassen sich für das homogene Feld des Plattenkondensators jetzt leicht Äquipotentialflächen definieren. Es sind dies zu den Elektroden parallele Flächen mit konstantem Potential. Zum experimentellen Nachweis der Äquipotentialflächen kann man eine dünne, starre Metallfolie genau an den Platz einer Äquipotentialfläche einschieben. Sie nimmt dann das Potential dieser Linie an und stört den Feldverlauf nicht.

In der zweidimensionalen Darstellung von Bild 4.2-1 erkennt man die entsprechenden Äquipotentiallinien.

Ergänzend sei noch bemerkt, daß unsere obige Voraussetzung, das Wegelement $d\vec{s}$ liege entlang $\vec{E}$, zweckmäßig, aber nicht notwendig für die Gültigkeit von (4.2-2) und (4.2-2a) ist. Man denke beispielsweise an das Schwerefeld der Erde: Auch dort ist die geleistete Arbeit nur von der erreichten Höhe, aber nicht vom Weg dorthin abhängig.

Der Leser prüfe folgende Sätze:

– Feldlinien und Äquipotentiallinien stehen immer senkrecht aufeinander.
– Metalloberflächen sind normalerweise Äquipotentiallinien.
– Die Orientierung von Potential und Spannung ist entgegen dem Feldstärkevektor.

Den letzten Satz kann man auch formal ausdrücken: Aus (4.2-2) folgt

$$d\varphi = \varphi_2 - \varphi_1 = - \vec{E} \cdot d\vec{s}$$

oder

$$\vec{E} = - d\varphi/d\vec{s}$$
$$\vec{E} = - \operatorname{grad} \varphi \; . \tag{4.2-3}$$

Der Gradient grad ist eine wichtige Größe zur Kennzeichnung eines Feldes. Je größer der Gradient in einem Punkt, desto stärker die Feldänderung dort.

Übung

4.2-1: Im Feld eines Plattenkondensators ($U = 1000\,\text{V}$) startet von der negativen Platte ein Elektron mit der Anfangsgeschwindigkeit 0 in Richtung positive Platte. Mit welcher Geschwindigkeit prallt es auf die positive Platte auf?

Hinweis: Man setze die mechanische Aufprallenergie des Elektrons auf die positive Platte, $m \cdot v^2/2$, gleich der aus dem Feld aufgenommenen Energie. Diese ergibt sich aus (4.2-1) und (4.2-2a). $e/m = 1{,}76 \cdot 10^{11}\ \text{m}^2/\text{Vs}^2$.

4.3 Verschiebungsflußdichte

Wir haben festgestellt, daß die Ladung Q Ursache und Quelle eines elektrischen Feldes ist. Den Zusammenhang zwischen Ladung Q und elektrischer Feldstärke $\vec{E}$ stellt die Verschiebungsflußdichte $\vec{D}$ her mit

$$\vec{D} = Q/\vec{A} \ . \tag{4.3-1}$$

Dabei ist $\vec{A}$ der Vektor der Fläche A, die als beliebige Hüllfläche um die Ladung Q gelegt ist und durch die alle Feldlinien hindurchstoßen und nach außen wirksam werden.

Die Verschiebungsflußdichte $\vec{D}$ kennzeichnet die Verschiebungswirkung der Ladung Q auf beispielsweise eine Probeladung q. Sie ist stoffunabhängig, d.h. unabhängig von der Art des Mediums, das die Ladung umgibt. Dagegen gibt die Feldstärke $\vec{E}$ die stoffabhängige Intensität des elektrischen Feldes in der Umgebung der Ladung Q an:

$$\vec{E} = \vec{D}/\epsilon \ . \tag{4.3-2}$$

Dabei ist $\epsilon = \epsilon_r \cdot \epsilon_0$, mit $\epsilon_0 = 8{,}85 \cdot 10^{-12}$ As/Vm, absolute Dielektrizitätskonstante, ϵ_r relative Dielektrizitätskonstante.

Zahlenwerte für ϵ_r:

Luft, Vakuum:	1,0
Mineralöl:	2 ... 2,6
Polystyrol:	2,3 ... 3
Polyäthylen:	2,2

Ursache für $\epsilon_r > 1$ ist die dielektrische Polarisation: Die Moleküle eines Nichtleiters tragen Ladungen, die sich nach außen normalerweise kompensieren. Unter dem Einfluß eines elektrischen Feldes verschieben sich die Ladungen innerhalb der Moleküle derart, daß eine Polarisierung stattfindet, d.h., das Molekül erhält Dipolcharakter (Bild 4.3-1). Dadurch wird das äußere Feld verstärkt. Beim Umpolen der äußeren, angelegten Spannung erfolgt auch eine Umladung und Umpolarisierung der Moleküle, so daß im Nichtleiter im Feld (= Dielektrikum) scheinbar ein Strom fließt, der Verschiebungsstrom.

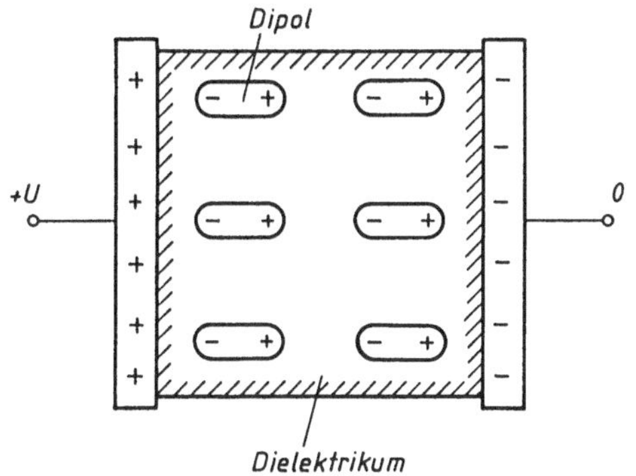

Bild 4.3-1:
Polarisation des Dielektrikums im Feld

4.4 Kapazität und Kondensator

4.4.1 Der Begriff der Kapazität

Prinzipiell kann man jede Anordnung, die aus zwei gegeneinander isolierten Metallelektroden besteht, einen Kondensator nennen.

Legt man zwischen die beiden Elektroden die Spannung U, so entsteht eine Ladungstrennung dergestalt, daß die eine Elektrode die Ladung $+Q$, die andere $-Q$ trägt. Der Proportionalitätsfaktor zwischen Ursache U und Wirkung Q wird Kapazität C genannt.

$$Q = C \cdot U .\tag{4.4-1}$$

Die Kapazität C ist eine Geometriegröße mit der Dimension

$$[C] = \mathrm{As}/V = F \quad (\text{Farad}).$$

Zur Bestimmung von C bei gegebener Geometrie greift man auf (4.3-1) in allgemeiner Form zurück:

$$\oint \vec{D}\, d\vec{A} = Q .\tag{4.3-1a}$$

Das Hüllenintegral $\oint$ bedeutet die Integration der Flußdichte $\vec{D}$ über die gesamte Hüllfläche $\vec{A}$. Unter Verwendung von (4.2-2a) folgt dann aus (4.4-1)

$$C = \frac{Q}{U} = \frac{\oint \vec{D}\, d\vec{A}}{\int \vec{E}\, d\vec{s}} .\tag{4.4-2}$$

4.4.2 Feldbild und Kapazität bei einfacher Geometrie

4.4.2.1 Plattenkondensator

Zwei parallele Metallplatten der Fläche A stehen sich im Abstand d parallel gegenüber. Durch die angelegte Spannung tragen sie die Ladungen $+/-Q$. Die Plattenabmessungen seien gegenüber dem Plattenabstand so groß, daß Randeffekte vernachlässigbar sind.

Da $\vec{D}$ im Plattenbereich konstant und parallel zu $\vec{A}$ ist und außerhalb null (vgl. Bild 4.4-1), folgt aus (4.3-1a):

$$\vec{D} \cdot \vec{A} = Q ,$$

$$\epsilon \cdot \vec{E} \cdot \vec{A} = Q .\tag{4.4-3}$$

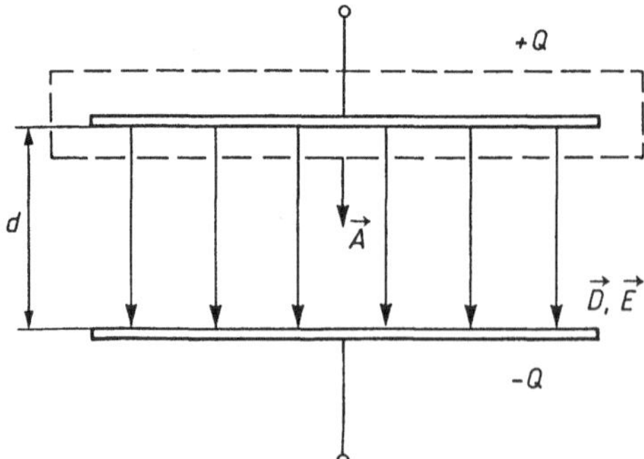

Bild 4.4-1:
Plattenkondensator

Für die Spannung U gilt bekanntlich

$$U = E \cdot d \ . \qquad (4.2\text{-}2b)$$

Formt man dies nach E um, so erhält man die Beziehung für das homogene Feld zwischen den Kondensatorplatten:

$$E = \frac{U}{d} \ . \qquad (4.4\text{-}4)$$

Die beiden Beziehungen (4.4-3) und (4.2-2b) werden jetzt in (4.4-2) eingesetzt, wodurch für die Kapazität des Plattenkondensators folgt:

$$C = \frac{\epsilon_r \cdot \epsilon_0 \cdot A}{d} \ . \qquad (4.4\text{-}5)$$

Übung

4.4-1: Zwischen zwei runden Elektroden von der Größe eines Fünfmarkstückes liegt eine Polystyrolfolie mit 0,1 mm Dicke. Kapazität?

4.4.2.2 Punktladung und Kugelkondensator

Bei einer Punktladung bietet sich zur Lösung von (4.3-1a) aus Symmetriegründen eine Kugeloberfläche als Hüllfläche an. Man erhält dann

$$Q = D \cdot 4 \cdot \pi \cdot r^2 ,$$

bzw. für die Feldstärke E wegen (4.3-2):

$$E = \frac{Q}{4 \cdot \pi \cdot \epsilon \cdot r^2} \ . \qquad (4.4\text{-}6)$$

Dies ist ein radialsymmetrisches, quadratisch mit r abnehmendes Feld.

Aus Symmetriegründen ist jede Kugelfläche mit Q als Mittelpunkt auch eine Äquipotentialfläche. Verdinglicht man zwei Äquipotentialflächen durch Metallkugeln, so hat man den Kugelkondensator (Bild 4.4-2). Es habe die kleinere Kugel den Radius r_1 und die größere r_2; zwischen ihnen herrsche die Spannung U_{12}. Dann folgt aus der Potentialfunktion (4.2-2a) mit (4.4-6):

$$\varphi_1 - \varphi_2 = U_{12} = \int_1^2 \frac{Q}{4 \cdot \pi \cdot \epsilon \cdot r^2} \, dr \ ,$$

$$\varphi_1 - \varphi_2 = U_{12} = \left. \frac{-Q}{4 \cdot \pi \cdot \epsilon \cdot r} \right|_1^2 \ .$$

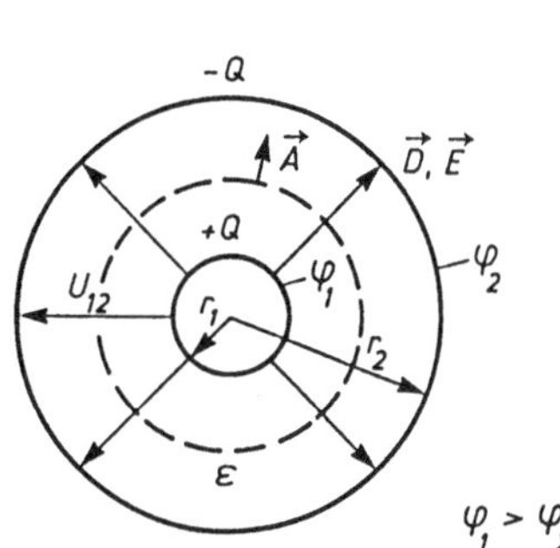

Bild 4.4-2: Kugelkondensator

Die Spannung, also auch das Potential, nimmt mit r nach außen ab und ist, wie oben angedeutet, für r = const. konstant. Setzt man in obige Beziehung die Grenzen ein, so folgt

$$\varphi_1 - \varphi_2 = U_{12} = \frac{Q}{4 \cdot \pi \cdot \epsilon} \cdot \left(\frac{1}{r_1} - \frac{1}{r_2} \right) . \tag{4.4-7}$$

Setzt man diese Beziehung und (4.4-6) in die eingangs abgeleitete Beziehung (4.4-2) ein, so erhält man für die Kapazität des Kugelkondensators schließlich

$$C = \frac{4 \cdot \pi \cdot \epsilon}{1/r_1 - 1/r_2} . \tag{4.4-8}$$

Übung

4.4-2: Wie groß ist die Kapazität des Kugelkondensators, dessen eine Elektrode die Erde, die andere das umgebende Weltall ist?

Hinweis: Man setze $r_2 \to \infty$. Äquatordurchmesser 12756 km.

4.4.2.3 Linienladung und Koaxialkabel

Denken wir uns einen geraden, unendlich langen Draht, der pro Länge l die Ladung Q tragen möge. Die Gegenladung $-Q$ befinde sich im Unendlichen. Zur Berechnung der Verschiebungsflußdichte $\vec{D}$ umgeben wir den Leiter mit einer Hüllfläche in Form eines koaxialen Zylindermantels (Bild 4.4-3). Dann durchstoßen die Feldlinien $\vec{E}$ bzw. die Verschiebungsflußdichte $\vec{D}$ diese Hüllkurve senkrecht und sind aus Symmetriegründen auf der Hüllkurve konstant. Damit folgt aus (4.3-1a):

$$Q = \vec{D} \cdot \vec{A}$$
$$Q = D \cdot 2 \cdot \pi \cdot r \cdot l .$$

Mit $\vec{D} = \epsilon \cdot \vec{E}$ folgt daraus für die Feldstärke E:

$$E = \frac{Q}{2 \cdot \pi \cdot \epsilon \cdot r \cdot l} . \tag{4.4-9}$$

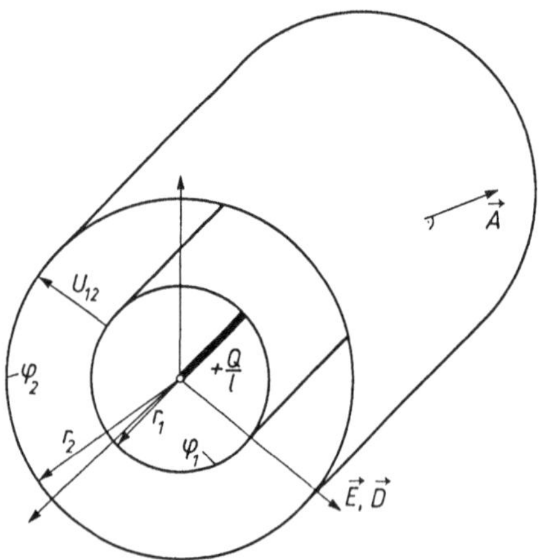

Bild 4.4-3:

Linienladung Q/l mit Feld- und Äquipotentiallinien

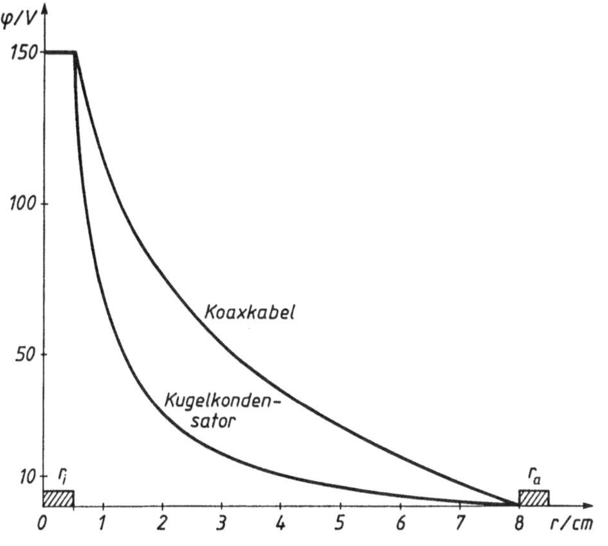

Bild 4.4-4:
Potentialverlauf im Kugelkondensator und Koaxkabel

Dies ist ein zylindersymmetrisches Feld, das mit r abnimmt. Zur Bestimmung des Potentials integriert man gemäß (4.2-2) entlang einer Feldlinie von einem Ausgangspunkt r_1 mit bekanntem Potential φ_1 zum Punkt r_2 mit unbekanntem Potential φ_2 (Bild 4.4-3) und erhält so mit (4.4-9)

$$\varphi_1 - \varphi_2 = U_{12} = \int_1^2 \frac{Q}{2 \cdot \pi \cdot \epsilon \cdot r \cdot l}\, ds \;,$$

$$U_{12} = \frac{Q}{2 \cdot \pi \cdot \epsilon \cdot l} \cdot \ln \frac{r_2}{r_1} \;. \tag{4.4-10}$$

Für konstanten Radius ist die Spannung konstant, also sind die Hüllzylinder Äquipotentiallinien.

Nehmen wir nun an, unser die Ladung Q tragender Draht habe den Radius r_1 und als Hüllzylinder mit dem Radius r_2 dient ein Kupferrohr. Wir haben dann ein sog. Koaxialkabel, wie es in der Nachrichtentechnik sehr häufig verwendet wird. Zur Berechnung seiner Kapazität ziehen wir (4.4-1) heran, wobei wir U nach (4.4-10) einsetzen:

$$C/l = \frac{2 \cdot \pi \cdot \epsilon}{\ln (r_2 / r_1)} \;. \tag{4.4-11}$$

Wir haben in (4.4-11) die Kapazität C pro Längeneinheit l angegeben (Kapazitätsbelag).

Übungen

4.4-3: Ein 75 Ohm-Koaxialkabel hat einen Innenleiter mit 1,2 mm Durchmesser und einen Außenleiter mit Innendurchmesser 4,4 mm. Dielektrikum ist Polyäthylen. Man berechne den Kapazitätsbelag.

4.4-4: Bei einem Koaxialkabel hat der Innenleiter (r_i = 5 mm) das Potential φ_i = 150 V und der Außenleiter (r_a = 80 mm) φ_a = 0 V. Dielektrikum Luft.

a) Man berechne die Ladung pro m des Innenleiters.

b) Man berechne und zeichne $\varphi\,(r)$ für $r_i \leqslant r \leqslant r_a$.

4.4-5: Ein Kugelkondensator besteht aus einer Innenkugel (r_i = 5 mm) mit φ_i = 150 V und einer Außenkugel (r_a = 80 mm) mit φ_a = 0 V. Dielektrikum Luft.

a) Man berechne die Ladung der Innenkugel.

b) Man berechne und zeichne $\varphi\,(r)$ für $r_i \leqslant r \leqslant r_a$.

Hinweis zu Übung 4.4-4 und 4.4-5: Man beachte Bild 4.4-4.

4.4.3 Parallel- und Reihenschaltung von Kondensatoren

Man denke sich beliebig viele Kondensatoren beliebiger Kapazität, aber gleicher Spannung parallel geschaltet (Bild 4.4-5a). Deren Einzelladungen addieren sich dann:

$$Q = Q_1 + Q_2 + Q_3 + \ldots$$

Für die resultierende Gesamtkapazität folgt dann wegen (4.4-1):

$$C = (Q_1 + Q_2 + Q_3 + \ldots)/U , \qquad C = C_1 + C_2 + C_3 + \ldots$$

Bei der Parallelschaltung von Kondensatoren addieren sich die Einzelkapazitäten.

Man denke sich beliebig viele Kondensatoren beliebiger Kapazität in Reihe geschaltet (Bild 4.4-5b). Legt man an diese Schaltung die Spannung U, so teilt sich diese auf:

$$U = U_1 + U_2 + U_3 + \ldots$$

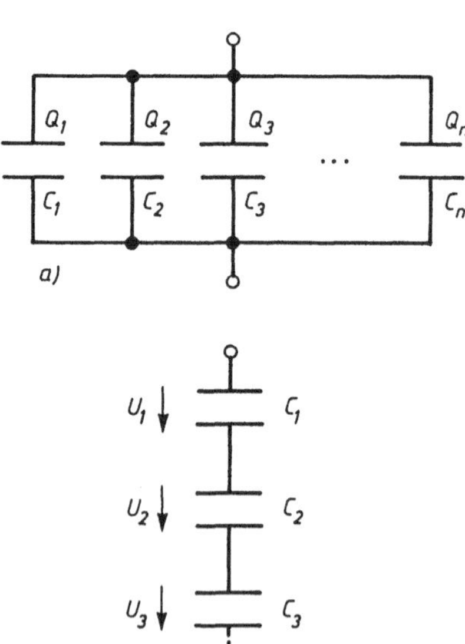

Bild 4.4-5:

Parallelschaltung (a) und Reihenschaltung (b) von Kondensatoren

Die Ladungen auf den beiden äußeren Platten seien $+/- Q$ (auf den Zwischenplatten erfolgt keine Ladungstrennung). Man kann dann wegen $C = Q/U$ schreiben:

$$1/C = (U_1 + U_2 + U_3 + \ldots)/Q , \qquad\qquad 1/C = 1/C_1 + 1/C_2 + 1/C_3 + \ldots$$

Bei in Serie geschalteten Kondensatoren addieren sich also die Kehrwerte der Kapazitäten.

Übung

4.4-6: Wie groß ist die resultierende Kapazität C_{ab} in Bild 4.4-6?

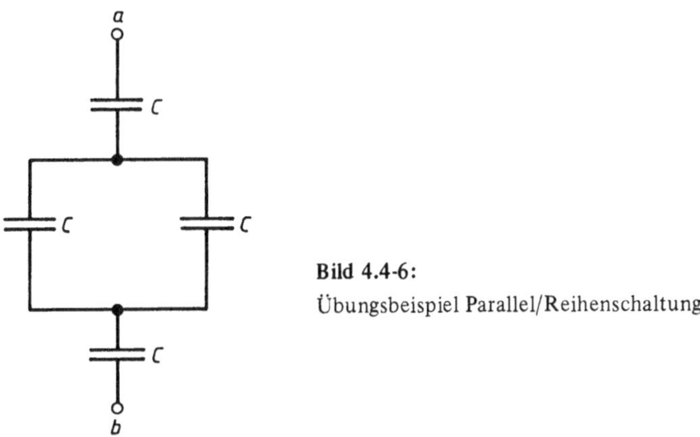

Bild 4.4-6:
Übungsbeispiel Parallel/Reihenschaltung

4.5 Numerisches Berechnen und Zeichnen von Feldern

4.5.1 Die Potentialfunktion ist bekannt

Kann man das Potential für eine gegebene Ladungsverteilung für jeden Punkt des Raumes (hier: der Ebene) direkt berechnen, so kann man mittels geeignetem Rechen- und Zeichenprogramm die Äquipotentiallinien ohne weiteres zeichnen. Dies ist allerdings nur für einfache Geometrien leicht möglich, wie z.B.:

— Punktladung,
— Linienladung,
— Überlagerungen dieser Fälle.

Hat man die Äquipotentiallinien auf diese Weise gezeichnet, so ergeben sich daraus die Feldlinien $\vec{E}$ als die darauf senkrecht stehenden Linien (= Fallinien). Die Feldlinie ist gewissermaßen die Spur einer Kugel, die vom Punkt höchsten Potentials potentialabwärts rollt.

Im folgenden sind die Feldbilder der o.a. Beispiele gezeigt, wobei die Potentialwerte als erstes berechnet wurden, daraus per Programm[1] die Äquipotentiallinien gezeichnet und als Senkrechte dazu, wieder per Programm[1], die Feldlinien.

---

1 Diese in Modula geschriebenen Programme sind diesem Buch nicht beigefügt.

4.5.1.1 Punktladungen

In Abschnitt 4.4.2.2 haben wir das Potential einer Punktladung berechnet. Läßt man in
der dortigen Beziehung (4.4-7) den Radius r_2, der das Potential 0 tragen möge, ins Unendliche gehen, so erhält man das Potential $\varphi\,(r)$ der Punktladung:

$$\varphi\,(r) = \frac{Q}{4\cdot\pi\cdot\epsilon\cdot r}\,, \qquad\qquad \varphi\,(r) = A/r\,. \qquad\qquad (4.5\text{-}1)$$

Die Gegenladung $-Q$ befindet sich diffus im Unendlichen. Das Potential ist dort 0 und
strebt für $r \to 0$ nach Unendlich.

Das Bild 4.5-1 zeigt für $A = 1\,\text{Vm}$ das Netz der Äquipotential- und der Feldlinien. Die
Äquipotentiallinien sind Kreise, wie aus Symmetriegründen nicht anders zu erwarten ist.
Wir haben diese Kreise mit konstanten Potentialschritten $\Delta\varphi = 0{,}2\,\text{V}$ gezeichnet von
$\varphi = 0{,}4\,\text{V}$ bis $\varphi = 2{,}2\,\text{V}$. Für $\varphi > 2{,}2\,\text{V}$ liegen sie für unsere Zeichenmethode zu eng.
(Man könnte sich das gezeichnete Feld auch als das einer mit Q geladenen Metallkugel
mit Radius 0,46 m vorstellen.)

Die Feldlinien verlaufen, wiederum aus Symmetriegründen, radial von Q weg nach außen.
Um eine Aussage über ihre Anordnung zu erhalten, stellen wir folgende Überlegung an:
Wir nehmen an, daß zwischen zwei radialen Feldlinien ein konstanter elektrischer Fluß ψ
herrscht (Bild 4.5-2). Dann gilt wegen (4.3-1) für die Flußdichte dort

$$D = Q/(ds \cdot dh)\,,$$

bzw. für die Feldstärke

$$E = Q/(\epsilon \cdot ds \cdot dh)\,.$$

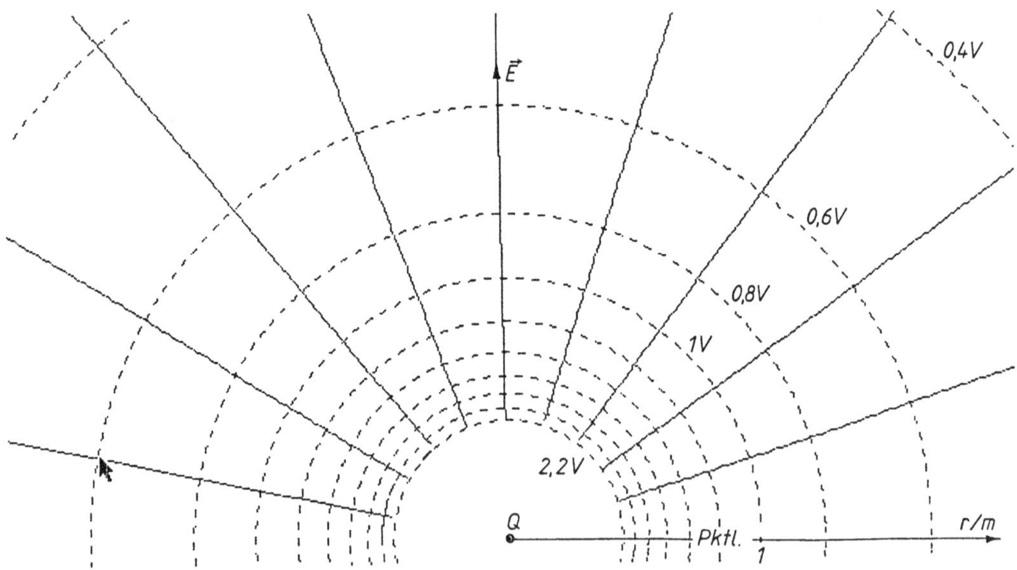

Bild 4.5-1: Feld- und Äquipotentiallinien einer Punktladung +Q

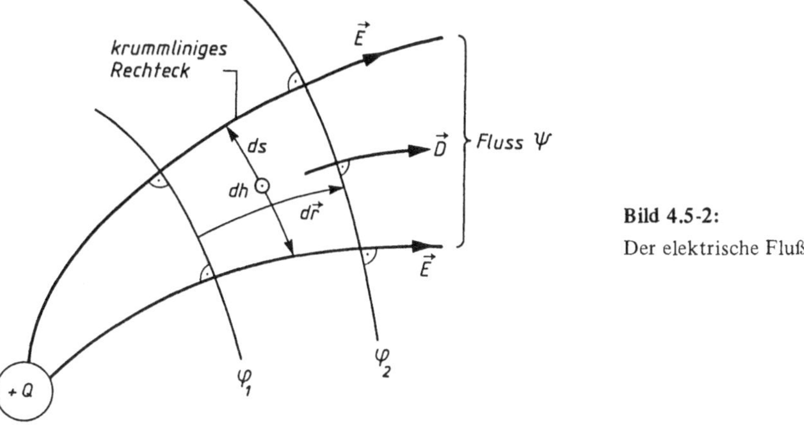

Bild 4.5-2:
Der elektrische Fluß

Andererseits ist bekanntlich

$$\vec{E} = -\operatorname{grad} \varphi ,\tag{4.2-3}$$

hier:

$$E = |\vec{E}| = \left| \frac{d\varphi}{dr} \right| .$$

Aus diesen beiden Beziehungen folgt

$$\frac{dr}{ds} = \frac{d\varphi \cdot \epsilon \cdot dh}{Q} ,\tag{4.5-2}$$

oder, da $d\varphi$ von Äquipotentiallinie zu Äquipotentiallinie konstant ist:

$$\frac{dr}{ds} = \operatorname{const.} \cdot dh .$$

Das Seitenverhältnis dr/ds der krummlinigen Rechtecke ist also proportional dem in die dritte Dimension weisenden dh. Im vorliegenden Fall der radialen Symmetrie wächst dh proportional zu r an, also muß dr/ds mit steigendem r ebenfalls steigen. Das bedeutet, daß die „krummlinigen Rechtecke", geformt aus Feldlinien und Äquipotentiallinien, nach außen immer länglicher werden. Zum Zeichnen kann man die Feldlinien so anordnen, daß sie an einer Stelle mit den Äquipotentiallinien einen Gürtel „krummliniger Quadrate" ergeben (Pfeil in Bild 4.5-1). Die nicht im Gürtel liegenden Rechtecke verformen sich dann entsprechend obigem. Dies ist in Bild 4.5-1 gut zu erkennen.

Hat man mehrere Punktladungen, so addieren sich in jedem Punkt deren Potentiale. Für zwei symmetrische Ladungen gilt

$$\varphi(x, y) = \frac{Q_1}{4 \cdot \pi \cdot \epsilon \cdot r_1} + \frac{Q_2}{4 \cdot \pi \cdot \epsilon \cdot r_2} ,$$
$$= A/r_1 + B/r_2 .\tag{4.5-3}$$

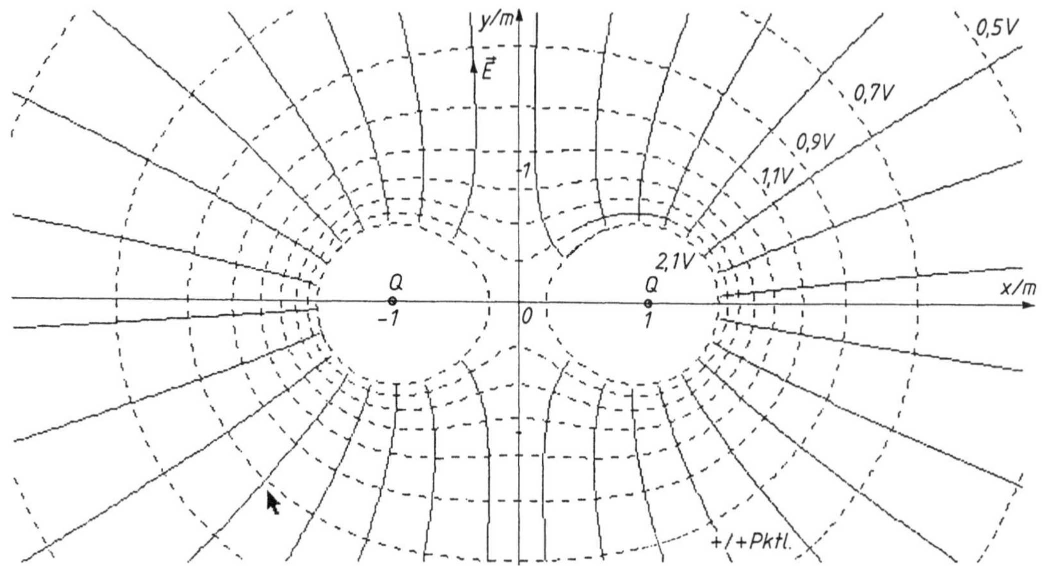

Bild 4.5-3: Feld- und Äquipotentiallinien zweier gleicher Punktladungen +Q

Dabei ist

$$r_1 = \sqrt{(x+a)^2 + y^2}, \qquad r_2 = \sqrt{(x-a)^2 + y^2}.$$

Bei zwei gleichen positiven Ladungen (Bild 4.5-3) ist in großer Entfernung das resultierende Feld das einer einzigen Ladung, die ihre Feldlinien $\vec{E}$ radial ins Unendliche sendet. Die beiden Ladungen haben das Potential ∞, die Gegenladung im Unendlichen hat das Potential 0.

Für $A = B = 1\,\mathrm{Vm}$ und $a = 1\,\mathrm{m}$ erhält man exakt das Netz der Feld- und Äquipotentiallinien, das Bild 4.5-3 zeigt. Letztere sind von $\varphi = 0,5\,\mathrm{V}$ bis $\varphi = 2,1\,\mathrm{V}$ gezeichnet. Die Anordnung der Feldlinien muß folgenden zwei Bedingungen gehorchen:

1. Sie müssen überall auf den Äquipotentiallinien senkrecht stehen.
2. Ihre seitlichen Abstände voneinander müssen (4.5-2) befriedigen. Dies kann z.B. zeichnerisch so geschehen, daß man von einem Gürtel krummliniger Quadrate ausgeht (Pfeil in Bild 4.5-3).

Bei zwei Ladungen ungleichen Vorzeichens (Bild 4.5-4) erhält man mit (4.5-3) ein Potentialgebirge mit unendlich hoher Potentialspitze bei $+Q$ und unendlich tiefer Potentialsenke bei $-Q$. Die (nicht gezeichnete) Nullpotentiallinie ist die senkrechte Symmetrielinie. Keine Feldlinie geht ins Unendliche, jede endet auf der Gegenladung. Für $A = 1\,\mathrm{Vm}$ und $B = -1\,\mathrm{Vm}$ und $a = 1\,\mathrm{m}$ sind in Bild 4.5-4 die Äquipotentiallinien von $\varphi = -2,2\,\mathrm{V}$ bis $\varphi = -2,2\,\mathrm{V}$ exakt gezeichnet. Die Feldlinien gehorchen den oben angegebenen zwei Bedingungen.

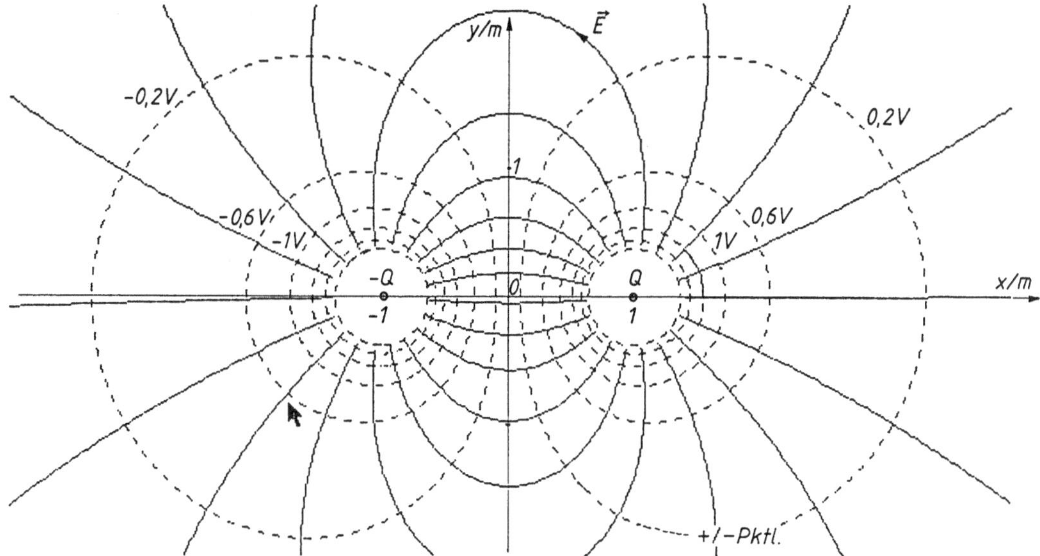

Bild 4.5-4: Feld- und Äquipotentiallinien zweier entgegengesetzt gleicher Punktladungen +Q/−Q

Übungen

4.5-1: Wir beziehen uns auf Bild 4.5-1 und fragen:

a) Wie groß ist die das gezeichnete Feldbild erzeugende Ladung Q?

b) Wie groß ist die Feldstärke E 1 m vom Zentrum entfernt?

4.5-2: Wie groß ist das Potential im Ursprung des x/y-Systems in Bild 4.5-3?

4.5-3: Das Feldbild in Bild 4.5-4 kann auch als dasjenige eines Kondensators mit gegenüberliegenden Kugelelektroden aufgefaßt werden, deren Elektroden durch die beiden Äquipotentiallinien +/− 2,2 V dargestellt werden.

a) Wie groß ist die Kapazität dieses Kugelkondensators?

b) Wie groß ist die Feldstärke E im Ursprung?

4.5.1.2 Linienladungen

Bekanntlich gilt für eine senkrecht durch die x/y-Ebene gehende Linienladung

$$\varphi_2 - \varphi_1 = \frac{Q}{2 \cdot \pi \cdot \epsilon \cdot l} \cdot \ln \frac{r_2}{r_1} \,, \tag{4.4-10}$$

mit

$$r = \sqrt{x^2 + y^2} \,.$$

Wir setzen jetzt willkürlich $r_1 = 1\,\text{m}$ und das Potential auf dieser Linie $\varphi_1 = 0\,\text{V}$. Den Radius r_2 lassen wir variieren und erhalten somit aus obiger Beziehung:

$$\varphi\,(x,\,y) = A \cdot \ln\,(r_2) \;. \tag{4.5-4}$$

A ist die Konstante gemäß (4.4-10) und r_2 wird in V eingesetzt.

Im Ort der Ladung Q selbst ist das Potential unendlich groß. Unendlich weit entfernt von Q herrscht das negativ unendliche Potential. Die Beziehung (4.5-4) ergibt für z.B. $A = 1\,\text{V}$ das Netz aus Äquipotentiallinien und Feldlinien, das Bild 4.5-5 zeigt.

Die Äquipotentiallinien sind, wie aus Symmetriegründen nicht anders zu erwarten, Kreise um Q. Sie sind mit Potentialschritten $\Delta\varphi = 0{,}2\,\text{V}$ gezeichnet bis $\varphi = 1{,}1\,\text{V}$. Die Kreise noch höheren Potentials liegen für unsere Zeichenmethode zu dicht.

Jede von Q ausgehende Gerade ist eine Feldlinie $\vec{E}$, die die Richtung des elektrischen Feldes angibt. Sie steht auf allen Äquipotentiallinien senkrecht und ist vom höheren zum tieferen Potential gerichtet. Für die Anordnung der Feldlinien verweisen wir auf (4.5-2). Da für zylindersymmetrische Felder dh = const. ist, muß auch dr/ds = const. sein. Deshalb gilt für die gesamte Zeichenebene das Prinzip der krummlinigen Quadrate.

Der Leser könnte sich in Bild 4.5-5 den Potentialkreis $\varphi = 1{,}1\,\text{V}$ als Metallzylinder mit dem Radius $r = 0{,}33\,\text{m}$ vorstellen, der mit der Ladung Q homogen belegt ist. Diese dicke Leitung hat dann dasselbe Feldbild. Im Innern des Zylinders gibt es kein Feld.

Betrachten wir jetzt die Doppelleitung. Die eine Linienladung gehe durch den Punkt $1/0$ (alle Dimensionen in m). Dann gilt für ihr Potential immer noch (4.5-4), jedoch ist jetzt

$$r = \sqrt{(x - 1)^2 + y^2}\;.$$

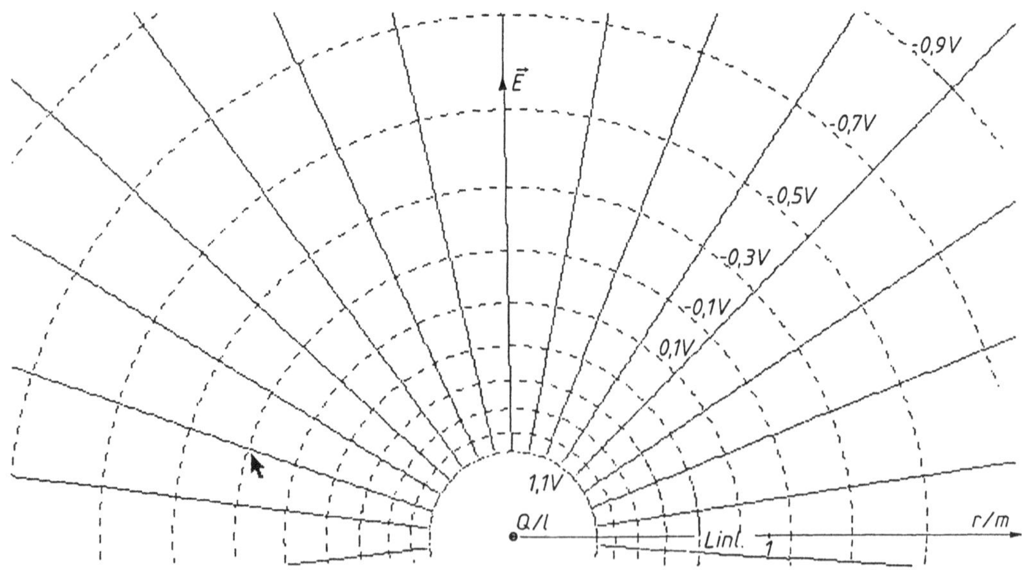

Bild 4.5-5: Feld- und Äquipotentiallinien einer Linienladung $+ Q/l$

Die andere Linienladung gehe durch den Punkt $-1/0$. Für ihr Potential gilt ebenfalls (4.5-4), jedoch mit

$$r' = \sqrt{(x+1)^2 + y^2} \ .$$

Überlagert man beide Potentiale, so ergibt sich mit (4.5-4).

$$\varphi\,(x, y) = A \cdot \ln\,(r) + B \cdot \ln\,(r') \ . \tag{4.5-5}$$

Ist $A = B = 1\,\mathrm{V}$ (gleich große Ladungen Q gleichen Vorzeichens), so folgt

$$\varphi\,(x, y) = 1\,\mathrm{V} \cdot (\ln\,(r) + \ln\,(r')) \ . \tag{4.5-5a}$$

Die Gegenladung $-2 \cdot Q/l$ liegt im Unendlichen. Für sehr große r werden die Äquipotentiallinien zu Kreisen um beide Leiter. Bild 4.5-6 zeigt das zu (4.5-5a) gehörende Netz von Feld- und Äquipotentiallinien. Die Nullpotentiallinie ist nicht gezeichnet. Aus (4.5-5a) folgt durch einfache Rechnung, daß sie durch die Punkte $x = +/- \sqrt{2}$ und 0 auf der x-Achse gehen muß. Sie hat die Form einer liegenden 8. Innerhalb der 8 strebt das Potential bei $x = +1$ und bei $x = -1$ gegen ∞, außerhalb gegen $-\infty$. Der Sattelpunkt liegt im Koordinatenursprung. In Bild 4.5-6 sind die Äquipotentiallinien von $\varphi = 1{,}7\,\mathrm{V}$ bis $-2{,}3\,\mathrm{V}$ exakt gezeichnet, die Feldlinien sind wieder nach der Zeichenregel der krummlinigen Quadrate konstruiert.

Ist $A = 1\,\mathrm{V}$ und $B = -1\,\mathrm{V}$ (entgegengesetzt gleich große Ladungen), so ist

$$\varphi\,(x, y) = 1\,\mathrm{V} \cdot (\ln\,(r) - \ln\,(r')) \ . \tag{4.5-5b}$$

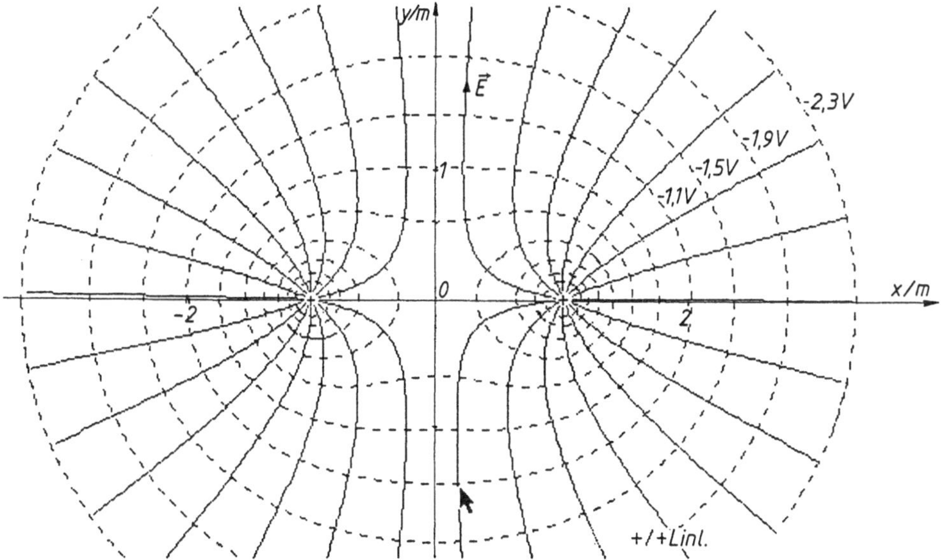

Bild 4.5-6: Feld- und Äquipotentiallinien einer Linienladung $+ Q/l$

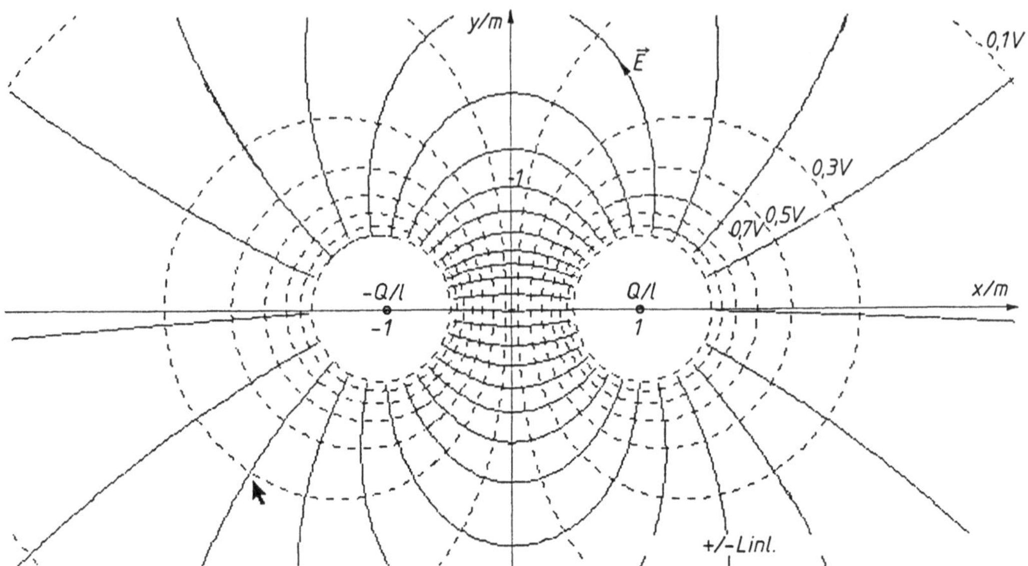

Bild 4.5-7: Feld- und Äquipotentiallinien zweier entgegengesetzt gleicher Linienladungen $+ Q/l$ und $- Q/l$

Es herrscht Ladungsgleichgewicht; im Unendlichen ist das Potential 0. Bild 4.5-7 zeigt das Netz der Feld- und Äquipotentiallinien. Die Nullpotentiallinie ist nicht gezeichnet. Aus (4.5-5b) folgt ohne weiteres, daß es die Gerade $x = 0$ sein muß. Bei der positiven Ladung haben wir eine unendliche hohe Potentialspitze, bei der negativen Ladung eine unendlich tiefe Potentialsenke. In Bild 4.5-7 sind die Äquipotentiallinien von $\varphi = 1,3$ V bis $- 1,3$ V exakt gezeichnet.

Bei der Anordnung der Feldlinien haben wir versucht, die oben abgeleitete Zeichenregel der krummlinigen Quadrate einzuhalten (Pfeil). Dies ist uns nur mit Einschränkungen gelungen, obwohl es sich um eine zylindrische Anordnung handelt.

Bei mehr als zwei Leitern wird das Feldbild recht kompliziert. Als Beispiel zeigt Bild 4.5-8 das Feld einer Anordnung mit einem Leiter mit der Ladung $3 \cdot Q/l$, der von drei Leitern mit je $- Q/l$ umgeben ist. Die Ladungsbilanz ist ausgeglichen, keine Feldlinie strebt ins Unendliche. Interessant ist der Verlauf der Nullpotentiallinie.

Dieses Feldbild ergäbe sich z.B. bei einer Freileitung mit vier Leitern, deren mittlerer einen Durchmesser von 6,3 mm hat und umgeben ist von drei Leitern mit 2,7 mm bzw. 1,9 mm Durchmesser. Die Potentiale wären dann allerdings um den Faktor 1000 höher als in Bild 4.5-8 angegeben.

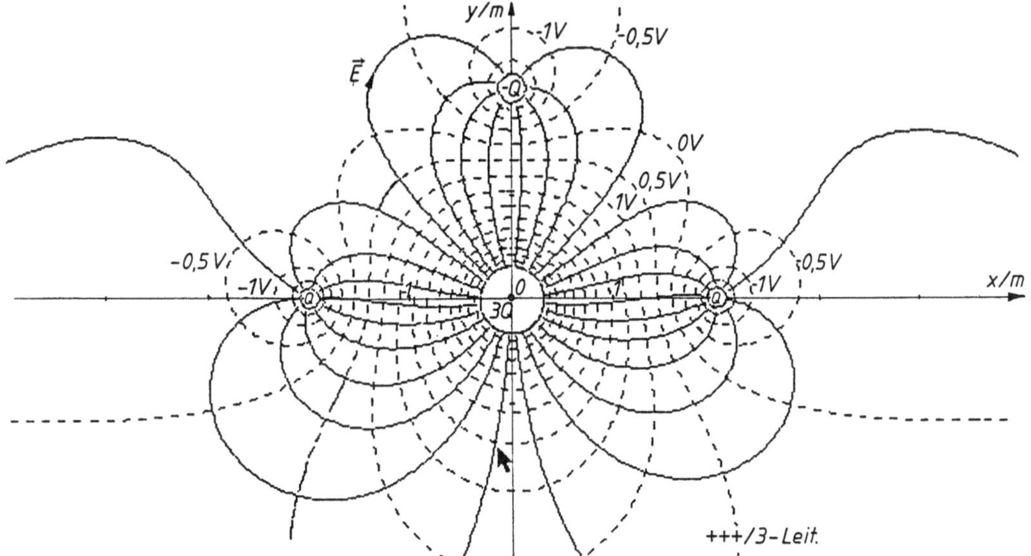

Bild 4.5-8: Feld- und Äquipotentiallinien eines symmetrischen 4-Leitersystems mit $+3 \cdot Q$ und 3mal $-Q$

Übungen

4.5-4: Wir beziehen uns auf Bild 4.5-6 und schlagen vor:

a) Beweisen Sie, daß die Nullpotentiallinie durch die im Text erwähnten Punkte geht.

Hinweis: Man gehe von (4.5-5a) aus und ersetze r durch x, y. Für $\varphi(x, y) = 0$, nach Delogarithmieren und für $y = 0$ folgt

$$x^4 - 2 \cdot x^2 = 0 .$$

b) Man skizziere die Nullpotentiallinie ins Bild 4.5-6 ein.

4.5-5: Eine Doppelleitung in Luft besteht aus zwei Drähten mit je 1.1 mm Durchmesser. Der Abstand ihrer Mittelachsen ist 2 mm (vgl. Bild 4.5-7).

a) Bestimmen Sie mit Hilfe von Bild 4.5-7 den Kapazitätsbelag C/l.

Hinweis: Man bestimme zunächst Q/l aus $A = 1\,\mathrm{V}$ mittels (4.5-4) und (4.4-10), dann (4.4-1).

b) Die Näherungsformel für den Kapazitätsbelag der Doppelleitung lautet:

$$C/l \cong \frac{\pi \cdot \epsilon}{\ln\left[a/d + \sqrt{(a/d)^2 - 1}\right]} . \tag{4.5-6}$$

Was ergibt sich damit für diese Doppelleitung?

4.5.2 Die Potentialfunktion ist nicht bekannt

Im Normalfall kennt man die Ladungsverteilung im Raume nicht. Man kennt die Form der Metallelektroden und man kennt ihr Potential. Die Größe der darauf befindlichen Ladung mag zwar bekannt sein, aber ihre Verteilung auf den Elektroden ist unbekannt.

Zur numerischen Berechnung des elektrischen Feldes zwischen den Elektroden geht man in drei Schritten vor:

1. Man legt für die Ränder des Rechengebietes das dort konstante Potential oder aber dessen Ableitung (Potentiallinien senkrecht oder parallel zum Rand) fest. Das bedeutet, daß man schon eine gewisse Vorahnung des Feldbildes haben sollte. Im Rechengebiet selbst befindet sich keine Ladung.

2. Man löst nun numerisch die in dem ladungsfreien Gebiet geltende Laplacesche Differentialgleichung und erhält so die Potentialverteilung in diesem Gebiet. (Näheres zur numerischen Lösung der Laplaceschen Differentialgleichung findet man im mathematischen Anhang.)

3. Man bestimmt die auf den Äquipotentiallinien senkrechten Linien (Fallinien). Es sind dies die elektrischen Feldlinien E.

Zur Bestimmung der erwähnten Laplaceschen Differentialgleichung gehen wir von der vierten Maxwellschen Gleichung aus, die sich auf das elektrische Feld im ladungsfreien Raum bezieht:

$$\operatorname{div} \vec{E} = 0 \qquad \text{(quellenfreies Feld).} \tag{4.5-7}$$

Der Operator div (sprich: Divergenz) wird im mathematischen Anhang erklärt. Physikalisch bedeutet (4.5-7), daß im Raum zwischen den Elektroden das Feld quellenfrei ist.

Mit der bereits bekannten Beziehung

$$\vec{E} = - \operatorname{grad} U^* \tag{4.2-3}$$

wird aus (4.5-7)

$$\operatorname{div} \operatorname{grad} U = 0, \qquad \Delta U = 0 . \tag{4.5-8}$$

Für kartesische Koordinaten x/y schreibt sich (4.5-8) so:

$$\Delta U = \frac{\partial^2 U}{\partial x^2} + \frac{\partial^2 U}{\partial y^2} = 0 . \tag{4.5-8a}$$

Die Beziehung (4.5-8) nennt man die Laplacesche Differentialgleichung. Es handelt sich um eine elliptische Dgl., die nur noch für ganz einfache Fälle geschlossen lösbar ist, selbst wenn man sich auf zweidimensionale Anordnungen beschränkt. Diese Dgl. (4.5-8) ist für alle Feldkonfigurationen gleich. Der individuelle Fall wird durch die entsprechenden Randbedingungen festgelegt. Die von uns angewandte Methode zur numerischen Lösung von (4.5-8a) haben wir in den „Mathematischen Ergänzungen" beschrieben. Im Folgenden zeigen wir einige auf diese Weise berechnete Felder.

---

* statt φ schreiben wir U für das Potential, da das Rechenprogramm ebenfalls U verwendet.

4.5.2.1 Plattenkondensator

Liegen seine beiden planparallelen Platten auf unterschiedlichem Potential $+1\,V$ und $-1\,V$, so erhält man das Feldbild, welches Bild 4.5-9 in einem durch die Symmetrieachsen nahegelegten Ausschnitt zeigt.

Die Randbedingungen:

1. Auf den Rändern der oberen Platte haben wir $U = 1\,V$ angenommen.

2. An der waagrechten Symmetrieachse ($y = 0$) sollen die Äquipotentiallinien zu ihr parallel verlaufen:

$$\frac{\partial U}{\partial x} = 0 \ .$$

(Damit „weiß" die Dgl., daß die untere Platte auf $-1\,V$ liegt.)

3. Auf der senkrechten Symmetrieachse ($x = 0$) sollen die Äquipotentiallinien senkrecht stehen:

$$\frac{\partial U}{\partial x} = 0 \ .$$

4. Auf dem theoretisch unendlich weit entfernten rechten und oberen Rand (außerhalb des Zeichenbereichs) soll $U = 0$ sein. Da bei der Rechnung diese Ränder natürlich nicht unendlich weit weg sein können, müssen wir dort eine leichte Feldverformung in Kauf nehmen.

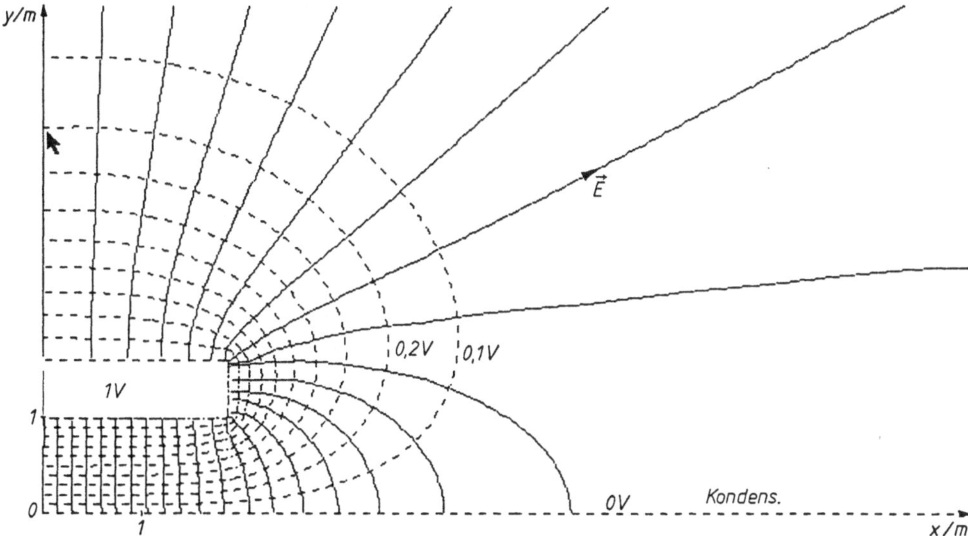

Bild 4.5-9: Feld- und Äquipotentiallinien eines Plattenkondensators. Nur das rechtsobere Viertel ist gezeichnet.

Wie bei allen unseren Feldbildern sind auch hier die Äquipotentiallinien exakt gezeichnet. Die Feldlinien verlaufen senkrecht dazu, ihr seitlicher Abstand wurde nach Augenmaß nach dem Prinzip der „krummlinigen Quadrate" festgelegt. Man erkennt, daß das Feld zwischen den Platten bis fast zum Plattenrand homogen ist, wie das beim Plattenkondensator auch so angenommen wird.

4.5.2.2 Elektronenoptik

Bei Elektronenstrahlröhren (Oszilloskopröhre, Fernsehbildröhre) werden Elektronen von der Kathode K emittiert und von der Anode A angezogen (vgl. Abschnitt 4.6). Zwischen K und A befinden sich zylindrische Elektroden, die als Elektronenoptik die Aufgabe haben, den ursprünglich divergierenden Elektronenstrahl auf den Schirm der Röhre als Leuchtpunkt zu fokussieren. Um die Wirkung der Elektronenoptik zu verstehen, ist die Kenntnis des durch sie erzeugten elektrischen Feldes notwendig. Wir berechnen deshalb einen einfachen Fall (Bild 4.5-10).

Dazu sind zunächst die Ränder des Rechenbereiches mit zweckmäßigen Randbedingungen zu kennzeichnen. Unsere Wahl zeigt Bild 4.5-10:

1. Die Potentialverhältnisse der Elektroden entsprechen der technischen Wirklichkeit; die Absolutwerte sind etwa 100 mal größer, was aber das Feldbild nicht beeinflußt.

2. Der rechte senkrechte Rand stellt die Anode dar. Er erhält das höchste Potential 12 V.

3. Der linke senkrechte Rand erhält das Potential 0 V wie die Kathode. Damit wollen wir erreichen, daß links der Kathode sich kein Feld mehr aufbaut.

4. Am oberen und unteren waagrechten Rand sollen die Feldlinien parallel zu diesem verlaufen. Das bedeutet, daß die Äquipotentiallinien senkrecht dazu stehen müssen:

$$\frac{\partial U}{\partial y} = 0 \ .$$

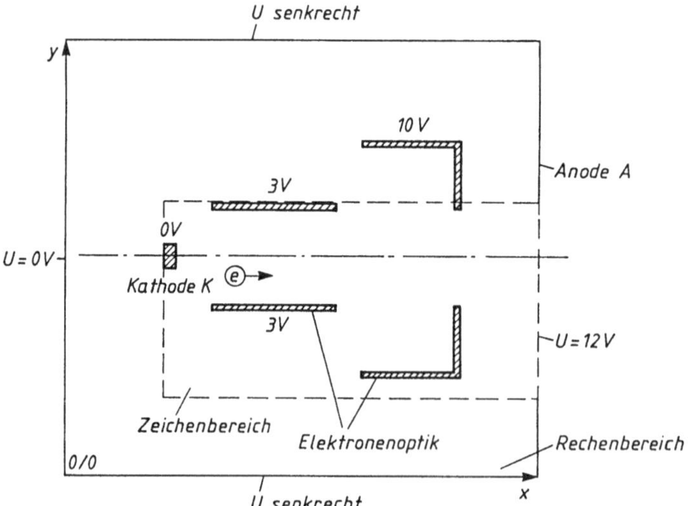

Bild 4.5-10: Die Geometrie einer einfachen Elektronenoptik einer Oszilloskopröhre und die Randwerte des Rechenbereichs

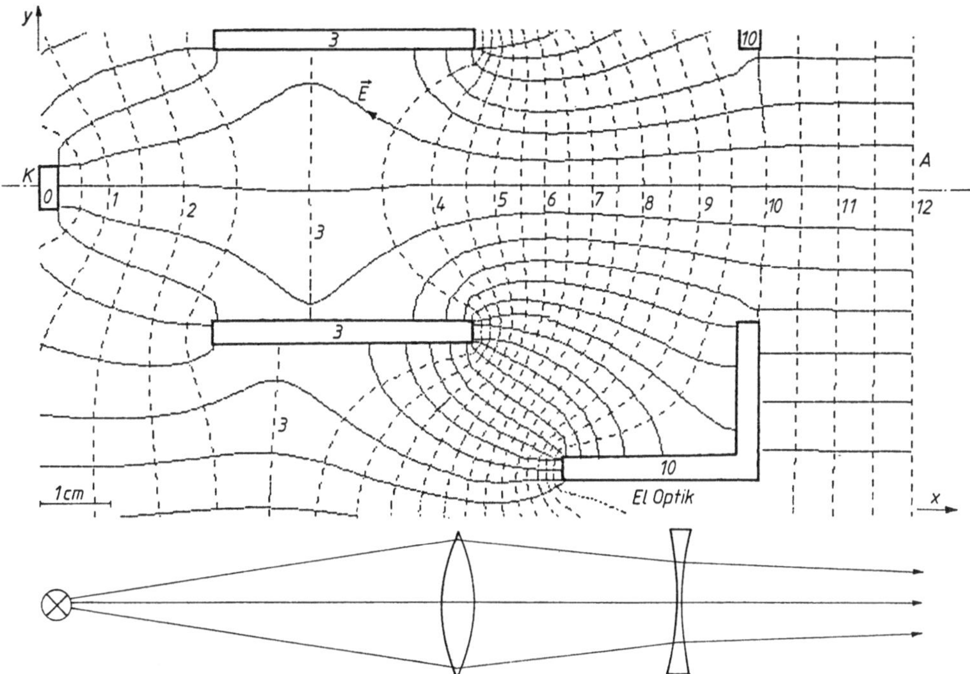

Bild 4.5-11: Feld- und Äquipotentiallinien der Elektronenoptik aus Bild 4.5-10. Alle Zahlen sind Potentialwerte in V. Unten ist das lichtoptische Analogon skizziert.

Das mit diesen Randbedingungen von unserem Rechenprogramm berechnete und gezeichnete Feld zeigt Bild 4.5-11 im Ausschnitt. Dabei ist anzumerken, daß dort die Elektroden programmbedingt nicht zylindrisch sind, sondern senkrecht zur Zeichenebene unendlich lang. Dies ändert aber den Feldverlauf nicht prinzipiell.

Zum Verständnis der Wirkungsweise der Elektronenoptik erinnere man sich an Folgendes:

1. Die elektrischen Feldlinien sind Kraftlinien; sie geben die Richtung der Kraft auf das Elektron an.

2. Die Dichte der Feldlinien gibt die Stärke dieser Kraft an.

Dessen eingedenk wird der Leser das unter dem Feldbild angedeutete lichtoptische Analogon akzeptieren.

4.6 Energie und Kräfte im Feld

4.6.1 Die Energie des Feldes

Führt man einem Kondensator C die Ladungsmenge dQ zu, so erhöht sich die Spannung zwischen den Platten wegen (4.4-1) um

$$dU = dQ/C .$$

Beim Zuführen der Ladungsmenge dQ fließt ein Strom

$$I = dQ/dt .$$

Die elektrische Arbeit, die geleistet werden muß, um die Ladung des Kondensators um dQ zu erhöhen, ist

$$\begin{aligned} dW &= U \cdot I \cdot dt \\ &= U \cdot dQ \\ &= U \cdot C \cdot dU . \end{aligned}$$

War der Kondensator C zunächst ungeladen und führt man ihm die Ladung Q durch Anlegen der Spannung U zu, so ist die dazu notwendige Arbeit die Summe der Einzelarbeiten

$$W = \int\limits_{0}^{U} U \cdot C \cdot dU ,$$

$$W = C \cdot U^2/2 . \tag{4.6-1}$$

Diese elektrische Arbeit wird im Kondensator gespeichert. Sie steckt aber nicht im Gerät Kondensator, sondern im Feld zwischen den Elektroden. Das sieht man leicht: Das Volumen zwischen den Platten eines Kondensators ist $V = A \cdot d$. Berücksichtigt man dies und ersetzt man in (4.6-1) C mittels (4.4-5) und U mittels (4.2-2b), so folgt aus (4.6-1):

$$w = W/V = \epsilon \cdot E^2/2 ,$$

V-Feldvolumen.

Man nennt w die elektrische Energiedichte. Sie ist im homogenen Feld konstant und im inhomogenen Feld eine Funktion des Ortes.

Die in diesem Abschnitt eingangs gegebenen Beziehungen können noch zur Ableitung einer weiteren Formel dienen. Eliminiert man mittels der ersten Beziehung dQ aus der zweiten, so folgt ohne weiteres:

$$I = C \cdot \frac{dU}{dt} . \tag{4.6-2}$$

Das heißt: Der Strom durch einen Kondensator ist der Änderungsgeschwindigkeit seiner Spannung direkt proportional.

Man könnte (4.6-2) als das „Ohmsche Gesetz des Kondensators" bezeichnen. Es ist eine wichtige Beziehung für die Berechnung elektrischer Netzwerke bei zeitlich veränderlichen Spannungen.

Übung

4.6-1: Betrachten wir einen auf 450 V aufgeladenen Metallpapier-Kondensator mit $C = 100\ \mu\text{F}$. Das Dielektrikum ist Papier mit $d = 0,1\,\text{mm}$, $\epsilon_r = 2$.

a) Wie lange könnte theoretisch mit der gespeicherten Energie die 2,7 W-Birne eines Fahrradscheinwerfers leuchten?

b) Man vergleiche die Energiedichte des Feldes mit der des Wasserstoffgases ($w = 10,8 \cdot 10^7\ \text{Ws/m}^3$).

4.6.2 Kräfte im Feld

4.6.2.1 Kräfte zwischen Punktladungen

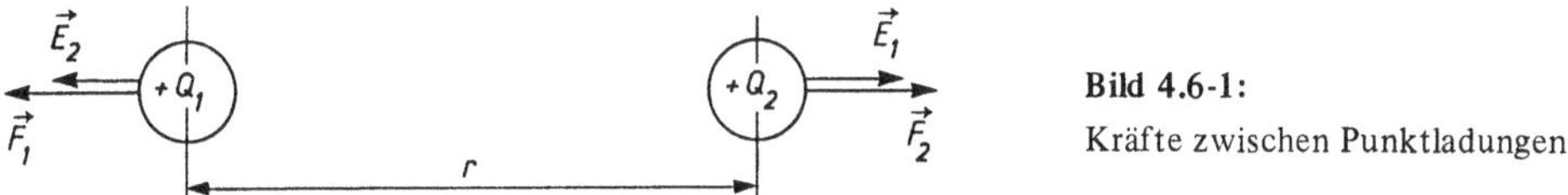

Bild 4.6-1:

Kräfte zwischen Punktladungen

Eine Punktladung Q_1 erzeugt im Abstand r eine Feldstärke E_1 gemäß (4.4-6) (siehe Bild 4.6-1). Dann wirkt auf die im Abstand r angebrachte, zweite Ladung Q_2 die Kraft

$$F_2 = Q_2 \cdot E_1 \ ,$$

$$F_2 = \frac{Q_1 \cdot Q_2}{4 \cdot \pi \cdot \epsilon \cdot r^2} \ . \tag{4.6-3}$$

(Coulombsches Gesetz)

Da Kraft gleich Gegenkraft ist, wirkt auf die Ladung Q_1 eine Kraft gleichen Betrages entgegengesetzter Richtung. Dabei stoßen sich gleichartige Ladungen ab und ungleichartige ziehen sich an.

4.6.2.2 Elektron im Feld

Wir beobachten ein Elektron, das mit der Geschwindigkeit v_x in das homogene Feld $-E_y$ eines Plattenkondensators einfliegt (Bild 4.6-2). Da in x-Richtung keine Kraft wirkt, bleibt v_x unverändert und für den während der Zeit t zurückgelegten Weg x gilt:

$$x = v_x \cdot t \ . \tag{4.6-4a}$$

In y-Richtung wirkt wegen (4.1-1) die Kraft

$$F_y = e \cdot E_y \ .$$

Diese Kraft beschleunigt das Elektron in y-Richtung mit

$$a_y = F_y/m \ .$$

In y-Richtung wurde dadurch nach der Zeit t der Weg

$$y = a_y \cdot t^2/2 \ ,$$

$$y = \frac{e \cdot E_y \cdot t^2}{2 \cdot m} \tag{4.6-4b}$$

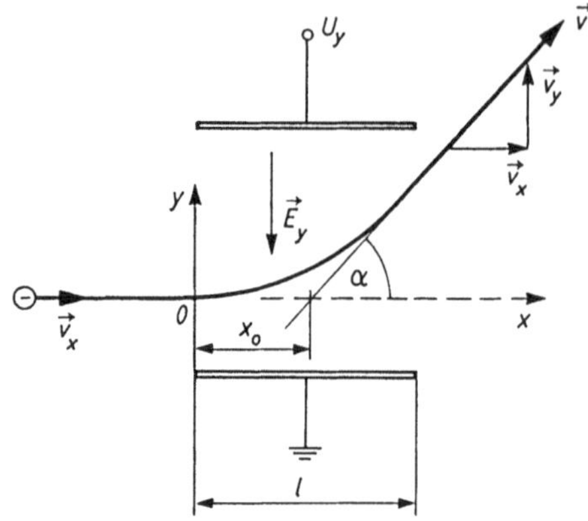

Bild 4.6-2:

Parabelbahn des Elektrons im elektrischen Feld.

zurückgelegt. Die Beziehungen (4.6-4a und b) beschreiben in Parameterform (Parameter t) die Bahnkurve des Elektrons. Eliminiert man t, so folgt aus (4.6-4a und b):

$$y = \frac{e \cdot E_y \cdot x^2}{2 \cdot m \cdot v_x^2} \, . \tag{4.6-4c}$$

Innerhalb des Feldes beschreibt das Elektron also eine parabelförmige Bahn. Nach Austritt aus dem Feld fliegt es geradlinig weiter.

Zur Bestimmung des Austrittswinkels α leiten wir (4.6-4c) nach x ab und setzen dann $x = l$.

$$\tan \alpha = \frac{dy}{dx}\bigg|_{x=l} , \qquad \tan \alpha = \frac{e \cdot E_y \cdot l}{m \cdot v_x^2} \, . \tag{4.6-5}$$

Will man die Austrittsbahn zeichnen, so wäre es eine Hilfe, zu wissen, an welchem x_0 auf der x-Achse man den Scheitel des Winkels α anzulegen hat. Wir bestimmen dazu $y\,(l)$ mit (4.6-4c). Dann gilt

$$\frac{y\,(l) - 0}{l - x_0} = \tan \alpha \, ,$$

(Einpunkteform der Geradengleichung).

Dies ergibt, wie der Leser nachprüfen möge:

$$x_0 = l/2 \, .$$

Übung

4.6-2: Gegeben sei eine Oszilloskopröhre, wie Bild 4.6-3 sie zeigt. Das von der Kathode K startende Elektron wird auf die Anode hin beschleunigt (Anodenspannung $U_x = 3000$ V). Dann tritt es in das Feld der y-Platten ein ($l = 0,03$ m, $d = 0,005$ m), wo es infolge U_y abgelenkt wird. Auf dem $L = 0,3$ m von den y-Platten entfernten Schirm S soll das Elektron $h = 0,05$ m oberhalb der Nullinie auftreffen.

a) Man leite aus (4.6-5) und Übung 4.2-1 eine allgemeine Beziehung für tan α ab, in der nur noch U_x, U_y und Geometriegrößen vorkommen.

b) Welche Spannung U_y erzeugt die geforderte Ablenkung?

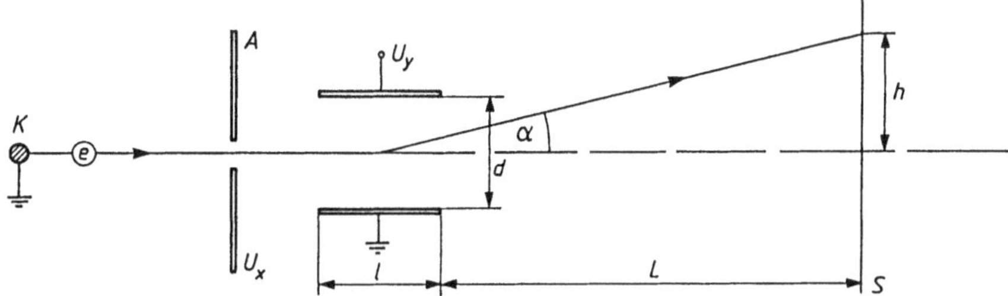

Bild 4.6-3: Prinzip der Oszilloskopröhre. Die ganze Anordnung befindet sich im luftleeren Glaskolben.

5 Das magnetische Feld

5.1 Einführung

Zum magnetischen Feld wird der Leser leichter den Bezug herstellen können, als zum elektrischen Feld, kennt er doch z.B. die von einem Dauermagneten ausgehenden Kräfte, oder das Pendeln der Kompaßnadel, die sich in Richtung der Feldlinien des Erdmagnetfeldes einstellt. Auch technische Anwendungen des Magnetfeldes wie Elektromotor oder Transformator sind ihm bekannt. Wir wollen im folgenden jedoch nicht auf solche Erfahrungen, sondern auf die weitgehende Analogie zwischen magnetischem und elektrischem Feld aufbauen. Die Theorie des Magnetfeldes umfaßt allerdings einige Bereiche, die beim elektrischen Feld keine Entsprechung haben (z.B. Ferromagnetismus, Induktionsgesetz).

5.2 Gegenüberstellung von elektrischem und magnetischem Feld

Der Vergleich zwischen elektrischem und magnetischem Feld zeigt bei vollständiger physikalischer Verschiedenheit eine weitgehende mathematische Analogie (Bild 5.2-1).

a) Die Quelle des elektrischen Feldes ist die ruhende Ladung e (V – Volumen, n – Elektronendichte). Die Quelle des Magnetfeldes ist die mit der Geschwindigkeit v bewegte Ladung e, elektrotechnisch die Stromdichte G im Leiter. (Bei einem Dauermagneten ist zunächst kein Strom erkennbar. Man erinnere sich aber daran, daß das um den Atomkern rotierenden Elektron einen Kreisstrom darstellt, der eine magnetische Wirkung hat.)

b) Eine elektrische Feldlinie beginnt auf einer Metallelektrode bestimmter positiver Ladung und endet auf einer anderen Metallelektrode entgegengesetzter, negativer Ladung. Niemals ist eine statische elektrische Feldlinie zu einem Ring geschlossen. Das nennt man in der Feldtheorie ein wirbelfreies Quellenfeld. Eine magnetische Feldlinie umgibt einen stromführenden Leiter stets als ein in sich geschlossener Ring. Sie beginnt und endet nirgends. Dies bezeichnet man in der Feldtheorie als quellenfreies Wirbelfeld.

c) Direkte Folge einer elektrischen Ladung ist die elektrische Feldstärke $\vec{E}$. Direkte Folge eines elektrischen Stromes ist die magnetische Feldstärke $\vec{H}$.

d) Die elektrische Verschiebungsflußdichte $\vec{D}$ ist mit der Feldstärke $\vec{E}$ in Luft und Vakuum über die Naturkonstante ϵ_0 (absolute Feld- bzw. Dielektrizitätskonstante) verknüpft. $\vec{D}$ spielt in der Praxis keine große Rolle. Die magnetische Flußdichte $\vec{B}$ ist mit der Feldstärke $\vec{H}$ in Luft und Vakuum über die Naturkonstante μ_0 (absolute Feld- bzw. Permeabilitätskonstante) verknüpft. $\vec{B}$ spielt in der Praxis eine große Rolle.

e) Materie im Feld wird durch die relative Feldkonstante gekennzeichnet. Im Fall des elektrischen Feldes ist ihr maximaler Wert etwa $\epsilon_r = 10$ (Dielektrika). Im Fall des magnetischen Feldes ist ihr maximaler Wert etwa $\mu_r = 10000$ (Ferromagnetika).

	Elektrisches Feld	Magnetfeld
a) Quelle	Ladung $Q = n \cdot e \cdot V$ [As]	Stromdichte $G = n \cdot e \cdot v$ [A/m^2]
b) Art des statischen Feldes	wirbelfreies Quellenfeld: $\text{rot } \vec{E} = 0$	quellenfreies Wirbelfeld: $\text{div } \vec{B} = 0$
c) Feldstärke	$\vec{E}$ [V/m]	$\vec{H}$ [A/m]
d) Flußdichte	$\vec{D} = \epsilon \cdot \vec{E}$ [As/m^2]	$\vec{B} = \mu \cdot \vec{H}$ [Vs/m^2 = T]
e) Feldkonstante	$\epsilon = \epsilon_0 \cdot \epsilon_r$ $\epsilon_0 = 8,85 \cdot 10^{-12}$ As/Vm	$\mu = \mu_0 \cdot \mu_r$ $\mu_0 = 1,256 \cdot 10^{-6}$ Vs/Am
f) Fluß	$\psi = \oint D\, dA$ [As]	$\phi = \oint B\, dA$ [Vs]
g) Potential	φ_e [V]	φ_m [A]
Äquipotentialflächen	Leiteroberflächen	Eisenoberflächen
Feldgleichung	$\Delta\varphi_e = 0$	$\Delta\varphi_m = 0$
Feldlinien	$\vec{E} = -\text{grad } \varphi_e$	$\vec{H} = -\text{grad } \varphi_m$
h) Vektorpotential	–	$\vec{B} = \text{rot } \vec{A}$
i) Verknüpfung E/H (dynamisches elektromagnetisches Feld)	$\text{rot } \vec{E} = -\dfrac{d\vec{B}}{dt}$ (2. Maxwellgleichung, → Induktionsgesetz)	$\text{rot } \vec{H} = \kappa \cdot \vec{E} + \vec{G}$ (1. Maxwellgleichung, → Durchflutungsgesetz)
k) Energiedichte	$w = D \cdot E/2$ [Ws/m^3]	$w = B \cdot H/2$ [Ws/m^3]
l) Gerät	Kondensator	Spule
Eigenschaft	Kapazität $C = Q/U$ [F]	Induktivität $L = n \cdot \phi/I$ [H]

Bild 5.2-1: Gegenüberstellung elektrisches/magnetisches Feld

f) Die Gesamtheit der durch eine Fläche A senkrecht hindurchgehenden Feldlinien nennt man Fluß. Besondere Bedeutung hat diese Größe beim magnetischen Feld.

g) Man kann sowohl dem elektrischen, wie auch dem magnetischen Feld ein skalares Potentialfeld zuordnen. Das elektrische Potentialfeld spannt sich zwischen Metallelektroden verschiedenen Potentials auf. Die Elektrodenoberflächen sind Äquipotentialflächen. Das magnetische Potentialfeld spannt sich zwischen Eisenpolen verschiedenen Potentials auf. Die Eisenoberflächen sind Äquipotentialflächen. In beiden Fällen beschreibt die gleiche Laplacesche Differentialgleichung (4.5-8) das Potentialfeld. Aus dem Potentialfeld erhält man in beiden Fällen durch Gradientenbildung das E- bzw. H-Feld. Aus dem elektrischen Potentialfeld leitet sich als Potentialdifferenz die elektrische Spannung ab. Sie ist von ungleich größerer Bedeutung als die entsprechende magnetische Spannung, auf deren Verwendung wir hier ganz verzichten.

h) Zur numerischen Berechnung komplizierterer Magnetfelder in Anwesenheit von Strömen verwendet man üblicherweise das Vektorpotential A, eine reine Hilfsgröße ohne physikalische Bedeutung.

i) Die berühmten Maxwellschen Gleichungen verknüpfen die beiden Feldgrößen $\vec{E}$ und $\vec{H}$ direkt miteinander. Sie sind, zusammen mit dem Ohmschen Gesetz, die Grundlage der theoretischen Elektrotechnik. In ihren vereinfachten Formen als Durchflutungsgesetz und als Induktionsgesetz sind sie Gegenstände nachfolgender Kapitel.

k) Sowohl das elektrische, als auch das magnetische Feld sind materiefreie Träger von Energie. Die entsprechenden symmetrischen Beziehungen treten gleichwertig neben die Maxwellgleichungen.

l) Die Anbindung des Raumzustandes „Feld" an die Materie geschieht mit dem Gerät Kondensator bzw. Spule. Die Eigenschaft des Kondensators ist die Kapazität. Diese ist einerseits eine geometrische Größe, andererseits verknüpft sie die Grundgrößen Ladung Q und resultierende Spannung U zwischen den Elektroden. Die Eigenschaft der Spule ist die Induktivität. Diese ist einerseits eine geometrische Größe, andererseits verknüpft sie die Grundgrößen I und resultierenden Fluß durch die Spule.

5.3 Die Berechnung des Feldes mit Durchflutungsgesetz

Die erste Maxwellsche Gleichung (vgl. Bild 5.2-1) wird, wenn kein zusätzliches Feld E wirkt, zu

$$\operatorname{rot} \vec{H} = \vec{G} \qquad (5.3\text{-}1)$$

(G Stromdichte).

Der Vektoroperator rot ergibt ein Maß für die Wirbelstärke. Er ist in den „Mathematischen Ergänzungen" erläutert. Die Beziehung (5.3-1) kann physikalisch gleichwertig auch in Integralform geschrieben werden und nennt sich dann Durchflutungsgesetz:

$$\oint \vec{H} \cdot d\vec{s} = n \cdot I \,. \qquad (5.3\text{-}2)$$

In Worten: Summiert man die Produkte aus Feldstärke $\vec{H}$ und Wegelement $d\vec{s}$ entlang einer geschlossenen Feldlinie, so ist diese Summe gleich der von der Feldlinie umfaßten Durchflutung $n \cdot I$.

Daraus folgt, daß (5.3-2) zur Feldberechnung nur angewandt werden kann, wenn man den Feldverlauf schon im voraus kennt. Das ist nicht so widersinnig, wie es den Anschein hat, wie folgende Beispiele zeigen.

5.3.1 Gerader, langer Leiter

Aus Symmetriegründen können die Feldlinien, die ein in einem geraden Draht fließender Strom I erzeugt, nur konzentrische Kreise sein (zweidimensional gesehen). Also wird aus (5.3-2) mit $n = 1$ (Bild 5.3-1a):

$$I = \int_{0}^{2\pi} H(r) \cdot r \cdot d\varphi = H(r) \cdot 2 \cdot \pi \cdot r \,.$$

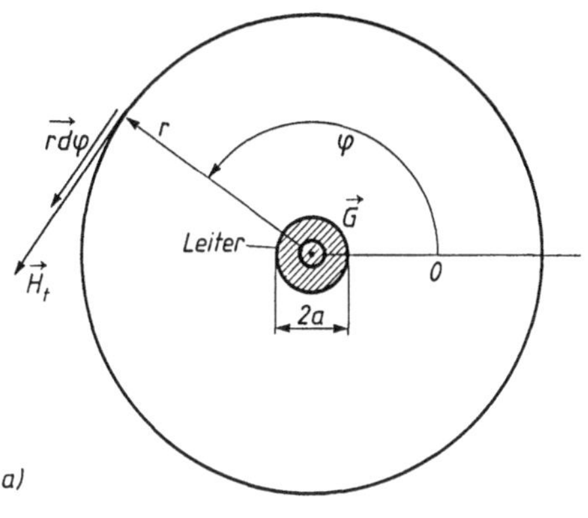

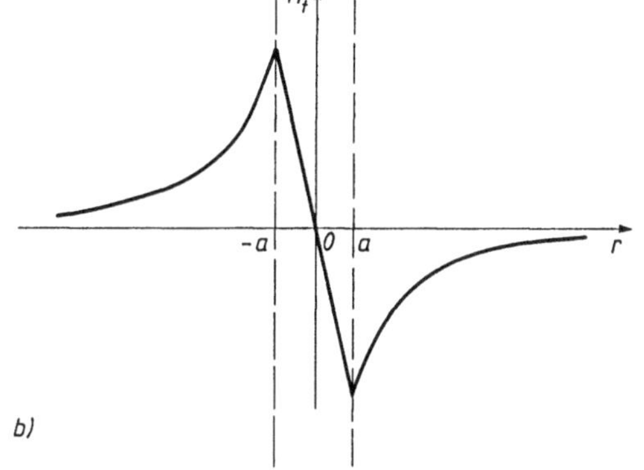

Bild 5.3-1:

Magnetfeld eines geraden Leiters

a) Geometrie

b) Feldverlauf H_t (r)

Umgeformt:

$$H(r) = \frac{I}{2 \cdot \pi \cdot r} \,. \qquad (5.3\text{-}3)$$

H hat nur eine tangentiale Komponente, deren Richtung durch die „Korkzieherregel"
festgelegt wird: Dreht man einen Korkzieher in Richtung des Stromes I, so gibt die Dreh-
richtung die Feldrichtung an. Auch innerhalb des Leiters, der einen runden Querschnitt
und die Dicke $2 \cdot a$ habe, existiert ein Feld H. Es gilt wieder (5.3-2), nur ist der vom Ring-
integral umfaßte Strom jetzt von r abhängig:

$$I \to I \cdot \frac{r^2}{a^2} \,.$$

Damit folgt statt (5.3-3):

$$H(r) = I \cdot \frac{r}{2 \cdot \pi \cdot a^2} \,, \qquad (r \leqslant a). \qquad (5.3\text{-}3a)$$

Bild 5.3-1b zeigt den Verlauf von $H(r)$. Bei der gewählten Richtung von G ist das Feld H_t
rechts des Leiters nach hinten, links des Leiters nach vorne gerichtet. Um das auszu-
drücken, haben wir, willkürlich, H_t rechts ein negatives, H_t links ein positives Vorzeichen
zugeordnet.

5.3.2 Lange, dünne Zylinderspule

Die in Bild 5.3-2 gezeigte Spule idealisieren wir dergestalt, daß wir annehmen, im Inneren der Spule sei das Feld homogen, im Außenbereich infolge der starken Verdünnung dagegen 0. Dann folgt aus (5.3-2):

$$n \cdot I \cong \int\limits_{-l}^{+l} H_i \cdot ds + \int\limits_{+l}^{-l} H_a \cdot ds \cong H_i \cdot 2 \cdot l \, ,$$

$$H_i \cong \frac{n \cdot I}{2 \cdot l} \, . \tag{5.3-4}$$

(Da wir später (5.3-4) mit der exakten Formel für die Zylinderspule vergleichen wollen, haben wir die Spulenlänge wie dort mit $2 \cdot l$ angesetzt.)

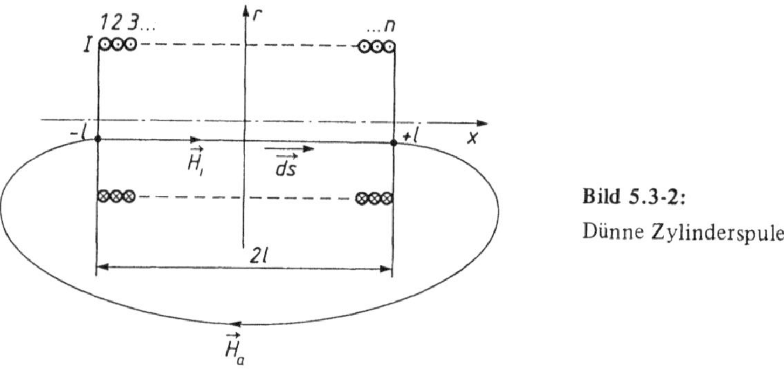

Bild 5.3-2:
Dünne Zylinderspule

5.3.3 Eisenkern

Bietet man dem Magnetfeld einen Eisenweg an, so kann man mit normalerweise befriedigender Genauigkeit annehmen, daß das Feld vollständig im Eisen verläuft. Damit kennt man den Verlauf der Feldlinien, und (5.3-2) ist anwendbar.

Wir wollen als Beispiel die Durchflutung $n \cdot I$ berechnen, die zur Erzeugung einer vorgegebenen Flußdichte $B = 1{,}2\,T$ in einem kleinen geschlossenen Transformatorkern erforderlich ist. Der Kern habe den genormten M85-Schnitt, den Bild 5.3-3 zeigt. Die Wicklung umfaßt den Mittelschenkel, dessen Querschnitt doppelt so groß ist wie der jedes Außenschenkels. Das Durchflutungsgesetz (5.3-2) hat dann die Form:

$$n \cdot I = \int\limits_{a}^{b} H_i \cdot ds + \int\limits_{b}^{a} H_a \cdot ds = H_i \cdot l_i + H_a \cdot l_a \, . \tag{5.3-5}$$

(Man bedenke, daß H entlang der Integrationswege konstant ist.)

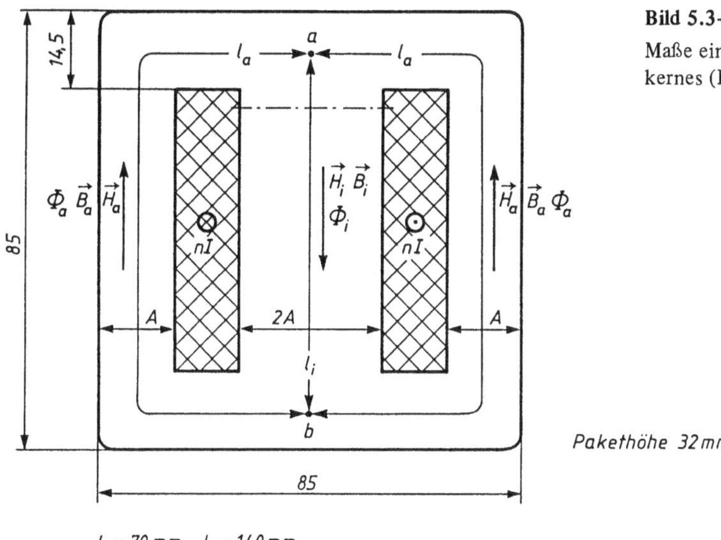

Bild 5.3-3:

Maße eines M85-Transformatorkernes (DIN 41302)

Pakethöhe 32 mm

$l_i \approx 70\,mm$, $l_a \approx 140\,mm$

Für die beiden Unbekannten H_i und H_a benötigen wir zwei weitere Beziehungen:

1. Der Fluß ϕ_i im Mittelschenkel ist aus Symmetriegründen doppelt so groß wie jeweils in den beiden Außenschenkeln:

$$\phi_i = 2 \cdot \phi_a \; ,$$

oder, mit Bild 5.2-1f):

$$2 \cdot A \cdot B_i = 2 \cdot A \cdot B_a \; ,$$

also

$$B_i = B_a = 1{,}2\,T \; ,$$

und damit auch

$$H_i = H_a \; .$$

2. Zwischen B und H besteht im Eisen ein nichtlinearer Zusammenhang, der durch die materialabhängige Magnetisierungskurve dargestellt wird (Bild 5.3-4). Dort liest man z.B. ab:

$$B = 1{,}2\,T \rightarrow H = 400\,A/m \; .$$

Dies in (5.3-5) ergibt mit den Maßen des M85-Kerns:

$$n \cdot I = 400\,A/m \cdot (0{,}07\,m + 0{,}14\,m) \; ,$$
$$n \cdot I = 84\,A \; .$$

Diese Durchflutung ist also notwendig, um in dem M85-Kern eine Flußdichte von $1{,}2\,T$ zu erzeugen, also z.B. 84 Windungen mit je 1 A.

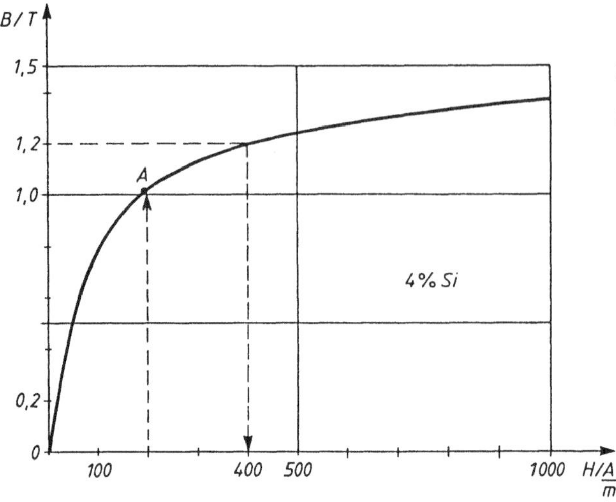

Bild 5.3-4:
Magnetisierungskurve von Elektroblech mit 4 % Silizium

Übung

5.3-1: Welche Flußdichte B ergäbe sich bei gleichem Kern, wenn die Durchflutung halbiert wird?

Hinweis: Die Feldstärke H ist wegen (5.3-2) direkt proportional zur Durchflutung $n \cdot I$.

5.3.4 Grenzbedingungen

Wie verhält sich eine magnetische Feldlinie, die durch eine Grenzfläche zwischen zwei Medien verschiedener Feldkonstanten μ_0 und μ_e hindurch geht? Um diese Frage zu beantworten, untersuchen wir die tangentiale und die normale (senkrechte) Komponente der Feldlinie getrennt.

Tangentiale Komponente:

Wir wenden das Durchflutungsgesetz (5.3-2) auf den in Bild 5.3-5a gezeigten Weg an, wobei kein Strom umfaßt werden soll:

$$0 = \oint \vec{H} \cdot d\vec{s}$$

$$= \int_1^2 H_{t0} \cdot ds + \int_2^3 H_n \cdot ds - \int_3^4 H_{te} \cdot ds - \int_4^1 H_n \cdot ds \ . \tag{5.3-6}$$

Lassen wir nun die Wege 2−3 und 4−1 gegen 0 gehen, so folgt aus obigem:

$$0 = (H_{t0} - H_{te}) \cdot \Delta s \ , \qquad H_{t0} = H_{te} \ . \tag{5.3-7}$$

Die Tangentialkomponente von $\vec{H}$ ändert sich an einer Grenzfläche nicht.
Mit $\vec{B} = \mu \cdot \vec{H}$ wird aus (5.3-7)

$$B_{t0} = B_{te} \cdot \frac{\mu_0}{\mu_e} \ . \tag{5.3-7a}$$

Die Tangentialkomponente von $\vec{B}$ wird an einer Grenzfläche stark verändert.

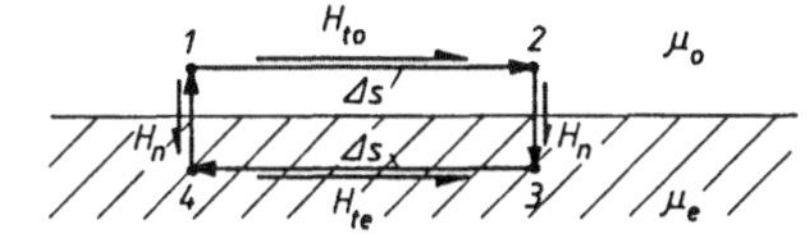

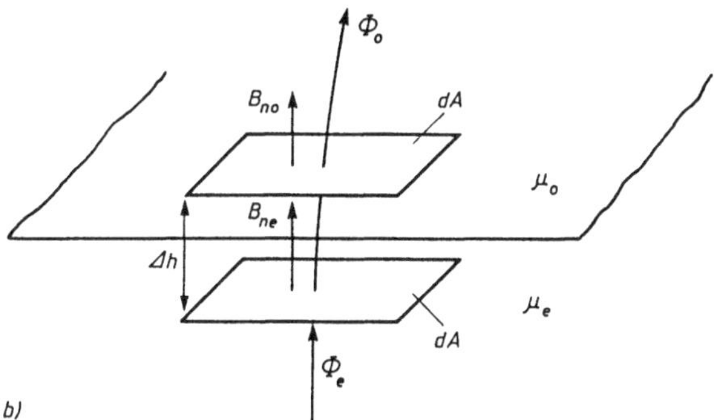

Bild 5.3-5:

Grenzflächenbetrachtungen

a) Tangentialkomponente von H

b) Normalkomponente von B

Im Falle $\mu_e \to \infty$ (ideales Eisen) verschwindet die tangentiale Komponente von $\vec{B}$ völlig, d.h., $\vec{B}$ geht senkrecht durch die Eisenoberfläche hindurch. Auch bei realem Eisen ist dies normalerweise hinreichend genau der Fall.

Normale (senkrechte) Komponente:

Wegen der Quellenfreiheit des Magnetfeldes muß in Bild 5.3-5b gelten ($\Delta h \to 0$):

$$\phi_0 = \phi_e \ .$$

Wegen Bild 5.2-1f):

$$\phi_0 = \oint B_{n0} \cdot dA \quad \text{und} \quad \phi_e = \oint B_{ne} \cdot dA \ .$$

Daraus:

$$B_{n0} = B_{ne} \ . \tag{5.3-8}$$

Die Normalkomponente von $\vec{B}$ geht unverändert durch eine Grenzfläche hindurch.

Mit $\vec{B} = \mu \cdot \vec{H}$ wird aus (5.3-8)

$$H_{n0} = H_{ne} \cdot \frac{\mu_e}{\mu_0} \ . \tag{5.3-8a}$$

Die Normalkomponente von $\vec{H}$ wird an einer Grenzfläche stark verändert. Im Fall $\mu_e \to \infty$ (ideales Eisen) verschwindet sie im Eisen völlig.

Beispiele:

1. Eine Feldlinie mit $B = 0{,}2\,\text{T}$ soll mit einem Einfallswinkel von $\alpha_0 = 18°$ auf eine Luft/Ferrit-Grenzfläche fallen (Bild 5.3-6). Der Ferrit hat $\mu_e = 10 \cdot \mu_0$.

a) Wie groß ist der Ausfallwinkel α_e von $\vec{B}$?

b) Wie groß ist B im Ferrit?

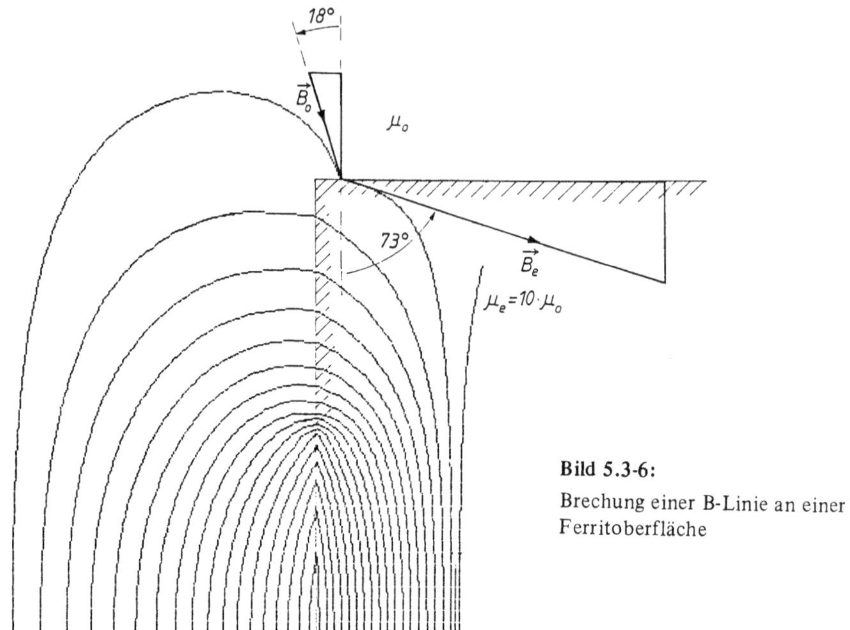

Bild 5.3-6:
Brechung einer B-Linie an einer
Ferritoberfläche

Lösung:

a) In Luft gilt:

$$B_{t0} = B_0 \cdot \sin 18° = 0{,}062\,\text{T} , \qquad B_{n0} = B_0 \cdot \cos 18° = 0{,}190\,\text{T}.$$

Im Ferrit gilt wegen (5.3-7a):

$$B_{te} = 0{,}618\,\text{T}$$

wegen (5.3-8):

$$B_{ne} = 0{,}190\,\text{T}.$$

$$\tan \alpha_e = \frac{B_{te}}{B_{ne}} , \qquad \alpha_e = 72{,}9°.$$

b) $\quad B_e = \sqrt{B_{ne}^2 + B_{te}^2} = 0{,}646\,\text{T} .$

Man kann, analog zur Optik, von einer Brechung der B-Linie sprechen.

2. Im Mittelschenkel des M85-Kerns des Beispiels in Abschnitt 5.3.3 (Bild 5.3-3) soll an der mit ·——· bezeichneten Stelle ein durchgehender Luftspalt mit $l_0 = 1$ mm eingesägt werden. Welche Durchflutung ist jetzt bei sonst unveränderten Parametern für $B = 1{,}2\,\text{T}$ notwendig?

Lösung:

Wegen (5.3-8) herrscht im Luftspalt dieselbe Flußdichte wie im Mittelschenkel. Deshalb gilt statt (5.3-5):

$$n \cdot I = H_i \cdot (l_i - l_0) + H_a \cdot l_a + H_0 \cdot l_0 \ .$$

Mit $H_i = 400\,\text{A/m}$ (Magnetisierungskurve) und $H_0 = 1,2\,\text{T}/\mu_0$:

$$n \cdot I = 27,6\,\text{A} + 56\,\text{A} + 955,4\,\text{A} = 1039\,\text{A} \ .$$

Der Leser veranschauliche sich das erstaunliche Ergebnis: Um im ganzen Eisenkern die Flußdichte $B = 1,2\,\text{T}$ zu erzeugen, ist eine Durchflutung von $83,6\,\text{A}$ notwendig; um in dem 1 mm hohen Luftspalt ebenfalls $1,2\,\text{T}$ zu erzeugen, ist eine zusätzliche Durchflutung von $955,4\,\text{A}$ erforderlich.

3. Es seien die Abmessungen, das Material und die Durchflutung eines Eisenkerns gegeben (Bild 5.3-7). Die Magnetisierungskurve sei die in Bild 5.3-4 dargestellte. Welche Flußdichte B_0 herrscht im Luftspalt?

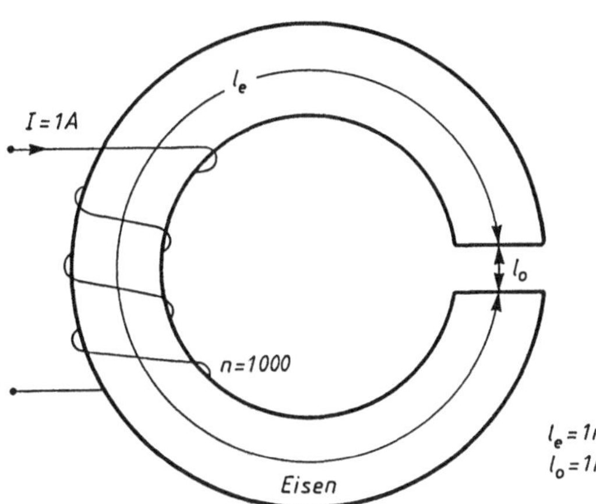

Bild 5.3-7:
Eisentorus mit Luftspalt.
Material gemäß Bild 5.3-4.

Lösung:

Die Aufgabe ist nur graphisch oder numerisch lösbar. Das Durchflutungsgesetz liefert

$$n \cdot I = H_e \cdot l_e + H_0 \cdot l_0 \ . \qquad (5.3\text{-}9)$$

Wäre der Luftspalt $l_0 = 0$, so folgte daraus

$$H_{e\,\text{max}} = \frac{n \cdot I}{l_e} \ ,$$

$$= 1000\,\text{A/m} \ .$$

Diesen Wert tragen wir auf der H-Achse in Bild 5.3-4 ein.

Wäre der Eisenweg $l_e = 0$ (bzw. $\mu_e = \infty$), so folgte aus obigem

$$H_{0\,max} = \frac{n \cdot I}{l_0} \ ,$$

bzw. $$B_{0\,max} = \frac{\mu_0 \cdot n \cdot I}{l_0} \ ,$$

$$= 1{,}256\,T \ .$$

Diesen Wert tragen wir auf der B-Achse von Bild 5.3-4 ein. Verbindet man beide Punkte miteinander, so schneidet die Gerade die Magnetisierungskurve im Arbeitspunkt A. Man liest dort ab:

$$B_e \cong 1{,}01\,T \ .$$

Wegen (5.3-8) ist $B_0 = B_e$.

Ergänzung: Formt man die Beziehung (5.3-9) um:

$$H_e \cdot l_e = n \cdot I - H_0 \cdot l_0 \ ,$$

so hat man die Form der Arbeitsgeraden, wie sie in Kapitel 2 auftritt. Man kann diese Aufgabe also auch wie dort numerisch lösen.

5.4 Berechnung des Feldes mit Biot-Savart-Gesetz

Mit dem Biot-Savart-Gesetz (BS-Gesetz) kann man das magnetische Feld jedes beliebig verlaufenden stromführenden Leiters berechnen, allerdings nur in Luft. Es lautet:

$$\vec{H}_p = \frac{I}{4 \cdot \pi} \cdot \oint \frac{\vec{dl} \times \vec{r}}{r^3} \ . \tag{5.4-1}$$

In Worten: Das Magnetfeld in einem beliebigen Punkt P ergibt sich, wenn man die Feldstärkeelemente, die von allen Leiterelementen $I \cdot dl$ insgesamt herrühren, vektoriell aufsummiert (Bild 5.4-1a).

Erinnern wir uns: Beim Durchflutungsgesetz (5.3-2) stellten wir uns in den Strom und integrierten entlang einer geschlossenen Feldlinie. Beim BS-Gesetz dagegen stellen wir uns in den Punkt P und integrieren entlang der geschlossenen Leiterschleife. Das zeigen wir an einigen Beispielen.

5.4.1 Kreisförmige Leiterschleife

Die Achse der Leiterschleife falle mit der x-Achse zusammen (vgl. Bild 5.4-1b). Der mathematischen Einfachheit halber legen wir den Punkt P auf die x-Achse. Dann gilt für die Faktoren von (5.4-1):

Wegelement: $\qquad \vec{dl} = a \cdot d\varphi \cdot \vec{e}_\varphi \ , \quad (\vec{e}_\varphi \ \text{Einheitsvektor}) \ ,$

Fahrstrahl: $\qquad \vec{r} = r \cdot \vec{e}_r \ , \quad r = \sqrt{x^2 + a^2} \ .$

Vektorprodukt: $\qquad \vec{dl} \times \vec{r} = a \cdot d\varphi \cdot r \cdot (\vec{e}_\varphi \times \vec{e}_r) \ ,$

x-Komponente von $\vec{e}_\varphi \times \vec{e}_r = 1 \cdot 1 \cdot \sin \alpha \ , \quad \sin \alpha = \frac{a}{r} \ .$

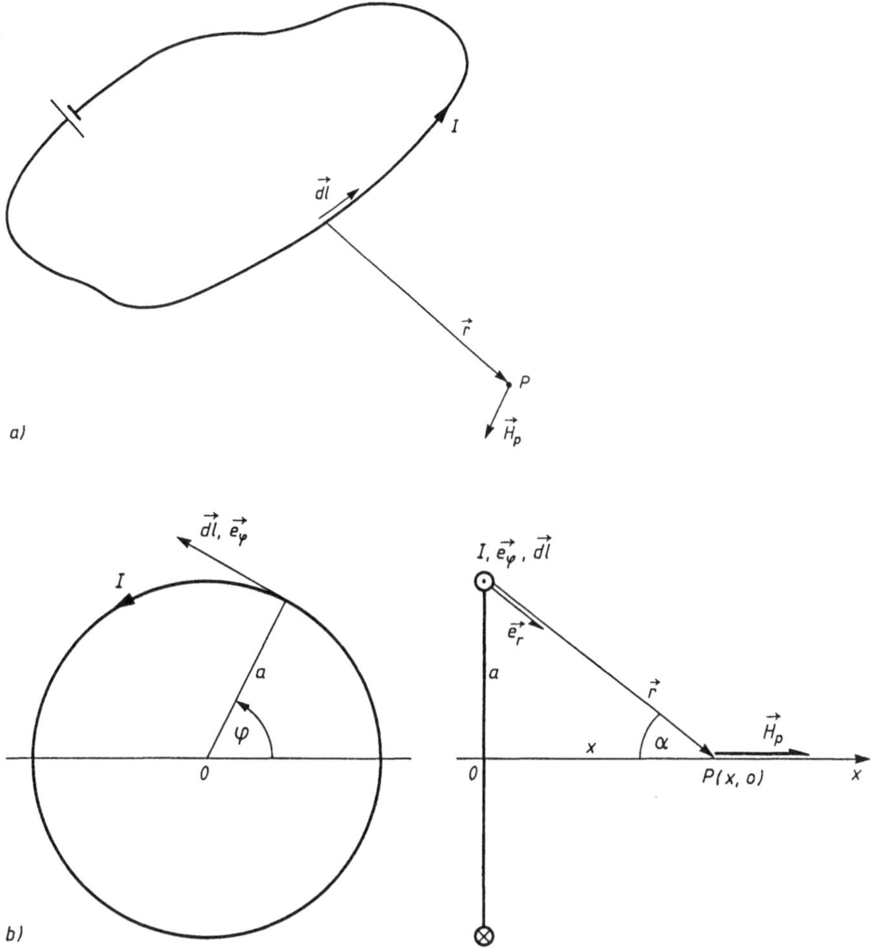

Bild 5.4-1: Biot-Savart-Gesetz.
a) zur Erläuterung der Beziehung (5.4-1)   b) Anwendung auf kreisförmigen Leiter

Nur die x-Komponente von $\vec{H}$ interessiert, da sich die radialen Komponenten von $\vec{H}$ aus Symmetriegründen wegheben.

Dies alles in (5.4-1) ergibt die tangentiale Feldstärke

$$H_p(x, 0) = \frac{I}{4 \cdot \pi} \cdot \int_0^{2\pi} \frac{a \cdot d\varphi \cdot r \cdot a}{r^3 \cdot r} \; , \qquad H_p(x, 0) = \frac{I \cdot a^2}{2 \cdot \sqrt{x^2 + a^2}^{\,3}} \cdot \tag{5.4-2}$$

Dies ist das Feld im beliebig auf der x-Achse liegenden Punkt P.

5.4.2 Zylinderspule mit dünner Wicklung

Wir ordnen n gleiche Kreisringe koaxial so an, daß sich eine dünne Zylinderspule ergibt (Bild 5.4-2). Es leuchtet ein, daß das resultierende Magnetfeld in P gleich der Summe der Magnetfelder der einzelnen Kreisringe ist. Um dies mathematisch aufzuarbeiten, ersetzen wir in (5.4-2)

$$I \to \frac{n \cdot I}{2 \cdot l} \cdot dx \ .$$

Dann ergibt sich aus (5.4-2) für das Magnetfeld auf der Achse

$$H_p(x, 0) = \frac{n \cdot I}{4 \cdot l} \cdot \int\limits_{x-l}^{x+l} \frac{a^2}{\sqrt{a^2 + x^2}^{\,3}} \cdot dx \ ,$$

$$H_p(x, 0) = \frac{n \cdot I}{4 \cdot l} \cdot \left[\frac{x + l}{\sqrt{(x + l)^2 + a^2}} - \frac{x - l}{\sqrt{(x - l)^2 + a^2}} \right] \ . \tag{5.4-3}$$

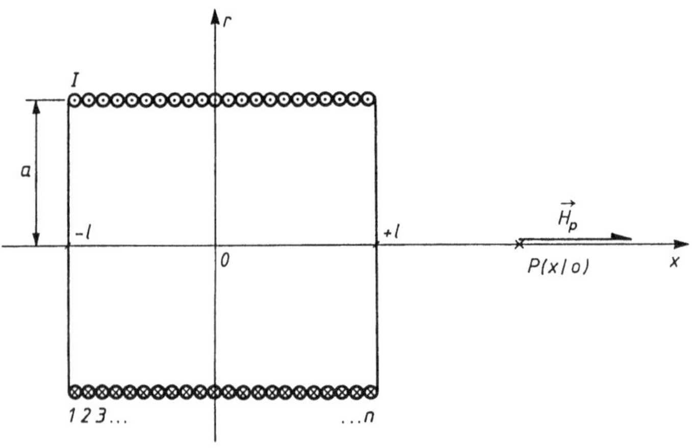

Bild 5.4-2: Zylinderspule mit dünner Wicklung

In Bild 5.4-3 haben wir (5.4-3) für die dort angegebene Geometrie graphisch dargestellt. Die durchgeführte Messung des Feldes ergab Übereinstimmung im Rahmen der Meßgenauigkeit. Die ebenfalls eingezeichnete Näherungsbeziehung (5.3-4) ist, wie man sieht, nur grob. Man kann leicht zeigen, daß, wenn man eine Abweichung von $\leq -1\,\%$ bei $x = 0$ toleriert, die Näherung (5.3-4) angewandt werden darf für

$$l \geq 7 \cdot a \ ,$$

d.h., die Spule muß mindestens 7mal länger als dick sein.

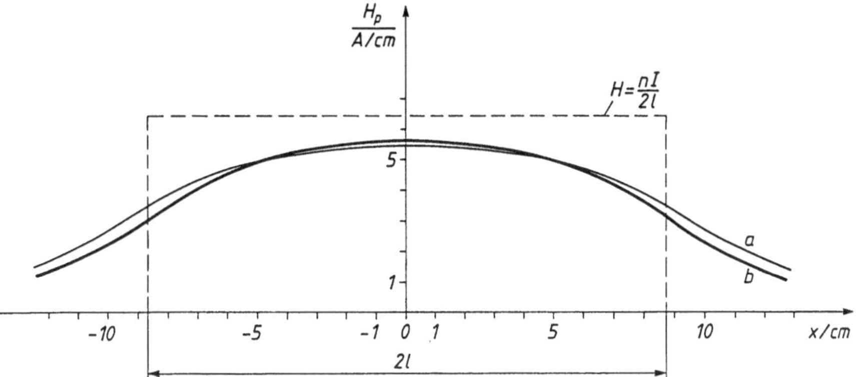

Bild 5.4-3: Feldverlauf auf der Achse einer Zylinderspule mit dünner Wicklung. I = 9.3 A, n = 12, a = 5 cm, 2·1 = 17.4 cm.

a) Messung   b) berechnet mit (5.4-3)

5.4.3 Zylinderspule mit dicker Wicklung

Wir ordnen mehrere dünne Zylinderspulen koaxial schalenförmig dergestalt übereinander an, daß eine Zylinderspule mit rechteckigem Wicklungsquerschnitt entsteht (Bild 5.4-4). Um dies mathematisch nachzuvollziehen, ersetzen wir in (5.4-3)

$$\frac{n \cdot I}{2 \cdot l} \to \frac{n \cdot I}{2 \cdot l \cdot (b - a)}$$

und integrieren vom Radius $r = a$ bis $r = b$:

$$H_p(x, 0) = \frac{n \cdot I}{4 \cdot l \cdot (b - a)} \cdot \int_a^b \left[\frac{(x + l) \cdot dr}{\sqrt{(x + l)^2 + r^2}} - \frac{(x - l) \cdot dr}{\sqrt{(x - l)^2 + r^2}} \right] ,$$

$$(5.4\text{-}4)$$

$$H_p(x, 0) = \frac{n \cdot I}{4 \cdot l \cdot (b - a)} \cdot \left[(x + l) \cdot \ln \frac{b + \sqrt{(x + l)^2 + b^2}}{a + \sqrt{(x + l)^2 + a^2}} + (x - l) \cdot \ln \frac{a + \sqrt{(x - l)^2 + a^2}}{b + \sqrt{(x - l)^2 + b^2}} \right] .$$

Dies ist das Feld auf der Achse einer Zylinderspule mit dem Wicklungsquerschnitt $2 \cdot l \, (b - a)$.

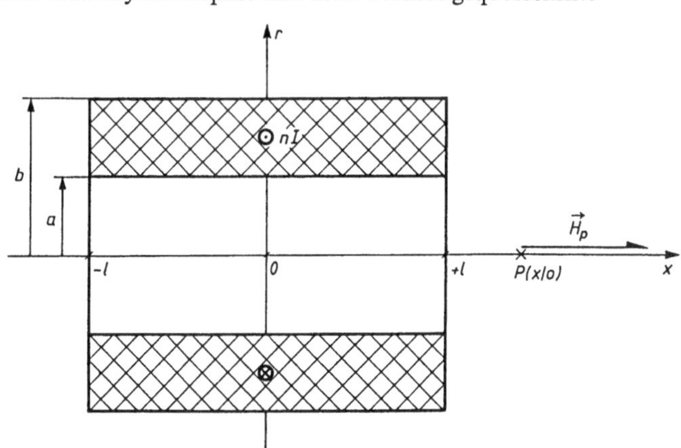

Bild 5.4-4:

Zylinderspule mit dicker Wicklung

Übungen

5.4-1: In Abschnitt 5.3.2 hatten wir das Feld eines Stromes im unendlich langen, geraden Leiter mittels Durchflutungsgesetz (5.3-3) berechnet. Man berechne jetzt das Magnetfeld mittels BS-Gesetz (5.4-1) (vgl. Bild 5.4-5).

Hinweise: Fahrstrahl:

$$\vec{r} = \vec{e}_r \cdot r \,, \qquad r = \sqrt{a^2 + l^2} \,.$$

Tangentialkomponente des Vektorprodukts

$$\vec{dl} \times \vec{r} = dl \cdot r \cdot \sin(\vec{dl}, \vec{r}) = dl \cdot r \cdot \cos \alpha \,.$$

Das auftretende Integral

$$\int\limits_{-\infty}^{+\infty} \frac{dl}{\sqrt{a^2 + l^2}^{\,3}}$$

hat die Stammfunktion

$$\frac{l}{a^2 \cdot \sqrt{a^2 + l^2}} \,.$$

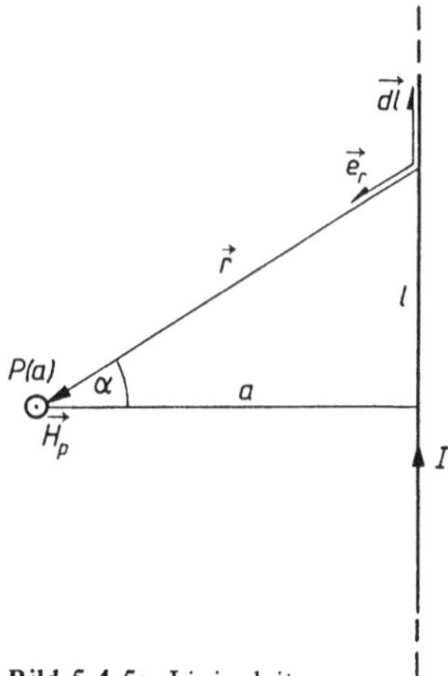

Bild 5.4-5: Linienleiter

5.4-2: Gegeben ist ein quadratischer Rahmen, durch den der Strom I fließt (Bild 5.4-6). Wie groß ist das Feld im Mittelpunkt des Rahmens?

Hinweise: Man betrachte zunächst nur eine Seite des Rahmens. Man gehe von derselben Beziehung aus wie in Übung 5.4-1, integriere aber von $-a$ bis $+a$.

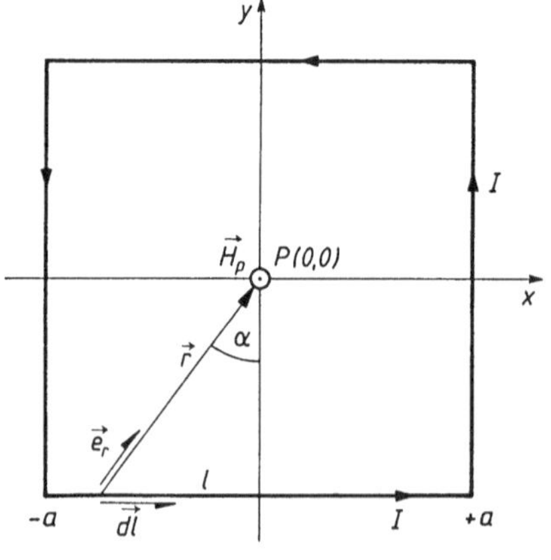

Bild 5.4-6:

Quadratischer Leiterrahmen

5.5 Numerische Berechnung des Feldes

5.5.1 Möglichkeiten

Felder einfacher Geometrie kann man mittels des Durchflutungsgesetzes (5.3-2) oder des BS-Gesetzes (5.4-1) berechnen. Bei komplizierterer Geometrie kann man das magnetische Feld analog zum elektrischen Feld numerisch über das skalare Potential mittels der Laplaceschen Differentialgleichung berechnen (vgl. g) in Abschnitt 5.2):

$$\Delta\varphi_m = 0 \ .$$

Die Eisenpole verschiedenen magnetischen Potentials werden beim magnetischen Feld zu Äquipotentiallinien. Zwischen diesen gegebenen Linien spannt sich das Potentialfeld auf, woraus sich durch Gradientenbildung wie beim elektrischen Feld das Magnetfeld ergibt. Diese Methode der Feldberechnung hat im Falle des Magnetfeldes einige Schwächen:

— Es ist nicht möglich, felderzeugende Ströme zu berücksichtigen.
— Es ist nicht möglich, Materialien mit bestimmter Leitfähigkeit oder Feldkonstante (Permeabilität) darzustellen.
— Es ist nicht möglich, zeitabhängige Effekte zu berechnen.

Gerade dies sind aber die interessanten Fälle. Sie berechnet man numerisch mit Hilfe des Vektorpotentials $\vec{A}$. In der Forschung und Entwicklung sind derartige Programme seit langem im Einsatz. Wir erläutern im folgenden die zum Verständnis eines solchen Programms erforderlichen elektrotechnischen Grundlagen.

5.5.2 Die Maxwellgleichungen

Die erste Maxwellgleichung wurde dem Leser bereits vorgestellt (Abschnitt 5.2 i)):

$$\mathrm{rot}\,\vec{H} = \kappa \cdot \vec{E} + \vec{G} \ . \tag{5.5-1}$$

(G Stromdichte in einem Leiter, κ Leitfähigkeit)

Die zweite Maxwellgleichung, das sog. Induktionsgesetz, wurde im Abschnitt 5.2 i) bereits vorgestellt:

$$\mathrm{rot}\,\vec{E} = -\frac{d\vec{B}}{dt} \ . \tag{5.5-2}$$

Will man auch mit $\vec{v}$ bewegte Materie im Feld berücksichtigen, so ist noch die Lorentz-Feldstärke $\vec{E} = \vec{v} \times \vec{B}$ in (5.5-2) einzuführen:

$$\mathrm{rot}\,\vec{E} = -\frac{\partial\vec{B}}{\partial t} + \mathrm{rot}\,(\vec{v} \times \vec{B}) \ . \tag{5.5-2a}$$

In den miteinander verknüpften Beziehungen (5.5-1) und (5.5-2a) ist die gesamte Information über das elektrische und das magnetische Feld enthalten.

5.5.3 Die Feldgleichung für B

Aus (5.5-1) kann man bilden, sofern κ und μ konstant sind:

$$\mathrm{rot}\,\mathrm{rot}\,\vec{H} = \kappa \cdot \mathrm{rot}\,\vec{E} + \mathrm{rot}\,\vec{G} \ .$$

Mit Hilfe von (5.5-2a) eliminieren wir jetzt $\vec{E}$:

$$\text{rot rot } \vec{H} = \kappa \cdot \left(-\frac{\partial \vec{B}}{\partial t} + \text{rot }(\vec{v} \times \vec{B}) \right) + \text{rot } \vec{G}$$

oder

$$\text{rot rot } \vec{B} = \kappa \cdot \mu \cdot \left(-\frac{\partial \vec{B}}{\partial t} + \text{rot }(\vec{v} \times \vec{B}) \right) + \mu \cdot \text{rot } \vec{G} . \qquad (5.5\text{-}3)$$

Das ist die Gleichung des magnetischen Feldes.

Löst man in (5.5-3) den Differentialoperator rot auf und beschränkt sich auf ein zweidimensionales Problem, so erhält man ein System zweier gekoppelter Differentialgleichungen mit B_x und B_y. Dieses ist rechentechnisch schwer zu lösen. Wir suchen deshalb, ausgehend von (5.5-3), einen anderen Weg.

5.5.4 Das Vektorpotential

Wir setzen, nicht ohne Hintergedanken,

$$\text{rot } \vec{A} = \vec{B} . \qquad (5.5\text{-}4)$$

Man kann das so eingeführte Vektorpotential $\vec{A}$ als mathematische Hilfsgröße betrachten, der man keinen elektrotechnischen Sinn zuweisen muß. Wegen

$$\vec{B} = \vec{i} \cdot B_x + \vec{j} \cdot B_y$$

wird aus (5.5-4)

$$\vec{B} = \vec{i} \cdot \frac{\partial A_z}{\partial y} - \vec{j} \cdot \frac{\partial A_z}{\partial x} . \qquad (5.5\text{-}4a)$$

($\vec{i}$ und $\vec{j}$ sind hier die Einheitsvektoren in x- bzw. y-Richtung.)

Aus (5.5-4a) folgt, daß die beiden Komponenten B_x und B_y durch eine einzige Komponente A_z dargestellt werden können. Mit den Vereinfachungen (Bild 5.5-1),

$$\vec{v} = \vec{i} \cdot v_x ,$$

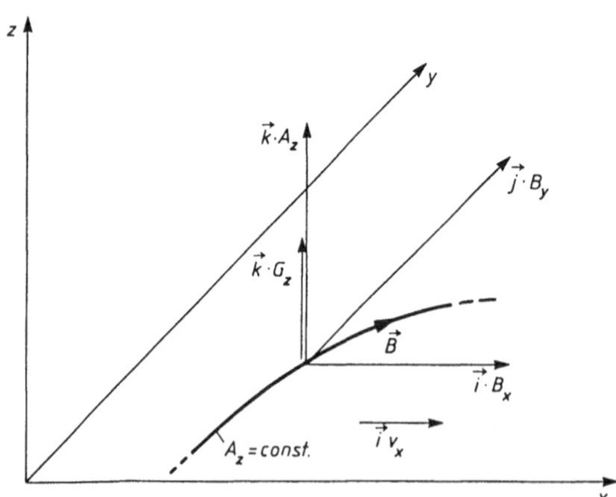

Bild 5.5-1:

Die Geometrie beim Vektorpotential

sinusförmige Zeitabhängigkeit: $\dfrac{\partial \vec{B}}{\partial t} = j \cdot \omega \cdot \vec{B}, \quad (j = \sqrt{-1})$

$$\vec{G} = \vec{k} \cdot G_z ,$$

zweidimensionales Problem: $\dfrac{\partial}{\partial z} = 0$

wird aus (5.5-3) mit (5.5-4a) nach einigen Umrechnungen schließlich:

$$\frac{\partial^2 A_z}{\partial x^2} + \frac{\partial^2 A_z}{\partial y^2} - \mu \cdot \kappa \cdot v \cdot \frac{\partial A_z}{\partial x} - j \cdot \mu \cdot \omega \cdot \kappa \cdot A_z + \mu \cdot G_z = 0 . \tag{5.5-5}$$

Die Differentialgleichung (5.5-5) in A_z ist wesentlich leichter numerisch zu lösen als (5.5-3) in B_x und B_y. Man findet darüber einiges im mathematischen Anhang.

Die Größen μ, κ, v sind unveränderliche Gebietsparameter, der Randwert $B = 0$ ergibt $A_z = 0$. Die Bedingung für die Grenze zwischen zwei Gebieten 1 und 2 mit verschiedener Permeabilität μ_1 und μ_2 ergibt sich über (5.3-7a) und (5.3-8). Bei senkrechter Grenzlinie gilt z.B.:

$$\frac{\left.\dfrac{\partial A_z}{\partial x}\right|_1}{\left.\dfrac{\partial A_z}{\partial x}\right|_2} = \frac{\mu_1}{\mu_2} . \tag{5.5-6}$$

In Worten: Die Steigung der A-Linie links der Grenze verhält sich zur Steigung der A-Linie rechts der Grenze wie die entsprechenden Permeabilitäten.

Hat man das Potentialfeld $A_z\,(x,\,y)$ numerisch berechnet, so erhebt sich die Frage, wie man zu B zurückkommt. Man kann leicht zeigen, daß eine Äquipotentiallinie von A_z einer Feldlinie von B entspricht: Das totale Differential dA_z ist in x/y-Koordinaten

$$dA_z = \frac{\partial A_z}{\partial x} \cdot dx + \frac{\partial A_z}{\partial y} \cdot dy .$$

Auf einer Äquipotentiallinie von A_z ist $dA_z = 0$, also ist die Steigung dieser Linie

$$m_A = \frac{dy}{dx}$$

oder, mit obigem:

$$m_A = - \frac{\partial A_z / \partial x}{\partial A_z / \partial y} .$$

Andererseits ist wegen (5.5-4a)

$$\frac{B_y}{B_x} = - \frac{\partial A_z / \partial x}{\partial A_z / \partial y} .$$

Da aber B_y / B_x gleich der Steigung m_B der B-Linie ist, gilt somit

$$m_A = m_B .$$

Die gesuchten B-Feldlinien haben also denselben Verlauf wie die leicht zeichenbaren Äquipotentiallinien von A_z. Die Absolutwerte von B erhält man mittels (5.5-4a). Die numerische Berechnung der Vektorpotentialkomponente A_z in x/y-Koordinaten ist also ein eleganter Weg zur Bestimmung des Magnetfeldes $\vec{B}$.

5.5.5 Beispiele numerisch berechneter Felder

Die folgenden Beispiele sind mit unserem Programm HYELLDGL berechnet worden. Dieses in Modula geschriebene Programm überschreitet in Umfang und Schwierigkeit den Rahmen dieses Buches und ist deshalb nicht abgedruckt. Es steht interessierten Lesern aber zur Verfügung.

5.5.5.1 Zwei Eisenpole

Geometrie:

Man stelle sich einen C-Magneten aus idealem Eisen vor, wie ihn Bild 5.5-2 zeigt. Bei Stromfluß entsteht zwischen den beiden Polen ein Magnetfeld, das wir berechnen wollen. Aus Symmetriegründen genügt es, ein Viertel des Feldbereichs zu berechnen und die restlichen drei Viertel durch Spiegelung zu gewinnen.

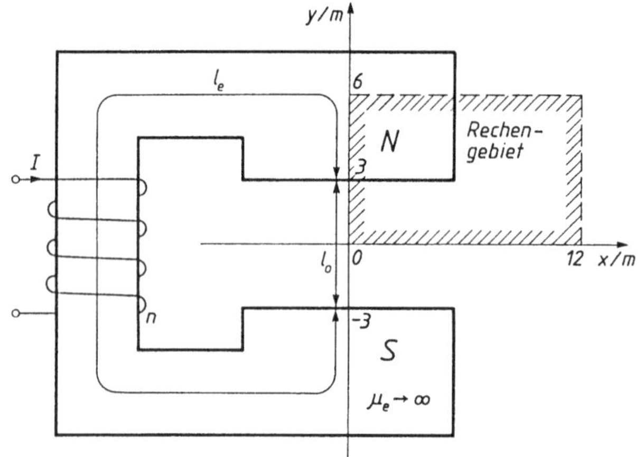

Bild 5.5-2:

C-Magnet mit zwei Eisenpolen.
Maße in m.

Die Differentialgleichung und ihre Randwerte:

Wir berechnen das Feld mittels magnetischem Skalarpotential φ_m, d.h., wir verwenden dasselbe Programm wie zur Berechnung des elektrischen Potentials $\varphi_e = U$.

$$\frac{\partial^2 U}{\partial x^2} + \frac{\partial^2 U}{\partial y^2} = 0 \ . \tag{4.5-2a}$$

Die Potentialrandwerte sind in dem so berechneten Potentialbild (Bild 5.5-3) eingetragen: Der obere Polschuh hat das Potential 10 A, die waagrechte Symmetrielinie und der rechte Rand das Potential 0. Auf der senkrechten Symmetrielinie und dem oberen, waagrechten

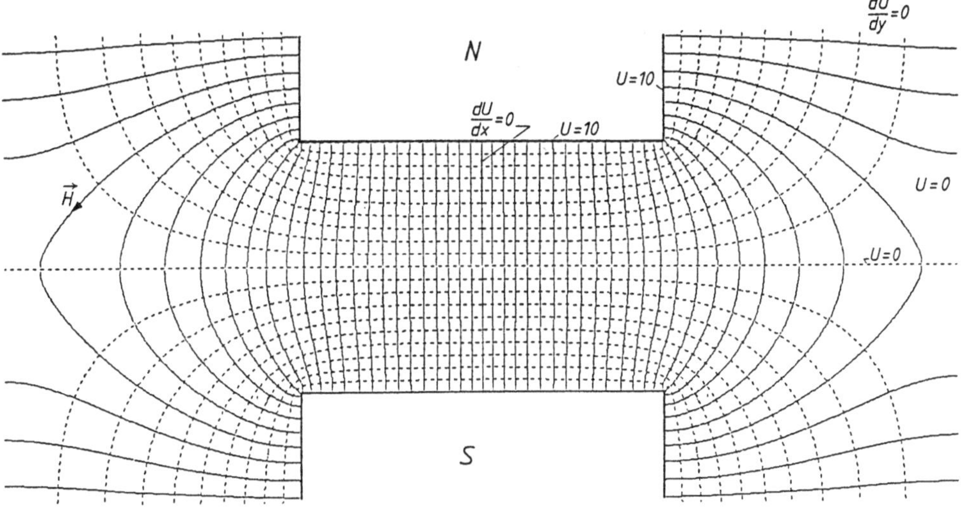

Bild 5.5-3: Magnetfeld- und Äquipotentiallinien, berechnet über das Skalarpotential

Rand lassen wir die Äquipotentiallinien senkrecht stehen. So erhält man die gestrichelt gezeichneten Äquipotentiallinien. Im nachfolgenden Rechenlauf konstruieren wir die darauf senkrecht stehenden Feldlinien H.

Auswertung des Feldbildes:

Das Magnetfeld ist in weitem Bereich zwischen den Polschuhen homogen. Mit der Beziehung $H = -\,\mathrm{grad}\,\varphi_m$ (vgl. Bild 5.2-1 g)) läßt sich H bestimmen, z.B.:

$$H_y\,(0/0) = -\,\frac{\Delta U}{\Delta y}\,,$$
$$= -\,10\,\mathrm{A}/3\,\mathrm{m},$$
$$= -\,3{,}33\,\mathrm{A/m}.$$

Übung

5.5-1: Welche Durchflutung $n \cdot I$ ist zur Erzeugung des obigen Feldes $H_y\,(0/0)$ notwendig, wenn die Geometrie des Bildes 5.5-2 zugrunde gelegt wird?

Hinweis: Man verwende das Durchflutungsgesetz (5.3-2) und setze $\mu_e = \infty$.

5.5.5.2 Zwei parallele Bandleiter

5.5.5.2.1 Dünne Bandleiter

Geometrie:

Die beiden unendlich dünnen Bandleiter (z.B. Kupferfolien) stehen senkrecht auf der x/y-Ebene und führen zwei entgegengesetzte, gleich große Strombeläge K (Bild 5.5-4). Aus Symmetriegründen genügt die Berechnung des Feldes in dem angegebenen Gebiet.

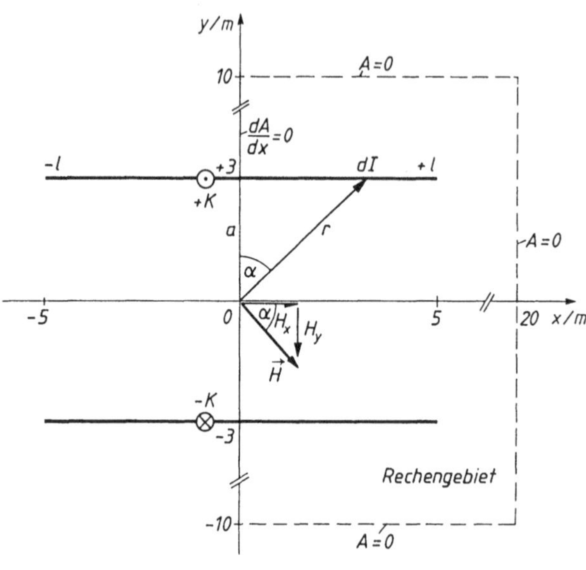

Bild 5.5-4:
Zwei dünne Bandleiter, senkrecht
zur x/y-Ebene. Maße in m.

Die Differentialgleichung und ihre Randwerte:

Wir rechnen mit dem Vektorpotential A gemäß (5.5-5). Im Rechengebiet ist $\mu = \mu_0$,
$\kappa = 0$, $G = 0$ (keine Stromdichte). Damit vereinfacht sich (5.5-5):

$$\frac{\partial^2 A}{\partial x^2} + \frac{\partial^2 A}{\partial y^2} = 0 \ . \tag{5.5-7}$$

Für die Randwerte des Rechengebiets gelten die Angaben in Bild 5.5-4. Die Erzeugung
des Vektorpotentialfeldes durch den Strombelag K berücksichtigen wir durch

$$y = 3: \qquad \left.\frac{\partial A}{\partial x}\right|_{\text{ob}} - \left.\frac{\partial A}{\partial x}\right|_{\text{unt}} = \mu_0 \cdot K \ , \tag{5.5-8a}$$

$$y = -3: \qquad \left.\frac{\partial A}{\partial x}\right|_{\text{ob}} - \left.\frac{\partial A}{\partial x}\right|_{\text{unt}} = -\mu_0 \cdot K \ . \tag{5.5-8b}$$

Die Beziehung (5.5-8a und b) leitet man aus (5.3-7) ab, indem man dort den Strombelag K als Differenz der beiden Tangentialkomponenten von H einführt. Dies dann in
(5.5-4a). In unserem Beispiel sei

$$\mu_0 \cdot K = 10 \, \text{Vs/m} \ ,$$

also

$$K = 7{,}96 \cdot 10^6 \, \text{A/m} \ .$$

Auswertung des Feldbildes:

In Bild 5.5-5 sind die Äquipotentiallinien des Vektorpotentials A gezeichnet, die, wie wir
nachgewiesen haben, gleich den B-Linien sind. Im vorliegenden Fall wählten wir eine
Potentialdifferenz von Linie zu Linie von

$$\Delta A = 2 \, \text{Vs/m} \ .$$

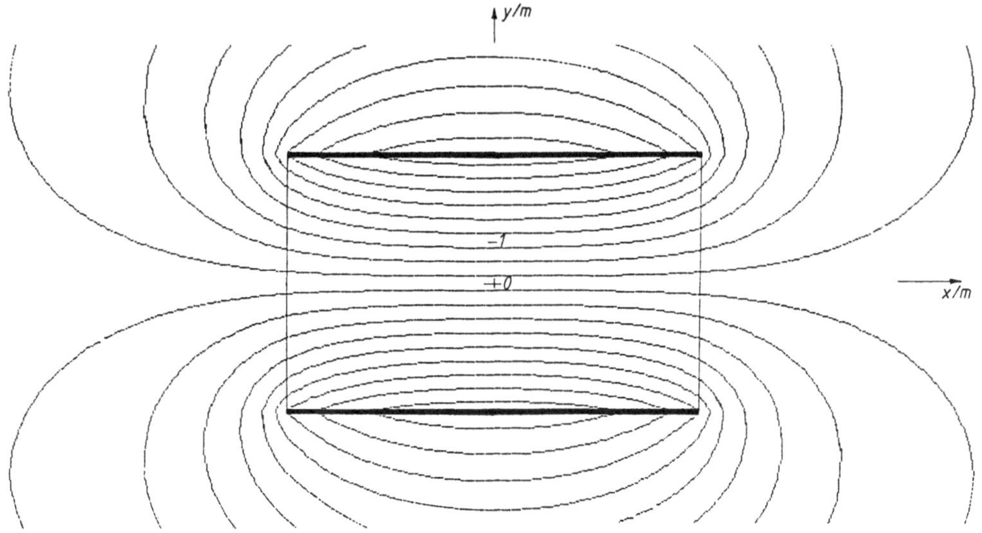

Bild 5.5-5: B-Feld zweier dünner Bandleiter in Luft, berechnet über das Vektorpotential

Im Punkt (0/0) unseres Feldbildes ist dann wegen (5.5-4a) die Flußdichte in x-Richtung

$$B_x\,(0/0) = \frac{\Delta A}{\Delta y}\,,$$

$$\cong \frac{2\,\text{Vs/m}}{0{,}32\,\text{m}}\,,$$

$$\cong 6{,}25\,\text{T}.$$

Berechnen wir zum Vergleich $B_x\,(0/0)$ analytisch (Bild 5.5-4). Der Strom dI erzeugt gemäß (5.3-3) ein Feld

$$dH\,(0/0) = \frac{dI}{2\cdot\pi\cdot r}\,,$$

wobei $dI = K \cdot dx$ ist.

Uns interessiert nur die x-Komponente von $H\,(0/0)$:

$$dH_x\,(0/0) = dH\,(0/0) \cdot \cos\alpha\,,$$

oder

$$dH_x\,(0/0) = \frac{K \cdot a \cdot dx}{2\cdot\pi\cdot(x^2+a^2)}\,.$$

Integriert man diese Beziehung von $x = -l$ bis $+l$ und berücksichtigt man in gleicher Weise den zweiten Leiter, so ergibt sich schließlich

$$B_x\,(0/0) = \frac{2\cdot K\cdot\mu_0}{\pi}\cdot\arctan\,(l/a)\,. \qquad\qquad (5.5\text{-}9)$$

Mit den Werten aus Bild 5.5-4 folgt aus (5.5-9)

$$B_x(0/0) = 6,56\,\text{T}.$$

Dies stimmt befriedigend mit dem graphisch ermittelten Wert überein. Durch den Zeichen-
vorgang entstehen unvermeidliche Toleranzen.

Abschließend weisen wir noch darauf hin, daß das Feldbild in Bild 5.5-5 qualitativ dem
einer Zylinderspule mit dünner Wicklung entspricht.

Übung

5.5-2: Alle Maße der Bilder 5.5-4 bzw. 5.5-5 sollen um den Faktor 1000 verkleinert werden, also statt in m jetzt in mm gelten. Wie groß wäre bei gleichem Strombelag K dann
$B_x(0/0)$?

5.5.5.2.2 Dünne Bandleiter mit Ferrit

Geometrie:

Die beiden dünnen Bandleiter stehen senkrecht auf der x/y-Ebene und führen zwei
entgegengesetzt gleich große Strombeläge K. Zwischen ihnen befindet sich ein Block
aus Ferrit als magnetisch aktives Material (Bild 5.5-6). Aus Symmetriegründen genügt
die Berechnung des Feldes im angegebenen Gebiet.

Die Differentialgleichung und ihre Randwerte:

Wir rechnen mit dem Vektorpotential A gemäß (5.5-5). Im Rechengebiet ist $\mu = \mu_0$,
$\kappa = 0$, $G = 0$. Also vereinfacht sich (5.5-5) wieder zu (5.5-7).

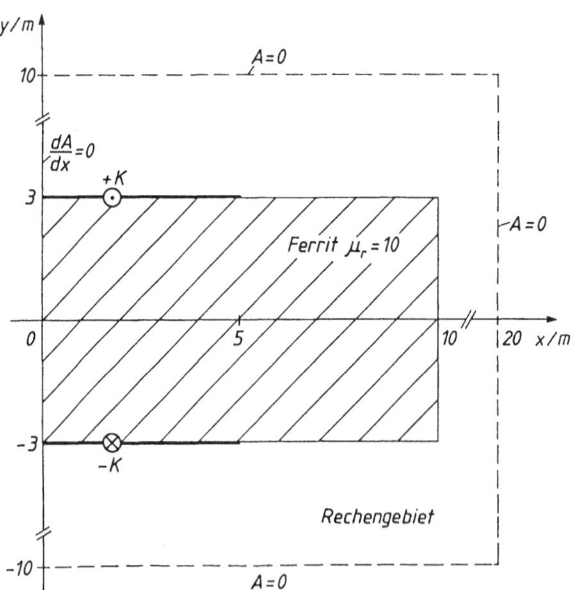

Bild 5.5-6:

Zwei dünne Bandleiter, senkrecht
zur x/y-Ebene, mit Ferrit im
Zwischenraum. Maße in m.

Für den äußeren Rand des Rechengebietes gelten dieselben Randwerte wie beim vorangehenden Beispiel 5.5.5.2.1 (s. Bild 5.5-6). Die Strombeläge K werden ebenfalls wie dort berücksichtigt; es gilt also (5.5-8a und b).

Für das ferriterfüllte Gebiet gilt $\mu = 10 \cdot \mu_0$ und $\kappa = 0$. Dem wird durch die Randbedingung (5.5-6) Rechnung getragen. Beispielsweise gilt für den senkrechten Rand des Ferritgebietes:

$$\frac{\left.\dfrac{\partial A}{\partial x}\right|_{re}}{\left.\dfrac{\partial A}{\partial x}\right|_{li}} = \frac{1}{10} \ . \tag{5.5-6a}$$

Entsprechendes gilt für die beiden waagrechten Ferritgrenzen.

Auswertung des Feldbildes:

In Bild 5.5-7 sind die Äquipotentiallinien des Vektorpotentials A gezeichnet, die auch die B-Linien darstellen. Im vorliegenden Fall wählten wir die Potentialdifferenz von Linie zu Linie mit

$$\Delta A = 2\,\mathrm{Vs/m} \ .$$

Beim Betrachten des Feldbildes fällt ins Auge, daß

— der Ferrit die Feldlinien führt,
— an den Ferritgrenzen eine Brechung der B-Linien erfolgt (vgl. Bild 5.3-6),
— bei gleicher Erregung K wie in Bild 5.5-5 die Feldlinien etwa doppelt so dicht wie dort verlaufen.

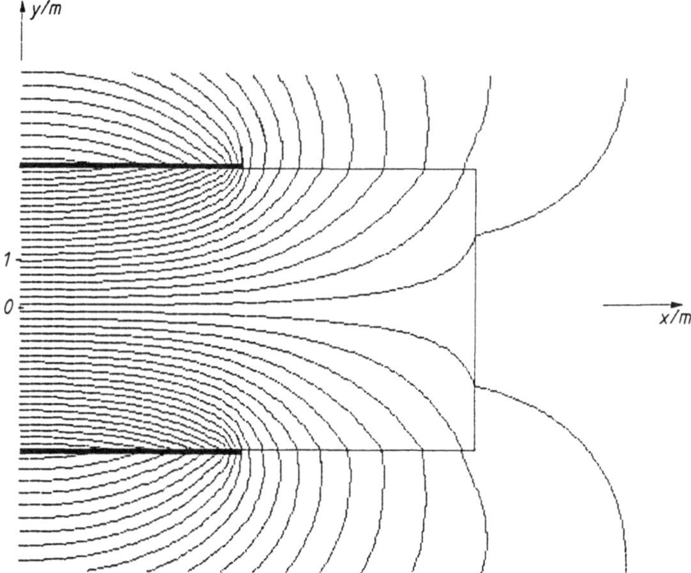

Bild 5.5-7: B-Feld zweier dünner Bandleiter mit Ferrit, berechnet über das Vektorpotential. $\mu r = 10$.

Aus dem Feldbild entnehmen wir wegen (5.5-4a)

$$B_x(0/0) \cong \frac{13\,\text{Vs/m}}{1\,\text{m}} \, ,$$

$$\cong 13\,\text{T} \, .$$

Angemerkt sei, daß im Ferrit infolge Sättigung sich in Wirklichkeit natürlich keine 13 T ergeben. Alle Rechenwerte sind maßstäblich auf- und abrechenbar. Abschließend weisen wir noch darauf hin, daß das Feldbild in Bild 5.5-7 qualitativ dem einer mit Ferrit gefüllten Zylinderspule mit dünner Wicklung entspricht.

5.5.5.2.3 Bandleiter mit endlicher Dicke

Geometrie:

In der Realität haben Bandleiter stets endliche Dicke. Die beiden Bandleiter stehen senkrecht auf der x/y-Ebene und in ihnen herrschen zwei entgegengesetzt gleich große Stromdichten G (Bild 5.5-8). Aus Symmetriegründen genügt die Berechnung des Feldes im angegebenen Gebiet.

Die Differentialgleichung und ihre Randbedingungen:

Wir rechnen im folgenden mit dem Vektorpotential A. Im Gebiet 1 (Bild 5.5-8) ist $\mu = \mu_0$, $\kappa = 0$, $G = 0$. Damit vereinfacht sich wiederum (5.5-5) zu (5.5-7). Im Gebiet 2 ist $\mu = \mu_0$, $\kappa = 0$, $G = G$; somit wird hier aus (5.5-5)

$$\frac{\partial^2 A}{\partial x^2} + \frac{\partial^2 A}{\partial y^2} + \mu_0 \cdot G = 0 \, . \tag{5.5-10a}$$

Im Gebiet 3 ist $\mu = \mu_0$, $\kappa = 0$, $G = -G$:

$$\frac{\partial^2 A}{\partial x^2} + \frac{\partial^2 A}{\partial y^2} - \mu_0 \cdot G = 0 \, . \tag{5.5-10b}$$

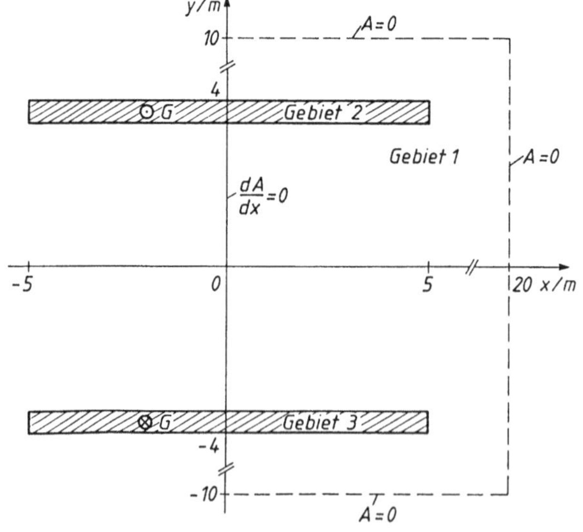

Bild 5.5-8:

Zwei dicke Bandleiter, senkrecht zur x/y-Ebene. Maße in m.

Die Erregung des Feldes wird jetzt also durch die Gebietsparameter G angegeben. Für die Randwerte vergleiche man die Werte mit Bild 5.5-8.

In unserem Beispiel ist $\mu_0 \cdot G = 20\,\text{Vs/m}$, und damit die Stromdichte $G = 15{,}92 \cdot 10^6\,\text{A/m}^2$.

Auswertung des Feldes:

In Bild 5.5-9 sind die Äquipotentiallinien des Vektorpotentials A zu sehen, die ja mit den B-Linien zusammenfallen. Man erkennt, daß der Knick der Feldlinien, wie er schon beim Strombelag K auftrat (Bild 5.5-5), jetzt auf zwei Knicke an den Oberflächen der Leiter aufgeteilt wird. Als Potentialschritt von Linie zu Linie wählten wir

$$\Delta A = 2\,\text{Vs/m} .$$

Im Punkt $(0/0)$ ist dann wegen (5.5-4a)

$$B_x(0/0) = \frac{2\,\text{Vs/m}}{0{,}48\,\text{m}} ,$$
$$= 4{,}17\,\text{T} .$$

Abschließend weisen wir noch darauf hin, daß das Feldbild in Bild 5.5-9 qualitativ dem einer Spule mit dicker Wicklung entspricht.

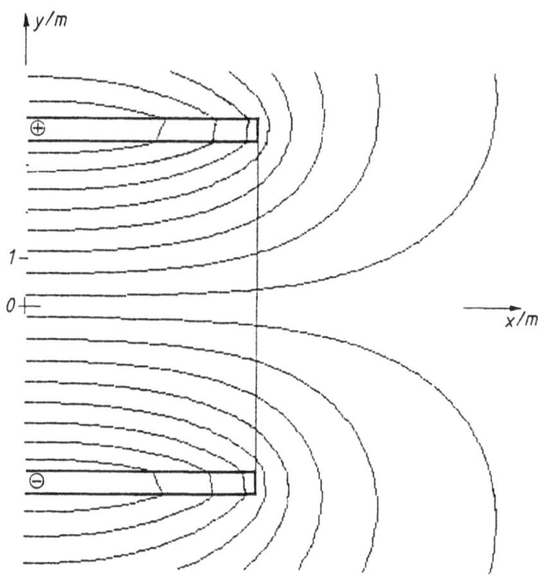

Bild 5.5-9:
B-Feld zweier dicker Bandleiter in Luft.

Übung

5.5-3: Welche Flußdichte $B_x(0/0)$ ergäbe sich für die Anordnung nach Bild 5.5-8 näherungsweise, wenn die Formel (5.5-9) angewendet würde?

Hinweis: Man rechne Stromdichte G in Strombelag K um.

5.5.5.3 C-Magnet

Geometrie:

Wir berechnen das Feld eines *C*-förmigen Eisenkernes, der durch zwei Spulen mit endlichem Querschnitt erregt wird (Bild 5.5-10). Der Kern ist derselbe wie in Bild 5.5-2, nur besteht er jetzt aus Ferrit mit $\mu = 10 \cdot \mu_0$. Aus Symmetriegründen genügt es, ein Viertel des Feldes zu berechnen und die restlichen drei Viertel durch Spiegelung zu gewinnen.

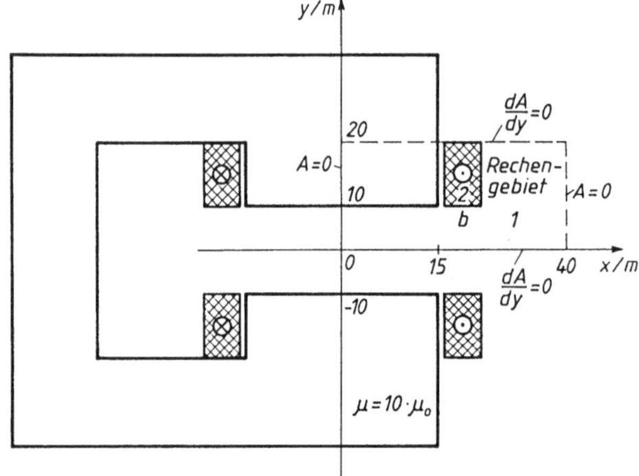

Bild 5.5-10:

C-Magnet mit breiter Wicklung.
Spulenbreite b = 4 m.

Die Differentialgleichung und ihre Randwerte:

Wir rechnen mit dem Vektorpotential gemäß (5.5-5). Im Gebiet 1 (Bild 5.5-10) ist $\mu = \mu_0$, $\kappa = 0$, $G = 0$. Damit vereinfacht sich (5.5-5) wieder zu (5.5-7). Im Gebiet 2 ist $\mu = \mu_0$, $\kappa = 0$, $G = G$ und damit wird hier aus (5.5-5) die Beziehung (5.5-10a). Die Erregung des Feldes wird also durch den Gebietsparameter G angegeben. In unserem Beispiel ist $\mu_0 \cdot G = 10\ \text{Vs/m}$, und damit die Stromdichte $G = 7{,}96 \cdot 10^6\ \text{A/m}^2$.

Für das ferriterfüllte Gebiet gilt $\mu = 10 \cdot \mu_0$ und $\kappa = 0$. Dem wird durch die Randbedingung (5.5-6) Rechnung getragen. Beispielsweise gilt für den senkrechten Rand des Ferritgebietes (5.5-6a). Die weiteren Randbedingungen sind in Bild 5.5-10 eingetragen.

Auswertung des Feldbildes:

In Bild 5.5-11 sind die Äquipotentiallinien des Vektorpotentials A gezeichnet, die ja mit den *B*-Linien zusammenfallen. Man erkennt deutlich die Knicke der Feldlinien an der Ferritoberfläche gemäß den in Abschnitt 5.3.4 angestellten Überlegungen. Als Potentialschritt von Linie zu Linie wählten wir

$$\Delta A = 10\ \text{Vs/m} \,.$$

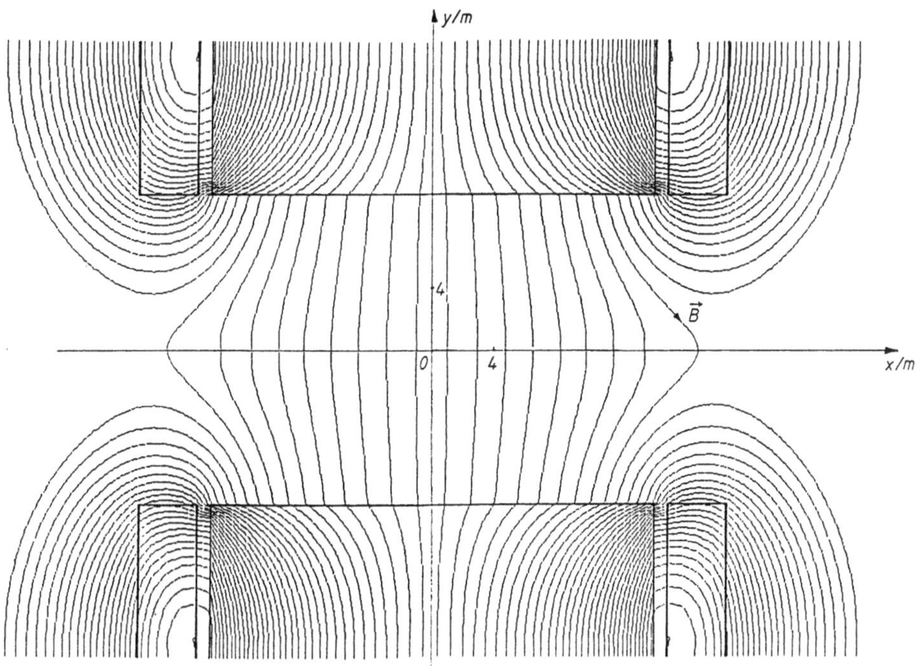

Bild 5.5-11: B-Feld zwischen den Polen eines C-Magneten, berechnet über das Vektorpotential.

Definiert man den Nutzfluß ϕ_n als den Fluß, der von Polschuh zu Polschuh verläuft, und als Streufluß ϕ_s denjenigen, der das nicht tut, so kann man wegen $\phi = \Delta A \cdot h$ (h Höhe in z Richtung) aus dem Feldbild 5.5-11 ein Verhältnis ablesen von

$$\frac{\phi_n}{\phi_s} \cong \frac{18 \cdot 10\,\text{Vs/m}}{48 \cdot 10\,\text{Vs/m}},$$

$$\cong 0,38.$$

Es sind also 62 % des erzeugten Flusses Streufluß.

Im Mittelpunkt des Feldes ist wegen (5.5-4a)

$$B_y\,(0/0) \cong \frac{10\,\text{Vs/m}}{1,9\,\text{m}},$$

$$\cong 5,3\,\text{T}.$$

Dieser Wert läßt sich durch keine geschlossene Formel nachprüfen. (Der Leser möge darüber hinwegsehen, daß im Ferrit infolge Sättigung sich natürlich keine 5,3 T ergeben. Die Rechenergebnisse sind maßstäblich auf- und abrechenbar, siehe unten.) Abschließend weisen wir noch darauf hin, daß Magnete dieser Art als Biegemagnete in den Synchrotrons der Hochenergiephysik verwendet werden.

Übung

5.5-4: Der *C*-Magnet des obigen Beispiels ist mit 20 m Luftspalthöhe ziemlich groß. Wir wollen seine Maße um den Faktor 100 reduzieren (cm statt m). Wie groß ist dann das Feld im Luftspalt bei unveränderter Stromdichte *G*?

5.5.5.4 U-Kern mit Materie

Geometrie:

Gegeben ist ein *U*-förmiger Kern aus Ferrit, wie ihn Bild 5.5-12 zeigt. Seine beiden Schenkel sind mit Strombelägen *K* versehen, dergestalt, daß sich ein Magnetfeld von Schenkel zu Schenkel wie angedeutet ausbildet. Wir untersuchen nunmehr drei Fälle:

1. Im Bereich des ruhenden Feldes befindet sich keine Materie;
2. im Bereich des ruhenden Feldes befindet sich eine Kupferscheibe, die sich mit der Geschwindigkeit v bewegt;
3. im Bereich des sinusförmig wechselnden Feldes befindet sich eine ruhende Kupferscheibe.

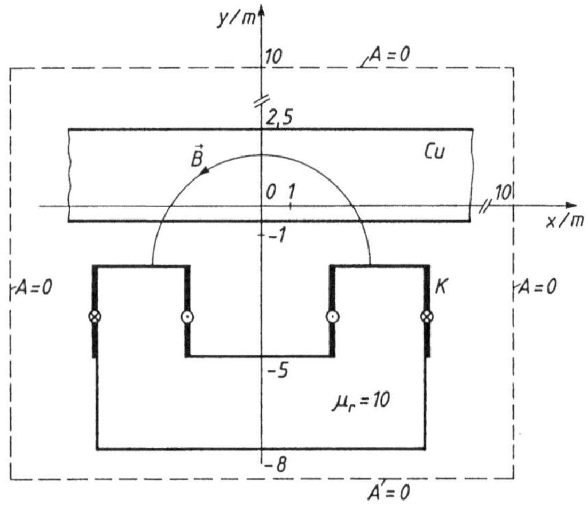

Bild 5.5-12:
U-Kern aus Ferrit mit vorgelagerter Kupferscheibe. Maße in m.

Die Differentialgleichung und ihre Randbedingungen:

Wir rechnen mit dem Vektorpotential *A* gemäß (5.5-5).

1. Im Rechengebiet ist zunächst überall $\mu = \mu_0$, $\kappa = 0$, $G = 0$. Damit vereinfacht sich die Differentialgleichung (5.5-5) zu (5.5-7).

– Der Strombelag *K* wird gemäß (5.5-8a und b) berücksichtigt.

– Für das ferriterfüllte Gebiet gilt $\mu = 10 \cdot \mu_0$ und damit die Randbedingung (5.5-6a).

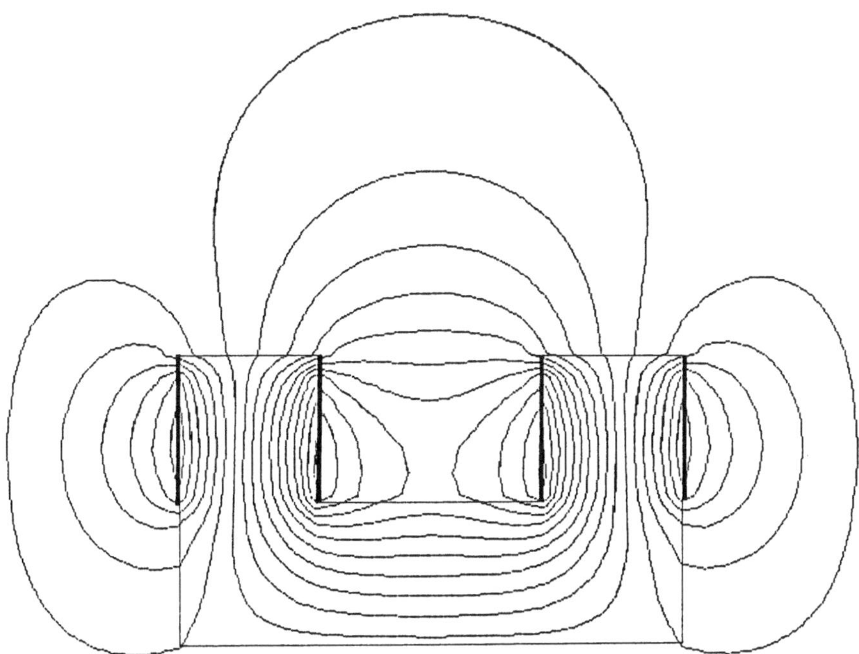

Bild 5.5-13: Ungestörtes B-Feld des U-Kernes aus Ferrit.

Wir haben also dieselben Verhältnisse wie bei den Bandleitern mit Ferrit dazwischen (Abschnitt 5.5.5.2.2). Mit diesen Parametern liefert das Programm die Äquipotentiallinien in Bild 5.5-13. Diese stellen auch die B-Linien dar. Man erkennt die starke Führungswirkung des Ferrits und findet auch bestätigt, daß Magnetfeldlinien stets in sich geschlossen sind.

2. Wir führen nun ins Rechengebiet eine mit der Geschwindigkeit v in x-Richtung bewegte Kupferscheibe ($\kappa = 55 \cdot 10^6$ S/m) ein. In diesem Gebiet wird dann aus (5.5-5)

$$\frac{\partial^2 A}{\partial x^2} + \frac{\partial^2 A}{\partial y^2} - \mu_0 \cdot \kappa \cdot v \cdot \frac{\partial A}{\partial x} = 0 . \tag{5.5-11}$$

Ansonsten ändert sich nichts gegenüber Fall 1. In unserem Beispiel wählten wir

$$\mu_0 \cdot \kappa \cdot v = 0,69 \; 1/\text{m} .$$

Das entspricht einem $v = 0,01\,\text{m/s}$.

Mit diesen Parametern liefert unser Programm die Äquipotentiallinien des Vektorpotentials in Bild 5.5-14. Diese stellen auch die B-Linien dar. Man erkennt eine Mitführung des Feldes durch die bewegte Materie, letztlich infolge der Lorentz-Feldstärke

$$\vec{E} = \vec{v} \times \vec{B} .$$

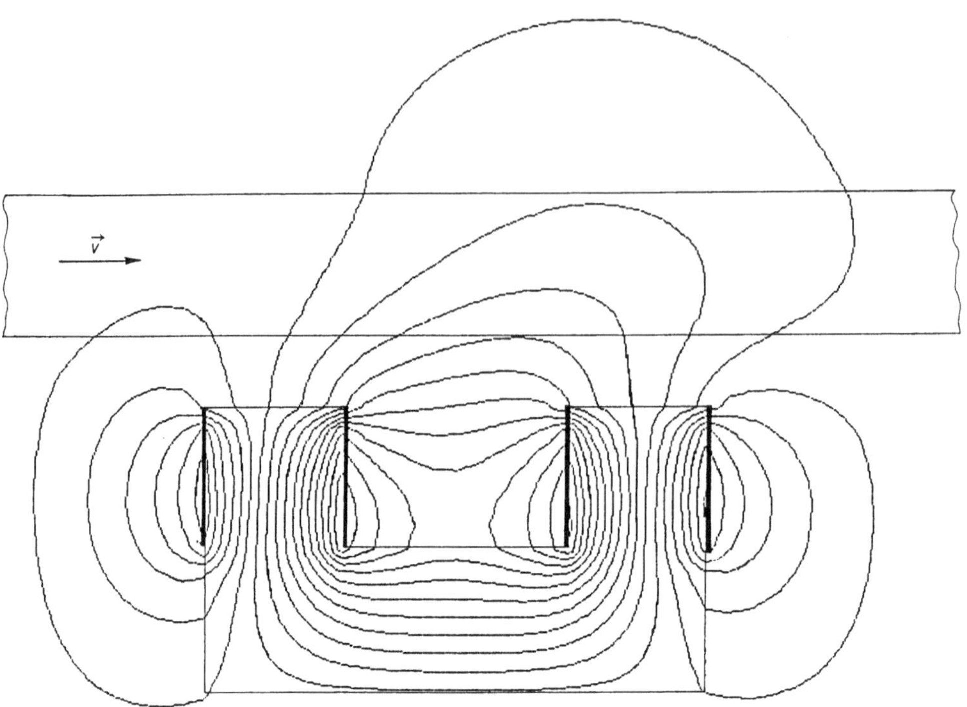

Bild 5.5-14: Statisches B-Feld des U-Kernes aus Ferrit mit bewegter Kupferscheibe (Feldverschlep-
pung). Berechnet über das Vektorpotential.

3. Wir führen nun ins Rechengebiet eine ruhende Kupferscheibe ein. Die Strombeläge K
ändern sich jetzt zeitlich sinusförmig und damit auch das Magnetfeld. Im Ferrit hat das
keine Wirkung wegen $\kappa = 0$, wohl aber im Kupfer. Für dieses Gebiet ergibt sich aus (5.5-5)

$$\frac{\partial^2 A}{\partial x^2} + \frac{\partial^2 A}{\partial y^2} - j \cdot \mu_0 \cdot \kappa \cdot \omega \cdot A = 0 \ . \tag{5.5-12}$$

ω Winkelgeschwindigkeit.

Diese Differentialgleichung ist komplex. In unserem Beispiel wählten wir

$$\mu_0 \cdot \kappa \cdot \omega = 0{,}86 \ 1/\mathrm{m}^2 \ .$$

Das ergibt eine Feldfrequenz von 0,002 Hz. Ansonsten sind die Randwerte wie im Fall 1.

Mit diesen Parametern liefert unser Programm die Äquipotentiallinien des Vektorpotentials in Bild 5.5-15. Diese stellen auch die B-Linien dar. Man erkennt, insbesondere im
Vergleich mit Bild 5.5-13, eine Schwächung des Wechselfeldes durch Wirbelströme.

Auswertung der Feldbilder:

Bei allen drei Feldbildern wurde die Potentialdifferenz zwischen zwei Linien zu

$$\Delta A = 3 \ \mathrm{Vs/m}$$

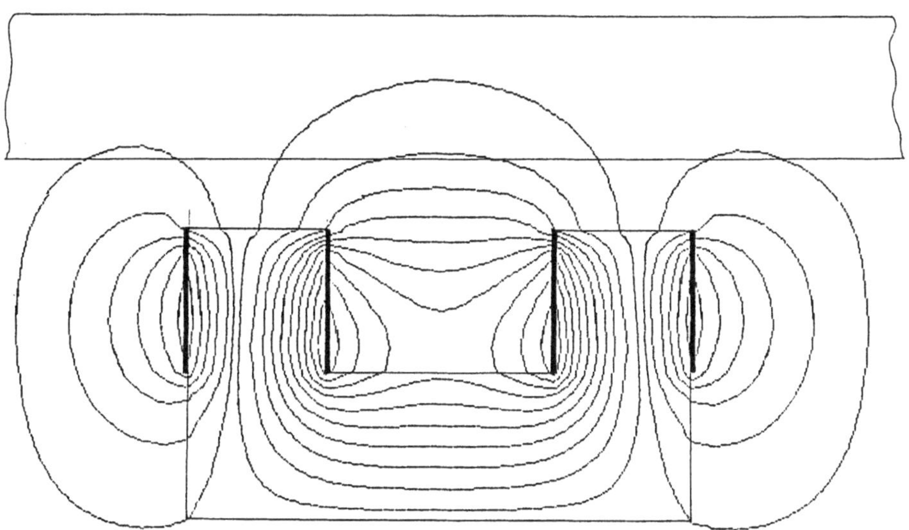

Bild 5.5-15: Zeitlich sinusförmig sich änderndes B-Feld des U-Kernes aus Ferrit mit Kupferscheibe (Feldverdrängung). Berechnet über das Vektorpotential.

gewählt. Betrachten wir den magnetischen Fluß über einem der beiden Schenkel. Wegen (5.5-4a) gilt

$$\phi_y \cong -B_y \cdot \Delta x \cdot h$$
$$\cong -\Delta A \cdot h \ .$$

Dabei ist h die Höhe des Schenkels senkrecht zur x/y-Ebene. Nehmen wir eine Einheitshöhe von $h = 1\,\mathrm{m}$ an, so gilt:

1. Für das ungestörte Feld (Bild 5.5-13):

$$\phi_y \cong (6 \cdot 3\,\mathrm{Vs/m}) \cdot 1\,\mathrm{m}$$
$$\cong 18\,\mathrm{Vs} \ .$$

2. Für das durch eine bewegte Scheibe gestörte Feld (Bild 5.5-14) gilt:

$$\phi_y \cong (5 \cdot 3\,\mathrm{Vs/m}) \cdot 1\,\mathrm{m}$$
$$\cong 15\,\mathrm{Vs} \ .$$

Die bewegte Kupferscheibe schwächt also den Fluß ϕ. Dieser Effekt kann z.B. zur berührungslosen Messung der Geschwindigkeit leitfähiger Medien dienen, aber auch zur Abbremsung einer Kupferscheibe, denn Flußschwächung bedeutet Energieverlust.

3. Für das durch eine ruhende Scheibe gestörte Wechselmagnetfeld (5.5-15) gilt:

$$\phi_y \cong (4 \cdot 3\,\mathrm{Vs/m}) \cdot 1\,\mathrm{m}$$
$$\cong 12\,\mathrm{Vs} \ .$$

Die ruhende Scheibe schwächt also den Wechselfluß ϕ_y. Dieser Effekt kann zur berührungslosen Messung des Abstandes der Scheibe verwendet werden, aber auch zur Erwärmung der Scheibe, denn Flußschwächung bedeutet Energieverlust.

Ähnlichkeit:

Dem Leser ist im Vorangehenden vielleicht die mikroskopisch kleine Geschwindigkeit ($v = 0{,}01\,\text{m/s}$) bzw. Frequenz ($f = 0{,}002\,\text{Hz}$) aufgefallen. Damit verbunden sind unhandlich große Dimensionen des Kerns (Schenkelbreite $2{,}5\,\text{m}$). Dies legt die Frage nahe: Verkleinert man die Geometrie maßstäblich, welches v bzw. f erzeugt dann dieselbe Feldverformung?

Betrachten wir zuerst v:

Multipliziert man den Ausdruck $\mu_0 \cdot \kappa \cdot v$ in (5.5-11) mit einer Einheitslänge, z.B. $l = 1\,\text{m}$, so erhält man eine dimensionslose Zahl

$$R = \mu_0 \cdot \kappa \cdot v \cdot l\,, \qquad \text{(magnetische Reynoldszahl).}$$

Gehen wir z.B. von der Dimension m zu der 1000mal kleineren Dimension mm herunter, so soll die Ähnlichkeitszahl R gleich bleiben. Das bedeutet bei konstantem μ_0 und κ, daß bei 1000mal kleinerem l jetzt v 1000mal größer werden muß, um denselben Effekt zu erzielen. Statt $v = 0{,}01\,\text{m/s}$ brauchen wir dann $v = 10\,\text{m/s}$ zur Feldverzerrung des Bildes 5.5-14.

Betrachten wir jetzt ω:

Multipliziert man den Ausdruck $\mu_0 \cdot \kappa \cdot \omega$ in (5.5-12) mit einer Einheitslänge, z.B. $l = 1\,\text{m}$, im Quadrat, so erhält man die dimensionslose Zahl

$$F = \mu_0 \cdot \kappa \cdot \omega \cdot l^2\,.$$

Gehen wir z.B. von der Dimension m zu der 1000mal kleineren Dimension mm herunter, so soll die Ähnlichkeitszahl F gleich bleiben. Da μ_0 und κ konstant bleiben und l 1000mal kleiner wird, muß für gleiches F jetzt ω 10^6mal größer werden, um denselben Effekt zu erzielen. Statt $f = 0{,}002\,\text{Hz}$ brauchen wir dann $f = 2000\,\text{Hz}$ zur Feldverzerrung des Bildes 5.5-15. Auf diese Weise kann mit den Zahlen R und F jeder Maßstab eingestellt werden.

5.6 Kräfte im Magnetfeld

5.6.1 Kraft auf Elektron

Ein sich mit der Geschwindigkeit $\vec{v}$ bewegendes Elektron erlebt im Magnetfeld $\vec{B}$ eine elektrische Feldstärke $\vec{E}$, die wir bereits in Abschnitt 5.5.5.4 als Lorentz-Feldstärke erwähnt haben:

$$\vec{E} = \vec{v} \times \vec{B}\,. \tag{5.6-1}$$

Diese Beziehung setzt sich gleichberechtigt neben die Maxwell-Gleichungen und wurde von Lorentz angegeben, lange bevor man sie experimentell nachwies. Aus (5.6-1) folgt für die Kraft auf das fliegende Elektron

$$\vec{F}_e = e \cdot (\vec{v} \times \vec{B})\,. \tag{5.6-2}$$

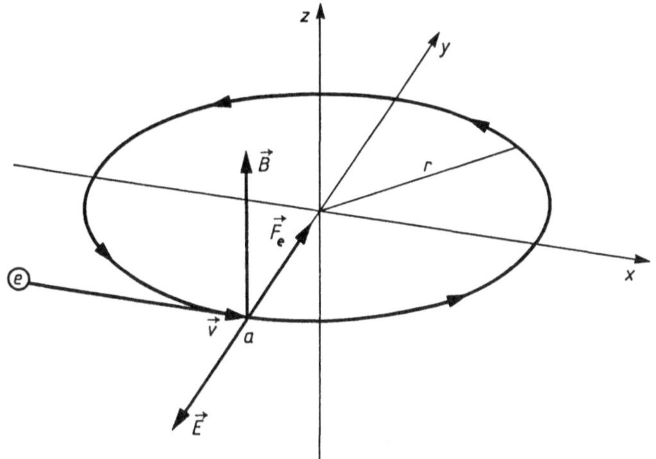

Bild 5.6-1:
Elektron im homogenen Magnetfeld. B sei homogen im gesamten Bereich. Es wirke erst, wenn das Elektron in a angelangt ist.

Das Elektron wird also stets senkrecht zu seiner Flugrichtung beschleunigt (Bild 5.6-1). Damit kann es, im Gegensatz zum elektrischen Feld, prinzipiell keine Energie aus dem Magnetfeld aufnehmen, denn der Betrag seiner Geschwindigkeit bleibt konstant. Ist das Feld homogen und genügend weit ausgedehnt, so wird das Elektron eine Kreisbahn beschreiben. Der Radius r dieser Kreisbahn ergibt sich folgendermaßen: Die Lorentz-Kraft (5.6-2) muß der Zentrifugalkraft

$$F = m \cdot r \cdot \omega \qquad (5.6\text{-}3)$$

(m Elektronenmasse, ω Winkelgeschwindigkeit)

die Waage halten. Aus (5.6-2) und (5.6-3) folgt mit $v = \omega \cdot r$

$$r = \frac{v \cdot m}{e \cdot B} \, . \qquad (5.6\text{-}4)$$

Mit $T = 2 \cdot \pi / \omega$ folgt aus (5.6-4) für die Umlaufzeit T des Elektrons

$$T = \frac{2 \cdot \pi \cdot m}{e \cdot B} \, . \qquad (5.6\text{-}5)$$

Die Führung des Elektrons (oder auch Protons) in einer Kreisbahn wird u.a. bei Teilchenbeschleunigern nach dem Synchrotronprinzip ausgenützt. Von größerer technischer Bedeutung ist der Ablenkwinkel α des Elektronenstrahls, wenn dieser ein Magnetfeld der Ausdehnung l durchfliegt (Bild 5.6-2).

Aus trigonometrischen Gründen ist $\sin \alpha = l/r$. Dies in (5.6-4) ergibt für den Ablenkwinkel

$$\alpha = \arcsin \frac{l \cdot e \cdot B}{m \cdot v} \, . \qquad (5.6\text{-}6)$$

Die Beziehungen (5.6-4, 5.6-5 und 5.6-6) gelten nur, wenn die Geschwindigkeit des Elektrons so klein ist, daß die relativistische Massenzunahme vernachlässigt werden kann. Läßt man z.B. einen dadurch verursachten Fehler von $\leq 1\,\%$ zu, so muß $v \leq 42320\,\text{km/h}$ sein.

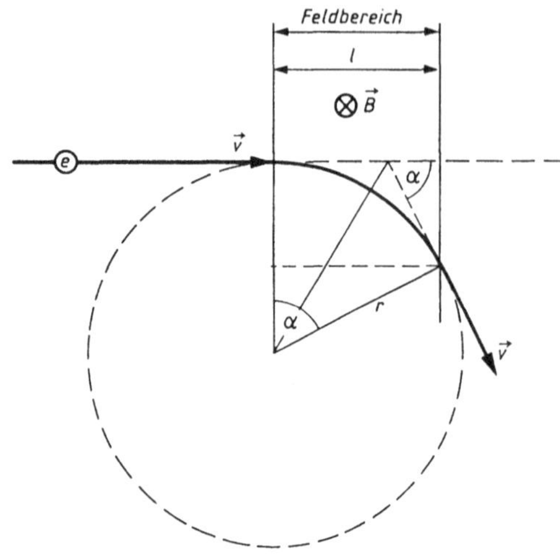

Bild 5.6-2:
Die Ablenkung des Elektrons im räumlich begrenzten Feld.

Übung

5.6-1: Eine Fernsehbildröhre soll einen Ablenkwinkel von 45 Grad haben. Beschleunigungsspannung $U = 10\,\text{kV}$, Feldlänge $l = 4\,\text{cm}$.

a) Ist eine nichtrelativistische Rechnung noch zulässig?
b) Welches Magnetfeld ist zur Ablenkung notwendig?
c) Welches elektrische Feld wäre zur Ablenkung notwendig?

5.6.2 Kraft auf stromführenden Leiter

Betrachten wir einen Strom I durch einen Leiter mit dem Querschnitt A. Der Strom wird gebildet aus n Elektronen pro Volumeneinheit, die sich mit der Geschwindigkeit $\vec{v}$ bewegen:

$$\vec{I} = A \cdot n \cdot \vec{v} \cdot e \,.$$

(Wir ordnen hier, ausnahmsweise und der Einfachheit halber, der Stromstärke I eine Richtung zu.) Aus dieser Beziehung bestimmen wir v und setzen es in (5.6-2) ein. Dies ergibt die Kraft pro Elektron zu

$$\vec{F}_e = \frac{e \cdot \vec{I}}{A \cdot n \cdot e} \times \vec{B} \,.$$

Die Gesamtheit aller Elektronen in einem Leiterstück der Länge l ist $n \cdot l \cdot A$. Damit wird die Kraft auf dieses Leiterstück im Feld B

$$\vec{F} = l \cdot \vec{I} \times \vec{B} \,. \tag{5.6-7}$$

Die Kraft ist am größten, wenn Feld und Leiter senkrecht aufeinander stehen:

$$F = l \cdot I \cdot B \,, \qquad \vec{I} \perp \vec{B} \,. \tag{5.6-7a}$$

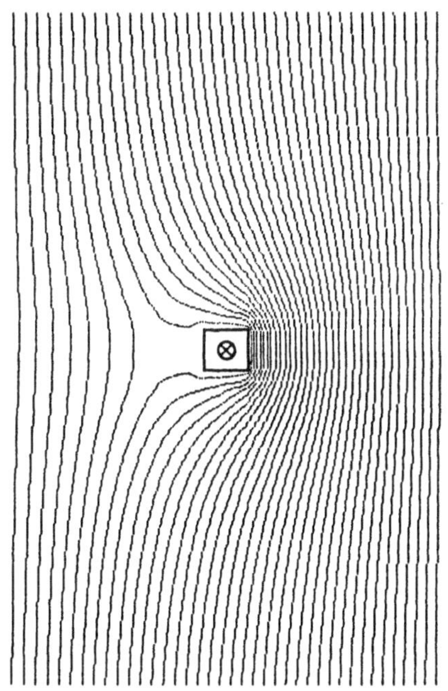

Bild 5.6-3:
Resultierendes B-Feld bei einem strom-
führenden Leiter im ursprünglich homogenen
Feld. Berechnet über das Vektorpotential.

Betrachtet man das resultierende Feld eines stromführenden Leiters im ursprünglich homogenen Feld (Bild 5.6-3, berechnet mittels Vektorpotential), so wird die Kraftwirkung sofort anschaulich: Der Leiter wird von den Kraftlinien zur Seite gedrückt. Ausführlicher:

1. Der Leiterstrom erzeugt ein Feld mit einer Richtung gemäß der Korkzieherregel.
2. An Stellen, wo das Leiterfeld entgegengesetzt zu den ursprünglichen Feldlinien verläuft, findet Feldverdünnung statt.
3. An Stellen, wo das Leiterfeld gleichsinnig zu den ursprünglichen Feldlinien verläuft, findet Feldverdichtung statt.
4. Der Leiter wird von der Verdichtung zur Verdünnung gedrückt.

Übung

5.6-2: Das Feld in Bild 5.6-3 hat die Stärke $B = 1\,\text{T}$. Der Leiterstrom beträgt 41,4 A. Wie groß ist die Kraft pro Leiterlänge?

5.6.3 Kraft zwischen Magnetpolen

Diese Kraft ist jedem bekannt, der einmal zwei Dauermagnete einander gegenüber gehalten hat. Diese Kraft ist es auch, die letztlich jeden Elektromotor bewegt. Für eine einfache Geometrie sei diese Kraft berechnet. Gehen wir dazu aus von der bereits in Tabelle 5.2.1 unter k) erwähnten Energiedichte

$$w = B \cdot H / 2, \qquad \text{bzw.} \qquad w = B^2 / (2 \cdot \mu_0) \, . \tag{5.6-8}$$

Die Energiedichte w in (5.6-8) hat, wie der Leser nachprüfen möge, die Dimension Ws/m^3, aber auch N/m^2. Letzteres ist die Dimension eines Druckes p und man kann deshalb das Magnetfeld in Bezug auf Kräfte auch als entartetes Gas bezeichnen:

1. Quer zu den Kraftlinien herrscht ein Druck $p = w$.
2. Längs der Kraftlinien herrscht ein Zug $p = w$.

Man erkennt daraus den Unterschied zum normalen Gas: Dieses erzeugt einen Druck nach allen Richtungen, jenes nur quer zu den Feldlinien (Bild 5.6-4). Deshalb spreizt sich jedes Magnetfeld, wenn möglich, auf. Man betrachte in dieser Hinsicht die Feldbilder 5.5-3, 5.5-5, 5.5-7, 5.5-9 und 5.5-11.

Aus (5.6-8) folgt z.B. für die Kraft zwischen zwei sich gegenüberstehenden Eisenpolen der Oberfläche A (vgl. Bild 5.5-11):

$$F = \frac{A \cdot B^2}{2 \cdot \mu_0} \, . \tag{5.6-9}$$

Mit dieser Kraft ziehen sich, entsprechend obigem Satz 2, die Eisenpole an.

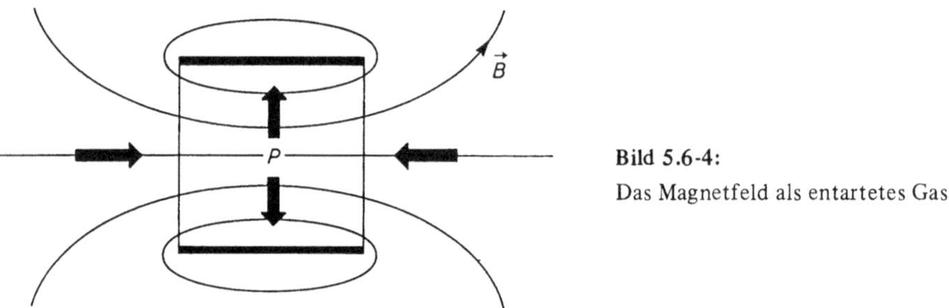

Bild 5.6-4:
Das Magnetfeld als entartetes Gas

Beispiel: In der „Frankfurter Allgemeinen" vom 6.5.1987 war unter der Überschrift „Eine einfache Spule für starke Magnetfelder" zu lesen:

„Mit einer einfach aufgebauten Spule ist es Forschern der Universität Leuven (Belgien) jüngst gelungen, für die Dauer von 10 ms ein Feld von 52 T zu erzeugen ... Der Spulendraht hat einen rechteckigen Querschnitt von 4 mm^2. Sein kupferner Kern ist von einem Stahlmantel umgeben, der verhindern soll, daß sich der Leiter unter der Kraft des Feldes zu stark verformt. Das Kabel wird mit Polyamid isoliert, zu einer Spule gewickelt und mit Epoxydharz ausgegossen. Ein Mantel aus einer belastbaren synthetischen Faser gibt der fertigen Spule zusätzliche Stabilität ...``

Mittels (5.6-8) läßt sich der Druck im Innern dieser Spule leicht errechnen:

$$p = 1{,}076 \cdot 10^9 \text{ Pa.}$$

Mit diesem Druck versucht das gefangene Magnetfeld die Spule zu sprengen. Gleichzeitig lastet dieser Druck längs der Achse zusammenpressend auf der Spule. (Zur Veranschaulichung sei p in der alten Einheit atm = kp/cm^2 angegeben: $p = 10760$ atm.)

Übung

5.6-3: Ein runder Ferritdauermagnet ($d = 3$ cm) hat an seiner Oberfläche eine Flußdichte von 0,3 T. Mit welcher Kraft haftet er an einer Eisenoberfläche?

5.7 Spule und Induktivität

Man erinnere sich: Das Gerät des elektrischen Feldes ist der Kondensator. Seine Kapazität C ist die Gerätekonstante, die die Ursache U mit der Wirkung, also Ladungstrennung $+/- Q$, verknüpft. Analog dazu ist die Spule das Gerät des Magnetfeldes. Ihre Induktivität L ist die Gerätekonstante, die die Ursache I mit der Wirkung, also dem Fluß ϕ, verknüpft.

$$n \cdot \phi = L \cdot I \, . \tag{5.7-1}$$

(n Windungszahl)

Aus (5.7-1) folgt die Dimension von L:

$$[L] = \text{Vs/A} = \text{H} \quad \text{(Henry)} .$$

Im folgenden verwenden wir (5.7-1), um die Induktivität einiger einfacher Leiteranordnungen zu berechnen. Allgemein gilt, daß der Fluß ϕ außerhalb der Leiter zur sog. äußeren Induktivität führt. Der Fluß innerhalb der Leiter führt zur sog. inneren Induktivität. Die Gesamtinduktivität ergibt sich als Summe beider. Wir beschränken uns hier zunächst auf die äußere Induktivität, die zahlenmäßig weit überwiegt.

5.7.1 Zylinderspule mit dünner Wicklung

Das Feld im Innern einer Zylinderspule mit vernachlässigbar dünner Wicklung ist näherungsweise

$$H \cong \frac{n \cdot I}{2 \cdot l} \, . \tag{5.3-4}$$

($2 \cdot l$ Spulenlänge)

Unter der Annahme, daß das Feld über den ganzen Spulenquerschnitt homogen sei, folgt für den Fluß ϕ

$$\phi = \mu_0 \cdot H \cdot \pi \cdot a^2 \, .$$

(a Spulenradius)

Setzt man diese beiden Beziehungen in (5.7-1) ein, so folgt für die äußere Induktivität

$$L \cong n^2 \cdot \mu_0 \cdot \frac{\pi \cdot a^2}{2 \cdot l} \, . \tag{5.7-2}$$

Die innere Induktivität ist hier vernachlässigbar.

Oftmals schreibt man (5.7-2) allgemeiner:

$$L = n^2 \cdot A_L \, . \tag{5.7-2a}$$

Dabei ist A_L die die Spulengeometrie und die Permeabilität des Kernmaterials beinhaltende Konstante. Sie wird als Kenngröße käuflicher Spulenkerne verschiedener Art vom Hersteller angegeben und wird durch Messung gewonnen.

Übung

5.7-1: Wir untersuchen die bereits in Abschnitt 5.4.2 vorgestellte dünne Spule
($2 \cdot l = 17{,}4$ cm, $a = 5$ cm, $n = 12$).

a) Wie groß ist die Induktivität gemäß (5.7-2)?

b) Wie groß ist die Induktivität, wenn man das Diagramm in Bild 5.4-3 zugrunde legt?

Hinweis: Man nehme eine mittlere Feldstärke an und verwende (5.7-1).

5.7.2 Doppelleitung

Wir untersuchen die Anordnung in Bild 5.7-1. Der Fluß ϕ zwischen den Leitern ergibt
sich, indem man zunächst das Feld H zwischen den Leitern bestimmt und dann über die
Fläche aufintegriert.

$$H = \frac{I}{2 \cdot \pi \cdot r} + \frac{I}{2 \cdot \pi \cdot (d - r)} \; . \tag{5.3-3}$$

Für den Fluß folgt:

$$\phi = \mu_0 \cdot l \cdot \int\limits_{a}^{d-a} H \cdot dr \; .$$

(l Leiterlänge, a Leiterradius, d Achsabstand)

Führt man diese Integration aus und setzt man das Ergebnis in (5.7-1) ein, so folgt für die
äußere Induktivität der Doppelleitung

$$L = \frac{\mu_0 \cdot l}{\pi} \cdot \ln \frac{d - a}{a} \; . \tag{5.7-3}$$

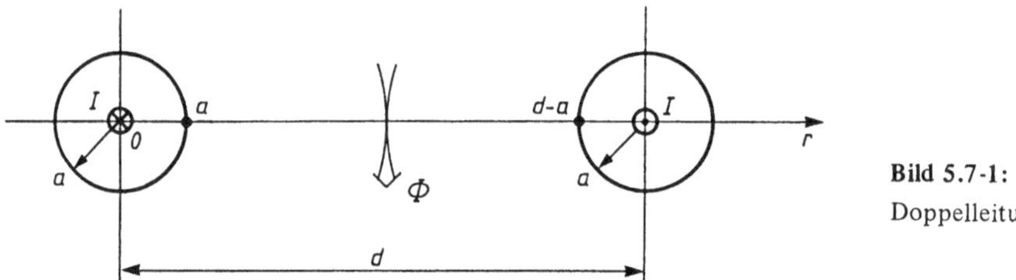

Bild 5.7-1:
Doppelleitung

Übung

5.7-2: Gegeben ist eine symmetrische, luftisolierte Parallelleitung mit Aderndurchmesser
3 mm und Achsabstand 200 mm. Induktivitätsbelag $L/l = ?$

5.7.3 Koaxkabel

Wir untersuchen die Anordnung in Bild 5.7-2. Der Fluß ϕ zwischen den Leitern ergibt
sich, indem man zunächst das Feld H zwischen den Leitern bestimmt und dann das Feld
zwischen a und b aufintegriert.

$$H = \frac{I}{2 \cdot \pi \cdot r} \; . \tag{5.3-3}$$

Für den Fluß ϕ folgt:

$$\phi = l \cdot \mu_0 \cdot \int\limits_a^b H \cdot dr \ .$$

(a Radius des Innenleiters, b innerer Radius des Außenleiters)

Führt man diese Integration durch und setzt das Ergebnis in (5.7-1) ein, so folgt für die äußere Induktivität des Koaxkabels

$$L = \frac{\mu_0 \cdot l}{2 \cdot \pi} \cdot \ln \frac{b}{a} \ . \tag{5.7-4}$$

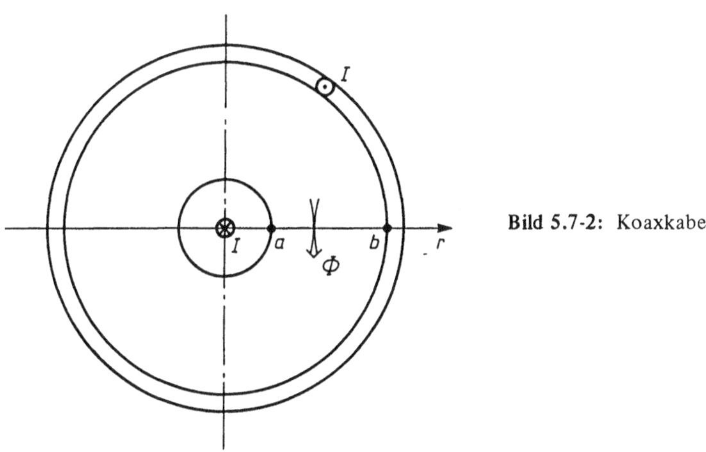

Bild 5.7-2: Koaxkabel

Übung

5.7-3: Gegeben ist ein Antennenkabel mit $b = 2\,\text{mm}$ und $a = 0{,}4\,\text{mm}$. Induktivitätsbelag $L/l = ?$

5.8 Induktionsgesetz

5.8.1 Leiterschleife im Feld

Die Beziehung

$$n \cdot \phi = L \cdot I \tag{5.7-1}$$

ist eine Einbahnstraße: Es erzeugt der Strom I einen magnetischen Fluß ϕ, aber, umgekehrt, der Fluß ϕ erzeugt keinen Strom I.

Das in diese Richtung wirkende Gesetz fand Faraday:

$$R \cdot i = -n \cdot \frac{d\phi}{dt} \ . \tag{5.8-1}$$

Der Strom i in einer geschlossenen Leiterschleife (Windungszahl n, Widerstand R) ist der Änderungsgeschwindigkeit des Flusses durch die Schleife proportional (Induktionsgesetz).

Öffnet man die Schleife, so entsteht an ihren Enden eine Spannung:

$$u = -n \cdot \frac{d\phi}{dt} \, . \qquad\qquad (5.8\text{-}2)$$

Der Strom i bzw. die Spannung u sind so gerichtet, daß sie die Flußänderung zu hemmen versuchen (Lenzsche Regel). Diese Hemmungstendenz wird in (5.8-1) und (5.8-2) durch das Minuszeichen angegeben. Die daraus resultierenden Richtungen von u und i zeigt Bild 5.8-1.

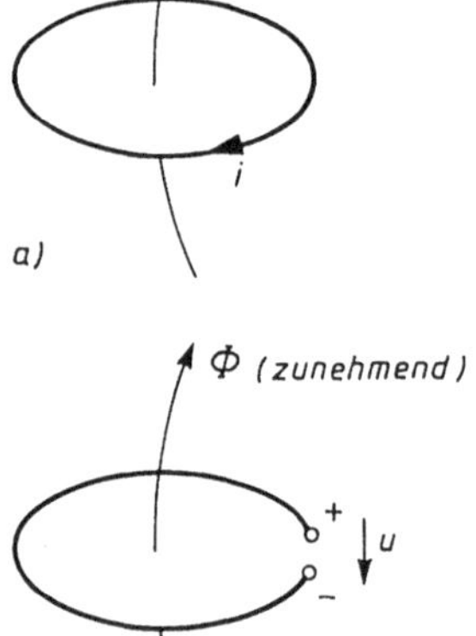

Bild 5.8-1:

Induktionsgesetz bei geschlossener (a) und geöffneter (b) Schleife

Die Beziehung (5.8-2) ist eine andere Form des 2. Maxwellgesetzes, das wir bereits in Tabelle 5.2.1 i) aufgeführt haben:

$$\mathrm{rot}\,\vec{E} = -\frac{d\vec{B}}{dt} \, .$$

Eine sich ändernde Flußdichte $\vec{B}$ wird von einem geschlossenen Wirbel des elektrischen Feldes $\vec{E}$ umfaßt.

Übungen

5.8-1: Ein homogenes Magnetfeld nehme in 0,8 s von 0,8 T auf 0 ab. Es durchsetzt senkrecht eine Spule mit $n = 10$, $A = 0,1\ \mathrm{m}^2$. Welche Spannung wird induziert?

5.8-2: Eine Spule ($n = 10$, $A_0 = 0,1\ \mathrm{m}^2$) rotiert mit der Winkelgeschwindigkeit $\omega = 314\ 1/\mathrm{s}$ um ihre horizontale Längsachse (Bild 5.8-2). Sie tut dies in einem vertikalen, homogenen Magnetfeld $B = 1\ \mathrm{T}$. Welche Spannung entsteht dadurch an ihren Klemmen?
Hinweis: Man bestimme den wirksamen Querschnitt A der Spule in Bezug auf das Feld.

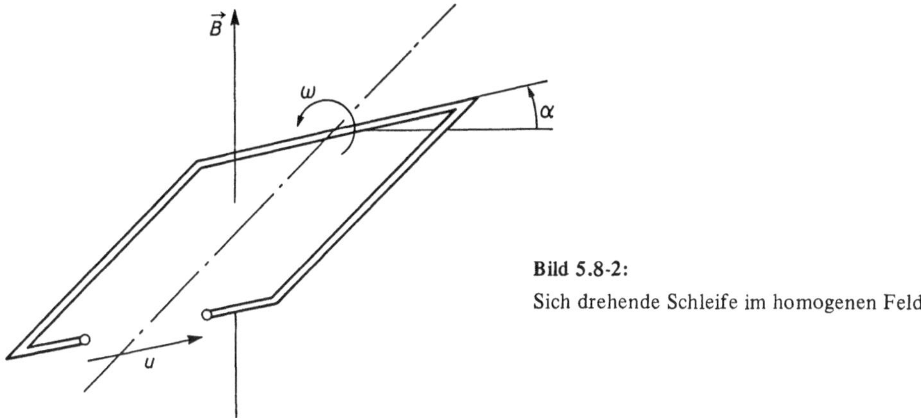

Bild 5.8-2:

Sich drehende Schleife im homogenen Feld

5.8.2 Selbstinduktion

Bisher haben wir einen fremden Magnetfluß auf die Leiterschleife (= Spule) wirken lassen. Nun soll die Schleife selbst den Fluß erzeugen, der dann seinerseits eine Spannung in ihr erzeugt (Selbstinduktion). Der Strom i_1 erzeugt den Fluß ϕ:

$$\phi = \frac{L}{n} \cdot i_1 \; . \tag{5.7-1}$$

(Vgl. Bild 5.8-3a.)

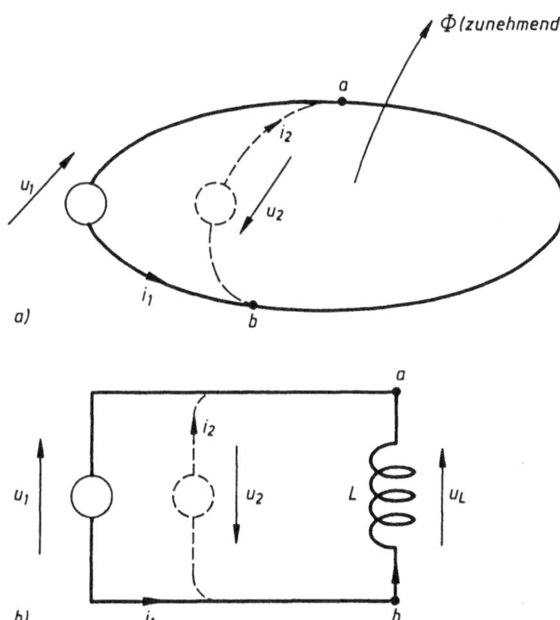

Bild 5.8-3:

Selbstinduktion

a) Leiterschleife

b) Spule

Nehmen wir nun an, der durch die äußere Spannung u_1 erzeugte, felderregende Strom i_1 nehme zu. Dann ist $d\phi/dt$ positiv. Dadurch wird nach der Lenzschen Regel in der Schleife eine Spannung u_2 induziert, die diese Zunahme zu hemmen versucht, also einen Strom i_2 entgegen dem ursprünglichen i_1 bewirkt:

$$u_2 = -n \cdot \frac{d\phi}{dt} \,,$$

oder mit (5.7-1):

$$u_2 = -L \cdot \frac{di_1}{dt} \,.$$

Wir definieren nun eine Spannung $u_L = -u_2$ (Bild 5.8-3b), wodurch folgt:

$$u_L = L \cdot \frac{di_1}{dt} \,. \tag{5.8-3}$$

Diese wichtige Beziehung verknüpft u und i an der Induktivität L. Man könnte sie als das „Ohmsche Gesetz der Spule" bezeichnen. u_L ist die Selbstinduktionsspannung.

Beispiel: Eine Spule ($L = 1\,H$) ist über einen Schalttransistor T an eine Batterie angeschlossen (Bild 5.8-4). Es fließen konstant $5\,A$. Zum Zeitpunkt t_1 beginnt der Transistor, den Strom i innerhalb $10\,ms$ linear auf 0 herunter zu steuern. Welche Spannung wird in der Spule induziert?

Die Größe der Spannung ist durch (5.8-3) gegeben:

$$u_L = 500\,V.$$

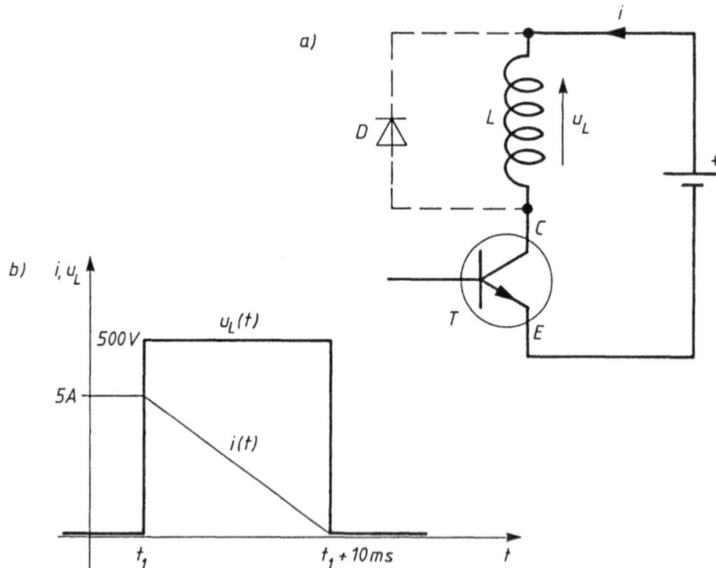

Bild 5.8-4: Beispiel Schaltvorgang an einer Induktivität
a) Schaltung   b) Zeitdiagramm

Die Richtung von u_L kann man aus Bild 5.8-3b ableiten. Diese hohe Spannung liegt über die Batterie zwischen Kollektor C und Emitter E des Transistors und zerstört ihn. Um dem zu begegnen, legt man eine Diode parallel zu L (Freilaufdiode). Sie schließt die Selbstinduktionsspannung kurz.

Wir berechnen jetzt den Energieinhalt des von der Spule mit der Induktivität L erzeugten Magnetfeldes. Dazu nehmen wir an, das Magnetfeld werde dadurch aufgebaut, daß der Strom i durch die Spule von 0 bis auf I ansteige. Dann ist die gelieferte Energie

$$W = \int_0^t u \cdot i \cdot dt .$$

Eliminiert man in diesem Integral u mittels (5.8-3) und führt sodann die Integration durch, so führt dies ohne weiteres zu

$$W = \frac{1}{2} \cdot L \cdot I^2 . \tag{5.8-4}$$

Dies ist die in der Spule mit der Induktivität L durch den Strom I aufgebaute magnetische Energie.

Beispiel: Mittels (5.8-4) werden wir die innere Induktivität eines geraden Leiters berechnen. (Man erinnere sich: Die innere Induktivität bezieht sich auf das Magnetfeld im Inneren des stromführenden Leiters.)

Allgemein ist

$$W = \int w \cdot dV .$$

(w Energiedichte, V Volumen des Leiters)

Für das Magnetfeld gilt wegen (5.6-8) allgemein

$$w = \frac{\mu_0}{2} \cdot H^2 .$$

Für das Magnetfeld im Leiterinnern haben wir abgeleitet:

$$H(r) = \frac{I \cdot r}{2 \cdot \pi \cdot a^2} . \tag{5.3-3a}$$

Aus all dem folgt

$$W = \frac{\mu_0 \cdot l}{2} \cdot \int_0^a (H(r))^2 \cdot 2 \cdot \pi \cdot r \cdot dr$$

$$W = \frac{\mu_0 \cdot l \cdot I^2}{16 \cdot \pi} .$$

Setzt man diese Energie W gleich der von (5.8-4), so folgt für die innere Induktivität

$$L_i = \frac{\mu_0 \cdot l}{8 \cdot \pi} \; . \tag{5.8-5}$$

In Abschnitt 5.7.2 haben wir die äußere Induktivität der Doppelleitung bestimmt. Als Gesamtinduktivität der Doppelleitung ergibt sich nun mit (5.7-3) und (5.8-5):

$$L = \frac{\mu_0 \cdot l}{\pi} \cdot \left(\ln \frac{d-a}{a} + 0{,}25 \right) \; . \tag{5.8-6}$$

Mit den dortigen Zahlenwerten ergibt sich eine Korrektur von $+\,5{,}12\,\%$ gegenüber der Näherung (5.7-3).

Übung

5.8-3: Man bestimme auf gleiche Weise die Gesamtinduktivität der Koaxleitung. Wie groß ist die Korrektur ($b = 2$ mm, $a = 0{,}4$ mm) gegenüber der Näherung (5.7-4)?

5.8.3 Der Transformator

Der Transformator dient zur Übersetzung einer Wechselspannung bestimmten Spannungsniveaus auf ein anderes Spannungsniveau. Er besteht aus zwei Spulen P und S, die über einen Eisenkern magnetisch gekoppelt sind (Bild 5.8-5). Wir betrachten hier den idealen Transformator, den folgende Vorzüge auszeichnen:

— keine ohmschen Verluste in den Spulen;
— keine Wirbelstromverluste im Eisenkern;
— keine magnetischen Verluste durch Streuung;
— kein Magnetisierungsstrom.

Grundsätzlich ist der Transformator symmetrisch, d.h., man kann Primärspule P und Sekundärspule S vertauschen. Deshalb wählen wir eine symmetrische Pfeilung von u und i. Legen wir bei sekundär leerlaufendem Transformator an P die Spannung

$$u_1 = \hat{u}_1 \cdot \sin \omega \cdot t \; ,$$

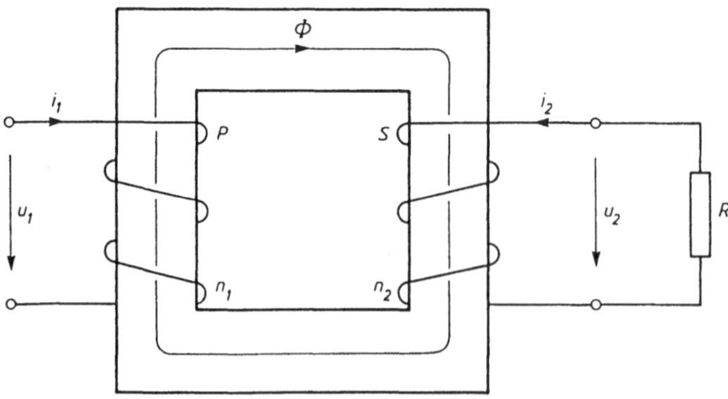

Bild 5.8-5: Idealer Transformator

so bewirkt dies nach (5.8-2) einen Fluß

$$\phi = -\frac{1}{n_1} \cdot \int u_1(t) \cdot dt , \qquad\qquad \phi = \hat{\phi} \cdot \cos \omega \cdot t ,$$

wobei

$$\hat{\phi} = \frac{\hat{u}_1}{\omega \cdot n_1} = \frac{U_{1\,eff}}{4{,}44 \cdot n_1 \cdot f} \tag{5.8-7}$$

ist.

Der Fluß ϕ durchsetzt den Kern und damit auch die Spule S: Er induziert in ihr die Spannung

$$u_2 = -n_2 \cdot \frac{d\phi}{dt} , \qquad\qquad u_2 = -n_2 \cdot \frac{d}{dt} \int -\left(\frac{1}{n_1} \cdot u_1 \cdot dt\right) .$$

Also:

$$\frac{u_1}{u_2} = \frac{n_1}{n_2} = \ddot{u} . \tag{5.8-8}$$

Die Primärspannung u_1 ist gleichphasig mit der Sekundärspannung u_2 und ihre Augenblickswerte (und Amplituden und Effektivwerte) verhalten sich wie das Übersetzungsverhältnis $\ddot{u}$.

Nun werde der Transformator sekundärseitig mit dem Widerstand R belastet. Die in R umgesetzte Leistung ist

$$p_2 = u_2 \cdot i_2 .$$

Die primär vom Trafo aufgenommene Leistung ist

$$p_1 = u_1 \cdot i_1 .$$

Treten keine Verluste im Transformator auf, so ist $p_1 = p_2$ und damit

$$\frac{i_2}{i_1} = \frac{n_1}{n_2} = \ddot{u} . \tag{5.8-9}$$

Der Primärstrom i_1 ist bei ohmscher Last gleichphasig mit dem Sekundärstrom i_2 und ihre Augenblickswerte (und Amplituden und Effektivwerte) sind umgekehrt proportional zum Übersetzungsverhältnis $\ddot{u}$.

Die Beziehungen (5.8-8) und (5.8-9) sind die Gleichgleichungen des idealen Transformators. Sie beschreiben näherungsweise auch den realen, belasteten Transformator. Um dem Leser einen Eindruck von der Gültigkeit dieser Näherung zu geben, haben wir in Bild 5.8-6 die tatsächlich notwendigen Übersetzungsverhältnisse für $u_1/u_2 = 1$ für kleine Trafos aufgetragen. Mit diesen Werten muß $\ddot{u}$ gemäß (5.8-8) multipliziert werden, damit bei Vollast wirklich die gewünschte Sekundärspannung u_2 ansteht.

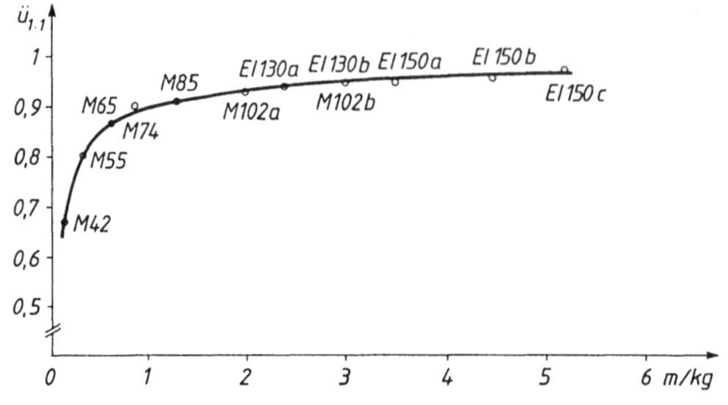

Bild 5.8-6:

Reales Übersetzungsverhältnis bei $u_1/u_2 = 1$ für kleine Netztrafos und Vollast [9].

Übung

5.8-4: Es soll ein Netztrafo (220 V, 50 Hz) mit M55-Kern berechnet werden (Bild 5.8-7). Die Sekundärspannung soll bei Vollast 12 V betragen. Der M55-Kern hat einen Eisenquerschnitt von $2\ \text{cm} \cdot 1{,}7\ \text{cm} = 3{,}4\ \text{cm}^2$. Die Flußdichte im Eisen soll den Maximalwert 1,2 T annehmen. Man berechne

a) die Spannung pro Windung bei Leerlauf;
b) das Übersetzungsverhältnis $\ddot{u}$ bei Leerlauf;
c) die Windungszahlen bei Leerlauf;
d) das Übersetzungsverhältnis bei Vollast;
e) die Windungszahlen bei Vollast.

Hinweis zu d) und e): Man beachte Diagramm 5.8-6.

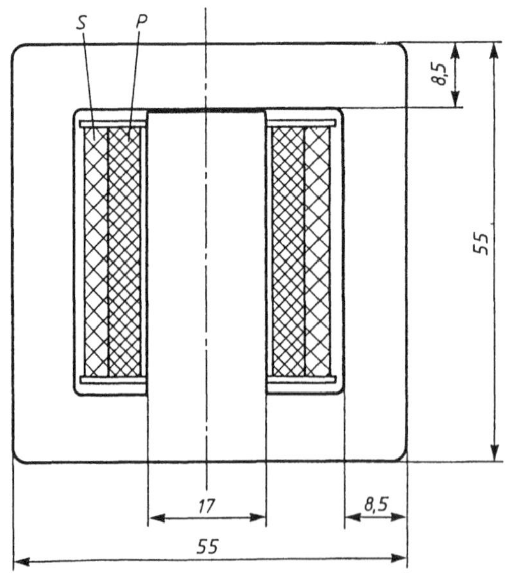

Bild 5.8-7:

Trafokern mit M55-Schnitt (DIN 41302). Pakethöhe 20 mm. P – Primärwicklung, S – Sekundärwicklung.

5.9 Feldverdrängung durch Wirbelströme

In Abschnitt 5.5 hatten wir die allgemeine Beziehung für das Magnetfeld abgeleitet:

$$\mathrm{rot}\,\mathrm{rot}\,\vec{B} = \mu \cdot \kappa \cdot \left(-\frac{d\vec{B}}{dt} + \mathrm{rot}\,(\vec{v} \times \vec{B})\right) + \mu \cdot \mathrm{rot}\,\vec{G}. \tag{5.5-3}$$

Diesem unhandlichen Ausdruck gehen wir mit einigen Vereinfachungen so zu Leibe, daß wir eine lösbare Differentialgleichung erhalten. Deren Lösung soll uns dann Aufschluß geben über das Verhalten von B in einem materieerfüllten Halbraum. Es sei also:

1. keine Bewegung vorhanden ($v = 0$);
2. keine zusätzliche Stromdichte vorhanden ($G = 0$);
3. $\vec{B} = B_y$ (nur eine y-Komponente von $\vec{B}$);
4. $\partial/\partial y = 0$, $\partial/\partial z = 0$ (eindimensionales Problem, d.h., B_y nur von x abhängig).

Dadurch vereinfacht sich (5.5-3) zu

$$\frac{\partial^2 B_y}{\partial x^2} = \mu \cdot \kappa \cdot \frac{\partial B_y}{\partial t}. \tag{5.9-1}$$

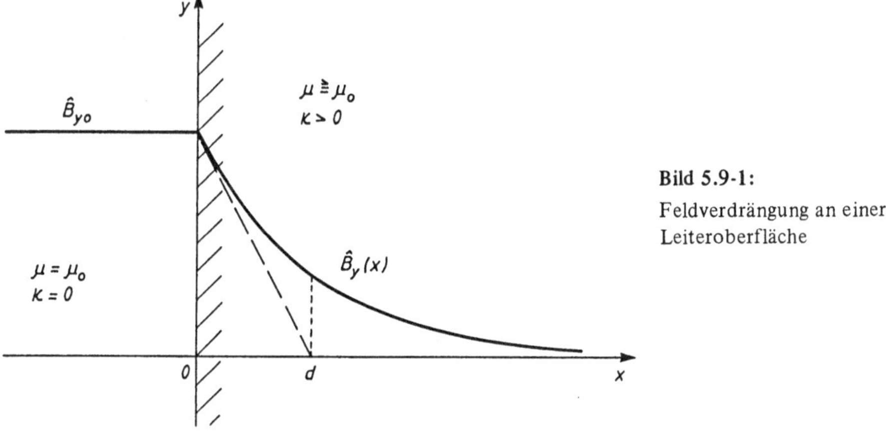

Bild 5.9-1:

Feldverdrängung an einer Leiteroberfläche

Der Leser, der diese Vereinfachung nachvollziehen möchte, sei wegen des Ausdrucks $\mathrm{rot}\,\mathrm{rot}\,\vec{B}$ auf die „Mathematischen Ergänzungen" verwiesen. Die geometrischen Verhältnisse, die (5.9-1) zugrunde liegen, zeigt Bild 5.9-1. Zur weiteren Untersuchung nehmen wir jetzt an, B_y sei sinusförmig zeitabhängig.

$$B_y(t) = \hat{B}_y \cdot \sin \omega \cdot t,$$

oder besser:

$$B_y(t) = \hat{B}_y \cdot e^{j \cdot \omega \cdot t}.$$

Dies in (5.9-1), wobei man bedenke, daß

$$\frac{\partial B_y}{\partial t} = j \cdot \omega \cdot \hat{B}_y \cdot e^{j \cdot \omega \cdot t}$$

ist:

$$\frac{\partial^2 \hat{B}_y}{\partial x^2} = j \cdot \omega \cdot \mu \cdot \kappa \cdot \hat{B}_y \ . \tag{5.9-2}$$

Zur Lösung dieser Differentialgleichung (5.9-2) machen wir den Ansatz

$$\hat{B}_y (x) = A \cdot e^{a \cdot x} \ .$$

Einsetzen in (5.9-2) liefert

$$a = \pm \sqrt{j \cdot \omega \cdot \mu \cdot \kappa} \ .$$

Da für $x \to \infty$ $\hat{B}_y (x)$ gegen 0 gehen muß, darf nur das negative Vorzeichen der Wurzel berücksichtigt werden. Der Randwert $\hat{B}_y (0) = \hat{B}_{y0}$ liefert A. Damit ergibt sich die Lösung von (5.9-2) zu

$$\hat{B}_y (x) = \hat{B}_{y0} \cdot e^{- \sqrt{j \cdot \omega \cdot \mu \cdot \kappa} \cdot x} \ .$$

Mit $\sqrt{j} = (1 + j)/\sqrt{2}$ und $\omega = 2 \cdot \pi \cdot f$ wird daraus

$$\hat{B}_y (x) = \hat{B}_{y0} \cdot e^{- \sqrt{\pi \cdot f \cdot \mu \cdot \kappa} \cdot x} \cdot e^{- j \cdot \sqrt{\pi \cdot f \cdot \mu \cdot \kappa} \cdot x} \ .$$

Der zweite Exponentialterm gibt die räumliche Phasendrehung von $\hat{B}_y (x)$ an. Läßt man diese außer Acht, so folgt

$$|\hat{B}_y (x)| = \hat{B}_{y0} \cdot e^{- x/d} \ . \tag{5.9-3}$$

Dabei ist

$$d = \frac{1}{\sqrt{\pi \cdot f \cdot \mu \cdot \kappa}} \tag{5.9-4}$$

die sogenannte Eindringtiefe.

Das Ergebnis (5.9-3) mit (5.9-4) deuten wir elektrotechnisch folgendermaßen: Tritt keine Wechselwirkung zwischen Feld und Materie auf ($\omega = 0$, oder $\mu = \mu_0$, $\kappa = 0$), so durchsetzt B die Materie unbeeinflußt. Ist dagegen $\omega > 0$, $\mu \geq \mu_0$, $\kappa > 0$ (z.B. Metalle), so treten infolge des Induktionsgesetzes (5.8-1) Wirbelströme in der Materie auf. Diese schwächen bzw. verdrängen durch ihre Felder das ursprüngliche Feld. Daraus resultiert in unserem eindimensionalen Fall die exponentielle Abnahme des Feldes in die Materie hinein gemäß (5.9-3). Bei $x = d$ ist das Feld auf das $1/e$-fache abgefallen. Insofern ist die Eindringtiefe d gemäß (5.9-4) ein Maß für die Feldverdrängung.

Übung

5.9-1: Für Trafokerne verwendet man normalerweise eine Eisenlegierung mit 4 % Silizium. Bei $B = 1\,\text{T}$ sei deren $\mu_r = 5000$, die Leitfähigkeit ist $\kappa = 2 \cdot 10^6\,\text{S/m}$. Wie groß ist die Eindringtiefe bei 50 Hz?

6 Nichtsinusförmige, periodische Spannungen

6.1 Einführung

Eine nichtsinusförmige, periodische Wechselspannung (Originalspannung) läßt sich darstellen als die Summe aus sinusförmiger Grundwelle und den ebenfalls sinusförmigen Oberwellen. Die Frequenzen der Oberwellen sind stets Vielfache der Grundwelle. Kennt man den zeitlichen Verlauf der Originalspannung, so kann man Frequenzen, Amplituden und Phasenlagen der Grund- und Oberwellen berechnen. Die mathematischen Grundlagen dazu hat J. Fourier vor fast 200 Jahren geschaffen.

Nichtsinusförmige, periodische Wechselspannungen kommen in der Elektrotechnik häufig vor. Bei Gleichrichtern (Bild 6.1-1a) und Phasenanschnittsteuerungen (Bild 6.1-1b) interessieren z.B. die Oberwellen der entstehenden Spannung, die, weil störend, herausgefiltert werden müssen. Bei der digitalen Datenübertragung (Bild 6.1-1c) interessieren die Oberwellen der zu übertragenden Rechteckimpulse, da sie die erforderliche Bandbreite der Leitung bestimmen. Bei nachrichtentechnischen Geräten, z.B. Verstärkern, interessieren die durch unvermeidliche Kennlinienkrümmungen entstehenden Oberwellen, da sie die Wiedergabequalität verschlechtern (Bild 6.1-1d).

6.2 Die Fourier-Reihe und ihre Koeffizienten

Wir stellen die zeitabhängige Originalfunktion $u = f(t)$ bzw. $i = f(t)$ als Funktion des elektrischen Winkels $\omega \cdot t$ dar:

$$f(t) \rightarrow f(\omega \cdot t) \,.$$

Die Periodendauer ist dann nicht mehr T, sondern $2 \cdot \pi$. Der Übersichtlichkeit halber kürzen wir in den Gleichungen $\omega \cdot t$ durch x ab:

$$f(\omega \cdot t) = f(x) \,.$$

Dann lautet die Fourier-Reihe:

$$\begin{aligned}
f(x) = a_0 \\
+ a_1 \cdot \cos(x) + a_2 \cdot \cos(2 \cdot x) + a_3 \cdot \cos(3 \cdot x) + \dots + a_n \cdot \cos(n \cdot x) \\
+ b_1 \cdot \sin(x) + b_2 \cdot \sin(2 \cdot x) + b_3 \cdot \sin(3 \cdot x) + \dots + b_n \cdot \sin(n \cdot x) \,.
\end{aligned} \tag{6.2-1}$$

Diese Reihe (6.2-1) nähert die Originalfunktion am besten an, wenn die auftretenden
Fourierkoeffizienten a_i und b_i folgende Form haben:

$$a_i = \frac{1}{\pi} \cdot \int_0^{2\pi} f(x) \cdot \cos(i \cdot x) \cdot dx \ , \qquad\qquad (6.2\text{-}2)$$

$$a_0 = \frac{1}{2 \cdot \pi} \cdot \int_0^{2\pi} f(x) \cdot dx \ , \qquad\qquad (6.2\text{-}2a)$$

$$b_i = \frac{1}{\pi} \cdot \int_0^{2\pi} f(x) \cdot \sin(i \cdot x) \cdot dx \qquad\qquad (6.2\text{-}3)$$

$$\text{mit } i = 1, 2, 3, \ldots, n.$$

Das Integral muß sich stets über eine volle Periode 2π erstrecken, die aber nicht not-
wendigerweise bei 0 beginnen muß.

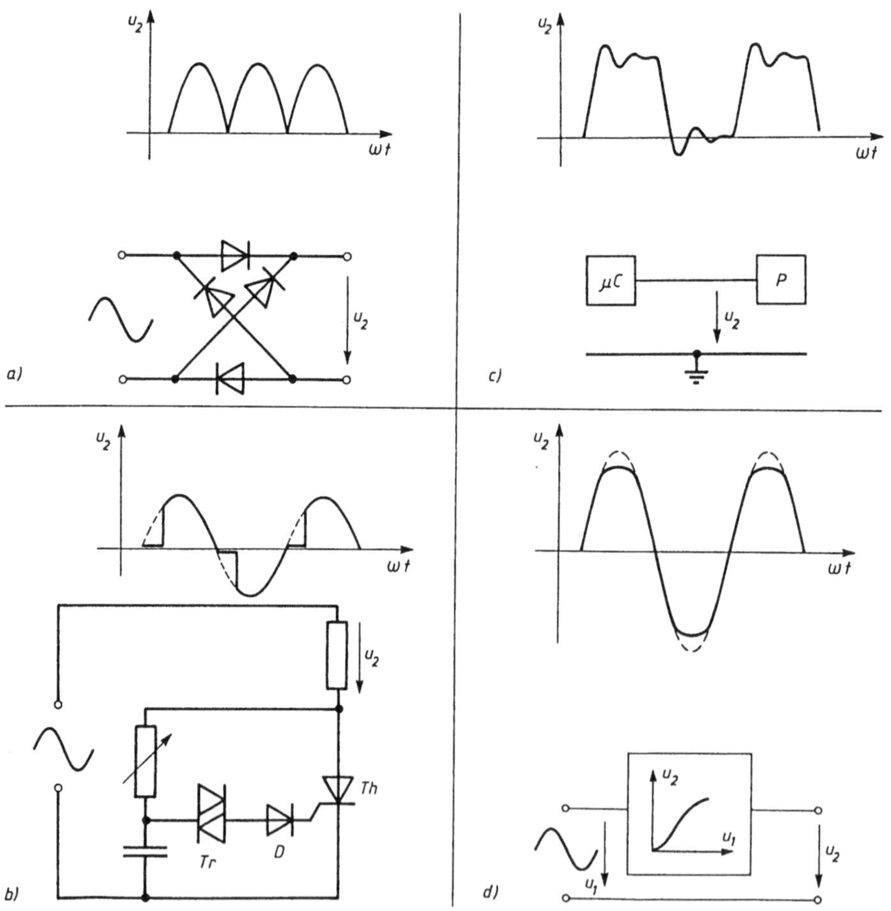

Bild 6.2-1: Beispiele nichtsinusförmiger Wechselspannungen

a) Zweiweggleichrichtung   b) Phasenanschnittsteuerung   c) digitale Impulse   d) gekrümmte Kennlinie

Elektrotechnisch anschaulicher ist folgende Schreibweise der Fourier-Reihe:

$$f(x) = a_0 + A_1 \cdot \sin(x + \varphi_1) + A_2 \cdot \sin(2 \cdot x + \varphi_2) + \ldots + A_n \cdot \sin(n \cdot x + \varphi_n) \ . \qquad (6.2\text{-}4)$$

Für die in (6.2-4) auftretende Amplitude A_i der Sinusschwingung gilt:

$$A_i = \sqrt{a_i^2 + b_i^2} \ . \qquad (6.2\text{-}5)$$

Für den in (6.2-4) auftretenden Phasenwinkel φ_i gilt:

$$\tan \varphi_i = \frac{a_i}{b_i} \ . \qquad (6.2\text{-}6)$$

6.3 Beispiel: Phasenanschnittsteuerung

Wir berechnen zunächst die Fourierkoeffizienten FK für die einweggleichgerichtete Spannung mit Phasenanschnittsteuerung (Bild 6.3-1a). Gemäß (6.2-2) gilt hier:

$$a_i = \frac{1}{\pi} \cdot \int_\alpha^\pi \sin(x) \cdot \cos(i \cdot x) \cdot dx = \frac{1}{\pi} \cdot \left[\frac{1}{2} \cdot \left(\frac{\cos((i-1) \cdot x)}{i-1} - \frac{\cos((i+1) \cdot x)}{i+1} \right) \right]_\alpha^\pi$$

$$i = 2, 3, 4, \ldots, n.$$

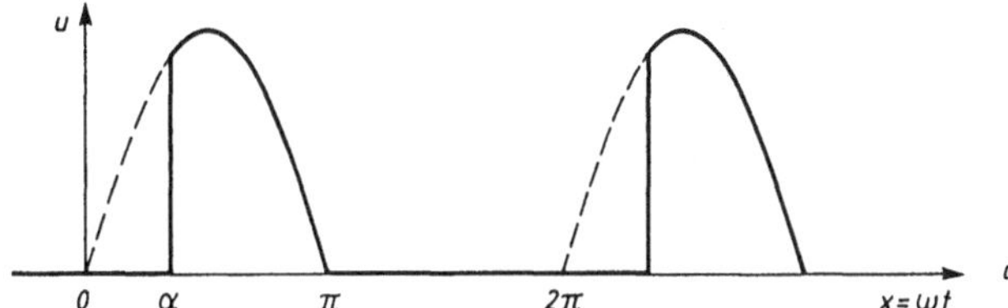

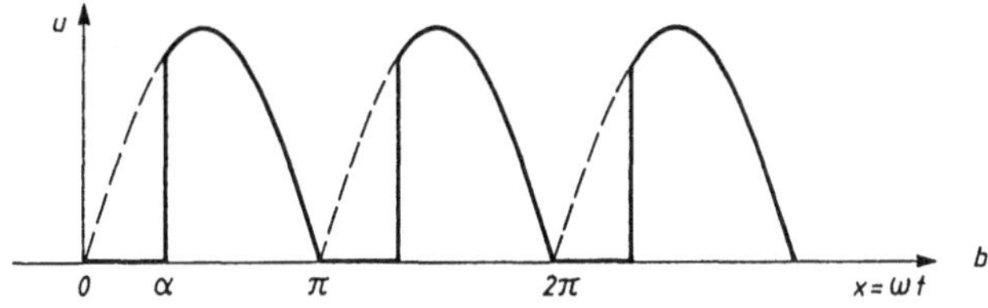

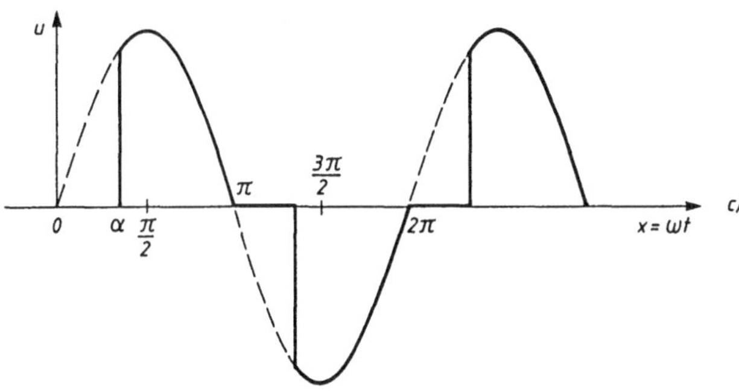

Bild 6.3-1: Oszillogramme verschiedener Phasenanschnittsteuerungen

a) Einweggleichrichtung
b) Zweiweggleichrichtung
c) pulsbreitengesteuerte Wechselspannung

Daraus folgt nach einiger Umrechnung

$$a_i = \frac{1}{\pi \cdot (1 - i^2)} \cdot (\cos(i \cdot \pi) + \cos \alpha \cdot \cos(i \cdot \alpha) + i \cdot \sin \alpha \cdot \sin(i \cdot \alpha)) \,. \tag{6.3-1}$$

Für $i = 1$ erhält man direkt aus (6.2-2)

$$a_1 = \frac{1}{4 \cdot \pi} \cdot (\cos(2 \cdot \alpha) - 1) \,. \tag{6.3-2}$$

Für $i = 0$ erhält man direkt aus (6.2-2) den Gleichspannungsanteil

$$a_0 = \frac{1}{2 \cdot \pi} \cdot (1 + \cos \alpha) \,. \tag{6.3-3}$$

Entsprechend geht man für b_i vor und erhält aus (6.2-3):

$$b_i = \frac{1}{\pi \cdot (1 - i^2)} \cdot (\cos \alpha \cdot \sin(i \cdot \alpha) - i \cdot \sin \alpha \cdot \cos(i \cdot \alpha)) \tag{6.3-4}$$
$$i = 2, 3, 4, ..., n.$$

Für $i = 1$ erhält man direkt aus (6.2-3):

$$b_1 = \frac{1}{2 \cdot \pi} \cdot (\pi - \alpha + \sin \alpha \cdot \cos \alpha) \,. \tag{6.3-5}$$

Als Beispiel haben wir so die FK der Einweggleichrichtung für Netzfrequenz, Amplitude 1V und den Zündwinkel $\alpha = 60°$ berechnet und die Amplituden A_i gemäß (6.2-5) in Bild 6.3-2a eingezeichnet. In Bild 6.3-3 findet man einige mit (6.3-1, 2, 3, 4, 5) berechnete FK.

Für den Fall $\alpha = 0$ hat man die normale Einweggleichrichtung. Deren FK ergeben sich aus obigem:

$$a_i = \frac{2}{\pi \cdot (1 - i^2)} \,,$$

$$a_1 = 0 \,,$$

$$a_0 = \frac{1}{\pi} \,,$$

$$b_i = 0 \,,$$

$$b_1 = \frac{1}{2} \,.$$

Wir haben die daraus gemäß (6.2-5) sich ergebenden Amplituden A_i zum Vergleich in Bild 6.3-2a mit eingetragen.

Von Interesse ist auch das Spektrum der zweiweggleichgerichteten Spannung mit Phasenanschnitt (Bild 6.3-1b). Zur Bestimmung von deren FK gehen wir nicht aus von (6.2-2) und (6.2-3), was durchaus korrekt wäre, sondern wir setzen an:

$$f(x) \,[\text{Zweiweg}] = f(x)\,[\text{Einweg}] + f(x - \pi)\,[\text{Einweg}] \,.$$

Also:

$$f(x)\,[\text{Zweiweg}] = \sum_{i=1}^{n} [a_i \cdot (\cos(i \cdot x) + \cos(i \cdot x - i \cdot \pi))$$
$$+ b_i \cdot (\sin(i \cdot x) + \sin(i \cdot x - i \cdot \pi))] \,. \tag{6.3-6}$$

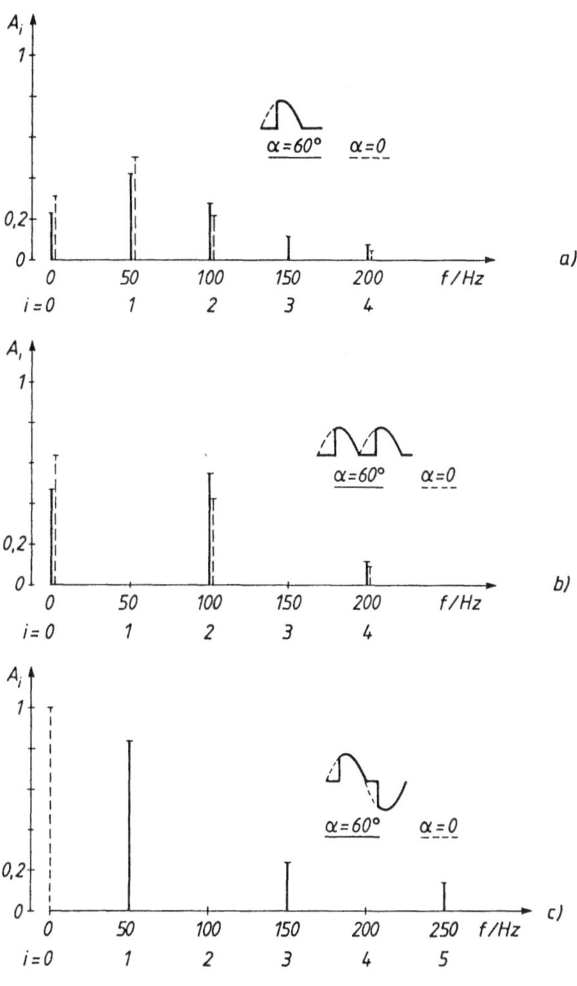

Bild 6.3-2: Spektren verschiedener Phasenanschnittsteuerungen

a) Einweggleichrichtung
b) Zweiweggleichrichtung
c) pulsbreitengesteuerte Wechselspannung

Beachtet man die vorzeichenwechselnde Periodizität von $\sin(i \cdot x - i \cdot \pi)$ und $\cos(i \cdot x - i \cdot \pi)$, so erhält man die FK der Zweiweggleichrichtung mit Phasenanschnitt mit Hilfe von (6.3-1)…(6.3-5) und (6.3-6) wie folgt:

$$a_i = \frac{2}{\pi \cdot (1 - i^2)} \cdot (1 + \cos\alpha \cdot \cos(i \cdot \alpha) + i \cdot \sin\alpha \cdot \sin(i \cdot \alpha)) , \qquad (6.3\text{-}7)$$

$$i = 2, 4, 6, \ldots$$

$$a_0 = \frac{1}{\pi} \cdot (1 + \cos\alpha) , \qquad (6.3\text{-}8)$$

$$b_i = \frac{2}{\pi \cdot (1 - i^2)} \cdot (\cos\alpha \cdot \sin(i \cdot \alpha) - i \cdot \sin\alpha \cdot \cos(i \cdot \alpha)) , \qquad (6.3\text{-}9)$$

$$i = 2, 4, 6, \ldots, n.$$

i	Rechteck ($0,\pi,2\pi$; $1,-1$)		Sägezahn ($0,\pi,2\pi$; $1,-1$)		Einweg ($0,\pi,2\pi$; 1)		Einweg $\frac{\pi}{3}$ ($0,\frac{\pi}{3},\pi,2\pi$; 1)		Doppel $\frac{\pi}{3}$ ($0,\frac{\pi}{3},\pi,2\pi$; 1)		Sinus $\frac{\pi}{3}$ ($0,\frac{\pi}{3},\pi,2\pi$; $1,-1$)	
	a_i	b_i	a_i	b_i	a_i	b_i	a_i	b_i	a_i	b_i	a_i	b_i
0	0	–	0	–	$\frac{1}{\pi}$	–	0.2387	–	0.4775	–	0	–
1	0	$\frac{4}{\pi}$	0	$\frac{2}{\pi}$	0	$\frac{1}{2}$	−0.1194	0.4022	0	0	−0.2387	0.8045
2	0	0	0	$-\frac{1}{\pi}$	$-\frac{2}{3*\pi}$	0	−0.2387	−0.1378	−0.4775	−0.2757	0	0
3	0	$\frac{4}{3*\pi}$	0	$\frac{2}{3*\pi}$	0	0	0.0597	−0.1034	0	0	0.1194	−0.2067
4	0	0	0	$-\frac{2}{4*\pi}$	$-\frac{2}{15*\pi}$	0	0.0477	−0.0276	0.0955	−0.0513	0	0
5	0	$\frac{4}{5*\pi}$	0	$\frac{2}{5*\pi}$	0	0	0.0597	0.0345	0	0	0.1194	0.0689
6	0	0	0	$-\frac{2}{6*\pi}$	$-\frac{2}{35*\pi}$	0	−0.0136	0.0473	−0.0273	0.0945	0	0
7	0	$\frac{4}{7*\pi}$	0	$\frac{2}{7*\pi}$	0	0	−0.0298	0.0172	0	0	−0.0597	0.0345
8	0	0	0	$-\frac{2}{8*\pi}$	$-\frac{2}{63*\pi}$	0	−0.0341	−0.0197	−0.0682	−0.0394	0	0
9	0	$\frac{4}{9*\pi}$	0	$\frac{2}{9*\pi}$	0	0	0.0060	−0.0310	0	0	0.0119	−0.0620

Bild 6.3-3: Tabelle der Fourierkoeffizienten verschiedener Wechselspannungen. $f(x) = a_i \cdot \cos x + b_i \cdot \sin x$

Diese FK sind in die Reihe (6.2-1) einzusetzen. Als Beispiel haben wir die FK für Netzfrequenz, Amplitude 1V und Zündwinkel $\alpha = 60°$ berechnet und die Amplituden A_i gemäß (6.2-5) in Bild 6.3-2b eingezeichnet. In Bild 6.3-3 findet man einige mit (6.3-7, 8, 9) berechnete FK.

Für den Fall $\alpha = 0$ hat man die normale Zweiweggleichrichtung. Deren FK ergeben sich aus obigem:

$$a_i = \frac{4}{\pi \cdot (1 - i^2)}$$

$$\text{mit } i = 2, 4, 6, ..., n.$$

$$a_0 = \frac{2}{\pi} ,$$

$$b_i = 0 .$$

Die ungeradzahligen Oberwellen verschwinden hier also.

Wir haben die daraus folgenden Amplituden A_i nach (6.2-5) in Bild 6.3-2b mit eingetragen. Man erkennt, daß in beiden Fällen die Grundwelle mit 50 Hz und die ungeradzahligen Oberwellen verschwinden.

Das Spektrum der Ausgangsspannung eines Wechselstromstellers (Dimmers) (Bild 6.3-1c) kann ebenfalls aus den Beziehungen (6.3-1) bis (6.3-5) abgeleitet werden. Wir schreiben dazu:

$$f(x) \, [\text{Dimmer}] = f(x) \, [\text{Einweg}] - f(x - \pi) \, [\text{Einweg}] .$$

Also:

$$f(x) \, [\text{Dimmer}] = \sum_{i=1}^{n} [a_i \cdot (\cos(i \cdot x) - \cos(i \cdot x - i \cdot \pi))$$
$$+ b_i \cdot (\sin(i \cdot x) - \sin(i \cdot x - i \cdot \pi))] . \qquad (6.3\text{-}10)$$

Beachtet man die vorzeichenwechselnde Periodizität von $\sin(i \cdot x - i \cdot \pi)$ und $\cos(i \cdot x - i \cdot \pi)$, so erhält man die FK des Wechselstromstellers mit Hilfe von (6.3-1)...(6.3-5) und (6.3-10) wie folgt:

$$a_i = \frac{2}{\pi \cdot (1 - i^2)} \cdot (\cos\alpha \cdot \cos(i \cdot \alpha) + i \cdot \sin\alpha \cdot \sin(i \cdot \alpha) - 1) , \qquad (6.3\text{-}11)$$

$$i = 3, 5, 7, ..., n.$$

$$a_1 = \frac{1}{2 \cdot \pi} \cdot (\cos(2 \cdot \alpha) - 1) . \qquad (6.3\text{-}12)$$

$$a_0 = 0 . \qquad (6.3\text{-}13)$$

$$b_i = \frac{2}{\pi \cdot (1 - i^2)} \cdot (\cos\alpha \cdot \sin(i \cdot \alpha) - i \cdot \sin\alpha \cdot \cos(i \cdot \alpha)) , \qquad (6.3\text{-}14)$$

$$i = 3, 5, 7, ..., n.$$

$$b_1 = \frac{1}{\pi} \cdot (\pi - \alpha + \sin\alpha \cdot \cos\alpha) . \qquad (6.3\text{-}15)$$

Die geradzahligen Oberwellen verschwinden.

Als Beispiel haben wir die FK für Netzfrequenz, Amplitude 1 V und Zündwinkel $\alpha = 60°$ mit (6.3-11) bis (6.3-15) berechnet und die Amplituden gemäß (6.2-5) in Bild 6.3-2c eingetragen. In Bild 6.3-3 findet man eine Tabelle der Zahlenwerte von FK gemäß der oben abgeleiteten Beziehungen (6.3-11 ... 15).

Übungen

6.3-1: Man berechne die FK bis $n = 9$ einer periodischen Sägezahnspannung, die durch 0 geht und bei $+\pi$ den Wert $\hat{u}$, bei $-\pi$ den Wert $-\hat{u}$ hat.

Hinweis: Man beachte die Symmetrie und verwende (6.2-2), (6.2-2a) und (6.2-3).

6.3-2: Man berechne die FK bis $n = 9$ einer periodischen Rechteckspannung, die die Periode $2 \cdot \pi$ hat.

6.4 Effektivwert und Klirrfaktor

Der Effektivwert einer Sinusspannung ist über die Leistung wohldefiniert (vgl. Abschnitt 3.1-3). Wie kann das dortige Ergebnis auf eine nichtsinusförmige, periodische Spannung übertragen werden?

Dies geschieht dadurch, daß man zunächst diese Spannung durch Fourieranalyse in ihre sinusförmigen Teilschwingungen zerlegt. Jede Teilschwingung erzeugt eine Teilleistung am Widerstand R. Alle Teilleistungen addieren sich zu der Gesamtleistung. Daraus folgt wie in Abschnitt 3.1-3

$$U_{ef}^2 = \frac{\hat{u}_1^2}{2} + \frac{\hat{u}_2^2}{2} + \frac{\hat{u}_3^2}{2} + \ldots ,$$

oder:

$$U_{ef}^2 = U_{ef1}^2 + U_{ef2}^2 + U_{ef3}^2 + \ldots . \tag{6.4-1}$$

Es addieren sich also die Quadrate der Effektivwerte der einzelnen Teilschwingungen.

Als pauschales Maß für den Oberwellengehalt einer periodischen Wechselspannung dient (vor allem in der Nachrichtentechnik) der Klirrfaktor k:

$$k = \frac{\text{resultierender Effektivwert aller Oberwellenspannungen}}{\text{resultierender Effektivwert der Originalspannung}} .$$

Daraus mit (6.4-1):

$$k = \sqrt{\frac{U_2^2 + U_3^2 + U_4^2 + \ldots}{U_1^2 + U_2^2 + U_3^2 + U_4^2 + \ldots}} . \tag{6.4-2}$$

Dabei sind die U_i die jeweiligen Effektivwerte oder auch Amplituden.

Von technischem Interesse ist der Gesamtklirrfaktor, der sich ergibt, wenn mehrere Geräte mit den Einzelklirrfaktoren k_1, k_2, k_3, ... hintereinander geschaltet werden. Ausgehend von der Definition über die Effektivwerte erhält man dann

$$k^2 = k_1^2 + k_2^2 + k_3^2 + \ldots . \tag{6.4-3}$$

Übungen

6.4-1: Man berechne mittels (6.4-1) den Effektivwert der periodischen Sägezahnspannung, die durch 0 geht und bei $+\pi$ den Wert $\hat{u}$, bei $-\pi$ den Wert $-\hat{u}$ hat.

Hinweis: Die FK findet man in Bild 3.3-3. Für die Summe der unendlichen Reihe gilt:

$$1 + \frac{1}{2^2} + \frac{1}{3^2} + \frac{1}{4^2} + \ldots = \frac{\pi^2}{6} \ .$$

Man vergesse nicht den Faktor $1/\sqrt{2}$, der vom Effektivwert des Sinus herrührt.

6.4-2: Man berechne mittels (6.4-1) den Effektivwert der pulsbreitengesteuerten Wechselspannung (Bild 3.1-1c) mit Zündwinkel $\alpha = 60°$.

Hinweis: Man begnüge sich mit den FK bis $n = 9$ (vgl. Bild 3.3-3).

6.4-3: Wie groß ist der Klirrfaktor der in Übung 6.4-1 vorgestellten Sägezahnspannung?

Hinweis: Man verwende das Ergebnis der Übung 6.4-1 und (6.4-2).

6.4-4: Wie groß ist der Klirrfaktor der in Übung 6.4-2 vorgestellten Wechselspannung?

6.4-5: Ein Tonbandgerät ($k_1 = 3\%$), ein Verstärker ($k_2 = 1\%$) und ein Lautsprecher ($k_3 = 8\%$) werden hintereinander geschaltet.

a) Welcher Gesamtklirrfaktor ergibt sich?

b) Welcher Gesamtklirrfaktor ergäbe sich, wenn man zur Verbesserung der Widergabe einen Verstärker mit $k_2 = 0,05\%$ einsetzen würde?

6.5 Numerische Fourieranalyse

6.5.1 Die Theorie

Die Fourieranalyse (FA) analytisch gegebener periodischer Funktionen kann so rechenaufwendig werden, daß man sich oft ein Programm wünscht, das die Rechenarbeit übernimmt. Die große praktische Bedeutung der numerischen FA liegt aber nicht in dieser Arbeitsersparnis, sondern in ihrer Anwendung auf periodische Spannungsverläufe, die analytisch, also durch Formeln, gar nicht mehr faßbar sind.

Die Werte-Tabellen oder Oszillogramme können nur noch numerisch verarbeitet werden. Dies geschieht durch die diskrete Fourier-Transformation (DFT) oder, wenn durch geeignete mathematische Verfahren die Rechnung beschleunigt wird, durch die schnelle Fourier-Transformation (FFT, fast Fourier-Transformation). Wir besprechen die DFT.

Gehen wir aus von einer experimentell gewonnenen periodischen Kurve $f(x)$, wie sie z.B. Bild 6.5-1 zeigt. Sie habe m Stützstellen, numeriert von $k = 1, \ldots, m$. Die zugehörigen x-Werte sind dann

$$x_k = \frac{k-1}{m} \cdot 2 \cdot \pi \ . \tag{6.5-1}$$

Der Abstand zwischen zwei Stützstellen ist

$$h = \frac{2 \cdot \pi}{m} \ . \tag{6.5-2}$$

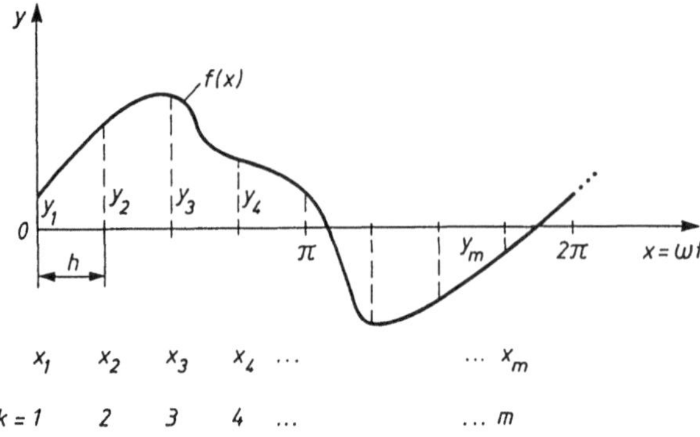

Bild 6.5-1:
Stützstellen und Stützstellenwerte bei der diskreten Fouriertransformation DFT

Für den Gleichstromanteil gilt bekanntlich:

$$a_0 = \frac{1}{2 \cdot \pi} \cdot \int_0^{2\pi} f(x) \cdot dx \; . \tag{6.2-2a}$$

Wir nähern das Integral durch eine Summe an (Treppenformel):

$$a_0 \cong \frac{1}{2 \cdot \pi} \cdot (h \cdot y_1 + h \cdot y_2 + h \cdot y_3 + \ldots + h \cdot y_m) \; .$$

Daraus wird mit (6.5-2):

$$a_0 \cong \frac{1}{m} \cdot \sum_{k=1}^{m} y_k \; . \tag{6.5-3}$$

Für $i > 0$ gilt bekanntlich

$$a_i = \frac{1}{\pi} \cdot \int_0^{2\pi} f(x) \cdot \cos(i \cdot x) \cdot dx \; . \tag{6.2-2}$$

Wiederum ersetzen wir das Integral durch die Summe:

$$a_i \cong \frac{1}{\pi} \cdot (h \cdot y_1 \cdot \cos(i \cdot x_1) + h \cdot y_2 \cdot \cos(i \cdot x_2) + \ldots + h \cdot y_m \cdot \cos(i \cdot x_m)) \; .$$

Oder, mit (6.5-2):

$$a_i \cong \frac{2}{m} \cdot \sum_{k=1}^{m} y_k \cdot \cos(i \cdot x_k) \; . \tag{6.5-4}$$

Entsprechend erhalten wir aus (6.2-3) schließlich:

$$b_i \cong \frac{2}{m} \cdot \sum_{k=1}^{m} y_k \cdot \sin(i \cdot x_k) \; . \tag{6.5-5}$$

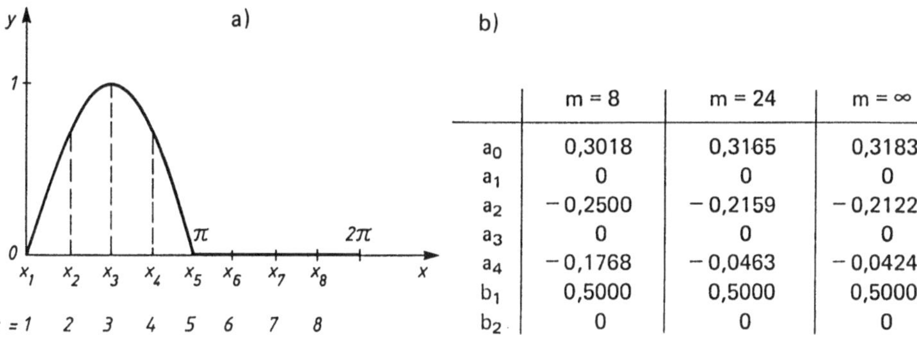

	m = 8	m = 24	m = ∞
a_0	0,3018	0,3165	0,3183
a_1	0	0	0
a_2	−0,2500	−0,2159	−0,2122
a_3	0	0	0
a_4	−0,1768	−0,0463	−0,0424
b_1	0,5000	0,5000	0,5000
b_2	0	0	0

Bild 6.5-2: Beispiel DFT: Einweggleichrichtung
a) Kurve mit Stützstellen   b) Ergebnisse bei verschiedener Stützstellenzahl m.

Die Beziehungen (6.5-3), (6.5-4) und (6.5-5) stellen die gesuchten Näherungsformeln für die DFT dar. Da die Zahl der Unbekannten a_i und b_i aus arithmetischen Gründen kleiner/ gleich der Zahl der Stützpunkte sein muß, gilt

$$i < m/2 \; .$$

Beispiel: Betrachten wir die Einweggleichrichtung mit acht Stützstellen (Bild 6.5-2a):

$$f(x) = \sin x \; .$$

Aus (6.5-3) folgt:

$$a_0 \cong \frac{1}{8} \cdot (0,707 + 1 + 0,707) = 0,3018 \; .$$

Aus (6.5-4) folgt:

$$a_1 \cong \frac{1}{4} \cdot (0,707 \cdot \cos(\pi/4) + \cos(\pi/2) + 0,707 \cdot \cos(3 \cdot \pi/4)) = 0 \; ;$$

$$a_2 \cong \frac{1}{4} \cdot (0,707 \cdot \cos(\pi/2) + \cos \pi + 0,707 \cdot \cos(3 \cdot \pi/2)) = -0,2500 \; .$$

Entsprechend erhalten wir a_3 und a_4. Für b_i gilt nach (6.5-5):

$$b_1 = \frac{1}{4} \cdot (0,707 \cdot \sin(\pi/4) + \sin(\pi/2) + 0,707 \cdot \sin(3 \cdot \pi/4)) = 0,5000 \; ;$$

$$b_2 = \frac{1}{4} \cdot (0,707 \cdot \sin(\pi/2) + \sin \pi + 0,707 \cdot \sin(3 \cdot \pi/2)) = 0 \; .$$

Alle weiteren $b_i = 0$.

Die obigen Ergebnisse sind in einer Tabelle (Bild 6.5-2b) denen gegenüber gestellt, die mit 24 Stützstellen berechnet wurden und der geschlossenen Lösung ($m = \infty$) gemäß Bild 6.3-3. Die Werte der Tabelle lassen vermuten und weitere Untersuchungen bestätigen, daß

1. mit steigender Stützstellenzahl m der Fehler kleiner,
2. mit steigender Ordnungszahl i der Fehler größer wird.

Hinweis: Hat die Originalfunktion einen Sprung, so verwende man dort als Stützstellenwert das arithmetische Mittel aus größter und kleinster Amplitude.

Übung

6.5-1: Eine experimentell gewonnene Kurve [10] habe die Werte:

k	1	2	3	4	5	6	7	8	9	10	11	12
y_k	11	10	8	5	0	-2	-3	-5	-4	0	4	10

Man berechne numerisch die FK mittels (6.5-3), (6.5-4) und (6.5-5) und dann A_i gemäß
(6.2-5).

6.5.2 Das Programm

Die Beziehungen (6.5-3), (6.5-4) und (6.5-5) sind ohne Schwierigkeit zu programmieren.
Das Flußdiagramm des so entstandenen Programms FOURIER zeigt Bild 6.5-3. Wir haben
es der Übersichtlichkeit halber in vier Blöcke eingeteilt.

Block 1:
Dieser Programmteil verwaltet die Eingabe der m Stützstellen $x\,[1], x\,[2], \ldots, x\,[m]$ und
der dazugehörigen Stützstellenwerte $y\,[1], y\,[2], \ldots, y\,[m]$. Die Werte werden in einem
Feld (array) mit 50 Plätzen abgespeichert zur späteren Verwendung. Gleichzeitig wird die
Eingabe zur Kontrolle protokolliert.

Block 2:
Hier wird der FK a_0 gemäß (6.5-3) gesondert berechnet. Der guten Ordnung halber wird
der (nicht existierende) FK $b_0 = 0$ gesetzt.

Block 3:
In diesem Programmhauptteil wird die Berechnung der FK a_i und b_i gemäß (6.5-4) und
(6.5-5) durchgeführt. Man beachte die beiden Schleifen: Die innere Schleife bildet die
Summe der m Stützstellenwerte $y\,[k] \cdot \cos(i \cdot x\,[k])$ bzw. $y\,[k] \cdot \sin(i \cdot x\,[k])$. Die
äußere Schleife wird so oft durchlaufen, wie die Ordnungszahl i angibt, nämlich von 1
bis $m/2 - 1$. Die so berechneten a_i und b_i laufen in ein Feld für a_i bzw. b_i und werden
dort gespeichert. Sind alle FK berechnet, wird Block 3 verlassen.

Block 4:
Hier wird aus a_i und b_i gemäß (6.2-5) die Amplitude A_i berechnet. Sie wird im Programm
mit R bezeichnet. Dann erfolgt die Ausgabe aller a_i, b_i und A_i.

Ein typisches Ausgabeprotokoll von FOURIER zeigt Bild 6.5-4. Es gilt für die gemessene
Kurve, welche bereits in der Übung 6.5-1 auftrat.

Das Programm FOURIER in BASIC und Pascal findet der Leser im Abschnitt „Programme".

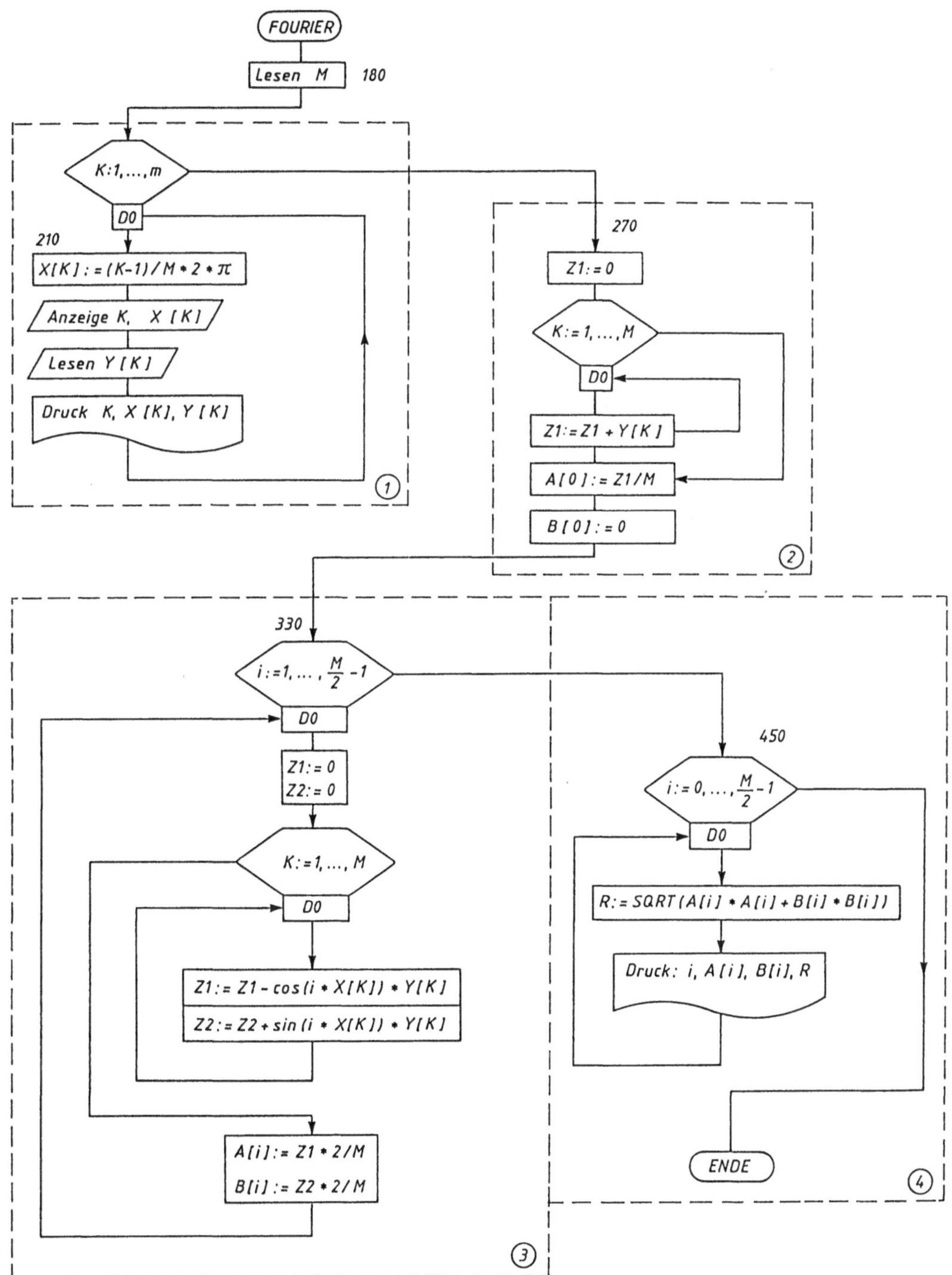

Bild 6.5-3: Flußdiagramm des Programms FOURIER. Die numerierten Blöcke sind im Text erläutert.

Fourierkoeffizienten		

k	$x\,(k)$	$y\,(k)$
1	0	11
2	0,523598	10
3	1,047198	8
4	1,570796	5
5	2,094395	0
6	2,617994	-2
7	3,141593	-3
8	3,665192	-5
9	4,188790	-4
10	4,712389	0
11	5,235988	4
12	5,759587	10

i	$a\,(i)$	$b\,(i)$	Amplitude
0	2,833333	0	2,833334
1	7,563782	2,238034	7,887940
2	0,916667	$-0,433012$	1,013793
3	$-0,333333$	$-0,333332$	0,471404
4	0,416667	$-0,433013$	0,600926
5	$-0,230445$	$-7,136774$ E-002	0,241243

Bild 6.5-4:   Protokoll der Eingabe und Ergebnisse der Analyse einer Meßkurve [10], erstellt mit Programm FOURIER

6.6 Fouriersynthese

Überlagert man die durch eine Fourieranalyse gewonnenen Teilschwingungen, so erhält man, wenn hinreichend viele Teilschwingungen berücksichtigt wurden, wieder die Originalfunktion. Man erwartet von der Theorie her auch nichts anderes. Dennoch ist es reizvoll, dies in der Praxis nachzuprüfen. Das kann beispielsweise dadurch geschehen, daß man die Ausgänge mehrerer miteinander synchronisierter Sinusgeneratoren mit ansteigenden Frequenzen (z.B. 1 kHz, 2 kHz, 3 kHz ...) aufsummiert und die jeweiligen Amplituden gemäß Koeffiziententabelle in Bild 6.3-3 einstellt. Mit neun Generatoren erhält man z.B. mit den Koeffizienten a_i und b_i der Sägezahnspannung das in Bild 6.6-1 gezeigte Oszillogramm. Eleganter gelangt man mit dem Computer zur Aufsummierung der Teilschwingungen. Man gibt die Koeffizienten a_i und b_i ein und das Programm bestimmt mittels

(6.2-1) für jedes x die resultierende Amplitude. In Bild 6.6-2a...f sind für sämtliche in der Tabelle Bild 6.3-3 aufgeführten Beispiele die derart bestimmten Kurvenverläufe gezeigt. Es wurden jeweils die FK bis $n = 9$ berücksichtigt und die Kurven mit dem Plotter automatisch gezeichnet.[1]

Man erkennt beim Betrachten der Kurven, daß Unstetigkeiten der ersten Ableitung (also Knicke) mit neun Teilschwingungen bereits befriedigend darstellbar sind (vgl. Bild 6.6-2c). Unstetigkeiten der Grundfunktion (also Sprünge) sind dagegen bei neun Teilschwingungen noch unvollständig ausgeprägt (vgl. die restlichen Kurven in Bild 6.6-2). Ein praktischer Aspekt der Fouriersynthese ist die Simulierung von Signalen, die durch Nachrichtenkanäle mit begrenzter Bandbreite übertragen werden. Überträgt man beispielsweise eine zunächst ideale Rechteckspannung mit der Periodendauer 1 ms über einen Kanal mit der Bandbreite 1 kHz bis 9 kHz, so darf man am Ausgang des Kanals ein rechteckähnliches Signal erwarten, wie es Bild 6.6-2a zeigt.

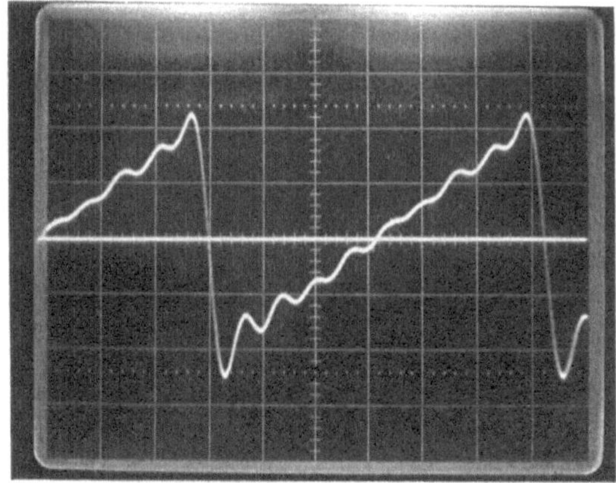

Bild 6.6-1:

Oszillogramm einer aus 9 Sinusspannungen erzeugten Sägezahnspannung

---

1) Das Programm, mit dem die Kurven des Bildes 6.6-2 berechnet und gezeichnet wurden, ist in unserer Programmsammlung nicht enthalten, weil es zum einen nur für die Besitzer von Plottern von Interesse ist und zum andern eine herstellerspezifische Plottersprache GL (graphic language) benützt, deren Kenntnis wir beim Leser nicht voraussetzen. Der Ausdruck mit dem Graphikdrucker ist weniger befriedigend.

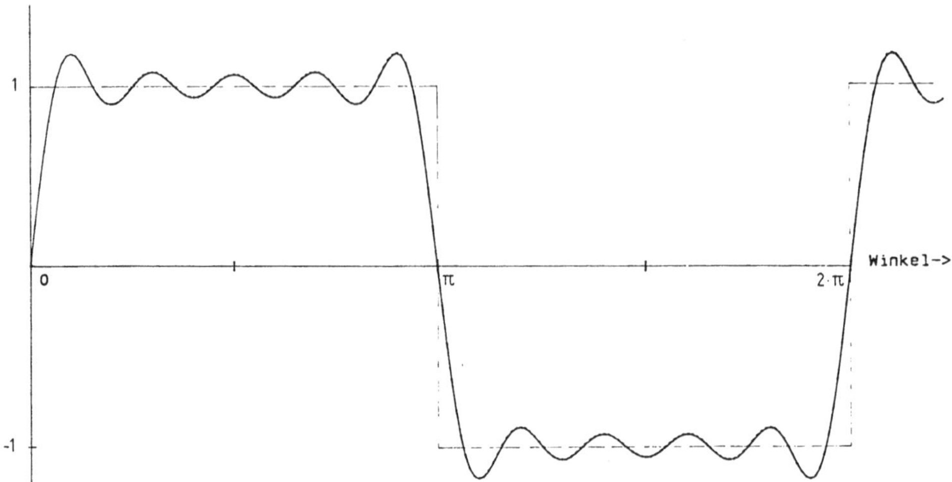

Bild 6.6-2: Fouriersynthese verschiedener Wechselspannungen aus 9 Teilschwingungen

a) Rechteck

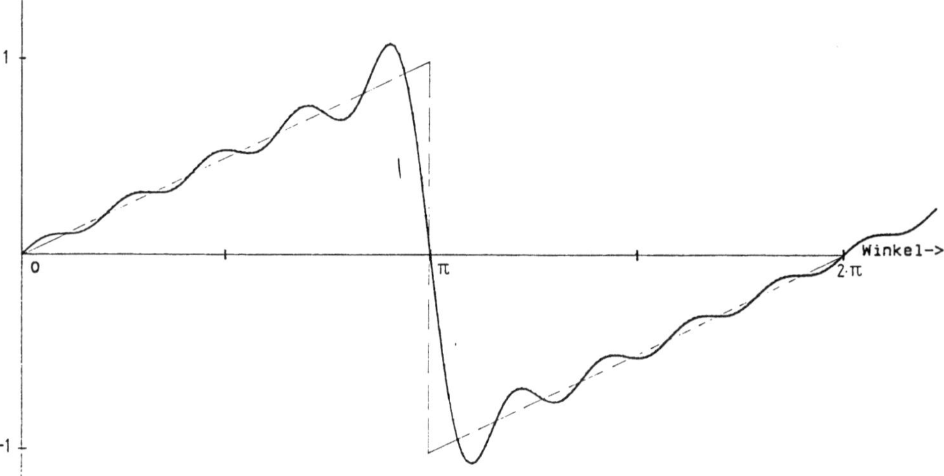

Bild 6.6-2: b) Sägezahn

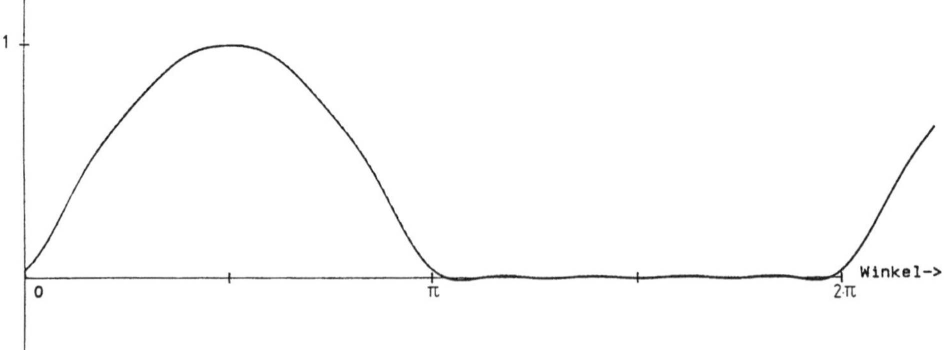

Bild 6.6-2: c) Einweggleichrichtung

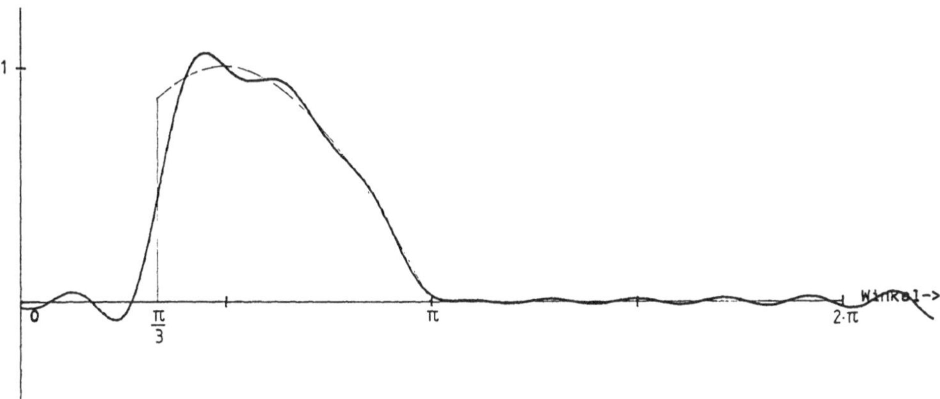

Bild 6.6-2: d) Einweggleichrichtung mit Phasenanschnitt

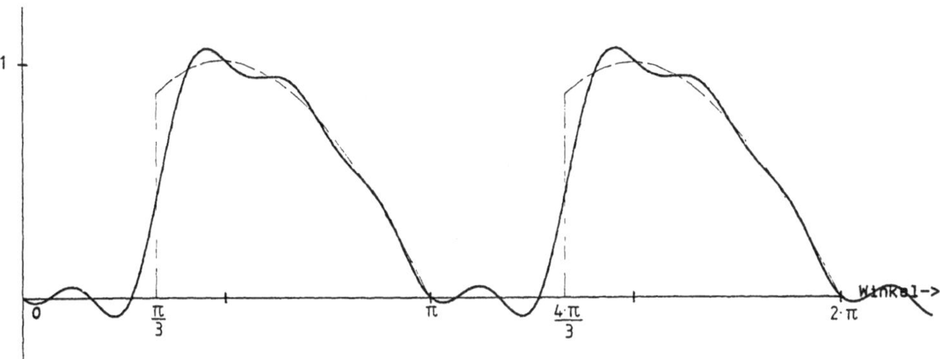

Bild 6.6-2: e) Zweiweggleichrichtung mit Phasenanschnitt

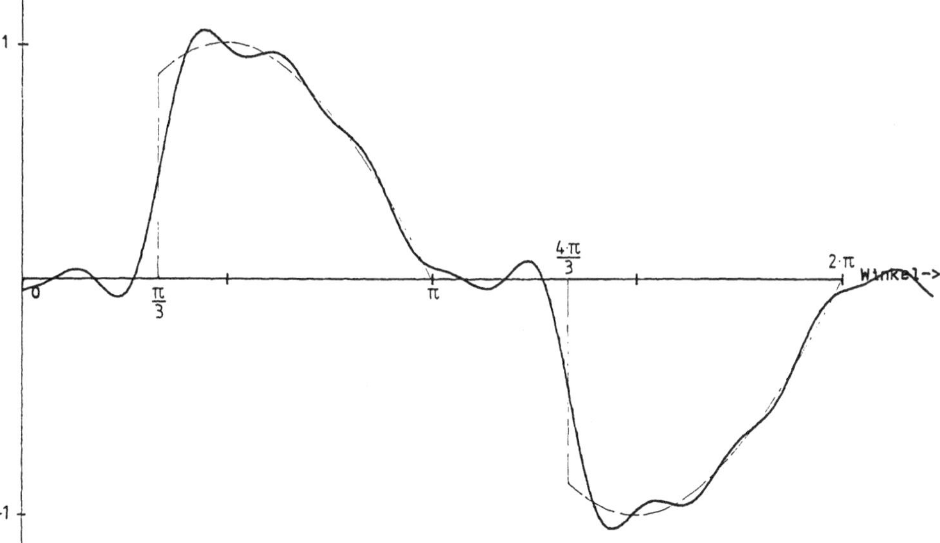

Bild 6.6-2: f) pulsbreitengesteuerte Wechselspannung

7 Ausgleichsvorgänge

In den bisherigen Kapiteln hatten wir stets stationäre Vorgänge berechnet, d.h., die untersuchten Ströme, Spannungen oder Felder waren lange vorher schon eingeschaltet worden und wurden während des Betrachtungszeitraumes nicht verändert (sinusförmige Wechselgrößen gelten hierbei ebenfalls als stationär).

In diesem Kapitel berechnen wir die Vorgänge in Schaltungen beim Ein- bzw. Ausschalten von Spannungen. Die dabei auftretenden, vorübergehenden (transienten) Vorgänge nennt man Ausgleichsvorgänge. Die ihnen zugrunde liegenden Beziehungen sind Differentialgleichungen, die exakt oder numerisch gelöst werden.

7.1 Berechnung von Ausgleichsvorgängen mit Differentialgleichungen

7.1.1 Differentielle Beziehungen

Die Grundlage der Berechnung von elektrischen Ausgleichsvorgängen sind – wie bei Berechnung des stationären Zustandes – die Kirchhoffschen Regeln (Knoten- und Maschenregel).

Sie ergeben zusammen mit den differentiellen Beziehungen zwischen u und i an L oder C die Differentialgleichung (Dgl.). Diese Beziehungen zeigt die Tabelle in Bild 7.1-1. In dieser Tabelle und im Folgenden bedeutet $u' = \dfrac{du}{dt}$.

	R	L	C
u	$R \cdot i$	$L \cdot i'$	$\dfrac{1}{C} \cdot \int i\,dt + U(0)$
i	$\dfrac{u}{R}$	$\dfrac{1}{L} \cdot \int u\,dt + I(0)$	$C \cdot u'$

Bild 7.1-1:
Tabelle der Verknüpfungen
von u und i

7.1.2 Anfangswerte

Zur Bestimmung der Konstanten in der geschlossenen Lösung der Dgl. sind noch die Anfangswerte notwendig, das sind die u- bzw. i-Werte zum Zeitpunkt des Schaltens, also bei $t = 0$.

$$\text{Kirchhoff + Tab. 7.1-1} \Rightarrow \text{Dgl.} \xrightarrow{\quad\quad} \begin{array}{c}\text{allgemeine}\\ \text{Lösung}\end{array} \xrightarrow{\quad\quad} \begin{array}{c}\text{endgültige}\\ \text{Lösung}\end{array}$$

$$\uparrow \qquad\qquad\qquad \uparrow$$

$$\text{Ansatz} \qquad \begin{array}{c}\text{Anfangswerte}\\ u(0);\, i(0)\end{array}$$

(Für die numerische Lösung von Dgl. ist kein Lösungsansatz erforderlich.)

7.1.3 Aus- und Einschaltvorgänge

Bei den mathematisch einfacheren Ausschaltvorgängen hat man es stets mit einer homogenen Dgl. zu tun, d.h. das „Störglied" auf der rechten Seite der Dgl. ist gleich 0.

Bei den Einschaltvorgängen ist das Störglied gerade gleich der eingeschalteten treibenden Spannung. Bei der Berechnung der geschlossenen Lösung geht man so vor, daß man zunächst die allgemeine Lösung der homogenen Dgl. bestimmt. Dann sucht man mittels eines geschickten Ansatzes eine Lösung der inhomogenen Dgl..Beide Lösungen werden addiert und durch die Anfangswerte einander angepaßt.

Ausschaltvorgang: homogene Dgl. und Anfangswerte → Lösung

Einschaltvorgang:

$$
\text{inhomogene Dgl.} \left\langle
\begin{array}{c}
\text{allgemeine Lösung} \\
\text{der homogenen Dgl.} \\
+ \\
\text{eine Lösung der} \\
\text{inhomogenen Dgl.}
\end{array}
\right\rangle \text{ und Anfangswerte → Lösung}
$$

7.1.4 Beispiele mit einem Energiespeicher

Die Aufgaben dieser Gruppe führen stets zu Dgl. erster Ordnung. Deren Lösungen enthalten stets die e-Funktion. Zur Konstantenbestimmung ist nur ein bekannter Anfangswert erforderlich.

7.1.4.1 Das RC-Glied

Die Kirchhoffsche Maschenregel liefert für die RC-Schaltung in Bild 7.1-2:

$$u_R + u_C = u_1 \ .$$

Für $i_R = i_C = i$:

$$R \cdot i + u_C = u_1 \ .$$

Mit Tabelle 7.1-1 und $u_C = u_2$:

$$R \cdot C \cdot u_2' + u_2 = u_1 \ . \tag{7.1-1}$$

Dies ist eine inhomogene Dgl. erster Ordnung, die die Schaltung allgemein beschreibt.

Wir betrachten zunächst den einfachen Fall, daß zum Zeitpunkt $t = 0$ der Eingang kurzgeschlossen wird und der Kondensator C auf U_0 aufgeladen sei, also den Ausschaltvorgang.

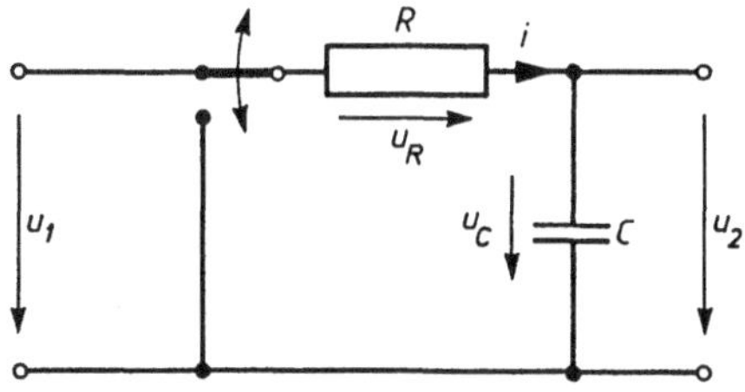

Bild 7.1-2: RC-Glied

Ausschaltvorgang

Für $t \geqq 0$ ist dann $u_1 = 0$.
Also aus (7.1-1):

$$R \cdot C \cdot u_2' + u_2 = 0 \qquad\qquad (7.1\text{-}2)$$

(homogene Dgl. erster Ordnung).

Lösungsansatz: Es sei

$$u_2 = A \cdot e^{bt} . \qquad\qquad (7.1\text{-}3)$$

(7.1-3) → (7.1-2):

$$R \cdot C \cdot b \cdot A \cdot e^{bt} + A \cdot e^{bt} = 0 ,$$

daraus

$$b = -1/RC = -1/\tau . \qquad\qquad (7.1\text{-}4)$$

Der Anfangswert ist $u_2(0) = u_C(0) = U_0$, denn auf U_0 sei C aufgeladen. Dies in (7.1-3):

$$U_0 = A \cdot e^0 ,$$

daraus

$$A = U_0 .$$

Somit ergibt sich die Lösung

$$u_2 = U_0 \cdot e^{-\frac{t}{\tau}} . \qquad\qquad (7.1\text{-}5)$$

Bemerkungen:

1. Aus der Anschauung erwartet man $u_2 = U_0$ für $t = 0$. Das liefert auch (7.1-5). Weiterhin wird wohl bei $t \to \infty$ der Kondensator entladen sein, also $u_2(\infty) \to 0$. Das liefert auch (7.1-5).

2. Liegt die Schaltung an einer Wechselspannung bevor geschaltet wird, so wird für U_0 der Wert von u_C genommen, welcher zum Zeitpunkt des Schaltens herrscht. Alles andere bleibt wie oben.

Einschalten einer Gleichspannung

Es gilt (7.1-1) mit $u_1 = U_0$:

$$R \cdot C \cdot u_2' + u_2 = U_0 . \qquad\qquad (7.1\text{-}6)$$

Diese inhomogene Dgl. erster Ordnung löst man, indem man zunächst die allgemeine Lösung der homogenen Dgl. sucht. Dies ist in unserem Fall bereits erledigt, vgl. (7.1-3).

Dann sucht man eine Lösung der inhomogenen Dgl.. Dazu bedarf es einer gewissen Erfahrung und Übung. Man setzt im allgemeinen eine Lösung an „in Form" des „Störgliedes" (das ist bei uns stets die Eingangsspannung u_1). Schließlich addiert man die allgemeine Lösung der homogenen und die spezielle Lösung der inhomogenen Dgl. zur Gesamtlösung.

Lösungsansatz „in Form" des Störgliedes: Es sei

$$u_2 = a \cdot U_0 \ .$$

Das in (7.1-6):

$$R \cdot C \cdot 0 + a \cdot U_0 = U_0 \ , \qquad \rightarrow a = 1 \ ,$$

und die spezielle Lösung lautet somit

$$u_2 = U_0 \ .$$

Allgemeine Lösung + spezielle Lösung:

$$u_2 = U_0 + A \cdot e^{-\frac{t}{\tau}} \ . \tag{7.1-7}$$

Die Konstante A ergibt sich aus dem Anfangswert $u_2(0) = 0$:

$$0 = U_0 + A \cdot e^0 \ , \qquad \rightarrow A = - U_0 \ .$$

Aus (7.1-7):

$$u_2 = U_0 \cdot (1 - e^{-\frac{t}{\tau}}) \ . \tag{7.1-8}$$

Diese Lösung wird wieder auf die Probe gestellt: Für $t = 0$ erwarten wir $u_2 = 0$. (7.1-8) liefert das. Für $t \rightarrow \infty$ erwarten wir $u_2 \rightarrow U_0$. (7.1-8) liefert das.

Übung

7.1-1: Eine RC-Schaltung ($R = 333,3\,\text{k}\Omega$; $C = 1\,\mu\text{F}$) wird bei $t = 0$ an $U = 33,3\,\text{V}$ gelegt. Nach $0,7\,\text{s}$ wird der Eingang kurzgeschlossen. Man berechne u_C bei $t = 1,2\,\text{s}$.

Einschalten einer Rampenspannung

(7.1-1) mit $u_1 = k \cdot t$:

$$R \cdot C \cdot u_2' + u_2 = k \cdot t \ . \tag{7.1-9}$$

Die Lösung der homogenen Dgl. ist bereits bekannt: (7.1-3). Für die inhomogene Dgl. versuchen wir den Ansatz „in Form" von u_1. Es sei

$$u_2 = a + b \cdot t \ . \tag{7.1-10}$$

Dies in (7.1-9):

$$R \cdot C \cdot b + a + b \cdot t = k \cdot t \ .$$

Koeffizientenvergleich der beiden Seiten dieser Gleichung ergibt:

$$a = - k \cdot \tau \ ;$$
$$b = k \ .$$

Dies führen wir in (7.1-10) ein und bilden dann die Summe von allgemeiner Lösung der homogenen Dgl. und spezieller Lösung der inhomogenen Dgl., (7.1-3) + (7.1-10):

$$u_2 = A \cdot e^{-\frac{t}{\tau}} + k \cdot t - k \cdot \tau \ .$$

Die Konstante A folgt aus dem Anfangswert $u_2(0) = 0$:

$$0 = A \cdot e^0 + 0 - k \cdot \tau, \qquad \rightarrow A = k \cdot \tau .$$

Damit erhält man die endgültige Lösung

$$u_2 = k \cdot [t - \tau \cdot (1 - e^{-\frac{t}{\tau}})] . \qquad (7.1\text{-}11)$$

Probe: Für $t = 0$ muß $u_2 = 0$ sein. Dies wird von (7.1-11) erfüllt. Für sehr große t muß $u_2 = k \cdot (t - \tau)$ werden. Auch das erfüllt (7.1-11).

Einschalten einer Wechselspannung

(7.1-1) mit $u_1 = U \cdot \sin \omega t$:

$$R \cdot C \cdot u_2' + u_2 = U \cdot \sin \omega t . \qquad (7.1\text{-}12)$$

Die Lösung der homogenen Dgl. ist (7.1-3).

Für die inhomogene Dgl. versuchen wir den Ansatz „in Form" von u_1. Es sei

$$u_2 = B \cdot \sin \omega t + D \cdot \cos \omega t ,$$
$$u_2' = B \cdot \omega \cdot \cos \omega t - D \cdot \omega \cdot \sin \omega t . \qquad (7.1\text{-}13)$$

Dies in (7.1-12) ergibt

$$(B - D \cdot \omega \cdot \tau) \cdot \sin \omega t + (B \cdot \omega \cdot \tau + D) \cdot \cos \omega t = U \cdot \sin \omega t .$$

Koeffizientenvergleich der beiden Seiten der Gleichung ergibt nach kurzer Zwischenrechnung

$$B = \frac{U}{1 + (\omega \cdot \tau)^2} \quad \text{und} \quad D = - \frac{U \cdot \omega \cdot \tau}{1 + (\omega \cdot \tau)^2} .$$

Dies führen wir in (7.1-13) ein und bilden dann die Summe von allgemeiner Lösung der homogenen Dgl. und spezieller Lösung der inhomogenen Dgl., (7.1-3) + (7.1-13):

$$u_2 = A \cdot e^{-\frac{t}{\tau}} + \frac{U}{1 + (\omega \cdot \tau)^2} \cdot (\sin \omega t - \omega \cdot \tau \cdot \cos \omega t) .$$

Die Konstante A folgt aus dem Anfangswert $u_2(0) = 0$:

$$0 = A \cdot 1 + \frac{U}{1 + (\omega \cdot \tau)^2} \cdot (0 - \omega \cdot \tau) .$$

Somit lautet die endgültige Lösung:

$$u_2 = \frac{U \cdot \omega \cdot \tau}{1 + (\omega \cdot \tau)^2} \cdot \left[e^{-\frac{t}{\tau}} + \frac{1}{\omega \cdot \tau} \cdot \sin \omega t - \cos \omega t \right] . \qquad (7.1\text{-}14)$$

Probe: Für $t = 0$ muß $u_2 = 0$ sein. Diese Forderung erfüllt (7.1-14). Für $t \rightarrow \infty$ muß sich die stationäre Lösung ergeben. Aus (7.1-14):

$$\lim_{t \rightarrow \infty} u_2 = \frac{U}{1 + (\omega \cdot \tau)^2} \cdot [\sin \omega t - \omega \cdot \tau \cdot \cos \omega t] . \qquad (7.1\text{-}15)$$

Berechnet man u_2 $(t \rightarrow \infty)$ des RC-Gliedes mit komplexer Rechnung, so erhält man:

$$u_2 = \frac{U}{\sqrt{1 + (\omega \cdot \tau)^2}} \cdot \sin(\omega t + \varphi) \, . \tag{7.1-16}$$

Die Übereinstimmung von (7.1-15) und (7.1-16) ist nicht offensichtlich. Man findet sie, wenn man berücksichtigt, daß hier $\tan \varphi = - \omega \cdot \tau$ ist und allgemein:

$$\sin(a + b) = \sin a \cdot \cos b + \cos a \cdot \sin b \, ,$$

$$\sin a = \frac{\tan a}{\sqrt{1 + (\tan a)^2}} \, ,$$

$$\cos a = \frac{1}{\sqrt{1 + (\tan a)^2}} \, .$$

Bemerkungen:

1. Das Einschalten muß nicht bei $u_2(0) = 0$ erfolgen. Es ergibt sich dann wegen $u_2(0) \neq 0$ lediglich eine andere Konstante A.

2. Die Berücksichtigung der Einschaltphase φ:

   Statt (7.1-12):

$$R \cdot C \cdot u_2' + u_2 = U \cdot \sin(\omega \cdot t + \varphi) \, . \tag{7.1-12a}$$

Der Ansatz (7.1-13) bleibt.

Für B und D ergibt sich jetzt:

$$B = U \cdot (\cos \varphi + \omega \cdot \tau \cdot \sin \varphi) / (1 + (\omega \cdot \tau)^2)$$

und

$$D = U \cdot (\sin \varphi - \omega \cdot \tau \cdot \cos \varphi) / (1 + (\omega \cdot \tau)^2) \, .$$

Dies in (7.1-13) mit der homogenen Lösung (7.1-3) und $u_2(0) = 0$ ergibt den (7.1-14) entsprechenden Ausdruck für die endgültige Lösung:

$$u_2 = U \cdot ((\cos \varphi + \omega \cdot \tau \cdot \sin \varphi) \cdot \sin \omega t + (\sin \varphi - \omega \cdot \tau \cdot \cos \varphi) \cdot (\cos \omega t - e^{-\frac{t}{\tau}})) / (1 + (\omega \cdot \tau)^2) \, .$$

$$\tag{7.1-14a}$$

Übung

7.1-2: An eine RC-Schaltung ($R = 333{,}3\,\mathrm{k\Omega}$; $C = 1\,\mu\mathrm{F}$) wird bei $t = 0$ eine Sinusspannung mit Amplitude $\hat{u} = 33{,}3\,\mathrm{V}$ und Frequenz $f = 0{,}5\,\mathrm{Hz}$ gelegt. Wie groß ist $u_C(t)$ beim ersten Nulldurchgang der Eingangsspannung nach dem Schaltvorgang?

TTL-Verzögerungsschaltung

In der digitalen Schaltungstechnik müssen oft Signale geringfügig verzögert werden. Die Schaltung in Bild 7.1-3 zeigt eine Möglichkeit.

Gesucht ist die Verzögerung t_1.

Wir übernehmen die Lösung (7.1-5) für den Ausschaltvorgang:

$$b = U_1\, e^{-\,t/\tau}$$
$$b\,(t_1) = U_0 = U_1\, e^{-\,t_1/\tau}.$$

Dies ergibt, nach t_1 aufgelöst:

$$t_1 = RC \cdot \ln \frac{U_1}{U_0}\,. \qquad\qquad\qquad\qquad (7.1\text{-}17)$$

Für $U_1 = 5\,\text{V}$ und $U_0 = 0,4\,\text{V}$ folgt daraus z.B.:

$$t_1 = 2,53 \cdot RC\,.$$

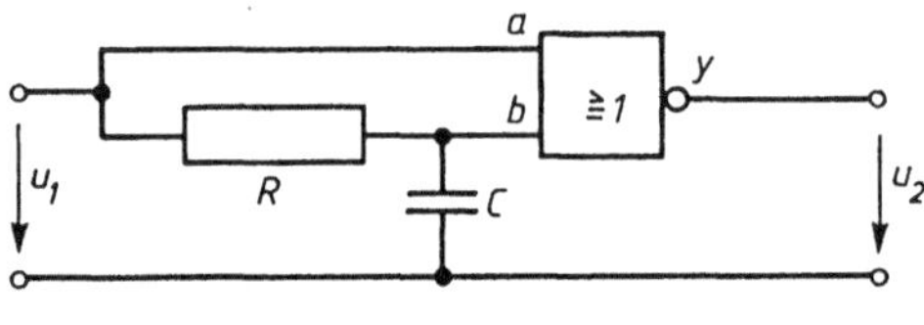

Bild 7.1-3:

TTL-Verzögerungsschaltung

a) Schaltbild
b) NOR-Tabelle
c) Zeitdiagramm

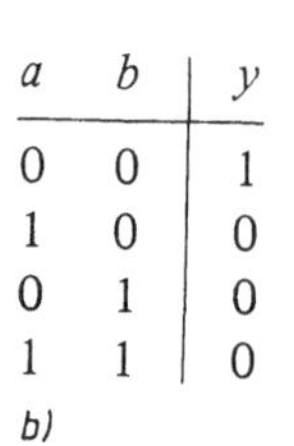

a	b	y
0	0	1
1	0	0
0	1	0
1	1	0

b)

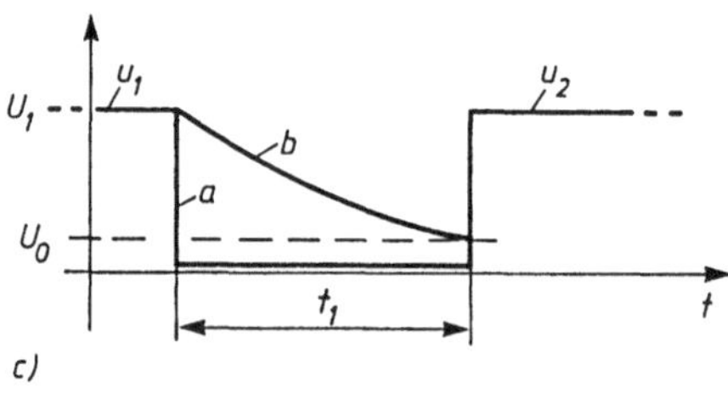

7.1.4.2 Das *CR*-Glied

Die Kirchhoffsche Maschenregel liefert für die *CR*-Schaltung in Bild 7.1-4:

$$u_C + u_R = u_1\,,$$
$$u_C + R \cdot i = u_1\,.$$

Mit Tabelle 7.1-1:

$$u_C + R \cdot C \cdot u_C' = u_1\,.$$

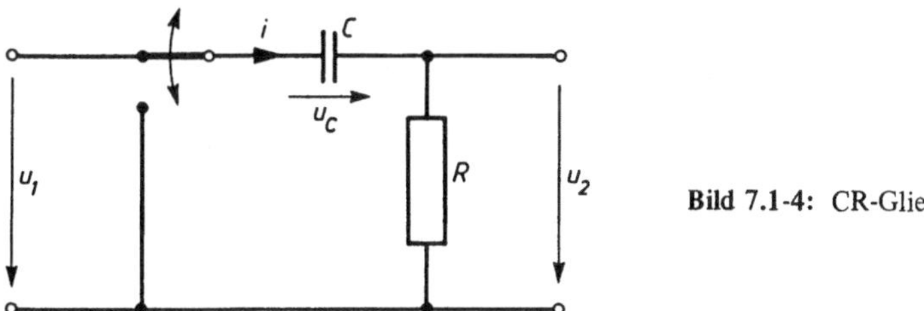

Bild 7.1-4: CR-Glied

Dies entspricht (7.1-1) und kann wie in Abschnitt 7.1.4.1 beschrieben gelöst werden. Das gesuchte u_2 folgt dann mittels Tabelle 7.1-1 aus u_C:

$$u_2 = R \cdot i = R \cdot C \cdot u_C' \; . \tag{7.1-18}$$

Ausschaltvorgang

Das bedeutet Kurzschluß des Eingangs bei aufgeladenem Kondensator.

Aus (7.1-5) folgt mit u_C statt u_2 :

$$u_C' = -\frac{1}{\tau} \cdot U_0 \cdot e^{-\frac{t}{\tau}} \; ,$$

also, mit (7.1-18):

$$u_2 = -U_0 \cdot e^{-\frac{t}{\tau}} \; . \tag{7.1-19}$$

Das Minus bedeutet Spannung u_2 entgegen dem Pfeil der Skizze.

Einschalten einer Gleichspannung

Aus (7.1-8) folgt:

$$u_C' = \frac{U_0}{\tau} \cdot e^{-\frac{t}{\tau}} \; ,$$

also

$$u_2 = U_0 \cdot e^{-\frac{t}{\tau}} \; . \tag{7.1-20}$$

Einschalten einer Rampenspannung

Aus (7.1-11) folgt

$$u_C' = k \cdot \left[1 - \frac{\tau}{\tau} \cdot e^{-\frac{t}{\tau}} \right] \; ,$$

$$u_2 = k \cdot R \cdot C \cdot \left[1 - e^{-\frac{t}{\tau}} \right] \; . \tag{7.1-21}$$

Nach einiger Zeit bleibt also u_2 konstant trotz weiterhin steigender Eingangsspannung.

Einschalten einer Wechselspannung

Aus (7.1-14) folgt

$$u_C' = \frac{U \cdot \omega \cdot \tau}{1 + (\omega \cdot \tau)^2} \cdot \left[-\frac{1}{\tau} \cdot e^{-\frac{t}{\tau}} + \frac{1}{\tau} \cdot \cos \omega t + \omega \cdot \sin \omega t \right].$$

Daraus wieder u_2 mittels (7.1-18).

7.1.4.3 Das RL-Glied

Das RL-Glied (Bild 7.1-5) liegt normalerweise vor in Form einer Spule, so daß es sinnvoll ist, nach dem Verhalten des Spulenstromes i zu fragen. Dessen Berechnung erfolgt vollkommen analog zur RC-Berechnung in Abschnitt 7.1.4.1.

Wünscht man u_L zu wissen, so bedient man sich der Beziehung $u_L = L \cdot i'$ mit i gemäß Folgendem.

Die Kirchhoffsche Maschenregel liefert

$$u_R + u_L = u_1 \ .$$

Mit Tabelle 7.1-1:

$$R \cdot i + L \cdot i' = u_1 \ . \tag{7.1-22}$$

Diese inhomogene Dgl. erster Ordnung beschreibt die vorliegende Schaltung.

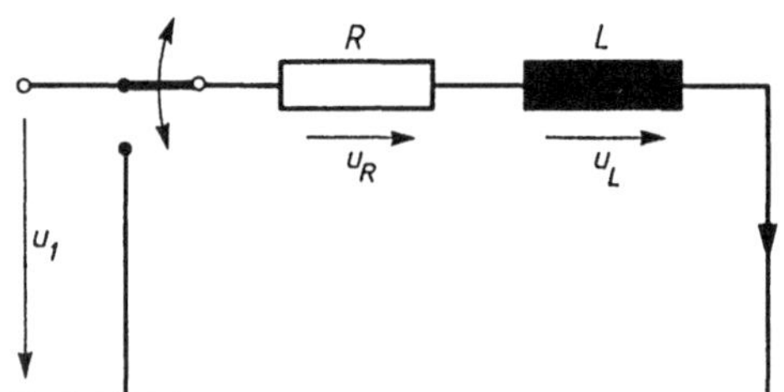

Bild 7.1-5: RL-Glied

Ausschaltvorgang

Es fließe für $t < 0$ ein Strom $I = \dfrac{U_0}{R}$. Bei $t = 0$ wird u_1 abgetrennt und die Spule kurzgeschlossen. Gesucht ist $i\ (t \geq 0)$.

Aus (7.1-22) folgt

$$R \cdot i + L \cdot i' = 0 \ . \tag{7.1-22a}$$

Man findet dazu genau wie in Abschnitt 7.1.4.1 die allgemeine Lösung

$$i = A \cdot e^{-\frac{t}{\tau}} ,$$

woraus hier folgt

$$i = I \cdot e^{-\frac{t}{\tau}} \quad \text{mit} \quad \tau = \frac{L}{R} \ . \tag{7.1-23}$$

Der Strom i nimmt erwartungsgemäß ab bis $i = 0$.

Einschalten einer Gleichspannung

Es gilt (7.1-22) mit dem Störglied $u_1 = U_0$:

$$R \cdot i + L \cdot i' = U_0 \; ,$$

bzw.

$$i + \tau \cdot i' = I \; , \qquad \tau = \frac{L}{R} \; . \tag{7.1-24}$$

(7.1-24) entspricht genau (7.1-6), so daß man die dortige Lösung (7.1-8) umgeschrieben übernehmen kann:

$$i = I \cdot (1 - e^{-\frac{t}{\tau}}) \; . \tag{7.1-25}$$

Einschalten einer Rampenspannung

Es gilt (7.1-22) mit dem Störglied $u_1 = k \cdot t$:

$$R \cdot i + L \cdot i' = k \cdot t \; . \tag{7.1-26}$$

Wir übernehmen die Lösung der homogenen Dgl. aus Abschnitt 7.1.4.1, (7.1-3):

$$i = A \cdot e^{-\frac{t}{\tau}} \; . \tag{7.1-27}$$

Für die inhomogene Dgl. (7.1-26) machen wir den Ansatz „in Form" des Störgliedes

$$i = a + b \cdot t \; . \tag{7.1-28}$$

Durch Einsetzen in (7.1-26) und Koeffizientenvergleich erhält man wie bei (7.1-10):

$$a = -\frac{k}{R} \cdot \tau \; ,$$

$$b = \frac{k}{R} \; .$$

Man setzt diese Konstanten in (7.1-28) ein und addiert (7.1-27) + (7.1-28). Mit der Anfangsbedingung $i(0) = 0$ folgt die Lösung

$$i = \frac{k}{R} \cdot [t - \tau \cdot (1 - e^{-\frac{t}{\tau}})] \; . \tag{7.1-29}$$

Man vergleiche (7.1-29) mit (7.1-11).

Einschalten einer Wechselspannung

Es gilt (7.1-22) mit dem Störglied $u_1 = U \cdot \sin \omega t$:

$$R \cdot i + L \cdot i' = U \cdot \sin \omega t \; . \tag{7.1-30}$$

Wir übernehmen die Lösung (7.1-27) der homogenen Dgl.:

$$i = A \cdot e^{-\frac{t}{\tau}} \; , \qquad \tau = \frac{L}{R} \; . \tag{7.1-27}$$

Wie zuvor machen wir zur Lösung der inhomogenen Dgl. den Ansatz „in Form" des Störgliedes:

$$i = B \cdot \sin \omega t + D \cdot \cos \omega t \ . \tag{7.1-31}$$

Dies in (7.1-30) ergibt durch Koeffizientenvergleich:

$$B = \frac{U}{L} \cdot \frac{\tau}{1 + (\omega \cdot \tau)^2} \ ,$$

$$D = -\frac{U}{R} \cdot \frac{\omega \cdot \tau}{1 + (\omega \cdot \tau)^2} \ .$$

Die Konstanten B und D in (7.1-31), dann (7.1-31) + (7.1-27) und daraus mittels $i\,(0) = 0$
Bestimmung von A, so daß folgt:

$$i = \frac{U \cdot \omega \cdot \tau}{1 + (\omega \cdot \tau)^2} \cdot \frac{1}{R} \cdot \left[e^{-\frac{t}{\tau}} + \frac{1}{\omega \cdot \tau} \cdot \sin \omega t - \cos \omega t \right] . \tag{7.1-32}$$

Man vergleiche mit (7.1-14).

7.1.5 Beispiele mit zwei Energiespeichern

7.1.5.1 *RLC*-Reihenschaltung

Wir untersuchen die Schaltung in Bild 7.1-6.

Maschenregel:

$$u_R + u_L + u_C = u_1 \ .$$

Es ist hier vorteilhaft, die Größe u_C als gesuchte Größe zu nehmen:

$$R \cdot i + L \cdot i' + u_C = u_1 \ . \tag{7.1-33}$$

Mit Tabelle 7.1-1 folgt aus (7.1-33):

$$R \cdot C \cdot u_C' + L \cdot C \cdot u_C'' + u_C = u_1 \ ,$$

oder

$$u_C'' + 2 \cdot \vartheta \cdot u_C' + \omega_0^2 \cdot u_C = u_1 \cdot \omega_0^2 ; \qquad 2 \cdot \vartheta = \frac{R}{L} \ , \quad \omega_0^2 = \frac{1}{L \cdot C} \ . \tag{7.1-34}$$

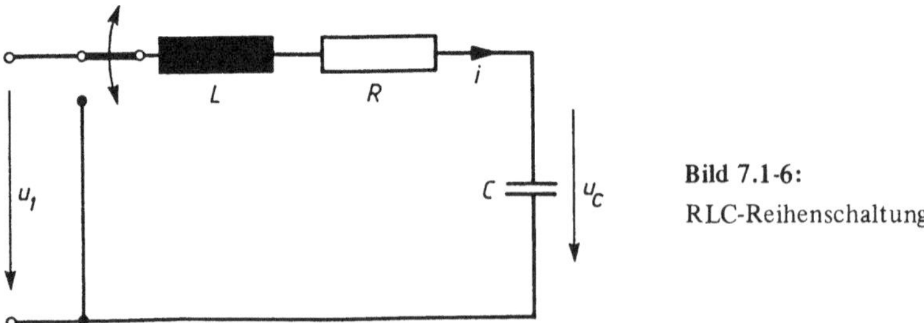

Bild 7.1-6:
RLC-Reihenschaltung

Ausschaltvorgang

Die homogene Dgl., die aus (7.1-34) folgt, beschreibt bekanntlich den Ausschaltvorgang. Zu ihrer Lösung macht man den Ansatz

$$u_C = K \cdot e^{b \cdot t}$$

$$u_C' = K \cdot b \cdot e^{b \cdot t}$$

$$u_C'' = K \cdot b^2 \cdot e^{b \cdot t}.$$

(7.1-35)

Dies in (7.1-34) ergibt:

$$b^2 + 2 \cdot \vartheta \cdot b + \omega_0^2 = 0 .$$

$$b_{1,2} = - \vartheta \pm \sqrt{\vartheta^2 - \omega_0^2} .$$

(7.1-36)

Man hat nun drei mögliche Fälle zu unterscheiden:

1. $\vartheta < \omega_0$ (schwache Dämpfung).

    Damit folgt aus (7.1-36):

$$b_{1,2} = - \vartheta \pm j \cdot \sqrt{\omega_0^2 - \vartheta^2} .$$

(7.1-37)

2. $\vartheta = \omega_0$ (kritische Dämpfung).

    Damit folgt aus (7.1-36):

$$b = - \vartheta .$$

(7.1-38)

    Außerdem:

$$R = 2 \cdot \sqrt{\frac{L}{C}} .$$

3. $\vartheta > \omega_0$ (starke Dämpfung).

    Es gilt $b_{1,2}$ nach (7.1-36).

Wir untersuchen diese drei Fälle nun etwas genauer.

Zu 1. Schwache Dämpfung:

Aus (7.1-35) mit (7.1-37) folgt

$$u_C = A \cdot e^{(- \vartheta + j\omega) \cdot t} + B \cdot e^{(- \vartheta - j\omega) \cdot t} .$$

Dabei ist $\omega = \sqrt{\omega_0^2 - \vartheta^2}$ die Resonanzfrequenz der Schaltung.

$$u_C = e^{- \vartheta \cdot t} \cdot (A \cdot e^{j\omega t} + B \cdot e^{-j\omega t}) .$$

(7.1-39)

Zur Bestimmung der Konstanten A und B sind die Anfangswerte des Geschehens notwendig. Zur Zeit $t = 0$ ist C auf U_0 aufgeladen, also

$$u_C(0) = U_0 .$$

(7.1-40)

Der Gesamtstrom ist zur Zeit $t = 0$: $i(0) = 0$.

Da der Strom in einer Induktivität nicht springen kann, bleibt er auch im Moment des
Schaltens 0. Wegen $i_C = C \cdot u_C'$ ist also

$$u_C'(0) = 0 \ . \tag{7.1-41}$$

(7.1-40) in (7.1-39) liefert $U_0 = A + B$.

Differenziert man (7.1.-39) und setzt (7.1-41) ein, so folgt

$$0 = -\vartheta \cdot (A + B) + j\omega \cdot (A - B) \ .$$

Damit erhält man schließlich

$$A = \frac{U_0}{2 \cdot j\omega} \cdot (j\omega + \vartheta)$$

$$B = \frac{U_0}{2 \cdot j\omega} \cdot (j\omega - \vartheta) \ .$$

Dies in (7.1-39) ergibt unter Verwendung der Eulerschen Formel:

$$u_C = U_0 \cdot e^{-\vartheta \cdot t} \cdot \left[\frac{\vartheta}{\omega} \cdot \sin \omega t + \cos \omega t \right] \ . \tag{7.1-42}$$

Proben:

Die Dimensionen in (7.1-42) stimmen. Der imaginäre Anteil ist verschwunden. Für
$t \to \infty$ ergibt (7.1-42) $u_C = 0$, wie dies bei Ausschaltvorgängen stets sein muß.

Zu 2. Kritische Dämpfung:

Anstelle des Ansatzes (7.1-35) gilt nach der mathematischen Theorie nunmehr der Ansatz

$$u_C = A \cdot e^{-\vartheta \cdot t} + B \cdot t \cdot e^{-\vartheta \cdot t} \ .$$

Daraus folgt ohne weiteres

$$u_C(0) = A$$
$$u_C'(0) = B - \vartheta \cdot A \ .$$

Die Anfangsbedingungen (7.1-40, 7.1-41) gelten auch hier, so daß die Konstanten lauten:

$$A = U_0 \ ; \qquad B = \vartheta \cdot U_0 \ .$$

Die endgültige Lösung ist also:

$$u_C = U_0 \cdot (1 + \vartheta \cdot t) \cdot e^{-\vartheta \cdot t} \ . \tag{7.1-43}$$

Zu 3. Starke Dämpfung:

Aus (7.1-35) mit (7.1-36) folgt

$$u_C = A \cdot e^{(-\vartheta + D) \cdot t} + B \cdot e^{(-\vartheta - D) \cdot t} \ ; \qquad D = \sqrt{\vartheta^2 - \omega_0^2} \ . \tag{7.1-44}$$

Die Konstanten A und B ergeben sich aus denselben Anfangswerten (7.1-40) und (7.1-41) wie bei der schwachen Dämpfung zu

$$A = \frac{U_0}{2} \cdot \left(1 + \frac{\vartheta}{D}\right) \qquad B = \frac{U_0}{2} \cdot \left(1 - \frac{\vartheta}{D}\right) .$$

Damit wird aus (7.1-44), wenn man noch die Definitionen für den Hyperbelsinus bzw. -cosinus zu Hilfe nimmt:

$$u_C = U_0 \cdot e^{-\vartheta \cdot t} \left[\cosh (D \cdot t) + \frac{\vartheta}{D} \sinh (D \cdot t)\right] . \tag{7.1-44a}$$

Der Leser beachte die formale Übereinstimmung zwischen (7.1-42) und (7.1-44a).

Einschalten einer Gleichspannung

Es gilt (7.1-34).

Wie in Abschnitt 7.1.3 dargelegt, wird der Einschaltvorgang beschrieben durch die homogene Lösung (hier z.B. (7.1-39)) und eine inhomogene Lösung von (7.1-34).

Der Ansatz für eine inhomogene Lösung lautet $u_C = k$.

Dies in (7.1-34):

$$0 + 0 + \omega_0^2 \cdot k = U_0 \cdot \omega_0^2$$
$$k = U_0 .$$

Daraus und mit (7.1-39) wird die allgemeine Lösung bei schwacher Dämpfung:

$$u_C = U_0 + e^{-\vartheta \cdot t} \cdot [A \cdot e^{j\omega t} + B \cdot e^{-j\omega t}] .$$

A und B bestimmt man aus den Anfangsbedingungen

$$u_C (0) = 0 \quad \text{und} \quad u_C' (0) = 0$$

und erhält so die Lösung

$$u_C = U_0 \cdot \left[1 - \left(\cos \omega t + \frac{\vartheta}{\omega} \cdot \sin \omega t\right) \cdot e^{-\vartheta \cdot t}\right] . \tag{7.1-45}$$

Für $t \to \infty$ muß C auf U_0 aufgeladen sein. (7.1-45) liefert dementsprechend $u_C \to U_0$. Die Dimensionsprobe stimmt.

Aus (7.1-45) folgt für i:

$$i = C \cdot u_C' = \frac{U_0}{\omega L} \cdot e^{-\vartheta \cdot t} \cdot \sin \omega t . \tag{7.1-46}$$

Die Größen $i(t)$ und $u_C(t)$ sind für $\vartheta = 0{,}16 \cdot \omega_0$ in Bild 7.1-7a graphisch dargestellt (man beachte dabei, daß die beiden Kurven verschiedene Nullpunkte haben). In Bild 7.1-7b ist $i(t)$ für verschiedene Werte der Dämpfung ϑ gezeichnet.

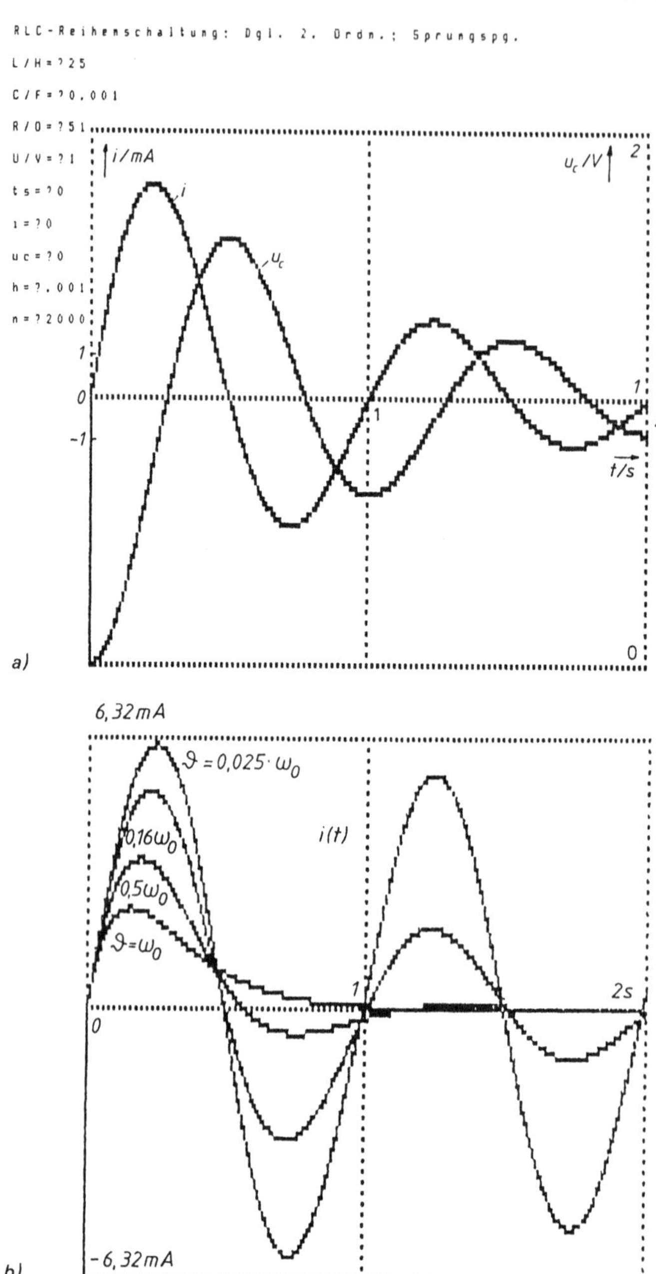

Bild 7.1-7: Zeitverhalten der RLC-Reihenschaltung
a) i (t) und u_c (t) für $\vartheta = 0.16 \cdot \omega_0$
b) i (t) für verschiedene ϑ

Übung

7.1-3: a) Das Verhältnis zweier aufeinanderfolgender Amplituden $\hat{i}_1$ und $\hat{i}_2$, die der Zeitdifferenz einer Periodendauer entsprechen, ist konstant. Man zeige, daß sich daraus die Dämpfung ϑ berechnen läßt:

$$\vartheta = \frac{\ln \dfrac{\hat{i}_1}{\hat{i}_2}}{T} \ .$$

b) Man vergleiche den mit dieser Beziehung aus Bild 7.1-7a berechenbaren Zahlenwert mit dem aus (7.1-34) zu ermittelnden Wert.

7.1.5.2 *RLC*-Parallelschaltungen

Die Maschenregel ergibt für die *RLC*-Schaltung in Bild 7.1-8:

$$u_L + u_R = u_1 \ .$$

Mit Knotenregel und der Tabelle in Bild 7.1-1 folgt daraus

$$L \cdot i_L' + R \cdot (i_C + i_L) = u_1$$

$$L \cdot i_L' + R \cdot C \cdot u_C' + R \cdot i_L = u_1$$

$$L \cdot i_L' + R \cdot L \cdot C \cdot i_L'' + R \cdot i_L = u_1$$

$$i_L'' + 2 \cdot \vartheta \cdot i_L' + \omega_0^2 \cdot i_L = \frac{u_1}{R \cdot L \cdot C} \ ; \quad 2 \cdot \vartheta = \frac{1}{R \cdot C} \ , \quad \omega_0^2 = \frac{1}{L \cdot C} \ . \qquad (7.1\text{-}47)$$

Diese inhomogene Dgl. zweiter Ordnung beschreibt die vorliegende Schaltung. Sucht man statt i_L z. B. $u_L = u_C$, so leitet man es aus i_L ab:

$$u_L = L \cdot i_L' \ .$$

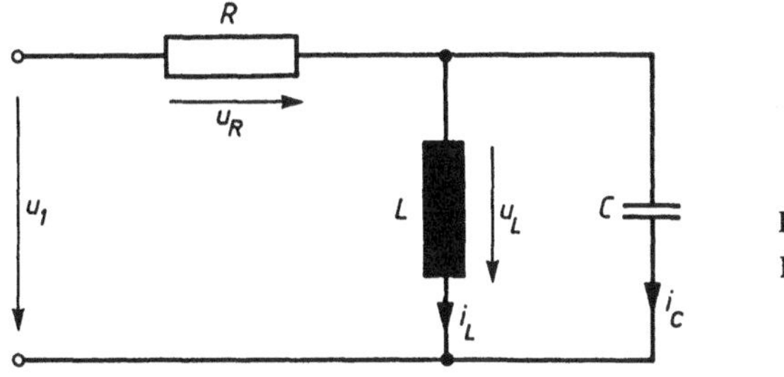

Bild 7.1-8:
RLC-Parallelschaltung

Ausschaltvorgang

Dem Vorgang liegt die Schaltung des Bildes 7.1-9 zugrunde:
Die zugehörige Dgl. folgt aus (7.1-47):

$$i_L'' + 2 \cdot \vartheta \cdot i_L' + \omega_0^2 \cdot i_L = 0 \ . \qquad (7.1\text{-}48)$$

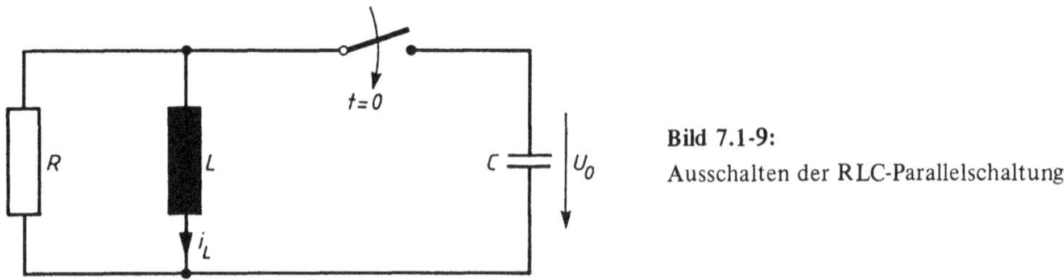

Bild 7.1-9:
Ausschalten der RLC-Parallelschaltung

Diese Gleichung entspricht (7.1-34), so daß die allgemeine Lösung für beispielsweise schwache Dämpfung von dort übernommen werden kann:

$$i_L = e^{-\vartheta \cdot t} [A \cdot e^{j\omega t} + B \cdot e^{-j\omega t}] \; . \tag{7.1-49}$$

Die Anfangswerte betragen

$$i_L (0) = 0 \; ;$$

$$i_L' (0) = \frac{u_L (0)}{L} = \frac{u_C (0)}{L} = \frac{U_0}{L} \; .$$

Damit ergeben sich A und B in (7.1-49) entsprechend Abschnitt 7.1.5.1 zu

$$A = \frac{U_0}{2 \cdot j\omega \cdot L} \; ;$$

$$B = - \frac{U_0}{2 \cdot j\omega \cdot L} \; .$$

Dies in (7.1-49) eingesetzt, ergibt mit Hilfe der Eulerschen Formel

$$i_L = \frac{U_0}{\omega \cdot L} \cdot e^{-\vartheta \cdot t} \cdot \sin \omega t \; . \tag{7.1-50}$$

Einschalten einer Gleichspannung

Es gilt die inhomogene Dgl. (7.1-47) mit dem Störglied $u_1 = U_0$. Die Lösung der homogenen Dgl. ist uns in (7.1-49) gegeben. Wir schreiben (7.1-49) um:

$$i_L = e^{-\vartheta \cdot t} \cdot (a \cdot \sin \omega t + b \cdot \cos \omega t) \; . \tag{7.1-51}$$

Von (7.1-49) nach (7.1-51) führt die Eulersche Formel. Um eine inhomogene Lösung zu finden, machen wir wie üblich den Ansatz „in Form" des Störgliedes:

$$i_L = K \; .$$

Dies in (7.1-47) ergibt:

$$0 + 2 \cdot \vartheta \cdot 0 + \omega_0^2 \cdot K = \frac{U_0}{R \cdot L \cdot C}$$

$$K = \frac{U_0}{R} \; .$$

Die vollständige Lösung ist die Summe von homogener und inhomogener Lösung:

$$i_L = \frac{U_0}{R} + e^{-\vartheta \cdot t} \cdot (a \cdot \sin \omega t + b \cdot \cos \omega t) \; . \qquad (7.1\text{-}52)$$

Im Moment des Einschaltens ist der Strom durch die Induktivität L null:

$$i_L(0) = 0 \; .$$

Im Moment des Einschaltens ist die Spannung am Kondensator C null, also auch die Spannung an L. Damit wird

$$L \cdot i'(0) = u_L(0) = 0 \; .$$

Dies in (7.1-52) bzw. in der Ableitung von (7.1-52) ergibt sofort:

$$b = -\frac{U_0}{R} \; ; \qquad a = -\frac{\vartheta}{\omega} \cdot \frac{U_0}{R} \; .$$

Also lautet die vollständige Lösung:

$$i_L = \frac{U_0}{R} \cdot \left[1 - e^{-\vartheta \cdot t} \cdot \left(\cos \omega t + \frac{\vartheta}{\omega} \cdot \sin \omega t \right) \right] . \qquad (7.1\text{-}53)$$

Einschalten einer Sinuswechselspannung

Es gilt die inhomogene Dgl. (7.1-47) mit dem Störglied $u_1 = U \cdot \sin \omega_1 t$. Für die Lösung der homogenen Dgl. verwenden wir (7.1-51), während wir zum Auffinden einer Lösung der inhomogenen Dgl. den Ansatz „in Form" des Störgliedes versuchen:

$$i_L = c \cdot \sin \omega_1 t + d \cdot \cos \omega_1 t \; . \qquad (7.1\text{-}54)$$

Man bildet i_L' und i_L'' und setzt es in (7.1-47) ein. Der Koeffizientenvergleich linke – rechte Seite liefert dann

$$c = -\frac{U}{R \cdot L \cdot C} \cdot \frac{\omega_1^2 - \omega_0^2}{(2 \cdot \vartheta \cdot \omega_1)^2 + (\omega_1^2 - \omega_0^2)^2}$$

$$d = c \cdot \frac{2 \cdot \vartheta \cdot \omega_1}{\omega_1^2 - \omega_0^2} \; . \qquad (7.1\text{-}55)$$

Die vollständige Lösung ist die Summe von homogener Lösung (7.1-51) und inhomogener Lösung (7.1-54):

$$i_L = e^{-\vartheta \cdot t} \cdot (a \cdot \sin \omega t + b \cdot \cos \omega t) + c \cdot \sin \omega_1 t + d \cdot \cos \omega_1 t \; . \qquad (7.1\text{-}56)$$

Der Leser beachte, daß wir es nun mit drei Frequenzen zu tun haben. Man muß unterscheiden:

$$\text{Die Kennfrequenz} \qquad \omega_0 = \frac{1}{\sqrt{L \cdot C}} \; ,$$

$$\text{die Resonanzfrequenz} \qquad \omega = \sqrt{\omega_0^2 - \vartheta^2} \; ,$$

$$\text{die Erregerfrequenz} \qquad \omega_1 \; .$$

In (7.1-56) sind c und d über (7.1-55) bekannt, a und b werden über dieselben Anfangswerte wie beim Einschalten einer Gleichspannung bestimmt:

$$b = -d = -c \cdot \frac{2 \cdot \vartheta \cdot \omega_1}{\omega_1^2 - \omega_0^2}$$

$$a = -c \cdot \left[\frac{\omega_1}{\omega} + \frac{2 \cdot \vartheta^2 \cdot \omega_1}{\omega \cdot (\omega_1^2 - \omega_0^2)} \right] .$$

Setzt man die Werte für a, b und d in (7.1-56) ein, so folgt

$$i_L = -c \cdot \left[e^{-\vartheta \cdot t} \cdot \left\{ \left[\frac{\omega_1}{\omega} + \frac{2 \cdot \vartheta^2 \cdot \omega_1}{\omega \cdot (\omega_1^2 - \omega_0^2)} \right] \cdot \sin \omega t \right. \right.$$

$$\left. \left. + \frac{2 \cdot \vartheta \cdot \omega_1}{\omega_1^2 - \omega_0^2} \cdot \cos \omega t \right\} - \sin \omega_1 t - \frac{2 \cdot \vartheta \cdot \omega_1}{\omega_1^2 - \omega_0^2} \cdot \cos \omega_1 t \right] , \qquad (7.1\text{-}57)$$

mit c nach (7.1-55).

Dieser lange Ausdruck ist schwer zu kontrollieren. Die Dimensionsprobe ergibt mit $\vartheta \left[\frac{1}{s} \right]$
und $\omega \left[\frac{1}{s} \right]$ korrekte Klammerausdrücke.

Für $t = 0$ muß $i_L = 0$ sein. (7.1-57) erfüllt das. Für $t \to \infty$ und $\omega_1 \to 0$ (stationärer Zustand
und Gleichstrom) erwartet man $i_L = \frac{U}{R}$. Auch das liefert (7.1-57).

Erweiterte *RLC*-Parallelschaltung

Die vorstehend behandelte *RLC*-Parallelschaltung entspricht insoweit der elektrotechnischen Realität, als der Widerstand R dem Innenwiderstand R_i des Generators entspricht.
Die Spule ist dort verlustlos. Will man auch den Spulenwiderstand R_L berücksichtigen,
so gilt das Schaltbild, das Bild 7.1-10 zeigt.

Diese Schaltung wird von der (7.1-47) entsprechenden Dgl. beschrieben:

$$i'' + 2 \cdot \vartheta^* \cdot i' + \omega_0^{*2} \cdot i = \frac{u_1}{R \cdot L \cdot C} . \qquad (7.1\text{-}58)$$

Dabei ist aber nun

$$2 \cdot \vartheta^* = \frac{R_i \cdot R_L \cdot C + L}{R_i \cdot L \cdot C} = 2 \cdot \vartheta \cdot \left(1 + \frac{C \cdot R_i \cdot R_L}{L} \right) \qquad (7.1\text{-}59)$$

$$\omega_0^{*2} = \frac{R_i + R_L}{R_i \cdot L \cdot C} = \omega_0^2 \cdot \left(1 + \frac{R_L}{R_i} \right) . \qquad (7.1\text{-}60)$$

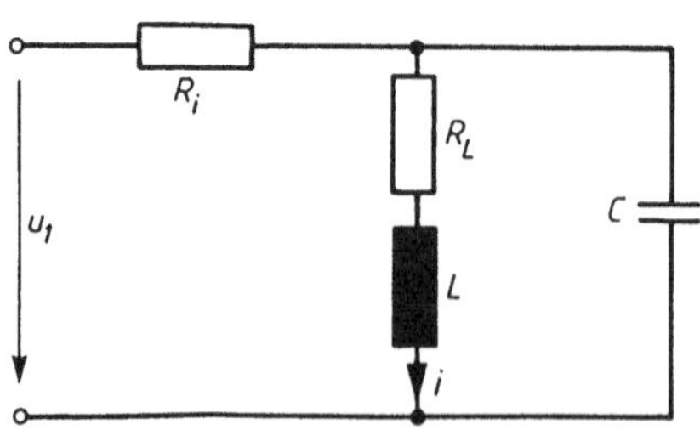

Bild 7.1-10:
RLC-Parallelschaltung mit
Spulwiderstand

7.2 Numerische Berechnung von Ausgleichsvorgängen

7.2.1 Beispiele mit einem Energiespeicher

Wir benutzen im Folgenden das mathematisch und programmtechnisch einfache Polygonzugverfahren. Seine theoretischen Grundlagen sind in Abschnitt 7 der „Mathematischen Ergänzungen" beschrieben. Dort findet man auch Flußdiagramm und Struktogramm der beiden hier verwendeten Programme POLYGON 1 in BASIC und Pascal. Die Programme selbst sind im Abschnitt „Programme" aufgelistet.

7.2.1.1 Das RC-Glied

Wir untersuchen das belastete RC-Glied gemäß Bild 7.2-1.

Im Programm werden drei Speicherplätze für die Parameter R, Re und C vorgesehen, sowie Programmlinien für die von der Zeit t abhängende Eingangsspannung $u_1(t)$, die beliebig gewählt werden kann. Im Gegensatz zur exakten Lösung brauchen wir beim numerischen Verfahren keine aus der Integrierbarkeit herrührenden Einschränkungen für u_1 hinzunehmen. Es genügt vorauszusetzen, daß $u_1(t)$ eine stetige Funktion ist. Selbst unstetige Eingangsspannungen $u_1(t)$ können bearbeitet werden, wenn man im Bereich der Sprungstelle die Verfahrensschrittweite h hinreichend klein wählt. Solche Sprungstellen ergeben sich z.B., wenn man zu einem Zeitpunkt $t = t_0$ die Spannungsquelle ein- bzw. ausschaltet (Bild 7.2-2).

Das Polygonzugverfahren reagiert so, als ob die Sprungstelle durch eine Rampe mit der Anstiegszeit $\Delta t = h$ ersetzt würde. Wählt man daher die Schrittweite h im Bereich der Schaltstelle gleich der Schaltzeit des (technischen) Schalters, so gibt die Rechnung den (technischen) Vorgang genau wieder.

Die Kirchhoffsche Regel liefert für $u_C = u_2(t)$:

$$u_1(t) = i(t) \cdot R + u_C$$

und

$$i(t) = C \cdot u_C' + u_C/Re \ .$$

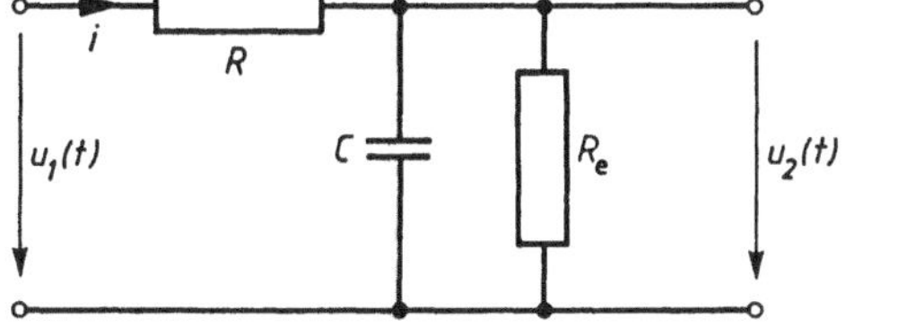

Bild 7.2-1:
Belastetes RC-Glied

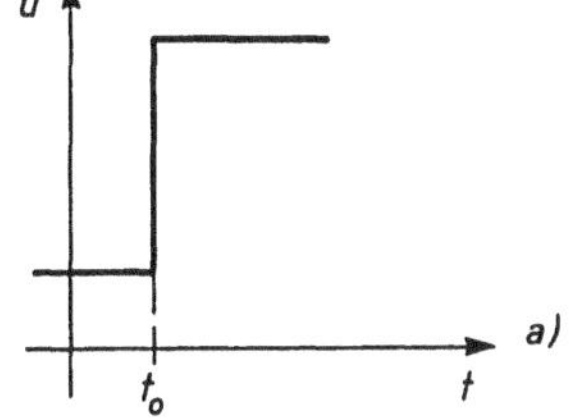

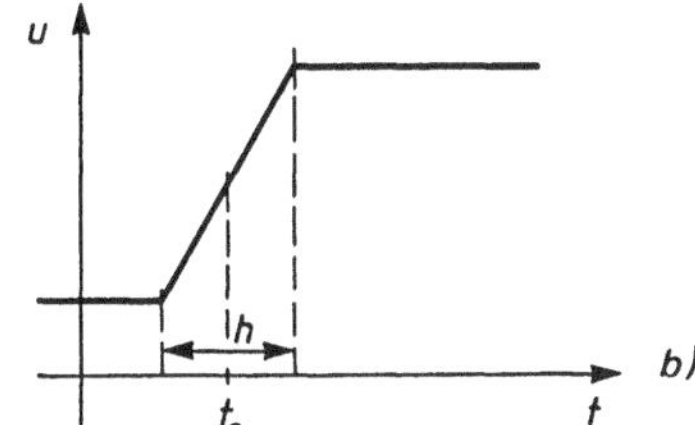

Bild 7.2-2:
Einschalten einer Gleichspannung
a) ideal
b) real

Eingesetzt und nach der Ableitung u_C' aufgelöst ergibt sich

$$u_C' = ((u_1(t) - u_C)/R - u_C/Re)/C = g(t, u_C) \, . \qquad (7.2\text{-}1)$$

Mit der Zuordnung $y = u_C$ haben wir die Dgl. $y' = g(t, y)$ gefunden.

Eine gesonderte Behandlung von Einschalt- und Ausschaltvorgang ist nicht notwendig. Der Einschaltvorgang ist dadurch charakterisiert, daß der Anfangswert $u_C(t_0) = 0$ gesetzt wird. Den Ausschaltvorgang erhält man für $u_C(t_0) = U_{C0}$ und $u_1(t) = 0$, d.h. Kurzschluß von u_1 bzw. $R = 10^{12}$ Ohm $\approx \infty$, d.h. Abtrennen von u_1.

Wir vervollständigen das Programm POLYGON 1 jetzt für verschiedene Eingangsspannungen.

Gleichspannung

Das Ein- und Ausschalten einer Gleichspannung wurde in Abschnitt 7.1.4.1 exakt berechnet. Dem sei hier übungshalber das numerische Verfahren gegenübergestellt.

Wir setzen $u_1(t) = U$ und rechnen folgenden Fall durch: $R = 1$ MOhm, $Re = 500$ kOhm, $C = 1\,\mu$F. Zum Zeitpunkt $t = 0$ sei $u_C = 0$ und $U = 100$ V. Wir rechnen mit Schrittweite $h = 0{,}01$ und $m = 10$ bis $t = 0{,}7$ sek (Einschaltvorgang). An diesem Zeitpunkt ändern wir die Eingangsspannung auf $u_1 = 0$ V und rechnen mit dem Wert $u_C(0{,}7)$ als Anfangswert weiter (Ausschaltvorgang). Die Rechenergebnisse von POLYGON 1.3 zeigt Bild 7.2-3:

t/s	u_C/V	
0,00	0,00	a)
0,10	8,75	
0,20	15,21	
0,30	19,97	Einschaltvorgang
0,40	23,48	
0,50	26,06	
0,60	27,97	
0,70	29,38	$u_1 = 0$ V
0,80	21,67	
0,90	15,98	
1,00	11,78	Ausschaltvorgang
1,10	8,69	
1,20	6,41	

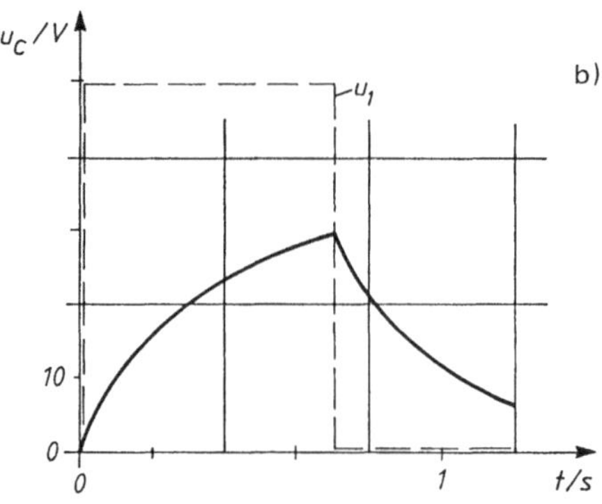

Bild 7.2-3: Kombinierter Ein- und Ausschaltvorgang

a) Wertetabelle; b) Diagramm $u_c(t)$

Sinusspannung

Das Einschalten einer Sinusspannung wurde in Abschnitt 7.1.4.1 exakt gelöst. Die dort gefundene Lösung (7.1-45) ist bereits so umfangreich, daß sich, wenn man Zahlenwerte benötigt, schon deshalb die numerische Lösung anbietet.

Wir setzen $u_1(t) = U \cdot \sin(2 \cdot \pi \cdot f \cdot t)$.

Das BASIC-Programm POLYGON 1.3 wird dadurch im Wesentlichen nur in den Zeilen 120, 130, 210 geändert:

```
120 PRINT „Parameter: R, Re, C, Amplitude U, Freq"
130 INPUT R, R1, C, U, F
210 LET U1 = U*SIN (2*PI*F*T)  ← Störfunktion
```

Auch im Pascal-Programm POLYGON 1.3 wird im Wesentlichen nur die Programmierung der Störfunktion geändert.

> var R, Re, C, U, Freq : real; (* Parameter *)
> $U1 := U * \sin (2 * PI * \text{Freq} * T)$; (* Sinusspannung *)

Beispiel:

> $R = 1$ MOhm; $\qquad Re = 500$ kOhm; $\qquad C = 1\ \mu F$;
> $f = 0{,}5$ Hz; $\qquad t = 0$ sek; $\qquad u_C = 0$ V; $\qquad U = 100$ V. $\qquad h = 0{,}01$.

Mit diesen Zahlenwerten ergeben sich die Werte der Abbildung 7.2-4.

t/s	u_C/V
0,00	0,00
0,10	1,30
0,20	4,85
0,30	9,96
0,40	14,88
0,50	19,58
0,60	23,06
0,70	24,80
0,80	24,50
0,90	22,08
1,00	17,72

a)

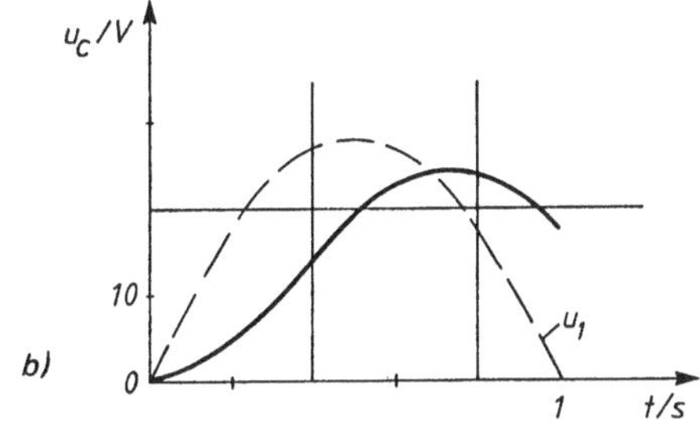

Bild 7.2-4: Einschalten einer Sinusspannung
a) Wertetabelle; b) Diagramm $u_C(t)$

7.2.1.2 Einweggleichrichtung

Treten nichtlineare Schaltelemente auf, so ist eine exakte Lösung meist unmöglich und es bleibt nur die numerische Berechnung. Das nichtlineare Schaltelement kann dabei durch eine Formel oder eine Wertetabelle gegeben sein. Für den ersteren Fall wählen wir als Beispiel eine Diode mit vereinfachter Kennlinie (Bild 7.2-5).

Für die Diode wird — vereinfachend — angenommen:

$$i = \begin{cases} u_D/R & \text{für} \quad u_D \geqslant 0; \\ 0 & \text{für} \quad u_D < 0. \end{cases} \qquad R = \text{konstanter Durchlaßwiderstand}$$

Die Dgl. (7.2-1) ändert sich somit in

$$u_C' = (i(t) - u_C/Re)/C = g(t, u_C) \qquad\qquad (7.2\text{-}1a)$$

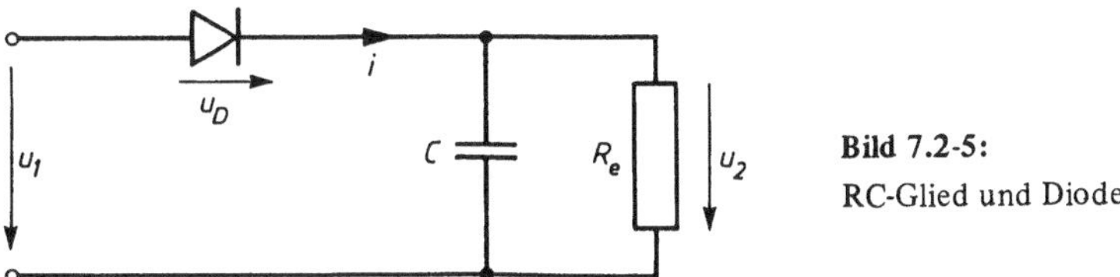

Bild 7.2-5:
RC-Glied und Diode

mit

$$u_D(t) = u_1(t) - u_C(t)$$

und

$$i(t) = \begin{cases} u_D(t)/R & \text{für} \quad u_D(t)/R \geqslant 0 \\ 0 & \text{sonst.} \end{cases}$$

Der Leser prüfe nach, wie diese Änderungen in die beiden Programme POLYGON 1.7 (siehe Abschnitt „Programme") eingearbeitet wurden. Als Störfunktion haben wir den Sinusgenerator

$$u_1(t) = U \cdot \sin(2 \cdot \pi \cdot f \cdot t)$$

gewählt.

Beispiel: Für die Schrittweite $h = 0,0001$ ergibt sich mit

$$\begin{aligned} U &= 100 \text{ V,} \\ R &= 100 \text{ Ohm,} \\ Re &= 100 \text{ Ohm,} \\ C &= 100 \,\mu\text{F,} \\ f &= 50 \text{ Hz,} \\ t &= 0 \text{ s,} \\ u_C &= 0 \text{ V} \end{aligned}$$

der in der Abbildung 7.2-6b gezeigte Kurvenverlauf.

t/s	u_C/V
0,0000	0,0
0,0010	1,3
0,0020	5,1
....	
0,0075	31,4
0,0080	31,5
0,0085	31,1
....	
0,0190	11,0
0,0200	9,9
0,0205	9,5
0,0210	9,6
0,0215	10,5
....	
0,0270	33,1
0,0275	33,6
0,0280	33,6
0,0285	32,9
....	

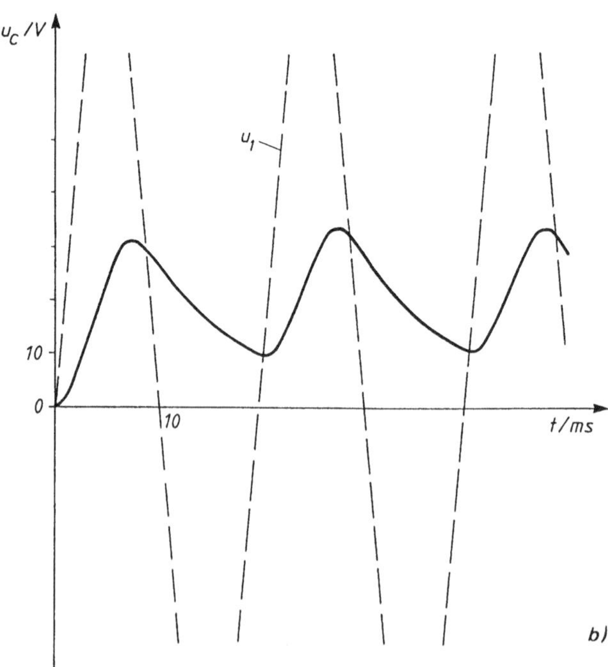

Bild 7.2-6: Zeitverhalten der Dioden-RC-Schaltung
a) Wertetabelle   b) Diagramm $u_C(t)$

7.2.1.3 Das RL-Glied

Wir untersuchen den Spannungsteiler mit Spule, das einfache RL-Glied ergibt sich für $Re \to \infty$ (Bild 7.2-7).

Die Kirchhoffschen Regeln liefern

$$u_1\,(t) = i \cdot R + u_2$$

und

$$u_2 = (i - i_L)\cdot Re.$$

Somit

$$u_1\,(t) = (u_2/Re + i_L)\cdot R + \mu_2 = i_L \cdot R + (1 + R/Re)\cdot L \cdot i_L'$$

und aufgelöst nach Ableitung i_L'

$$i_L' = (u_1\,(t) - i_L \cdot R)/(L \cdot (1 + R/Re)) = g\,(t, i_L)\,. \tag{7.2-2}$$

Mit der Zuordnung $y = i_L$ haben wir die Dgl. $y' = g\,(t, y)$ gefunden.

Setzt man (7.2-2) an der entsprechenden Stelle der Programme POLYGON 1 des RC-Gliedes ein (siehe Abschnitt „Programme"), so erhält man die funktionsfähigen Versionen für das RL-Glied.

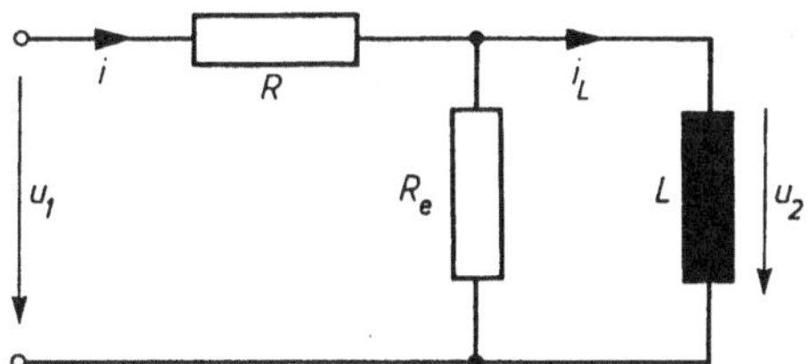

Bild 7.2-7:
RL-Glied mit festem Verlustwiderstand

Übung

7.2-1: Es sei $R = 100\,\text{Ohm}$, $Re = 50\,\text{Ohm}$, $L = 10\,\text{mH}$ und zum Zeitpunkt $t = 0$ sei $i_L = 0$ und $U = 10\,\text{V}$. Wir rechnen mit der Schrittweite $h = 1 \cdot 10^{-5}$ und $m = 10$ von $t = 0$ bis $0{,}001\,\text{s}$.

a) Wie lauten die numerischen Werte?

b) Wie groß ist der Fehler (Abweichung vom exakten Wert) bei $t = 0{,}001\,\text{s}$?

7.2.1.4 Das RL-Glied mit variablem R

Wir betrachten die Hintereinanderschaltung einer Spule L, eines festen Widerstandes R und eines ohmschen Elementes W, das durch eine i/u-Kennlinie gegeben ist (Bild 7.2-8).

In der Praxis wird diese Kennlinie durch Messung für diskrete Punkte vorliegen.

Stehen im Rechner genügend Datenspeicher zur Verfügung, so kann man eine Tabelle der Meßwertpaare (i_k, u_k) $(k = 1, 2, \ldots, n)$ speichern und die bei der Rechnung benötigten Zwischenwerte durch lineare Interpolation gewinnen. Bei hinreichend engem Raster der i-Werte ist dies Verfahren genau genug.

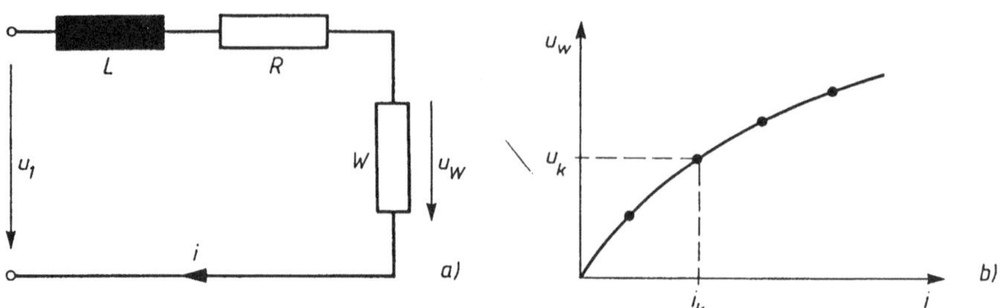

Bild 7.2-8: RL-Glied mit variablem Widerstand
a) Schaltung   b) Elementkennlinie

Die Kirchhoffsche Regel liefert diesmal:

$$u_1(t) = L \cdot i' + R \cdot i + u_W$$

und die Kennlinie ergibt:

$$u_W = f(i) \ .$$

Aufgelöst nach der Ableitung i':

$$i' = (u_1(t) - f(i) - R \cdot i)/L = g(t, i) \ . \tag{7.2-3}$$

Damit haben wir für $y = i$ die Dgl. $y' = g(t, y)$ gefunden.

Wir betrachten zuerst die Schaltung mit einer Glühlampe (Bild 7.2-9).

Das Programm POLYGON 1.9 ist für diesen Fall der Tabellenverarbeitung natürlich etwas umfangreicher als für das einfache RC- bzw. LC-Glied. Es ist im Abschnitt „Programme" aufgeführt (BASIC und Pascal). Es sei im Folgenden kurz erläutert.

Das BASIC-Programm wird strukturiert durch die Aufteilung in den Block für das Polygonzugverfahren, den Block für die Tabellenbearbeitung, den Block für die Interpolation und den Tabellenblock.

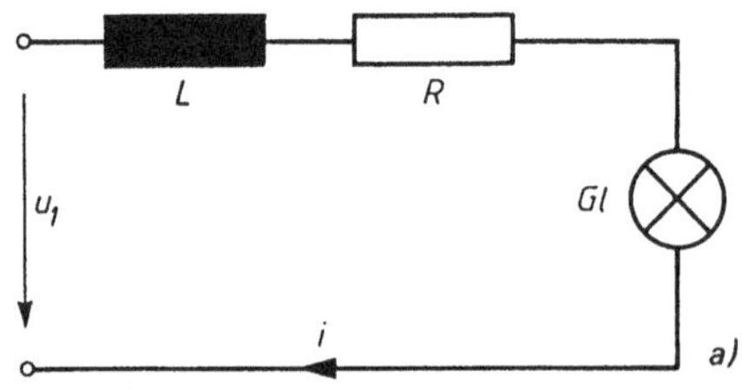

u/V	0	50	100	150	200
i/A	0,0	0,17	0,28	0,35	0,40

b)

Bild 7.2-9: Glühlampe als variabler Widerstand
a) Schaltung
b) Wertetabelle der Glühlampe

Der Block für das Polygonzugverfahren ist uns bekannt. Die Glühlampenspannung tritt darin als Variable W auf. Dieses W wird im Interpolationsblock berechnet:

Es muß für einen Wert I des Glühlampenstromes, der zwischen den Tabellenwerten A_1 und A_2 liegt, der entsprechende zwischen den Tabellenwerten V_1 und V_2 liegende Wert W der Glühlampenspannung ermittelt werden. Dazu dient die Zweipunkteform der Geradengleichung

$$(W - V_1)/(I - A_1) = (V_2 - V_1)/(A_2 - A_1) \, . \tag{7.2-4}$$

Der Tabellenverarbeitungsblock unterscheidet drei Fälle: Ist der Strom kleiner als der kleinste Tabellenwert $A\,(1)$, so gilt $W = V\,(1)$. Ist der Strom kleiner als der jeweils nächste Tabellenwert $A\,(K)$, so wird linear interpoliert. Ist der Strom größer oder gleich $A\,(N)$, so wird $W = V\,(N)$ genommen.

Im Tabellenblock werden die Plätze für $N = 5$ Wertepaare A/V der Glühlampenkennlinie mit DIM A$\,(5)$ und DIM V$\,(5)$ reserviert und dann mit den Werten belegt.

Beim entsprechenden Pascal-Programm, bei dem wir wieder konsequent die Unterprogrammtechnik anwenden und für die Interpolation eine function INTERPOL einsetzen, gilt obiges sinngemäß. Das Programm ist durch Kommentare hinreichend erläutert.

Die Abbildung 7.2-10 zeigt ein Rechenbeispiel. Zum Vergleich ist auch die Kurve eingetragen, die sich ergäbe, wenn der Widerstand konstant wäre.

Nunmehr berechnen wir den Strom durch einen Lichtbogen. Die Schaltung gleicht der für die Glühlampe, lediglich die Kennlinie des ohmschen Elements W weicht erheblich ab (Bild 7.2-11).

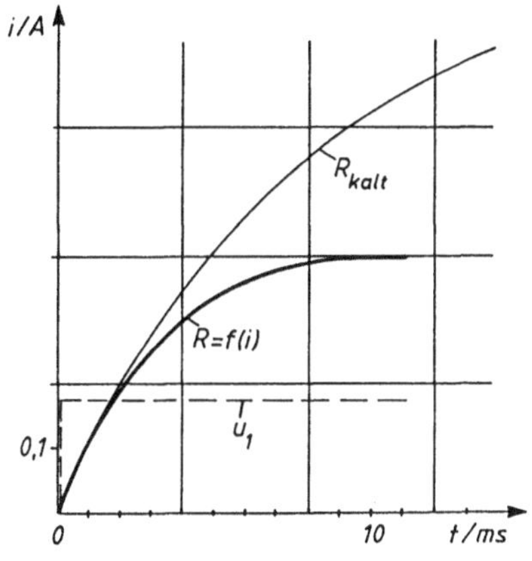

Bild 7.2-10: Zeitverhalten des Glühlampenstromes

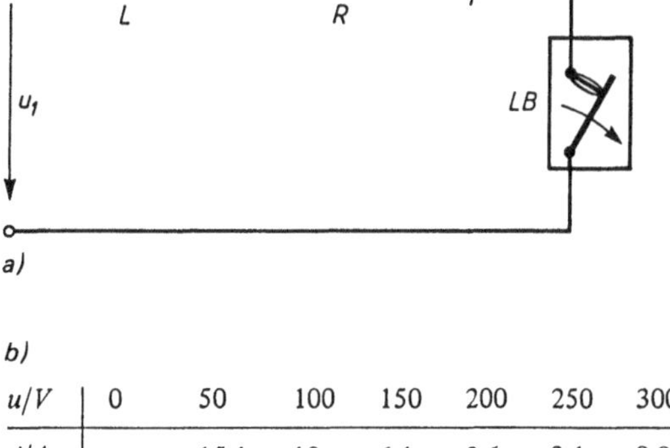

b)

u/V	0	50	100	150	200	250	300
i/A	$\to \infty$	15,1	10	6,1	3,6	2,1	0,91

Bild 7.2-11: Lichtbogen als variabler Widerstand
a) Schaltung
b) Wertetabelle des Lichtbogens

Für eine Gleichspannungsquelle $u_1(t) = U$ gehen wir jeweils vom kurzgeschlossenen Lichtbogen (Anfangswert: $i(0) = U/R$) aus und öffnen den Lichtbogen. Durch Rechnung untersuchen wir, ob der Lichtbogen in Abhängigkeit vom Reihenwiderstand R abreißt ($i \leqslant 0$) oder in stabilen Brennzustand übergeht.

Elektrotechnisch haben wir es mit einem Ausgleichsvorgang mit Anfangswert > 0 zu tun. Das Störglied $u_1(t)$ ist nicht 0. Programmiertechnisch können wir das Programm POLYGON 1.9 der Glühlampe vollständig übernehmen unter Berücksichtigung des Anfangswertes $i(0)$ und der Lichtbogenkennlinie. Den Wert $i(0) = U/R$ berechnen wir „per Hand".

Im Folgenden berechnen wir numerisch eine Schaltung mit den Werten:

$$L = 0{,}1 \text{ H},$$
$$U = 220 \text{ V},$$
$$h = 2 \cdot 10^{-4}, \quad (\text{bzw. } 1 \cdot 10^{-3}),$$
$$m = 10.$$

Für den Vorschaltwiderstand R wählen wir drei Werte:

$$R = 22 \text{ Ohm},$$
$$R = 12{,}8 \text{ Ohm},$$
$$R = 12 \text{ Ohm}.$$

Die Rechenergebnisse zeigt die Abbildung 7.2-12.

Das erste Beispiel mit $R = 22$ Ohm zeigt einen Lichtbogen, der schon nach 14 ms von selbst erlischt (Werte werden negativ). Das zweite Beispiel, mit $R = 12{,}8$ Ohm, zeigt einen Lichtbogen, der ebenfalls, aber erst nach 110 ms, erlischt. Wir haben die Rechnung bei $i(20 \text{ ms}) = 12{,}415$ A unterbrochen und mit fünfmal größerer Schrittweite fortgesetzt.

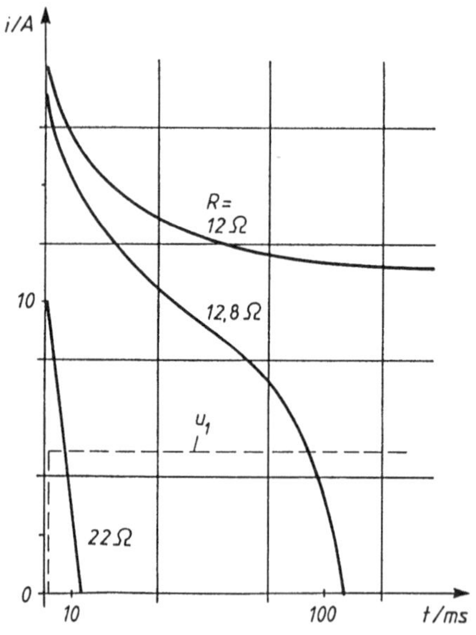

Bild 7.2-12:

Zeitverhalten des Lichtbogenstromes
Parameter: Vorschaltwiderstand R

Das dritte Beispiel, $R = 12$ Ohm, zeigt einen Lichtbogen, der stabil weiterbrennt. Dies zeigt sich daran, daß nach $0,5\,$s der Strom bei $10\,$A „stehen bleibt".

7.2.1.5 Das *RL*-Glied mit variablem *L* (Eisendrossel)

Für eine Eisendrossel kann man ein Ersatzschaltbild aufstellen, das einem Spannungsteiler mit Spule entspricht (Bild 7.2-13a).

R_{Cu} repräsentiert dabei den (ohmschen) Widerstand der Kupferwicklung, während das zu L parallelgeschaltete R_{Fe} die (ohmschen) Verluste im Eisenkern wiedergibt. Die Induktivität der Spule L ist jedoch nicht mehr konstant, sondern hängt vom Spulenstrom i_L ab. Es gelten die Formeln

$$L = a \cdot \mu\,(H)$$
$$\mu\,(H) = B\,(|H|)\,/\,|H|$$
$$H = b \cdot i_L \qquad\qquad\qquad (7.2\text{-}5)$$

mit konstanten Parametern a und b, die von Windungszahl und Geometrie der Drossel abhängen.

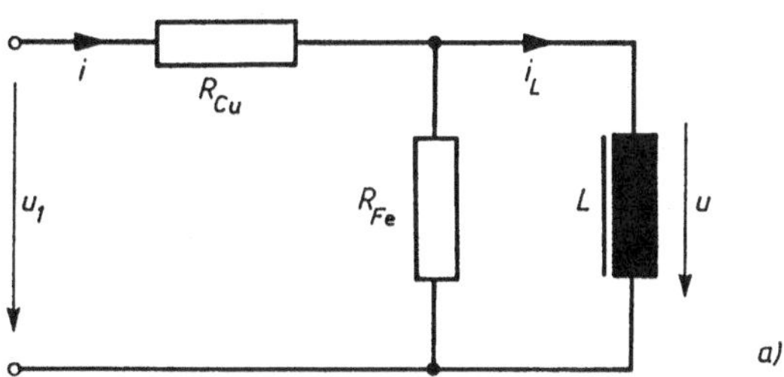

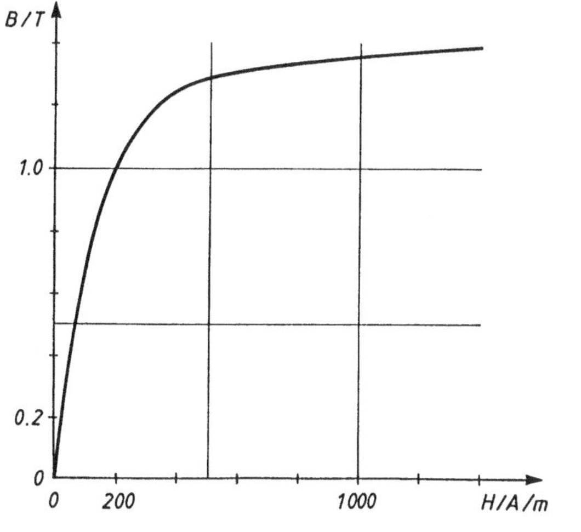

Bild 7.2-13:

Eisendrossel

a) Ersatzschaltung

b) Magnetisierungskurve (4 % Si)

Die magnetische Flußdichte B und die Feldstärke H sind über die Hystereseschleife miteinander verknüpft. Diese ist programmtechnisch nicht ganz einfach zu erfassen. Deshalb wählen wir statt der Hystereseschleife die Magnetisierungskurve als Basis unserer Rechnung (Bild 7.2-13b) und nähern $B(H)$ durch folgende Funktion an:

$$(B - d) \cdot (|H| - c) = e$$

mit geeignet gewählten Parametern c, d, e.

Aus $B(0) = 0$ folgt $e = c \cdot d$ und damit

$$B = d \cdot |H|/(|H| - c) \ . \tag{7.2-6}$$

Mit $B(1500) = 1{,}40\,\text{T}$ und $B(200) = 1{,}06\,\text{T}$ ergibt sich

$$c = -78\,\frac{\text{A}}{\text{m}} \quad \text{und} \quad d = 1{,}47\,\text{T} \ . \tag{7.2-6a}$$

Aus (7.2-5) und (7.2-6) bekommen wir die Stromabhängigkeit der Induktivität zu

$$L = a \cdot \mu(H) = a \cdot B(|H|)/|H| = a \cdot d/(|H| - c) = a \cdot d/(b \cdot |i_L| - c) \ .$$

Also

$$L(i_L) = q/(|i_L| - r) \quad \text{mit} \quad q = a \cdot d/b \quad \text{und} \quad r = c/b \ . \tag{7.2-7}$$

Mit dem gleichen Ansatz wie in Abschnitt 7.2.1.3, aber mit

$$\begin{aligned}
u &= (L \cdot i_L)' \\
&= L' \cdot i_L + L \cdot i_L' \\
&= \frac{dL}{di_L} \cdot i_L' \cdot i_L + L \cdot i_L'
\end{aligned}$$

bekommen wir die Differentialgleichung

$$i_L' = \frac{u_1(t) - i_L \cdot R_{Cu}}{\left(L(i_L) + i_L \cdot \dfrac{dL}{di_L}\right) \cdot \left(\dfrac{R_{Cu}}{R_{Fe}} + 1\right)} \ . \tag{7.2-8}$$

Das Programm beschafft sich seine Kennlinienwerte selbst (vgl. (7.2-6), (7.2-6a), (7.2-7)). Ansonsten sind gegenüber den vorhergehenden Programmbeispielen keine prinzipiellen Unterschiede vorhanden (vgl. Abschnitt „Programme": POLYGON 1.11).

Wir untersuchen als Beispiel eine Eisendrossel mit 250 Windungen, einer mittleren Eisenweglänge $0{,}5\,\text{m}$ und einem Eisenquerschnitt $0{,}0016\,\text{m}^2$. Der Kupferwiderstand ist $R_{Cu} = 10\,\text{Ohm}$, der Eisenersatzwiderstand $R_{Fe} = 100\,\text{Ohm}$.

Zum Zeitpunkt $t = 0$ wird eine Sinusspannung mit der Amplitude $U = 150\,\text{Volt}$ und der Frequenz $f = 50\,\text{Hz}$ eingeschaltet. Das ergibt einen Verlauf $i_L(t)$, wie ihn Bild 7.2-14a zeigt.

Der Einschaltstromstoß, dem in der Praxis schon manche Sicherung zum Opfer gefallen ist, ist deutlich erkennbar (gerechnet mit Schrittweite 10^{-6}). Er ist zum Aufbau des Magnetfeldes erforderlich.

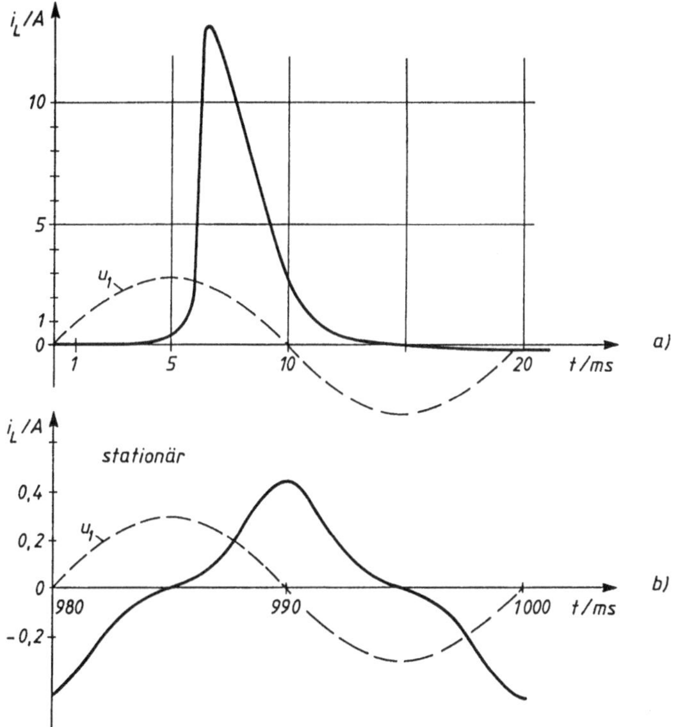

Bild 7.2-14: Strom durch die Eisendrossel
a) Einschaltstromstoß   b) Stationärer Strom

Der stationäre Verlauf von $i_L(t)$ zeigt die wohlbekannte Verformung von $i_L(t)$, vgl. Bild 7.2-14b.

7.2.2 Beispiele mit zwei Energiespeichern

7.2.2.1 *RLC*-Schaltungen

RLC-Reihenschaltung

Als erstes Beispiel betrachten wir die Reihenschaltung von R, L und C (Bild 7.1-6). Gemäß (7.1-33) aus Abschnitt 7.1.5.1 gilt:

$$u_1(t) = u_R + L \cdot i' + u_C$$
$$i(t) = C \cdot u_C' \,.$$

Durch Umstellung erhalten wir das gekoppelte, für das Polygonzugverfahren passende, Differentialgleichungssystem

$$i' = g_1(t, i, u_C) = (u_1(t) - R \cdot i - u_C)/L \,,$$
$$u_C' = g_2(t, i, u_C) = i/C \,. \tag{7.2-9}$$

Mit der Zuordnung

$$y_1 = i \,,$$
$$y_2 = u_C$$

ergibt sich das Programm POLYGON 2. Man findet es in BASIC und Pascal im Abschnitt „Programme". Gegenüber POLYGON 1 ist im Wesentlichen nur die Ergänzung durch g_2 und y_2 hinzugekommen. Beachtenswert ist, daß wir y_1 und y_2, also i und u_C, gleichzeitig erhalten und auch ausdrucken können.

Als Beispiel wählen wir die Kombination $R = 51\,\mathrm{Ohm}$, $L = 25\,\mathrm{H}$ und $C = 0{,}001\,\mathrm{F}$. Das Störglied sei die zum Zeitpunkt $t_s = 0$ eingeschaltete Gleichspannung $u_1(t) = U(t_s) = 1\,\mathrm{V}$.

Bild 7.2-15 zeigt ein Rechenprotokoll, die graphische Darstellung der numerischen Werte findet sich in den Bildern 7.1-7a und b.

```
RLC-Reihenschaltung; Dgl. 2. Ordn.; Sprungspg.
L/H=?25
C/F=?0.001
R/O=?51
Start bei ts=?0
i(ts)=?0
uc(ts)=?0
U(ts)=?1
Schrittweite h=?0.001
Wertepaare n=?5
Druck nach m Schritten, m=?200
t/s =  0        i/mA =  0            uc/V =  0
t/s =  0.2      i/mA =  4.977        uc/V =  0.6146
t/s =  0.4      i/mA =  2.572        uc/V =  1.4708
t/s =  0.6      i/mA =  -2.006       uc/V =  1.5015
t/s =  0.8      i/mA =  -2.761       uc/V =  0.9437
READY
```

Bild 7.2-15: Rechenprotokoll der RLC-Reihenschaltung

RLC-Parallelschaltung

Für einen Parallelschwingkreis gemäß Schaltung in Bild 7.2-16 benutzen wir die Beziehungen

$$u_1(t) = i \cdot R_i + u_C$$
$$u_C = L \cdot i_L' + R \cdot i_L$$
$$i - i_L = C \cdot u_C' \,.$$

Durch Umformung erhalten wir das Dgl.-System

$$i_L' = g1\,(t, i_L, u_C) = (u_C - R \cdot i_L)/L$$
$$u_C' = g2\,(t, i_L, u_C) = ((u_1(t) - u_C)/R_i - i_L)/C \,. \tag{7.2-10}$$

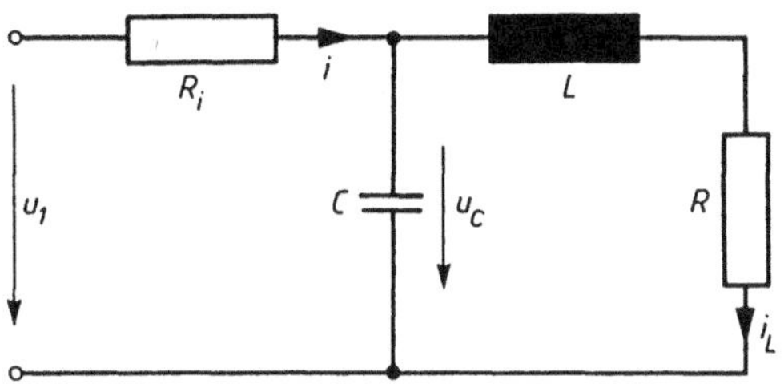

Bild 7.2-16:
RLC-Parallelschaltung mit Spulenwiderstand

Es gilt die Zuordnung

$$y_1 = i_L, \qquad y_2 = u_C .$$

Zur Anpassung der Programme POLYGON 2 an dieses Problem hat man im Wesentlichen die Beziehungen (7.2-10) an geeigneter Stelle dort einzuführen.

7.2.2.2 *RCRC*-Schaltungen

Passive *RCRC*-Schaltung

Gegeben ist eine *RCRC*-Schaltung gemäß Bild 7.2-17.

Gesucht sei der Strom $i_{c2}(t)$.

Die Schaltung wird durch folgende Gleichungen beschrieben:

$$i_1 \cdot R_1 + u_{c1} - u_1 = 0 , \tag{7.2-11}$$

$$i_{c2} \cdot R_2 + u_{c2} - u_{c1} = 0 , \tag{7.2-12}$$

$$i_1 - i_{c1} - i_{c2} = 0 , \tag{7.2-13}$$

$$i_{c1} = C_1 \cdot u_{c1}' , \tag{7.2-14}$$

$$i_{c2} = C_2 \cdot u_{c2}' . \tag{7.2-15}$$

Die beiden Differentiale, nach denen wir den Gleichungssatz auflösen, sind u_{c1}' und u_{c2}':

$$u_{c1}' = ((u_1 - u_{c1})/R_1 - (u_{c1} - u_{c2})/R_2)/C_1 ,$$

bzw.

$$Y_1' = ((u_1 - Y_1)/R_1 - (Y_1 - Y_2)/R_2)/C_1 ,$$
$$= G_1(T, Y_1, Y_2) , \tag{7.2-16}$$

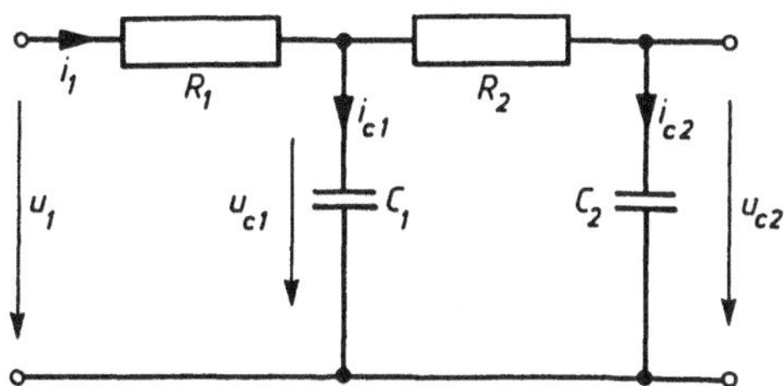

Bild 7.2-17: RCRC-Schaltung

und

$$u'_{c2} = (u_{c1} - u_{c2})/(R_2 \cdot C_2) \, ,$$

bzw.

$$Y'_2 = (Y_1 - Y_2)/(R_2 \cdot C_2) \, ,$$
$$= G_2 (T, Y_1, Y_2) \, .$$

(7.2-17)

Das gesuchte $i_{c2}(t)$ ergibt sich aus (7.2-15).

Zur Anpassung der Programme POLYGON 2 an dieses Problem hat man im Wesentlichen die Beziehungen (7.2-16, 7.2-17) an geeigneter Stelle dort einzuführen.

Wir rechnen ein Beispiel mit den Werten

$$C_1 = 2 \, \mu F \, ,$$
$$C_2 = 5 \, \mu F \, ,$$
$$R_1 = 50 \, \Omega \, ,$$
$$R_2 = 100 \, \Omega \, .$$

Eine Gleichspannung von 10 V wird eingeschaltet. Die Rechenergebnisse zeigt Bild 7.2-18.

```
RCRC-Reihenschaltung; Dgl. 2. Ordn.; Sprungspg.
C1/F=? .2E-6
C2/F=? 5E-6
R1=? 50
R2=? 100
U/V=? 10
ts=? 0
uc1=? 0
uc2=? 0
h=? 5E-8
n=? 5
Druck nach m Schritten? 1000
t/ms=   0         i2/mA=   0         uc1/V=   0         uc2/V=   0
t/ms=   .05       i2/mA=   33.414    uc1/V=   3.532     uc2/V=   .191
t/ms=   .1        i2/mA=   46.57     uc1/V=   5.258     uc2/V=   .601
t/ms=   .15       i2/mA=   50.629    uc1/V=   6.155     uc2/V=   1.092
t/ms=   .2        i2/mA=   50.665    uc1/V=   6.667     uc2/V=   1.601
Ok
```

a)

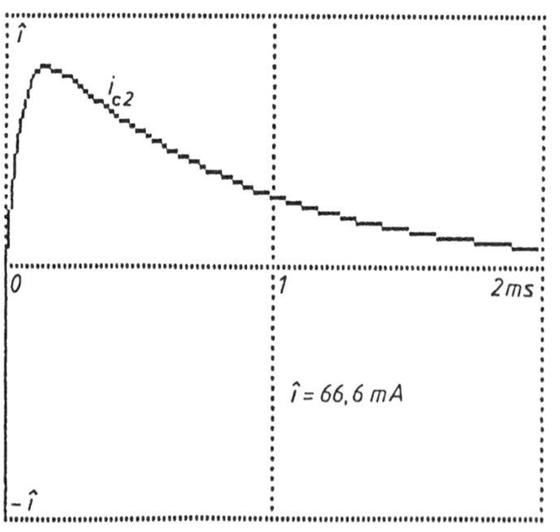

b)

Bild 7.2-18:

Zeitverhalten der RCRC-Schaltung
a) Rechenprotokoll
b) Diagramm $i_{c2}(t)$

Um die so gewonnenen Rechenwerte mit den exakten Werten vergleichen und damit den Fehler der Näherung abschätzen zu können, ist die geschlossene Lösung der folgenden, aus (7.2-11) bis (7.2-15) sich ergebenden Differentialgleichung zweiter Ordnung erforderlich:

$$u_{c2}'' + 2 \cdot \vartheta \cdot u_{c2}' + \omega_0^2 \cdot u_{c2} = u_1 \cdot \omega_0^2 \ .$$

Dabei ist:

$$2 \cdot \vartheta = (R_1 \cdot C_1 + R_1 \cdot C_2 + R_2 \cdot C_2)/(R_1 \cdot C_1 \cdot R_2 \cdot C_2) \ ,$$
$$\omega_0^2 = 1/(R_1 \cdot C_1 \cdot R_2 \cdot C_2) \ .$$

Diese Differentialgleichung entspricht (7.1-34) in Abschnitt 7.1.5 und wird wie dort gezeigt gelöst. Es ergibt sich für das Einschalten von U_0:

$$i_{c2} = \frac{U_0 \cdot C_2 \cdot \omega_0^2}{D} \cdot e^{-\vartheta \cdot t} \cdot \sinh(D \cdot t) \ ,$$

mit

$$D = \sqrt{\vartheta^2 - \omega_0^2} \ .$$

Daraus berechnet man z.B. $i_{c2}\,(0,2\,\text{ms}) = 50,66\,\text{mA}$.

Aktiver RC-Tiefpaß

In der Nachrichtentechnik verwendet man häufig Filter mit aktiven Elementen, z.B. Operationsverstärkern. Das Einschwingverhalten solcher Filter berechnet man numerisch, wie wir im Folgenden am Beispiel eines einfachen Tiefpasses zeigen (Bild 7.2-19).

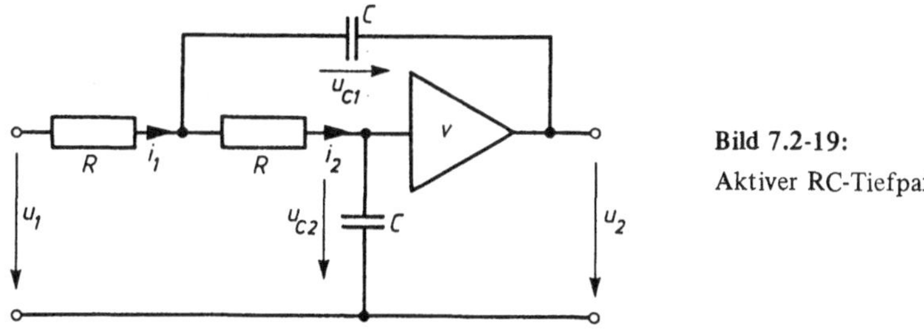

Bild 7.2-19:
Aktiver RC-Tiefpaß

Er wird durch die folgenden Beziehungen beschrieben:

$$u_1 = i_1 \cdot R + i_2 \cdot R + u_{C2}$$
$$u_1 = i_1 \cdot R + u_{C1} + u_2$$
$$u_2 = v \cdot u_{C2}$$
$$C \cdot u_{C1}' = i_1 - i_2$$
$$C \cdot u_{C2}' = i_2 \ . \tag{7.2-18}$$

Durch Umformung erhalten wir das Dgl.-System

$$w := 1/(R \cdot C)$$
$$\text{ALF} := R \cdot i_2 := u_{C1} + u_{C2} \cdot (v - 1)$$
$$\text{BET} := R \cdot (i_1 - i_2) := u_1(t) - u_{C2} - 2 \cdot \text{ALF}$$
$$u'_{C1} = g1(t, u_{C1}, u_{C2}) := w \cdot \text{BET}$$
$$u'_{C2} = g2(t, u_{C1}, u_{C2}) := w \cdot \text{ALF} \tag{7.2-19}$$

und können das Programm POLYGON 2 mit der Zuordnung

$$y_1 = u_{C1}, \quad y_2 = u_{C2}$$

anwenden.

Da uns insbesondere das Übertragungsmaß

$$a = u_2(t)/u_1(t) \tag{7.2-20}$$

interessiert, sehen wir einen Ausdruck dieses Wertes vor.

Für die Rechnung benötigen wir zwei Parameter:

Verstärkungsfaktor v des Operationsverstärkers,
Kennfrequenz $w = 1/(R \cdot C)$.

Wir rechnen folgendes Beispiel durch:

$$u_1(t) = 1\,\text{V} \quad (\text{Einheitssprung})$$
$$v = 1{,}268 \quad (\text{Besselfilter})$$
$$w = 7{,}99 \cdot 10^3 \, 1/\text{s}$$

mit

$$u_{C1}(0) = u_{C2}(0) = 0 \quad \text{und} \quad h = 5 \cdot 10^{-5}\,.$$

Damit erhalten wir die Rechenergebnisse, die Bild 7.2-20 zeigt.

Im Diagramm sind des Vergleichs halber die Rechenergebnisse für folgende Fälle aufgetragen:

$v = 1{,}0$;
$v = 1{,}268$ (Bessel-Filter, unsere Rechnung);
$v = 1{,}586$ (Butterworth-Filter);
$v = 2{,}234$ (Tschebyscheff-Filter);
$v = 3{,}0$ (ungedämpftes Filter = Oszillator).

Für alle Filter sind die w-Werte so gewählt, daß die -3 dB-Eckfrequenz 1 kHz beträgt.

```
Aktiver Tiefpass; Dgl. 2. Ordn.; Sprungspg.
Verstärkungsfaktor=? 1.268
Zeitkonstante=? 7.99E3
U/V=? 1
ts=? 0
uc1=? 0
uc2=? 0
h=? 5E-8
n=? 5
Druck nach m Schritten? 1000
t/ms=   0         A= 0                 uc1/V=   0        uc2/V=   0
t/ms=   .05       A= 8.030001E-02      uc1/V=   .263     uc2/V=   .063
t/ms=   .1        A= .2555             uc1/V=   .335     uc2/V=   .201
t/ms=   .15       A= .4584             uc1/V=   .302     uc2/V=   .361
t/ms=   .2        A= .652              uc1/V=   .221     uc2/V=   .514
Ok
```

a)

b)

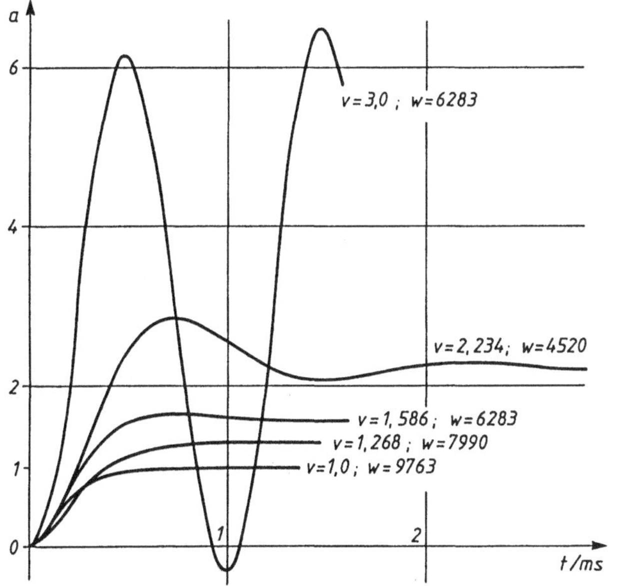

Bild 7.2-20:

Zeitverhalten des aktiven Tiefpasses

a) Rechenprotokoll

b) Diagramm des Übertragungsmasses a (t)

8 Mathematische Ergänzungen

8.1 Matrizen

8.1.1 Definition

Ordnet man Zahlen in einem rechteckigen Schema mit m Zeilen und n Spalten an, so nennt man das eine Matrix vom Typ (m, n). Der Platz in der Matrix wird durch Doppelindizierung angegeben:

$$A\,[i, k] = a_{ik} \qquad \begin{aligned} i &= \text{Zeilennummer} \\ k &= \text{Spaltennummer.} \end{aligned}$$

Besondere Bedeutung haben Matrizen bei der Berechnung linearer Gleichungssysteme (LGS), wobei die Matrix die Koeffizienten des LGS enthält.

8.1.2 Besondere Formen

Quadratische Matrizen können folgende Sonderformen haben:

Diagonalmatrix

$$A = \begin{vmatrix} a_{11} & 0 & 0 & 0 & 0 \\ 0 & a_{22} & 0 & 0 & 0 \\ 0 & 0 & a_{33} & 0 & 0 \\ 0 & 0 & 0 & a_{44} & 0 \\ 0 & 0 & 0 & 0 & a_{55} \end{vmatrix}$$

Dreiecksmatrix

$$A = \begin{vmatrix} a_{11} & a_{12} & a_{13} & a_{14} & a_{15} \\ 0 & a_{22} & a_{23} & a_{24} & a_{25} \\ 0 & 0 & a_{33} & a_{34} & a_{35} \\ 0 & 0 & 0 & a_{44} & a_{45} \\ 0 & 0 & 0 & 0 & a_{55} \end{vmatrix}$$

Einheitsmatrix

$$E = \begin{vmatrix} 1 & 0 & 0 & 0 & 0 \\ 0 & 1 & 0 & 0 & 0 \\ 0 & 0 & 1 & 0 & 0 \\ 0 & 0 & 0 & 1 & 0 \\ 0 & 0 & 0 & 0 & 1 \end{vmatrix}$$

Die bezüglich der Multiplikation zu A inverse Matrix A^{-1} ist definiert durch die Beziehung

$$A \cdot A^{-1} = E\,.$$

8.1.3 Die Transponierte

Es sei eine Matrix

$$A = \begin{vmatrix} 1 & 2 & 3 & 4 & 5 \\ 6 & 7 & 8 & 9 & 10 \\ 11 & 12 & 13 & 14 & 15 \\ 16 & 17 & 18 & 19 & 20 \\ 21 & 22 & 23 & 24 & 25 \end{vmatrix}$$

Die Transponierte von A ergibt sich durch Vertauschen von Spalten und Zeilen:

$$A = \begin{vmatrix} 1 & 6 & 11 & 16 & 21 \\ 2 & 7 & 12 & 17 & 22 \\ 3 & 8 & 13 & 18 & 23 \\ 4 & 9 & 14 & 19 & 24 \\ 5 & 10 & 15 & 20 & 25 \end{vmatrix}$$

8.1.4 Die Multiplikation zweier Matrizen

Es sei zu bilden:

$$C\,(m,\,s) = A\,(m,\,n) \cdot B\,(n,\,s) \,.$$

A: m – Zeilenzahl
     n – Spaltenzahl

B: n – Zeilenzahl
     s – Spaltenzahl

C: m – Zeilenzahl
     s – Spaltenzahl

Es gilt dann:

$$c_{ik} = \sum_{j=1}^{n} a_{ij} \cdot b_{jk} \qquad \begin{aligned} i &= 1, \ldots, m \\ k &= 1, \ldots, s \end{aligned}$$

Das Produktelement c_{ik} ergibt sich als Summe der Produkte der i. Zeile von A mit der k. Spalte von B. Man beachte, daß die Spaltenzahl von A gleich der Zeilenzahl von B ist.

Beispiel:

$$A\,(2,3) = \begin{vmatrix} 1 & -2 & 2 \\ 5 & -3 & 2 \end{vmatrix} \qquad\qquad B\,(3,3) = \begin{vmatrix} 1 & 4 & 2 \\ -6 & 5 & -9 \\ -3 & 6 & -5 \end{vmatrix}$$

$$\begin{aligned} c_{11} = \sum_{j} a_{1j} \cdot b_{j1} &= a_{11} \cdot b_{11} + a_{12} \cdot b_{21} + a_{13} \cdot b_{31} \\ &= 1 \cdot 1 + -2 \cdot -6 + 2 \cdot -3 \\ &= 7 \,. \end{aligned}$$

Dies für alle c_{ik} durchgeführt, ergibt schließlich:

$$C = A \cdot B = \begin{vmatrix} 7 & 6 & 10 \\ 17 & 17 & 27 \end{vmatrix}$$

8.1.5 Die Determinante

Jeder quadratischen Matrix (n, n) läßt sich eine Zahl zuordnen, die man als die Determinante von A bezeichnet. Bekannt sind die Rechenformeln für $n = 2$ und $n = 3$:

$n = 2$: Die Determinante ist gleich Diagonalprodukt abwärts minus Diagonalprodukt aufwärts.

$$\begin{vmatrix} a_{11} & a_{12} \\ a_{21} & a_{22} \end{vmatrix}$$

$n = 3$: Die Determinante ist gleich alle Diagonalprodukte abwärts minus alle Diagonalprodukte aufwärts (Sarrus):

$$\begin{vmatrix} a_{11} & a_{12} & a_{13} \\ a_{21} & a_{22} & a_{23} \\ a_{31} & a_{32} & a_{33} \end{vmatrix} \begin{matrix} a_{11} & a_{12} \\ a_{21} & a_{12} \\ a_{31} & a_{32} \end{matrix}$$

8.2 Berechnung linearer Gleichungssysteme

8.2.1 Die Aufgabe

Es handelt sich um die numerische Berechnung eines linearen Gleichungssystems LGS der allgemeinen Bauart

$$A \cdot X = B . \tag{8.2-1}$$

Dabei steht auf der linken Seite die quadratische Matrix A (n, n). Die Unbekannte X und die rechte Seite B sind als Matrix mit n Zeilen und in unserem Fall einer Spalte gegeben. Multipliziert man Gl. (8.2-1) von links mit der zu A inversen Matrix A^{-1}, so gilt wegen $A^{-1} \cdot A = E$:

$$A^{-1} \cdot A \cdot X = E \cdot X = X = A^{-1} \cdot B . \tag{8.2-2}$$

Damit ist die Lösung gewonnen, sofern die Inverse bekannt ist. Leider ist die Inverse in der Praxis nicht bekannt.

8.2.2 Die möglichen Verfahren

Schon im 18. Jahrhundert hat man versucht, aufwendige Berechnungen, wie z.B. das numerische Lösen von Gleichungssystemen, durch Maschinen vornehmen zu lassen. Leider war die Feinmechanik damals noch nicht in der Lage, die entsprechenden Geräte mit befriedigender Präzision bereitzustellen. Da strukturierte algorithmische Rechenverfahren, wie der damals bereits bekannte Gauß-Algorithmus, mühsam sind, beschränkte sich die Mathematik auf das theoretische Bereitstellen von Existenzaussagen über die Lösung.

Speziell auf dem Gebiet der Lösung von LGS wurde im Zusammenhang mit dem Begriff der Determinante, die, wie der Name sagt, eine Bestimmungsgröße für die Eigenschaft einer Matrix ist, eine allgemeine Determinanten- und Adjunktentheorie entwickelt. So lautet etwa der zentrale Satz bezüglich Gleichung (8.2-1):

Ist die Determinante der Matrix A von 0 verschieden, so existiert die Inverse A und damit die Lösung gemäß (8.2-2). Leider ist diese Aussage in der Praxis wenig hilfreich. Abgesehen von dem in vielen Lehrbüchern vorkommenden Fall eines LGS mit ganzzahligen Koeffizienten, bei dem das Problem der Abrundungsfehler vernachlässigt werden kann, ist es in der Praxis oft schwer zu entscheiden, wann ein Zahlenwert von Null verschieden ist. Genügt hierfür det $(A) = 10^{-2}$ oder 10^{-5} oder ist gar 10^{-12} notwendig?

Als vor 100 Jahren die Elektrotechnik sich zu entwickeln begann, war die Determinantenrechnung gerade Mode in der Mathematik. Möglicherweise ist dies der Grund dafür, daß man auch heute noch in Büchern und Vorlesungen der Elektrotechnik die Determinantenmethode mit Adjunktentheorie als Hilfsmittel für die Lösung von LGS findet. Abgesehen vom Fall $n = 2$, bei dem man die Lösungen direkt hinschreiben kann, und dem Fall $n = 3$, bei dem es ähnlich der Vektormultiplikation die spezielle Sarrus-Formel gibt, ist die Determinantenmethode viel zu rechenaufwendig.

Es gibt noch eine ganze Reihe weiterer Verfahren, um LGS zu lösen. Wir wollen hier nur ein einziges Verfahren vorstellen, das vielleicht nicht in jedem Fall die optimale Lösung darstellt, das aber zur Bearbeitung aller hier auftretenden Probleme herangezogen werden kann. Dies gilt für den Fall reeller wie auch komplexer Zahlen.

8.2.3 Der Gaußsche Algorithmus

Der Gauß–Algorithmus (GA) führt nicht die Gleichung (8.2-1) in einem Gewaltschritt in die Gl. (8.2-2) über, sondern er formt mit vielen kleinen Schritten die Matrix A in die Einheitsmatrix E um.

Zur Durchführung des GA bilden wir zunächst aus der quadratischen Matrix A und dem Vektor B in (8.2-1) eine Kombinationsmatrix C:

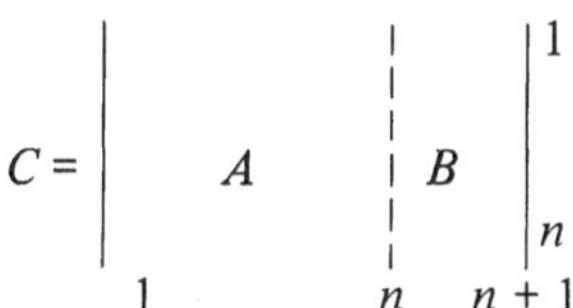

Ein Beispiel zeigt Bild 8.2-1. Die Matrix C repräsentiert das gesamte LGS. Hat man dies vor Augen, so wird man die folgenden drei Matrizenoperationen, die beim GA immer wieder auftreten, als zulässig und einleuchtend erkennen:

1. Die Lösung X ändert ihren Wert nicht, wenn man in der Matrix C zwei Zeilen miteinander vertauscht.
2. Die Lösung X ändert ihren Wert nicht, wenn man in der Matrix C eine Zeile mit dem Skalar s multipliziert.
3. Die Lösung X ändert ihren Wert nicht, wenn man in der Matrix C eine Zeile zu einer anderen hinzuaddiert.

$$\text{aus } A = \begin{vmatrix} -1 & 3 & 2 \\ 2 & 3 & 4 \\ 4 & 5 & 7 \end{vmatrix} \qquad \text{und } B = \begin{vmatrix} 1 \\ 0 \\ 0 \end{vmatrix}$$

$$\text{wird} \qquad C = \begin{vmatrix} -1 & 3 & 2 & 1 \\ 2 & 3 & 4 & 0 \\ 4 & 5 & 7 & 0 \end{vmatrix}$$

Bild 8.2-1:
Die Bildung der Matrix C
aus A und B.

Ziel des GA ist es zunächst, die Diagonalglieder der Matrix C zu $+1$ und die Glieder unterhalb der Diagonale zu Null zu machen. Wir beginnen mit der Spalte 1, d.h., von links (Bild 8.2-2):

Schritt 1:   Man sucht in der Spalte 1 das betragsgrößte Element. Sei dies etwa in der Spalte k_{max} gefunden, so erfolgt ein Tausch der Zeilen 1 und k_{max}, so daß das betragsgrößte Element in die linke, obere Ecke kommt. Dieses betragsgrößte Element wird in der Literatur Pilotelement genannt (engl. pivot element).

Schritt 2:   Man dividiert die erste Zeile durch das Pilotelement und erhält dadurch eine $+1$ in der Diagonalen.

Schritt 3:   Alle Elemente der ersten Spalte unterhalb der Diagonalen werden zu 0 gemacht. Dazu addiert man ein geeignetes Vielfaches der ersten Zeile zur i. Zeile hinzu, wobei i von 2 bis n läuft.

Schritt 1: Zeile 3 mit Pilotelement nach oben:

$$C = \begin{vmatrix} (4) & 5 & 7 & 0 \\ 2 & 3 & 4 & 0 \\ -1 & 3 & 2 & 1 \end{vmatrix} \qquad ( ) - \text{Pilotelement}$$

Schritt 2: Division der 1. Zeile durch Pilotelement:

$$C = \begin{vmatrix} 1 & 1.25 & 1.75 & 0 \\ 2 & 3 & 4 & 0 \\ -1 & 3 & 2 & 1 \end{vmatrix}$$

Schritt 3: 1. Zeile mal -2, addiert zur 2. Zeile
           1. Zeile mal 1, addiert zur 3. Zeile

$$C = \begin{vmatrix} 1 & 1.25 & 1.75 & 0 \\ \begin{pmatrix} 2 \\ -2 \end{pmatrix} & \begin{pmatrix} 3 \\ -2.5 \end{pmatrix} & \begin{pmatrix} 4 \\ -3.5 \end{pmatrix} & \begin{pmatrix} 0 \\ 0 \end{pmatrix} \\ \begin{pmatrix} -1 \\ 1 \end{pmatrix} & \begin{pmatrix} 3 \\ 1.25 \end{pmatrix} & \begin{pmatrix} 2 \\ 1.75 \end{pmatrix} & \begin{pmatrix} 1 \\ 0 \end{pmatrix} \end{vmatrix} = \begin{vmatrix} 1 & 1.25 & 1.75 & 0 \\ 0 & 0.5 & 0.5 & 0 \\ 0 & 4.25 & 3.75 & 1 \end{vmatrix}$$

Bild 8.2-2: Die drei Schritte des Gauss-Algorithmus für Spalte 1

```
Schritt 1 und 2 für die Untermatrix:
```

$$
C = \begin{vmatrix} 1 & 1.25 & 1.75 & 0 \\ 0 & 4.25 & 3.75 & 1 \\ 0 & 0.5 & 0.5 & 0 \end{vmatrix}
$$

$$
C = \begin{vmatrix} 1 & 1.25 & 1.75 & 0 \\ 0 & 1 & 0.8824 & 0.2353 \\ 0 & 0.5 & 0.5 & 0 \end{vmatrix}
$$

```
Schritt 3 für die Untermatrix:
   Die 2. Zeile mal -0.5 addiert zur 3. Zeile:
```

$$
C = \begin{vmatrix} 1 & 1.25 & 1.75 & 0 \\ 0 & 1 & 0.8824 & 0.2353 \\ 0 & \begin{pmatrix} 0.5 & 0.5 & 0 \\ -0.5 & -0.4413 & -0.1176 \end{pmatrix} \end{vmatrix} = \begin{vmatrix} 1 & 1.25 & 1.75 & 0 \\ 0 & 1 & 0.8824 & 0.2353 \\ 0 & 0 & 0.0588 & -0.1176 \end{vmatrix}
$$

```
Schritt 2 für die neue Untermatrix:
```

$$
C = \begin{vmatrix} 1 & 1.25 & 1.75 & 0 \\ 0 & 1 & 0.8824 & 0.2353 \\ 0 & 0 & \underline{1} & \underline{-2} \end{vmatrix} = \text{Dreiecksmatrix}
$$

```
      x3 = -2 ist die erste Lösung
```

Bild 8.2-3: Die Bildung der Dreiecksmatrix

Anschließend wiederholt man das Verfahren für Spalte 2 usw., bis die Dreiecksmatrix erreicht ist (Bild 8.2-3). Damit hat man bereits den ersten Wert der Lösung des LGS. Die weiteren Lösungswerte erhält man durch Rückwärtseinsetzen. Diese Prozedur bedient sich derselben Schritte 1, 2 und 3 wie zuvor, nunmehr mit dem Ziel, den oberhalb der Diagonalen liegenden Teil der Matrix C zu 0 zu machen. Aus der so entstehenden Diagonalmatrix können die Lösungen direkt abgelesen werden. Bild 8.2-4 zeigt dies am Beispiel.

```
Schritt 3: 3. Zeile mal -0.8825 addiert zu Zeile 2 und
           3. Zeile mal -1.75 addiert zu Zeile 1:
```

$$
C = \begin{vmatrix} \begin{pmatrix} 1 & 1.25 & 1.75 & 0 \\ 0 & 0 & -1.75 & 3.5 \end{pmatrix} \\[2ex] \begin{pmatrix} 0 & 1 & 0.8825 & 0.2353 \\ 0 & 0 & -0.8825 & 1.7650 \end{pmatrix} \\[2ex] \begin{matrix} 0 & 0 & 1 & -2 \end{matrix} \end{vmatrix} = \begin{vmatrix} 1 & 1.25 & 0 & 3.5 \\[2ex] 0 & \underline{1} & 0 & \underline{2} \\[2ex] 0 & 0 & 1 & -2 \end{vmatrix}
$$

```
x2 = 2 ist die zweite Lösung
```

```
Schritt 3: 2. Zeile mal -1.25 addiert zu Zeile 1:
```

$$
C = \begin{vmatrix} \begin{pmatrix} 1 & 1.25 & 0 & 3.5 \\ 0 & -1.25 & 0 & -2.5 \end{pmatrix} \\[2ex] \begin{matrix} 0 & 1 & 0 & 2 \\ 0 & 0 & 1 & -2 \end{matrix} \end{vmatrix} = \begin{vmatrix} \underline{1} & 0 & 0 & \underline{1} \\[2ex] 0 & 1 & 0 & 2 \\ 0 & 0 & 1 & -2 \end{vmatrix}
$$

```
x1 = 1 ist die dritte Lösung
```

Bild 8.2-4: Rückwärtseinsetzen

8.2.4 Das Struktogramm des Programms LGS

Der GA ruft geradezu nach einer Bearbeitung durch ein Programm.

In Bild 8.2-5 ist das Struktogramm des dazugehörigen Programms LGS gezeigt. Es gilt für BASIC und Pascal gleichermaßen. Für die Erläuterung nehmen wir an, daß wir die Spalten 1 bis $i-1$ und damit auch die Zeilen 1 bis $i-1$ der Matrix C bereits nach vorstehendem bearbeitet hätten. Dann stehen in der Diagonalen die Werte $+1$ und unterhalb die Werte 0 (vgl. Bild 8.2-6).

Betrachten wir nun die in Abschnitt 8.2.3 beschriebenen Schritte 1, 2 und 3 genauer für die Spalte i:

Schritt 1: Wir suchen in der Spalte i für die Zeilen $k = i$ bis n das betragsgrößte Element:

$$\text{abs}\,(C\,[i,\,k]) > s_{\max} ? \tag{a}$$

Dies möge in der Zeile $k_{\max}$ gefunden worden sein. Ist zufälligerweise

$$k_{\max} = i\,, \tag{b}$$

so entfällt der Zeilentausch. Andernfalls wird jetzt für die Elemente $C\,[i,\,j]$ und $C\,[k_{\max},\,j]$ der Spalte j ein Platztausch vorgenommen. Der Spaltenindex j läuft dabei von i bis $n+1$. Der Platztausch geht in drei Schritten über den Zwischenspeicher zz vonstatten (Bild 8.2-6 und 8.2-5c). Danach steht also auf Platz $C\,[i,\,i]$ das Pilotelement

$$\text{pil} := C\,[i,\,i]\,. \tag{d}$$

```
procedure LGS          ( gespeichert auf C[n,n+1] )

     det := 1

     für Spalte i := 1 bis n

          kmax := 0,   smax := 0

          für Zeile k := i bis n

                         abs(C[k,i]) > smax
               ja                              nein

               kmax := k
               smax := abs(C[k,i])

                                        kmax = 0
               nein                                    ja

                                        kmax = i
               nein                          ja        det:=0

                    für j := i bis n+1

                              zz       := C[i,j]
                         C[i,j]    := C[kmax,j]
                         C[kmax,j] := zz

                    det := -det

               pil := C[i,i]          det := det*pil

               für j := i+1 bis n+1

                    C[i,j] := C[i,j]/pil

               für k := i+1 bis n

                    zz := C[k,i]

                    für j := i+1 bis n+1

                         C[k,j] := C[k,j] - zz*C[i,j]

     für i := n abwärts bis 2

          für k := i-1 abwärts bis 1

               C[k,n+1] := C[k,n+1] - C[k,i]*C[i,n+1]
```

(a) (b) (c) (d) (e) (f) (g)

Bild 8.2-5: Das Struktogramm von LGS

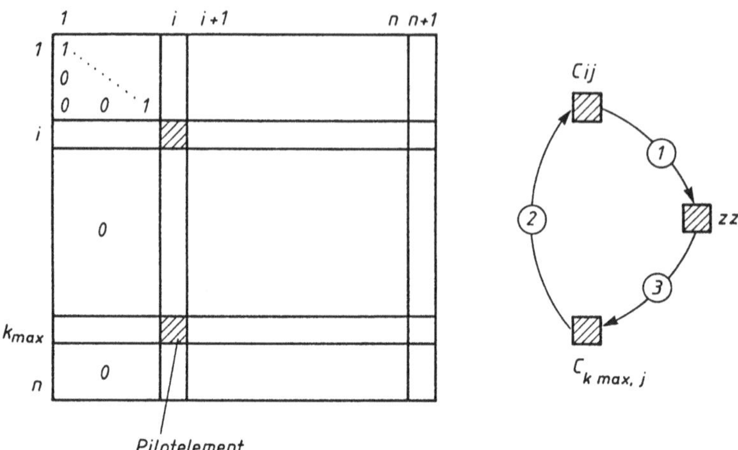

Bild 8.2-6: Matrix C, Schritt 1: Zeilentausch von *kmax* nach i

Schritt 2: Wir dividieren die Zeile *i* durch das Pilotelement pil:

$$C[i, j] := C[i, j]/\text{pil} , \qquad\qquad\qquad (e)$$

wobei der Spaltenindex von *i* bis $n + 1$ läuft. Damit erzeugen wir auf dem Platz $C[i, i]$ eine $+1$.

Schritt 3: Alle Werte $C[k, i]$ der Zeilen k von $i + 1$ bis n in der Spalte i werden jetzt auf 0 gebracht. Dazu multiplizieren wir zunächst alle Werte ($j = i$ bis $n + 1$) der Zeile *i* mit dem Wert von $C[k, i]$ für $k = i + 1$:

$$C[i, j] \cdot C[k, i] .$$

Dann subtrahieren wir die so gewonnene Zeile von der Zeile $k = i + 1$:

$$C[k, j] := C[k, j] - C[i, j] \cdot C[k, i] . \qquad\qquad\qquad (f)$$

Wiederholen wir diese Prozedur für die restlichen Zeilen $k = i + 2$ bis n, so werden dadurch alle Werte der Spalte *i* unterhalb $C[i, i] = 1$ auf 0 gebracht. Um Rechenzeit zu sparen, verzichten wir darauf, diese 0 und 1, die wir ja später nicht mehr brauchen, auf die entsprechenden Plätze der Matrix zu speichern. Deswegen läuft im Struktogramm (Bild 8.2-5d bis f) der Spaltenindex *j* von $i + 1$ und nicht von *i* bis $n + 1$.

Den vorstehend für die Spalte *i* beschriebenen Vorgang lassen wir insgesamt für $i = 1$ bis *n* ablaufen, wie das Struktogramm zeigt. Damit ist die gewünschte Dreiecksmatrix erzeugt. Anschließend müssen noch die oberhalb der Diagonalen dieser Matrix liegenden Elemente zu 0 gemacht werden. Das dazu erforderliche Rückwärtseinsetzen, das im vorigen Abschnitt vorgeführt wurde, benutzt dieselben Schritte 1, 2 und 3 wie zuvor. Es ist wesentlich einfacher, da die Matrix *C* bereits präpariert ist. Wir beginnen jetzt rechts unten, d.h., bei der Spalte *n* und führen den Eliminationsschritt

$$C[k, n + 1] := C[k, n + 1] - C[k, i] \cdot C[i, n + 1] \qquad\qquad\qquad (g)$$

analog zu der ersten Rechenphase durch.

Das Unterprogramm LGS findet der Leser im Abschnitt „Programme" als Teil des Programms NETZWERK.

8.3 Die Suche der Nullstelle

8.3.1 Intervallhalbierung

Gegeben sei die Kennlinie des nichtlinearen Elementes in impliziter Form (also rechte Seite = 0):

$$F_1 (U, I) = 0 \, . \tag{8.3-1}$$

Die Widerstandskennlinie sei in expliziter Form gegeben:

$$I = F_2 (U) \, . \tag{8.3-2}$$

Gesucht ist der Schnittpunkt von F_1 und F_2 (elektrotechnisch: der Arbeitspunkt). Setzt man (8.3-2) in (8.3-1) ein, so entsteht das „Nullstellenproblem":

$$F (U) = F_1 (U, F_2 (U)) = 0 \, . \tag{8.3-3}$$

Man sucht jetzt die Nullstelle von $F (U)$, vgl. Bild 8.3-1. Das U der Nullstelle ist das gesuchte U des Schnittpunktes. Zur Lösung von (8.3-3) gibt es verschiedene Verfahren. Das einfachste und sicherste Verfahren ist das der Intervallhalbierung. Im Gegensatz zum gängigen Newtonverfahren wird hier z.B. die Differenzierbarkeit von $F (U)$ nicht verlangt.

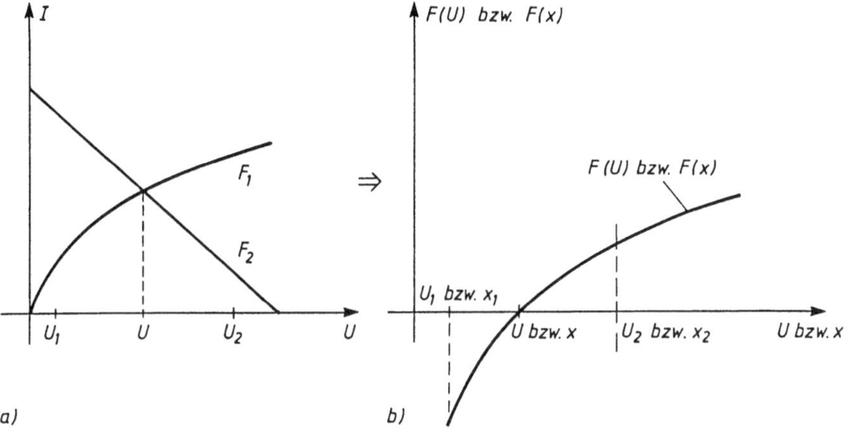

Bild 8.3-1: Die Schnittpunktsuche (a) wird zur Nullpunktsuche (b)

8.3.2 Der Algorithmus

Das Programm NULLSTELLE benutzt die Variablen x und y ($U \rightarrow x$, $I \rightarrow y$), also wird aus (8.3-3):

$$F (x) = F_1 (x, F_2 (x)) = 0 \, . \tag{8.3-3a}$$

Beispiel:

$$F_1 (x, y) = 1{,}2 \cdot y - 0{,}6 \cdot x^2 = 0 \quad \text{(Elementkennlinie)},$$

$$F_2 (x) = y = 3{,}333 - 0{,}833 \cdot x \quad \text{(Widerstandskennlinie)}.$$

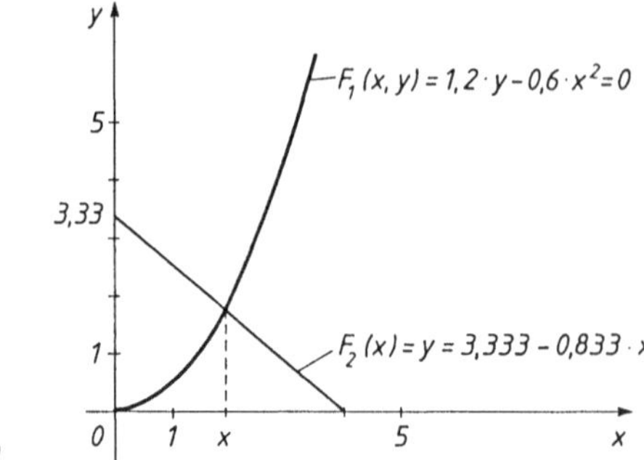

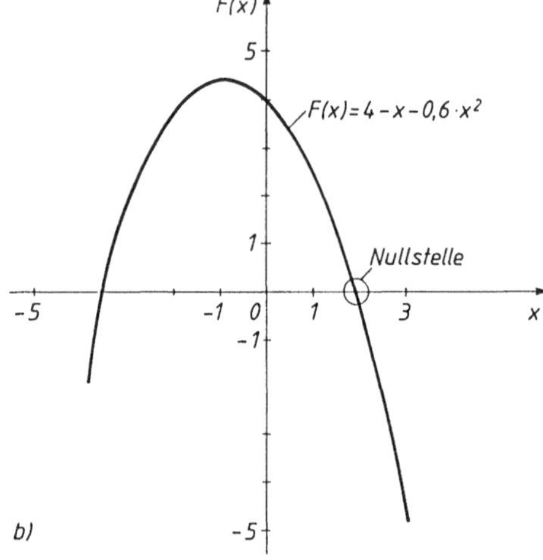

Bild 8.3-2:

Beispiel für das Nullstellenproblem.

a) Elementkennlinie F_1 (x, y)
    und Schaltungskennlinie
    F_2 (x)
b) Die Nullstelle von F (x)

Daraus, gemäß (8.3-3a):

$$F(x) = 4 - x - 0,6 \cdot x^2 = 0 \quad \text{(Nullkurve)}.$$

(Bei diesem Testbeispiel (Bild 8.3-2) kann die gesuchte Nullstelle direkt angegeben werden: $x = 1,8798$.)

Man verfährt beim Intervallhalbierungsverfahren nun folgendermaßen (vgl. Struktogramm in Bild 8.3-3, die eingeklammerten Kleinbuchstaben im folgenden beziehen sich darauf):

1. Man legt die beiden Endpunkte x_1 und x_2 des Intervalls fest, zwischen denen man die Lösung vermutet.

2. Man bildet gemäß (8.3-3a) $F(x_1) = y_1$ (a)

3. Man bildet gemäß (8.3-3a) $F(x_2) = y_2$ (b)

4. Man prüft, ob y_1 und y_2 verschiedenes Vorzeichen haben.   (c)
    (Nur dann ist die weitere Rechnung sinnvoll.)

5. Man halbiert das Intervall zwischen x_1 und x_2:

$$x = (x_1 + x_2)/2 .$$ (d)

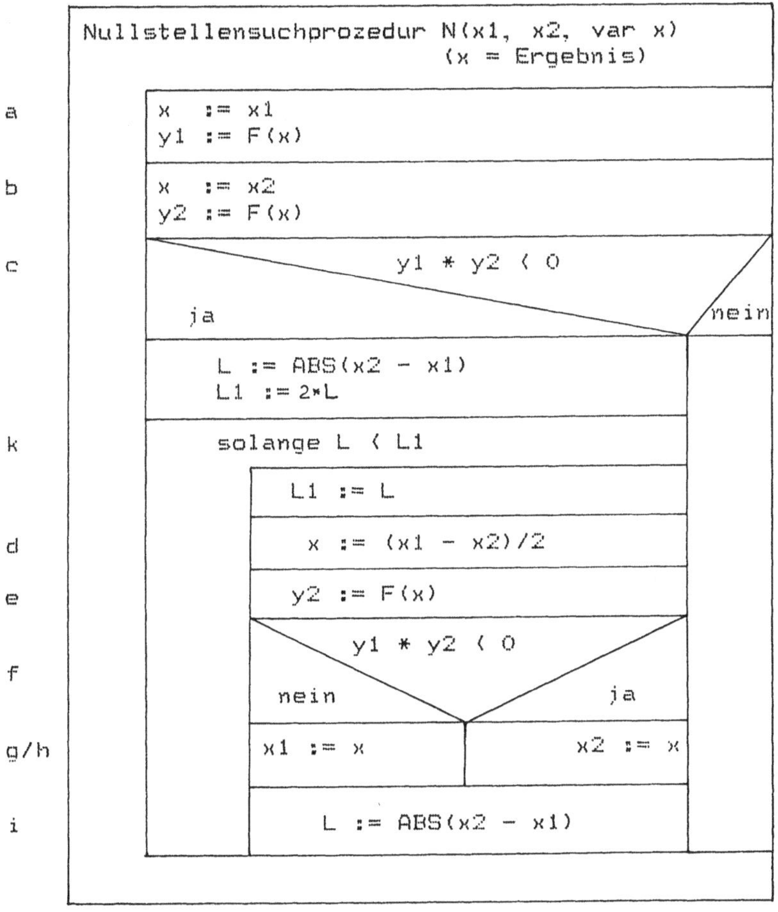

Bild 8.3-3: Struktogramm des Programms NULLSTELLE

6. Man bildet gemäß (8.3-3a) $F(x) = y_2$.   (e)

7. Man prüft, ob y_2 aus 6. dasselbe Vorzeichen wie das alte y_1 aus 2. hat.   (f)

8a. y_2 hat dasselbe Vorzeichen wie y_1:   (g)
(D.h., x liegt auf der gleichen Seite der Nullstelle wie x_1).
Dann ergibt sich das neue x_1 aus x; x_2 bleibt das alte.

8b. y_2 hat das entgegengesetzte Vorzeichen wie y_1:

$x_2 := x$; x_1 bleibt das alte.   (h)

9. wie 5.

10. wie 6.

usw.

Der Leser bemerkt: Die Schritte 1...4 werden nur zu Beginn durchlaufen, die Schritte 5...8 dagegen so oft, bis die Notbremse gezogen wird: Wir beenden das Spiel, wenn die Grenze der Genauigkeit des Rechners erreicht ist. Dazu bilden wir am Ende jeder Schleife

$$L = |x_2 - x_1| \, . \tag{i}$$

Dieses L wird zu Beginn der nächsten Schleife unter L_1 abgespeichert und es wird aufs Neue L gebildet. Wenn, infolge der begrenzten Stellenzahl des Rechners, das alte L_1 gleich dem neuen L ist, wird die Schleife verlassen. Die Rechnung ist beendet. $\hfill$ (k)

Für das obige Beispiel sind einige Schritte in der Tabelle in Bild 8.3-4 gezeigt. Einen Ablaufplan des Programms ARBPKT in BASIC zeigt Bild 8.3-5.

```
1. Eckpunkte des Intervalls: x1 = 1, x2 = 3

2. F(x1) = 4 - 1 - 0.6*1 = 2.4 = y1

3. F(x2) = 4 - 3 - 0.6*9 = -4.4 = y2

4. y1*y2 < 0, also Rechnung fortsetzen.

5...8. siehe unten
```

| | | x1+x2 | | | | |
x1	x2	x = ----- 2	y2 =F(x)	y1*y2	x->	L
1	3	2	-0.4000	-	x2	2
1	2	1.5	1.1500	+	x1	1
1.5	2	1.75	0.4125	+	x1	0.5
1.75	2	1.875	0.0156	+	x1	0.25
1.875	2	1.9375	-0.1898	-	x2	0.125
1.875	1.937	1.906	-0.0857	-	x2	0.062
1.875	1.906	1.8905	-0.0035	-	x2	0.031
1.875	1.890	1.8825	-0.0088	-	x2	0.015
1.875	1.882	1.8785	0.0042	+	x1	0.007
1.878	1.882	1.8800	-0.0006	-	x2	0.004
1.878	1.880	1.8790	0.0026	+	x1	0.002
1.880	1.879	1.8795	0.001	+	x1	0.001
1.879	1.879	1.879	0.0026	+	x1	0

```
Ende der Rechnung bei dreistelliger Genauigkeit
```

Bild 8.3-4: Der Nullstellenalgorithmus für das Beispiel F (x) = − 0.6 · x^2 − x + 4

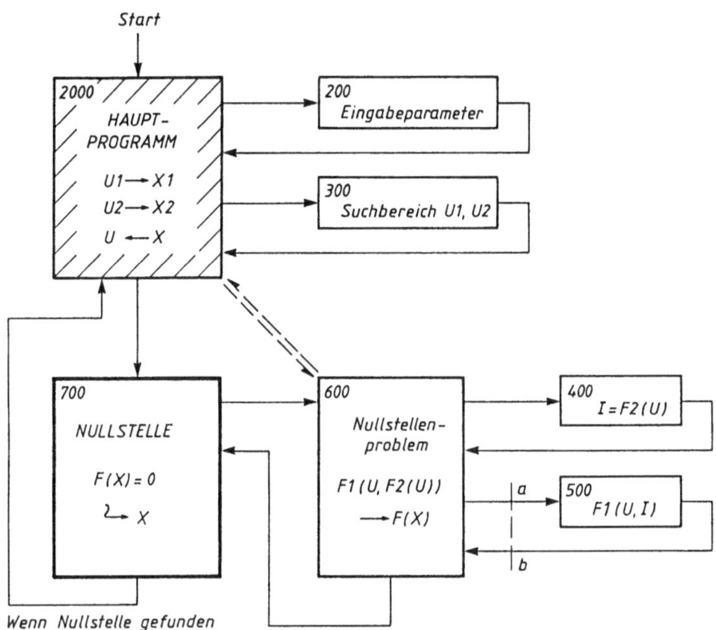

Bild 8.3-5: Struktur des Programms ARBPKTK

F1 (U, I) − Elementkennlinie, F2 (U) − Widerstandskennlinie

8.3.3 Interpolation

Es kommt häufig vor, daß eine Funktion nur in Tabellenform vorliegt, beispielsweise als Resultat einer Messung. Benötigt man nun einen Wert, der zwischen zwei Tabellenwerten liegt, so muß man interpolieren, um diesen Zwischenwert zu erhalten. Der einfachste Weg zum Zwischenwert ist die lineare Interpolation.

Gegeben seien die beiden Eckwertpaare $x\,[k-1]$; $y\,[k-1]$ und $x\,[k]$; $y\,[k]$. Zu dem beliebigen Zwischenwert x sei der zugehörige Wert y zu finden. Eine einfache Verhältnisrechnung ergibt (Bild 8.3-6):

$$\frac{y - y\,[k-1]}{x - x\,[k-1]} = \frac{y\,[k] - y\,[k-1]}{x\,[k] - x\,[k-1]} = a\ .$$

Daraus folgt für das gesuchte y:

$$y = a \cdot (x - x\,[k-1]) + y\,[k-1]\ .$$

Der Programmteil, der obiges durchführt, ist in Bild 8.3-7 gezeigt. Mit dieser Ergänzung wird ARBPKTK zu ARBPKTT.

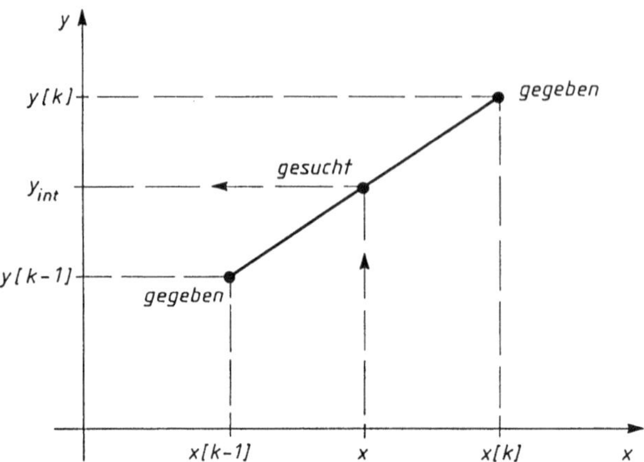

Bild 8.3-6: Lineare Interpolation

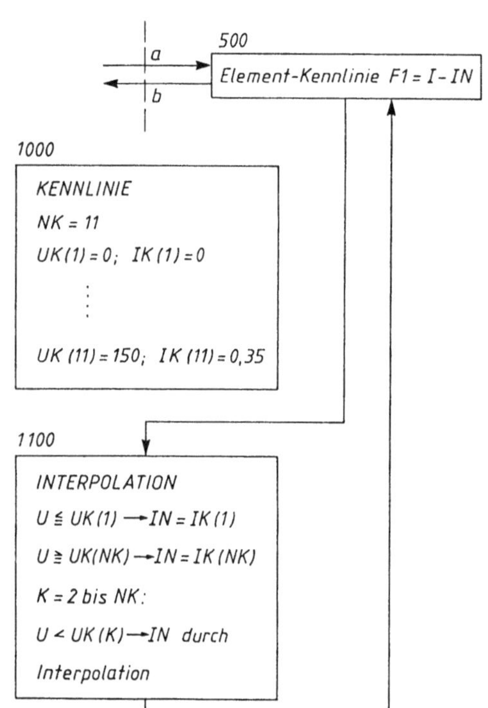

Bild 8.3-7:

Ergänzung des Programms ARBPKTK
durch lineare Interpolation zum
Tabellenprogramm ARBPKTT

8.4 Feldoperatoren

8.4.1 Felder

Ordnet man jedem Punkt des Raumes eine skalare Größe zu, dann liegt ein skalares Feld vor.

Beispiele: Temperaturverteilung in einem Zimmer, Potentialverteilung bei einem elektrischen Feld.

Ordnet man jedem Punkt des Raumes eine vektorielle Größe zu, dann liegt ein Vektorfeld vor.

Beispiele: Geschwindigkeit der Teilchen in einer Wasserströmung, Kraft auf Elektronen in einem elektrischen Feld, Kraft auf eine Kompaßnadel in einem magnetischen Feld.

8.4.2 Der Gradient

Der Gradient grad U eines Skalarfeldes ist ein Maß für die Stärke der räumlichen Änderung des Skalars U. Bei grad $U = 0$ ist das Feld homogen. Die Größe grad U ist ein Vektor, denn sie gibt Größe und Richtung der Änderung an.

Beispiele: Ist in einem Raum die Temperatur T überall gleich, so ist grad $T = 0$. In dem Bereich zwischen zwei Elektroden verschiedenen Potentials existiert ein skalares Potentialfeld U. Die Änderungsstärke von U ist ein Maß für die Feldstärke $\vec{E}$:

$$\vec{E} = - \operatorname{grad} U . \tag{8.4-1}$$

Für rechtwinklige Koordinaten gilt:

$$\operatorname{grad} U = \frac{\partial U}{\partial x} \cdot \vec{i} + \frac{\partial U}{\partial y} \cdot \vec{j} + \frac{\partial U}{\partial z} \cdot \vec{k} .$$

8.4.3 Die Divergenz

Die Divergenz div $\vec{E}$ eines Vektorfeldes $\vec{E}$ ist ein Maß für die Quellenstärke des Feldes $\vec{E}$. Bei div $\vec{E} = 0$ ist das Feld quellenfrei. Die Größe div $\vec{E}$ ist ein Skalar.

Beispiele: Eine Wasserströmung, bei der nichts versickert und nichts zuströmt, hat div $\vec{v} = 0$ (v = Geschwindigkeit). In einem Bereich ohne Ladung gehorcht ein dort evtl. vorhandenes elektrisches Feld der Beziehung

$$\operatorname{div} \vec{E} = 0 . \tag{8.4-2}$$

Für rechtwinklige Koordinaten gilt:

$$\operatorname{div} \vec{E} = \frac{\partial E_x}{\partial x} + \frac{\partial E_y}{\partial y} + \frac{\partial E_z}{\partial z} .$$

Man vergleiche mit dem ähnlichen Ausdruck für grad U.

8.4.4 Die Rotation

Die Rotation $\mathrm{rot}\,\vec{E}$ eines Vektorfeldes $\vec{E}$ ist ein Maß für die Wirbelhaftigkeit des Feldes $\vec{E}$. Bei $\mathrm{rot}\,\vec{E} = 0$ ist das Feld wirbelfrei. Die Größe $\mathrm{rot}\,\vec{E}$ ist ein Vektor.

Beispiele: Ruhig und gleichmäßig strömendes Wasser (laminar) hat keine Wirbel. Es ist also $\mathrm{rot}\,\vec{v} = 0$ (v = Geschwindigkeit). Bei einem elektrischen Gleichfeld beginnen und enden die Kraftlinien $\vec{E}$ stets auf einer Elektrodenoberfläche. Da es somit keine geschlossene Kraftlinie gibt, ist

$$\mathrm{rot}\,\vec{E} = 0 \ . \tag{8.4-3}$$

Bei einem vom elektrischen Strom erzeugten Magnetfeld schließt sich jede Kraftlinie $\vec{H}$ um diesen Strom. Es ist also

$$\mathrm{rot}\,\vec{H} = \vec{G} \ , \tag{8.4-4}$$

($\vec{G}$ ist die vektorielle Stromdichte).
Für rechtwinklige Koordinaten gilt:

$$
\begin{aligned}
\mathrm{rot}\,E = \ & \left(\frac{\partial E_z}{\partial y} - \frac{\partial E_y}{\partial z} \right) \cdot \vec{i} \\[2mm]
+ \ & \left(\frac{\partial E_x}{\partial z} - \frac{\partial E_z}{\partial x} \right) \cdot \vec{j} \\[2mm]
+ \ & \left(\frac{\partial E_y}{\partial x} - \frac{\partial E_x}{\partial y} \right) \cdot \vec{k} \ .
\end{aligned}
$$

8.4.5 Die Laplacesche Differentialgleichung

Aus (8.4-2) mit (8.4-1) folgt

$$\mathrm{div}\,\mathrm{grad}\,U = 0 \ .$$

Dies ist mathematisch identisch mit

$$\Delta U = 0 \ . \tag{8.4-5}$$

Die so entstandene Laplacesche Differentialgleichung (8.4-5) beschreibt ein wirbelfreies Quellenfeld. Für rechtwinklige Koordinaten gilt

$$\Delta U = \frac{\partial^2 U}{\partial x^2} + \frac{\partial^2 U}{\partial y^2} + \frac{\partial^2 U}{\partial z^2} \ . \tag{8.4-6}$$

8.4.6 Laplaceoperator beim Vektorfeld

Im obigen Abschnitt 8.4.5 haben wir mit (8.4-6) den Laplaceoperator Δ auf das skalare Feld U angewandt. Entsprechend kann man den Laplaceoperator Δ auch auf ein Vektorfeld anwenden. Es gilt dann die Rechenregel

$$\Delta \vec{B} = \left(\frac{\partial^2 B_x}{\partial x^2} + \frac{\partial^2 B_x}{\partial y^2} + \frac{\partial^2 B_x}{\partial z^2} \right) \cdot \vec{i}$$

$$+ \left(\frac{\partial^2 B_y}{\partial x^2} + \frac{\partial^2 B_y}{\partial y^2} + \frac{\partial^2 B_y}{\partial z^2} \right) \cdot \vec{j}$$

$$+ \left(\frac{\partial^2 B_z}{\partial x^2} + \frac{\partial^2 B_z}{\partial y^2} + \frac{\partial^2 B_z}{\partial z^2} \right) \cdot \vec{k} , \tag{8.4-7}$$

($\vec{i}, \vec{j}, \vec{k}$ Einheitsvektoren in Richtung der Koordinatenachsen).

Allgemein, d.h. für ein beliebiges Feld gilt:

$$\Delta \vec{B} = \operatorname{grad} \operatorname{div} \vec{B} - \operatorname{rot} \operatorname{rot} \vec{B} . \tag{8.4-8}$$

Beim Magnetfeld ist stets $\operatorname{div} \vec{B} = 0$. Damit wird aus (8.4-8)

$$\Delta \vec{B} = - \operatorname{rot} \operatorname{rot} \vec{B} . \tag{8.4-8a}$$

Dies eröffnet uns die Möglichkeit, $\operatorname{rot} \operatorname{rot} \vec{B}$ zu berechnen.

8.5 Komplexe Rechnung

8.5.1 Komplexe Darstellung von Zeigern

Die folgende Übersicht zeigt die verschiedenen Darstellungsarten eines Zeigers in der komplexen Ebene und deren Zusammenhänge. Die rechte Spalte zeigt ein Zahlenbeispiel.

Zeiger A

Kartesische Form:	$A = a + j \cdot b$	$3 + j \cdot 4$
Betrag; Phase:	$\lvert A \rvert = \sqrt{a^2 + b^2}$; $\varphi = \arctan \dfrac{b}{a}$	$5 ; 53{,}1°$
Trigonometrische Form:	$A = \lvert A \rvert \cdot (\cos \varphi + j \cdot \sin \varphi)$	$5 \cdot (0{,}6 + j \cdot 0{,}8)$
Exponentialform:	$A = \lvert A \rvert \cdot e^{j \cdot \varphi}$	$5 \cdot e^{j \cdot 0{,}927}$
	$A = \lvert A \rvert \,\underline{/\varphi}$	$5\,\underline{/53{,}1°}$

8.5.2 Der Drehoperator

Der Ausdruck $A \cdot e^{j \cdot \varphi}$ besagt: Drehe den Zeiger der Länge A um den Winkel φ. Die folgende Übersicht erläutert diese Drehung.

Winkel φ	Einheitszeiger	Zeigerbild	Bemerkungen
0	$e^{j \cdot 0} = 1$	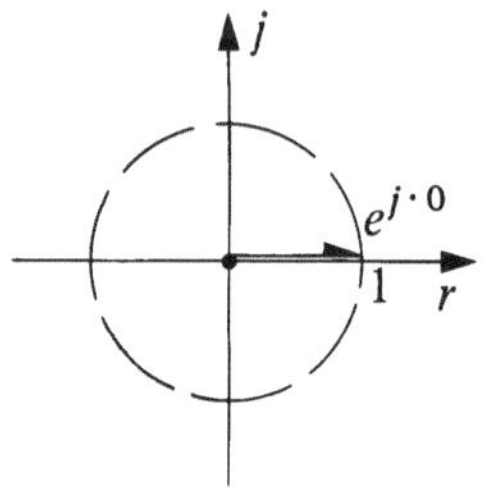	$\cos 0 + j \cdot \sin 0 = 1$
$\pi/2$	$e^{j \cdot \frac{\pi}{2}} = j$	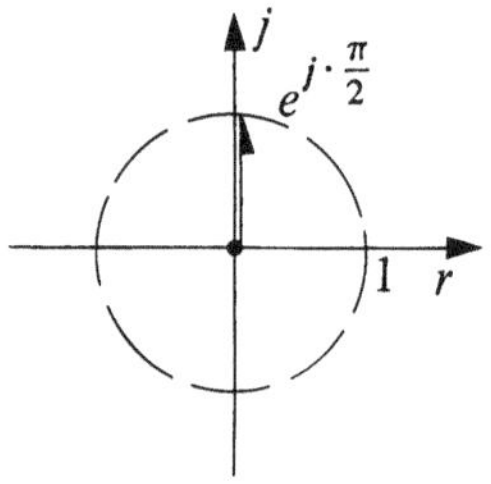	$\cos \pi/2 + j \cdot \sin \pi/2 = j$
π	$e^{j \cdot \pi} = -1$	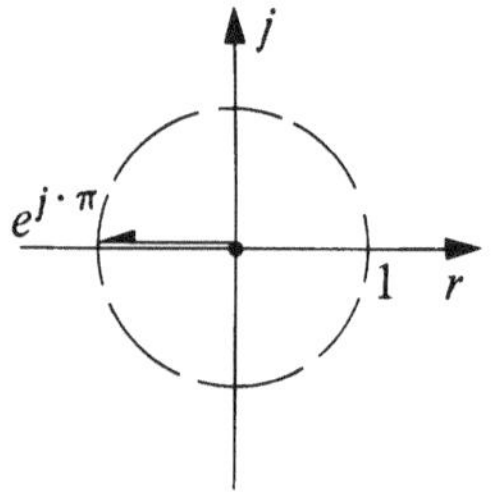	$\cos \pi + j \cdot \sin \pi = -1$
$3 \cdot \pi/2$	$e^{j \cdot \frac{3 \cdot \pi}{2}} = -j$	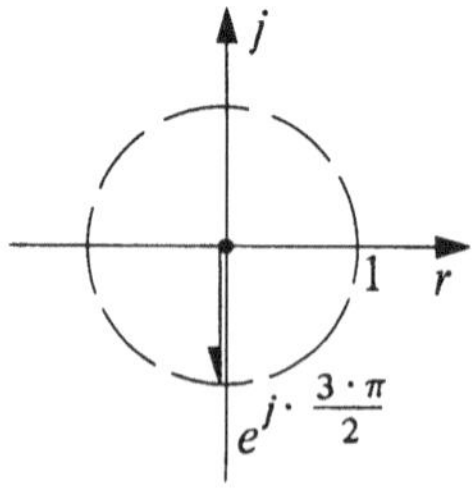	$\cos 3 \cdot \pi/2 + j \cdot \sin 3 \cdot \pi/2 = -j$

8.5.3 Komplexe Rechenoperationen

Die Rechenoperationen, die zwei komplexe Zahlen oder Zeiger verknüpfen, sind rechentechnisch immer in der kartesischen Schreibweise einfacher, da die Bestimmung von exp- und arctan-Funktionen viel aufwendiger ist als die vier Grundrechnungsarten. Für theoretische Betrachtungen und die Zeigerdarstellung ist aber bei Multiplikation und Division die exponentielle Schreibweise oft vorzuziehen. Man beachte aber, daß die Berechnung des Phasenwinkels durch die arctan-Funktion zunächst nur bis auf den Winkel $180°$ bestimmt ist. Die Prozedur RTOP im Programm WNETZWERK zeigt die komplizierte Bestimmung des richtigen Winkelwertes. Der interessierte Leser kann die Rechenprogramme für die Grundrechenarten CADD, CSUB, CMUL und CDIV der Pascal-Version von WNETZWERK entnehmen. Die folgende Tabelle soll die Übersicht über die vier komplexen Grundrechnungsarten erleichtern.

math. Operation	gegeben	Rechenweise
Addition $A + B$	$A = \mathrm{Re}(A) + j \cdot \mathrm{Im}(A)$ $B = \mathrm{Re}(B) + j \cdot \mathrm{Im}(B)$	$C = \mathrm{Re}(A) + \mathrm{Re}(B) + j \cdot (\mathrm{Im}(A) + \mathrm{Im}(B))$
Subtraktion $A - B$		$C = \mathrm{Re}(A) - \mathrm{Re}(B) + j \cdot (\mathrm{Im}(A) - \mathrm{Im}(B))$
Multiplikation $A \cdot B$		$C = \mathrm{Re}(A) \cdot \mathrm{Re}(B) - \mathrm{Im}(A) \cdot \mathrm{Im}(B)$ $+ j \cdot (\mathrm{Im}(A) \cdot \mathrm{Re}(B) + \mathrm{Re}(A) \cdot \mathrm{Im}(B))$
Division A/B		Es wird zunächst die Inverse D des Nenners B berechnet und dann mit dem Zähler A multipliziert. $N = \mathrm{Re}(B) \cdot \mathrm{Re}(B) + \mathrm{Im}(B) \cdot \mathrm{Im}(B)$ $D = \mathrm{Re}(B)/N - j \cdot \mathrm{Im}(B)/N$
Multiplikation $A \cdot B$	$A = \lvert A \rvert \cdot e^{j \cdot \varphi_a}$ $B = \lvert B \rvert \cdot e^{j \cdot \varphi_b}$	$C = \lvert A \rvert \cdot \lvert B \rvert \cdot e^{j \cdot (\varphi_a + \varphi_b)}$
Division A/B		$C = \dfrac{\lvert A \rvert}{\lvert B \rvert} \cdot e^{j \cdot (\varphi_a - \varphi_b)}$
Differentiation nach t	$A = \lvert A \rvert \cdot e^{j \cdot a \cdot t}$	$C = j \cdot a \cdot e^{j \cdot a \cdot t} \cdot \lvert A \rvert = j \cdot a \cdot A$
Integration		$C = \dfrac{1}{j \cdot a} \cdot e^{j \cdot a \cdot t} \cdot \lvert A \rvert = \dfrac{1}{j \cdot a} \cdot A$

8.5.4 Komplexe Gleichungen

Liegt eine komplexe Gleichung nicht in kartesischer Schreibweise vor, so müssen zuerst die Exponentialausdrücke in kartesische Form gebracht werden mit:

$$\mathrm{Re}\,(A) = |A| \cdot \cos\,(\varphi_a)$$
$$\mathrm{Im}\,(A) = |A| \cdot \sin\,(\varphi_a)\,.$$

Ganz allgemein gilt: Jede komplexe Gleichung stellt zwei reelle Bestimmungsgleichungen dar:

Summe der linken Realteile = Summe der rechten Realteile

und

Summe der linken Imaginärteile = Summe der rechten Imaginärteile.

Beispiel: $3 + 4 \cdot x + j \cdot 5 \cdot y = 6 + j \cdot 7 \cdot x + j \cdot 8 \cdot y + j \cdot 9\,.$

Daraus werden:

$$3 + 4 \cdot x = 6$$
$$5 \cdot y = 7 \cdot x + 8 \cdot y + 9\,.$$

Die Lösungen ergeben sich daraus wie üblich ($x = 0{,}75$; $y = -\,4{,}75$).

Bei der Umformung komplexer Gleichungen können folgende Beziehungen von Nutzen sein:

$$j = \sqrt{-1}\,,$$
$$j^2 = -\,1\,,$$
$$j^3 = -j\,,$$
$$1/j = -j\,,$$
$$\sqrt{j} = (1 + j)/\sqrt{2}\,.$$

Häufig findet man die Form

$$g = \frac{1}{a + j \cdot b}\,.$$

Um diesen Ausdruck in Real- und Imaginärteil aufzuspalten, macht man den Nenner reell, indem man mit dem konjugiert komplexen Ausdruck

$$\cdot\,\frac{a - j \cdot b}{a - j \cdot b}$$

multipliziert. Dies ergibt

$$g = \frac{a - j \cdot b}{a^2 + b^2}\,.$$

Damit liegen Real- und Imaginärteil von g getrennt vor.

8.5.5 Komplexe Matrizen und Determinanten

Es gibt überhaupt keine Unterschiede zur reellen Rechnung, wenn man alle (jetzt komplexen) Zahlen durch die in Abschnitt 8.5.3 beschriebenen kartesischen Rechenoperationen verknüpft. Der Rechenaufwand steigt natürlich; bei der Multiplikation z.B. etwa um den Faktor 4.

8.6 Die komplexe, partielle, elliptische Differentialgleichung

8.6.1 Die Differentialgleichung und ihre Randbedingungen

Es handelt sich in diesem Kapitel um die Berechnung einer Funktion $U(x, y)$, die in einem Gebiet der x, y-Ebene die Differentialgleichung

$$Uxx + Uyy + D \cdot Ux + E \cdot Uy + F \cdot U + G = 0 \tag{8.6-1}$$

erfüllt.

(Hier und im folgenden verwenden wir die verkürzte Schreibweise für die partielle Ableitung

$$Ux = \frac{\partial U(x, y)}{\partial x} \quad \text{usw.})$$

Auf den Rändern, die wir vereinfachend als achsenparallel annehmen, ist entweder U selbst oder dessen partielle Ableitung erster Ordnung gegeben. Bei den Randbedingungen unterscheiden wir die einseitigen (Normalen-) Ableitungen nach rechts bzw. nach links und schreiben für den senkrechten Rand (x = konstant):

$$A \cdot U + B_{re} \cdot Ux_{rechts} + B_{li} \cdot Ux_{links} - C = 0 \;, \tag{8.6-2a}$$

bzw. für den waagrechten Rand (y = konstant):

$$A \cdot U + B_{re} \cdot Uy_{rechts} + B_{li} \cdot Uy_{links} - C = 0 \;. \tag{8.6-2b}$$

Die Koeffizienten A, B, C, D, E und G sind als reelle Zahlen, der Koeffizient

$$F = \text{Re}(F) + j \cdot \text{Im}(F)$$

als komplexe Zahl zugelassen. Das hat zur Folge, daß alle internen Rechnungen mit komplexer Arithmetik durchgeführt werden müssen.

8.6.2 Die numerische Lösung der Differentialgleichung

8.6.2.1 Die verschiedenen Möglichkeiten

In wenigen, die Randbedingungen aber einschränkenden Fällen, lassen sich geschlossene Lösungen für die Funktion $U(x, y)$ bestimmen. (Bei der Berechnung elektrischer Felder von Punktladungen haben wir darauf zurückgegriffen.)

Im Vor-Computer-Zeitalter sind einige weitere Ergebnisse auf dem Weg über die konforme Abbildung gefunden worden (vgl. z.B. Simonyi: Theoretische Elektrotechnik). Doch handelt es sich hier um eine Sackgasse, da das Verfahren sich nicht auf alle Geometrien und schon gar nicht auf räumliche Probleme übertragen läßt.

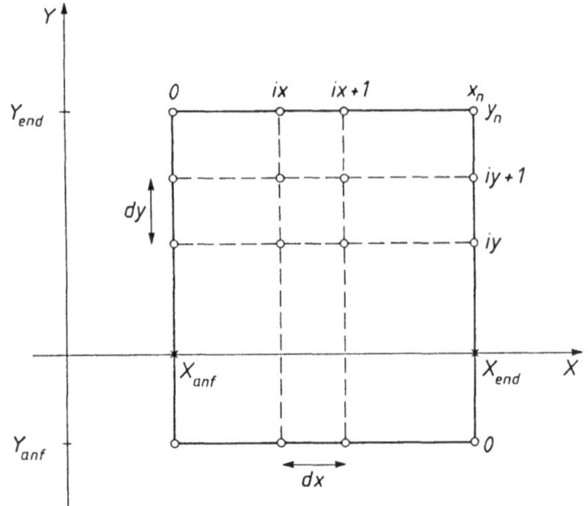

Bild 8.6-1:

Das Rechengitter und die Bezeichnungen

Seit Computer verfügbar sind, berechnet man kompliziertere Felder nur noch numerisch, wie wir es im folgenden erläutern. Der Grundgedanke ist, das kontinuierliche Differentialgleichungsproblem in ein diskretes Differenzengleichungsproblem umzusetzen. Die gesuchte Funktion $U(x, y)$ wird nicht mehr für alle (d.h. unendlich viele) Punkte des Gebietes bestimmt, sondern nur noch für endlich viele einzelne (diskrete) Punkte, die Gitter- oder Rasterpunkte. Bei dieser Methode der „finiten Elemente" wird aus den Gleichungen (8.6-1) und (8.6-2) ein System von linearen Gleichungen zur Bestimmung der Funktionswerte $U[i_x, i_y]$ in den Rasterpunkten $[i_x, i_y]$. In der Praxis der „finiten Elemente" wird zur besseren Anpassung an die Geometrie der Ränder vielfach mit einem Dreieckraster statt einem Rechteckraster gerechnet. Die notwendigen Formeln werden dann komplizierter, so daß wir uns hier auf ein Rechteckraster beschränkt haben. Dieses hat die Punkte (Bild 8.6-1)

$$X[i_x] = X_{anf} + i_x \cdot dx \, , \tag{8.6-3}$$

$$Y[i_y] = Y_{anf} + i_y \cdot dy \, ,$$

mit

$$i_x = 0, \ldots, x_n \, ,$$

$$i_y = 0, \ldots, y_n \, .$$

Dann ist

$$X_{anf} = X[0] \quad \text{und} \quad Y_{anf} = Y[0] \, ,$$

sowie

$$X_{end} = X[x_n] \quad \text{und} \quad Y_{end} = Y[x_n] \, .$$

Wählt man, wie wir hier, die Werte $x_n = y_n = 40$, so ergeben sich $(x_n + 1) \cdot (y_n + 1) = 1681$ Rasterpunkte, d.h., die gesuchte Funktion $U(x, y)$ ist durch 1681 komplexe Zahlenwerte bestimmt. Dazu ist ein System von ebensovielen Gleichungen aufzustellen und zu lösen.

8.6.2.2 *Von der Differential- zur Differenzengleichung*

Zur Umsetzung der Differential- in eine Differenzengleichung bedarf es der Diskretisierung der Differentialoperatoren. Wir erinnern an den Zusammenhang zwischen Differentialquotient und Differenzenquotient für eine Funktion $z = f(x)$: Der Tangens des Winkels zwischen Tangente und x-Achse ist gegeben durch (Bild 8.6-2):

$$\tan \gamma = \frac{dz\,(x)}{dx} = \lim_{\Delta x \to 0} \frac{z\,(x + \Delta x) - z\,(x)}{\Delta x}$$

und kann näherungsweise durch den Winkel zwischen Sehne und x-Achse gewonnen werden. Man kann daher die Ableitung $z'\,(x)$ annähern durch

$$z'\,(x) = \frac{z_r - z}{\Delta x} \qquad \text{(rechtsseitig)}, \tag{8.6-4}$$

$$z'\,(x) = \frac{z - z_l}{\Delta x} \qquad \text{(linksseitig)},$$

$$z'\,(x) = \frac{z_r - z_l}{2 \cdot \Delta x} \qquad \text{(zentral)}.$$

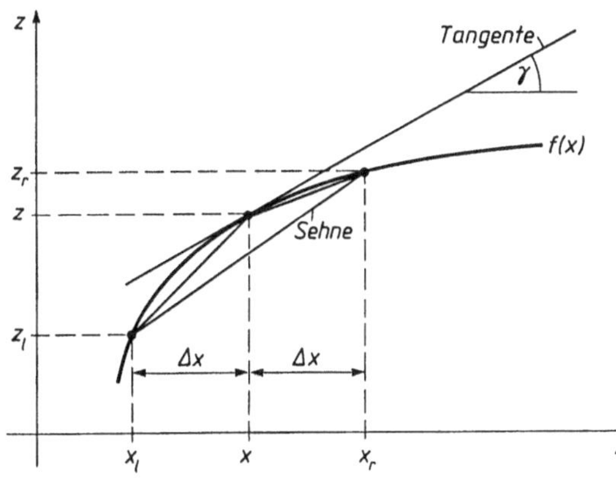

Bild 8.6-2:
Differential- und Differenzenquotient

Für die zweite Ableitung folgt entsprechend:

$$z''\,(x) = \frac{z_r' - z_l'}{\Delta x} \tag{8.6-5}$$

oder, mit (8.6-4):

$$z''\,(x) = \frac{z_r - 2 \cdot z + z_l}{\Delta x^2} \; .$$

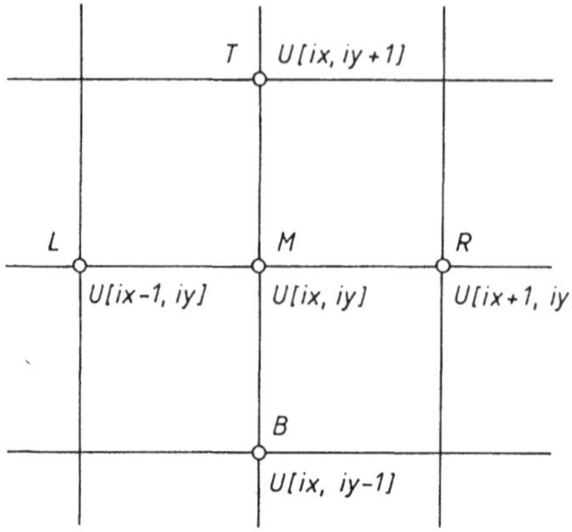

Bild 8.6-3:
Die 5 Rasterpunkte

Dies angewendet auf die partiellen Ableitungen unserer Funktion $U(x, y)$ am Rasterpunkt $[i_x, i_y]$ ergibt mit den Beziehungen in Bild 8.6-3:

$$Uxx = \frac{U[i_x + 1, i_y] - 2 \cdot U[i_x, i_y] + U[i_x - 1, i_y]}{dx^2} \qquad (8.6\text{-}6)$$

$$Uyy = \frac{U[i_x, i_y + 1] - 2 \cdot U[i_x, i_y] + U[i_x, i_y - 1]}{dy^2}$$

$$Ux = \frac{U[i_x + 1, i_y] - U[i_x - 1, i_y]}{2 \cdot dx}$$

$$Uy = \frac{U[i_x, i_y + 1] - U[i_x, i_y - 1]}{2 \cdot dy} \ .$$

Setzt man (8.6-6) in (8.6-1) ein, so erhält man:

$$\frac{U[i_x + 1, i_y] - 2 \cdot U[i_x, i_y] + U[i_x - 1, i_y]}{dx^2} \qquad (8.6\text{-}7)$$

$$+ \ \frac{U[i_x, i_y + 1] - 2 \cdot U[i_x, i_y] + U[i_x, i_y - 1]}{dy^2}$$

$$+ \ \frac{D \cdot (U[i_x + 1, i_y] - U[i_x - 1, i_y])}{2 \cdot dx}$$

$$+ \ \frac{E \cdot (U[i_x, i_y + 1] - U[i_x, i_y - 1])}{2 \cdot dy}$$

$$+ \ F \cdot U[i_x, i_y]$$

$$+ \ G$$

$$= \ 0 \ .$$

Damit ist unser Ziel, die Differentialgleichung (8.6-1) in eine Differenzengleichung umzuwandeln, im Prinzip erreicht. Ordnen wir nun (8.6-7) nach den fünf Rasterpunkten (vgl. Bild 8.6-3):

$$\begin{aligned}
& U\,[i_x, i_y] \cdot \{- 2/dx^2 - 2/dy^2 + \mathrm{Re}\,(F) + j \cdot \mathrm{Im}\,(F)\} \\
+\ & U\,[i_x - 1, i_y] \cdot \{1/dx^2 - D/(2 \cdot dx)\} \\
+\ & U\,[i_x + 1, i_y] \cdot \{1/dx^2 + D/(2 \cdot dx)\} \\
+\ & U\,[i_x, i_y + 1] \cdot \{1/dy^2 + E/(2 \cdot dx)\} \\
+\ & U\,[i_x, i_y - 1] \cdot \{1/dy^2 - E/(2 \cdot dy)\} \\
+\ & G \\
=\ & 0\,.
\end{aligned}$$

(8.6-7a)

Fassen wir die Ausdrücke in den geschweiften Klammern von (8.6-7a) zu Koeffizienten zusammen, so erhalten wir:

$$\begin{aligned}
& M \cdot U\,[i_x, i_y] + L \cdot U\,[i_x - 1, i_y] + R \cdot U\,[i_x + 1, i_y] \\
+\ & T \cdot U\,[i_x, i_y + 1] + B \cdot U\,[i_x, i_y - 1] + G \\
=\ & 0\,.
\end{aligned}$$

(8.6-8)

(M – mittig, L – links, R – rechts, T – top, B – bottom; vgl. Bild 8.6-3)
In (8.6-8) sehen wir die rechnergemäß umgeformte Differentialgleichung (8.6-1).

8.6.3 Randbedingungen

„Gebt mir einen festen Punkt im All, und ich heble die Welt aus den Angeln", sprach einst Archimedes. Analog dazu sagen wir: Gebt uns feste Werte auf den Rändern unseres Rechengebietes und wir werden mit (8.6-8) die Potentialwerte $U\,[i_x, i_y]$ des gesamten Gebietes berechnen.

Die Randwerte können gegeben sein als
— Werte des Potentials $U\,[i_x, i_y]$ selbst, oder
— Steigung der Äquipotentiallinien dort, oder
— Kombinationen davon.

Wir erläutern unser Verfahren für den senkrechten Rand (i_x = const.) und zitieren deshalb (8.6-2a):

$$A \cdot U + B_{re} \cdot Ux_{re} + B_{li} \cdot Ux_{li} - C = 0\,. \tag{8.6-2a}$$

Um „rechte" und „linke" Normalenableitungen für die Randbedingungen nach (8.6-2) festlegen zu können, verwenden wir die Bezeichnungen nach Bild 8.6-4 für die Richtung des Randstückes. Für die Randpunkte werden einseitige Differenzquotienten verwendet.

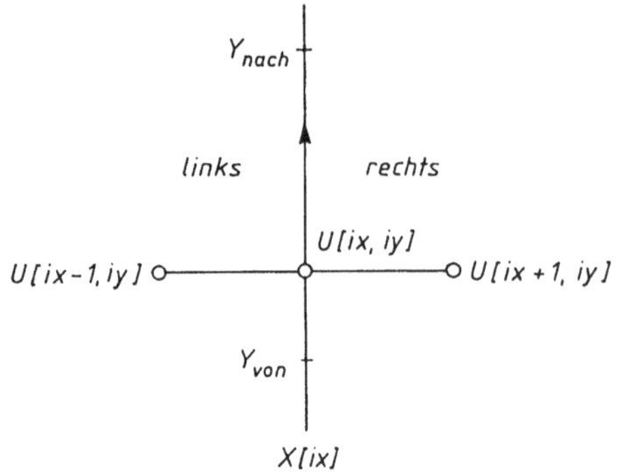

Bild 8.6-4:
Die Bezeichnungen beim senkrechten Rand

Ist $y_{von} < y_{nach}$, so gilt:

$$Ux_{re} = \frac{U[i_x + 1, i_y] - U[i_x, i_y]}{dx} \qquad (8.6\text{-}9)$$

$$Ux_{li} = \frac{U[i_x, i_y] - U[i_x - 1, i_y]}{dx} \; .$$

(Bei $y_{von} > y_{nach}$ sind Ux_{re} und Ux_{li} zu vertauschen.)

(8.6-9) in (8.6-2a) ergibt:

$$A \cdot U[i_x, i_y] + B_{re} \cdot (U[i_x + 1, i_y] - U[i_x, i_y])/dx \qquad (8.6\text{-}10)$$
$$+ \; B_{li} \cdot (U[i_x, i_y] - U[i_x - 1, i_y])/dx$$
$$- \; C$$
$$= 0 \; .$$

Führt man einen Koeffizientenvergleich zwischen (8.6-10) und (8.6-8) durch, so erhält man für die Rasterkoeffizienten:

$$R = B_{re}/dx \qquad (8.6\text{-}11)$$
$$L = -B_{li}/dx$$
$$G = -C$$
$$M = A - R - L \; .$$

In Bild 8.6-5 verdeutlicht ein Beispiel die Eingabe der Randwerte:

x_0 : Auf diesem senkrechten Rand ist $U = 0$. So kann z.B. ein unendlich ferner Rand dargestellt werden.

x_1 : Hier ändert sich die Steigung einer Potentiallinie um + 10 Einheiten.

x_2 : Hier ändert sich die Steigung einer Potentiallinie um den Faktor 10.

x_3 : Hier ändert sich die Steigung einer Potentiallinie um den Faktor 0,1.

x_4 : Auf diesem senkrechten Rand stehen die Potentiallinien senkrecht. So kann z.B. eine Symmetrieachse dargestellt werden.

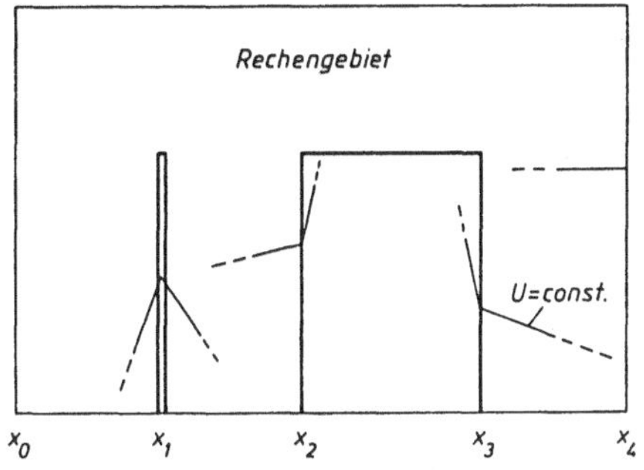

Rand	A	B_{re}	B_{li}	C	Bedeutung
x_0	1	0	0	0	$U_{rand} = 0$
x_1	0	1	-1	-10	$U_{xre} = U_{xli} + 10$
x_2	0	0.1	-1	0	$U_{xre} = 10 \cdot U_{xli}$
x_3	0	-1	0.1	0	$U_{xre} = 0.1 \cdot U_{xli}$
x_4	0	0	1	0	$U_{xli} = 0$

Bild 8.6-5: Beispiele für die Eingabe der Randwerte der elliptischen Differentialgleichung

8.6.4 Lösung des Gleichungssystems

8.6.4.1 Abschätzung des Aufwandes

Es geht jetzt um die Lösung des durch (8.6-8) beschriebenen Gleichungssystems. Man beachte, daß die dort auftretenden Koeffizienten selbst noch von den Punkten $[i_x, i_y]$ abhängen. Man müßte eigentlich (8.6-8) so schreiben:

$$\begin{aligned}
W = \ & M\,[i_x, i_y] \cdot U\,[i_x, i_y] + L\,[i_x, i_y] \cdot U\,[i_x - 1, i_y] \\
& + R\,[i_x, i_y] \cdot U\,[i_x + 1, i_y] + T\,[i_x, i_y] \cdot U\,[i_x, i_y + 1] \\
& + B\,[i_x, i_y] \cdot U\,[i_x, i_y - 1] + G\,[i_x, i_y] = 0 \ .
\end{aligned} \tag{8.6-8a}$$

Das Rechengebiet hat $N = (x_n + 1) \cdot (y_n + 1)$ Rasterpunkte $[i_x, i_y]$. In unserem Fall also $N = (40 + 1) \cdot (40 + 1) = 1681$ Punkte. Genau so viele unbekannte $U\,[i_x, i_y]$ sind also zu berechnen. Das entspricht einem linearen Gleichungssystem LGS, das in einer Matrix mit N Zeilen und $N + 1$ Spalten darstellbar ist. Damit hat die Matrix $N \cdot (N + 1)$ Koeffizienten, in unserem Falle also 2827442 Koeffizienten.

Die Lösung dieses LGS mittels Gauß-Algorithmus ist bei dieser Menge von Unbekannten nicht mehr praktikabel. Man verwendet ein anderes Verfahren.

8.6.4.2 Relaxationsverfahren

In jeder Zeile der Matrix des LGS steht eine Gleichung gemäß (8.6-8a). Eine solche Zeile hat also nur sechs Koeffizienten, die von 0 verschieden sind: L, R, M, T, B und G. (In Bild 8.6-6 haben wir dies für $x_n = y_n = 3$ veranschaulicht.)

Das im folgenden beschriebene Verfahren speichert nun nur die möglicherweise von 0 verschiedenen Koeffizienten, was $(5 + 1) \cdot N$ Speicherplätze bedeutet, in unserem Beispiel also 10086 Speicherplätze. (Wobei zu beachten ist, daß jeder Koeffizient komplex ist und im Speicher des Rechners mindestens 8 Bytes beansprucht.)

Man betrachtet wie mit „Scheuklappen" nur einen vorhandenen Näherungswert $U\,[i_x, i_y]$ im Rastergitter ohne Rücksicht auf die benachbarten Werte. Dieses $U\,[i_x, i_y]$ versucht man mittels einer einzigen Gleichung (8.6-8a) zu verbessern. Zu diesem Zwecke überträgt man das eindimensionale Newton-Verfahren zur Lösung des Nullstellenproblems $W(U) = 0$ mit

$$U_{neu} = U - \frac{W(U)}{W'(U)}$$

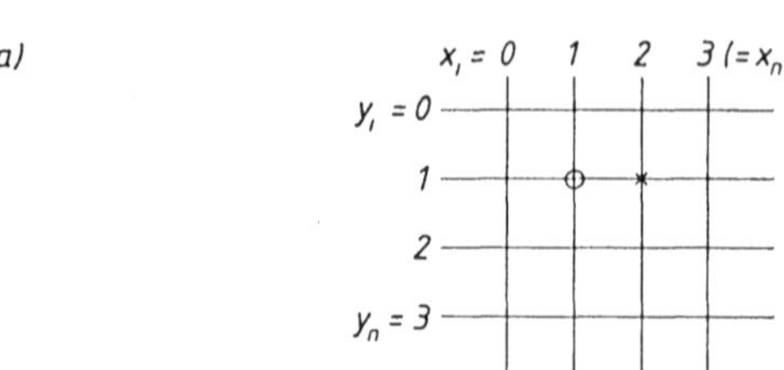

Bild 8 6 6: Vereinfachte Matrix des LGS der elliptischen Differentialgleichung
a) Raster des einfachen Beispiels
b) Matrix gemäß (8.6-8a). Nur 2 Zeilen sind ausgeführt

auf das vorliegende Problem. Man faßt ein $U[i_x, i_y]$ ins Auge und nimmt alle anderen Terme als konstant an. Mit den derzeit geltenden Näherungswerten für $U[i_x, i_y]$, $U[i_x, i_y + 1]$, ... berechnet man den komplexen Zahlenwert $W(U)$. Unter den gemachten Annahmen ist dann

$$W'(U) = M[i_x, i_y]$$

und man rechnet mit

$$U[i_x, i_y]_{neu} = U[i_x, i_y] - \frac{W}{M[i_x, i_y]} \cdot \text{Relax} . \tag{8.6-12}$$

Zur Kompensation der „Scheuklappen" wird der Relaxationsfaktor Relax eingeführt, der dem Verfahren den Namen gegeben hat. Durch die Wahl von „Relax" ungleich 1 kann man evtl. die Konvergenz des Verfahrens beschleunigen. Wir haben bei unseren Rechnungen Werte zwischen 1,2 und 1,8 benutzt, um nach etwa x_n Iterationsschritten, wenn eine gewisse Genauigkeit erreicht war, auf „Relax" = 1 umzusteigen. Je näher ein bestimmter Testwert $W(U)$ der Null kommt, desto näher ist unsere Lösung von (8.6-8a) der endgültigen Lösung.

Als Rechenstrategie bieten sich zwei Möglichkeiten an: Man kann zunächst nach (8.6-12) für alle $[i_x, i_y]$ die neuen U-Werte berechnen und anschließend die alten durch die neuen U-Werte ersetzen (Gesamtschrittverfahren), oder aus Speicherplatz- und Konvergenzgründen nach jeder Einzelrechnung sofort den neuen U-Wert übernehmen (Einzelschrittverfahren). Dadurch werden aber die zuerst berechneten Punkte $[i_x, i_y]$ benachteiligt. Um diese Unsymmetrie zu kompensieren, rechnen wir die Indices i_x und i_y abwechselnd auf- und abwärts.

8.6.5 Das Programm

Unser Rechenprogramm zur Lösung von (8.6-8) gliedert sich in drei Teilprogramme:

EllDglE: E – Eingabe. Hier werden die elektrotechnischen Daten (Gebiete, Gebietsparameter, Randparameter) rechengerecht aufbereitet und abgespeichert.

EllDglR: R – Rechnen. Hier werden die $U[i_x, i_y]$-Werte wie vorstehend beschrieben berechnet und gespeichert.

EllDglZ: Z – Zeichnen. Dieses hier nicht behandelte Programm erfüllt zwei Aufgaben: Einmal berechnet es für zwischen den Rasterpunkten gelegene Punkte mittels quadratischer Interpolation Zwischenwerte von U und zum andern zeichnet es mittels Graphikdrucker die Linien U = const. (Äquipotentiallinien) und auf Wunsch die dazu senkrechten Linien.

Die Programme sind in der zur Zeit leistungsfähigsten Programmiersprache, Modula (Fortentwicklung von Pascal), geschrieben und gehen, was sowohl den Umfang, als auch den Schwierigkeitsgrad angeht, weit über den Rahmen dieses Buches hinaus. Auch ist zu ihrer Ausführung ein Rechner (PC) der oberen Leistungsklasse erforderlich (16/32 Bit, Festplatte). Selbst ein solcher Rechner benötigt für eine Feldberechnung rund 10 Stunden. Wir haben deshalb auf den Abdruck der Programme und auch deren Struktogramme verzichtet. Ihr gutes Funktionieren belegen die in diesem Buch erstmalig veröffentlichten Feldbilder.

8.7 Die numerische Lösung gewöhnlicher Differentialgleichungen

Wird das Aufsuchen einer exakten Lösung der Dgl. zu aufwendig oder ist dies sogar unmöglich, so kann man durch numerische Verfahren direkt eine Näherungslösung konstruieren. Als übliches Verfahren ist das Runge-Kutta-Verfahren bekannt. Wir verzichten hier auf seine Beschreibung [11], und wenden uns dem in Bezug auf Genauigkeit und Stabilität weniger leistungsfähigen, aber leichter durchschaubaren Polygonzugverfahren zu. Es ist für unsere Bedürfnisse hinreichend genau.

8.7.1 Lösung gewöhnlicher Differentialgleichungen erster Ordnung

Das mathematisch einfache und leicht zu programmierende Polygonzugverfahren zeigen wir am Beispiel eines RC-Gliedes mit Rampenspannung.
Nach Abschnitt 7.1.4.1 (7.1-9) gilt die Dgl. erster Ordnung

$$R \cdot C \cdot u_2' + u_2 = k \cdot t \; .$$

Wir konzentrieren uns auf das Wesentliche und vereinfachen diese Dgl., indem wir setzen:

$$R \cdot C = 1 \, , \qquad k = 1 \, , \qquad \text{sowie} \quad u_2 = y \; .$$

Somit erhalten wir die Dgl.

$$\frac{dy\,(t)}{dt} = -y\,(t) + t = g\,(t,\, y\,(t)) \tag{8.7-1}$$

für die gesuchte Funktion $y = y\,(t)$. Diese Funktion ist eindeutig festgelegt, wenn noch zusätzlich für einen Abszissenwert $t = t_0$ der Funktionswert (Anfangswert)

$$y\,(t_0) = y_0 \tag{8.7-2}$$

angegeben wird (Bild 8.7-1).

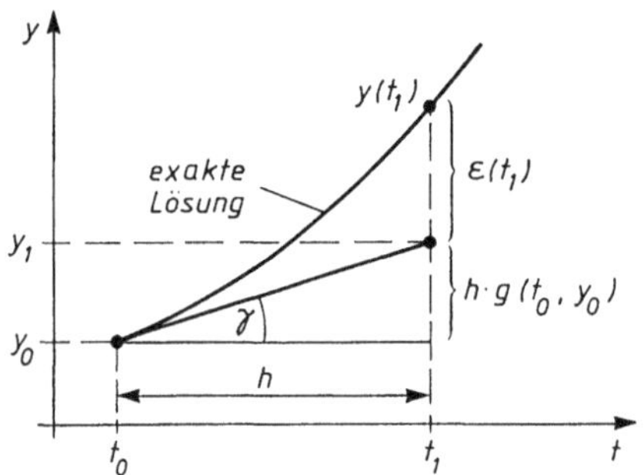

Bild 8.7-1:
Zum Polygonzugverfahren; $\epsilon\,(t_1)$ ist der Fehler

Durch Einsetzen von (8.7-2) in (8.7-1) erhalten wir die Steigung γ (Ableitung) der gesuchten Funktion im Punkt $(t_0,\, y_0)$. Das Polygonzugverfahren hält im Gegensatz zur exakten Lösung diese Steigung in einem Intervall der Länge $\Delta t = h$ konstant und nimmt den Wert

$$y_1 = y_0 + h \cdot g\,(t_0,\, y_0) \tag{8.7-3}$$

als Näherungswert für $y\,(t_1)$ mit

$$t_1 = t_0 + h \; . \tag{8.7-4}$$

Das Polygonzugverfahren, beschrieben durch (8.7-3) und (8.7-4), ist wegen seines einfachen Aufbaues zur Einführung geeignet. Um die geringe Rechengenauigkeit auszugleichen, wollen wir uns für die Programmierung lediglich den „Komfort" leisten, daß jeweils erst nach m Schritten der errechnete y-Wert zur Anzeige gebracht wird. Wir entwickeln zunächst ein Flußdiagramm für ein Programm POLYGON 1, mit dem wir alle

Schaltungen mit einem Energiespeicher behandeln können, ganz gleich, ob es sich um Einschalt- oder Ausschaltvorgänge handelt. Wir müssen im konkreten Fall lediglich ein Unterprogramm für die „rechte Seite" $g(t, y)$ der Dgl. $y' = g(t, y)$ hinzufügen. Es gelten die Formeln

$$\text{Start: } t_0, y_0.$$

$$\text{Rechenschritt: } \left.\begin{array}{l} t_k := t_{k-1} + h \\ y_k := y_{k-1} + h \cdot g(t_{k-1}, y_{k-1}) \end{array}\right\} \text{ für } k = 1, \ldots, m \qquad (8.7\text{-}5)$$

$$\text{Anzeige: } t_m, y_m.$$

Der Index k dient lediglich der Zählung der Einzelschritte.

Damit erhalten wir das Flußdiagramm, wie es Bild 8.7-2 zeigt.

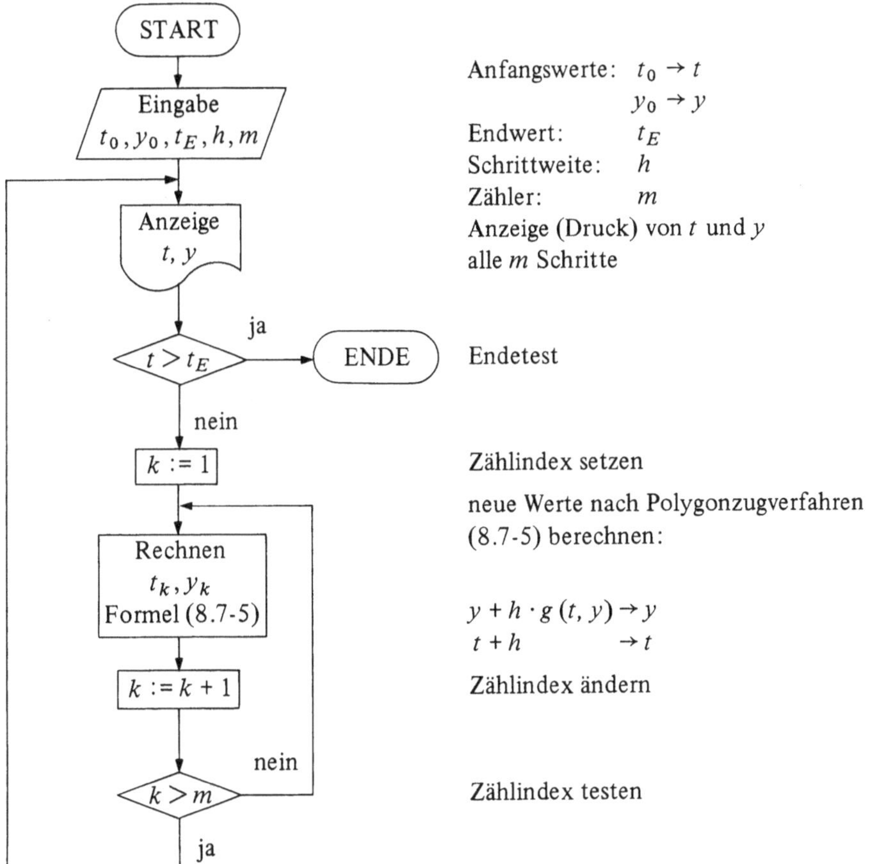

Bild 8.7-2: Flußdiagramm von POLYGON1

Für die Pascal-Version des Programms POLYGON1 eignet sich das Struktogramm besser zur Erläuterung (Bild 8.7-3).

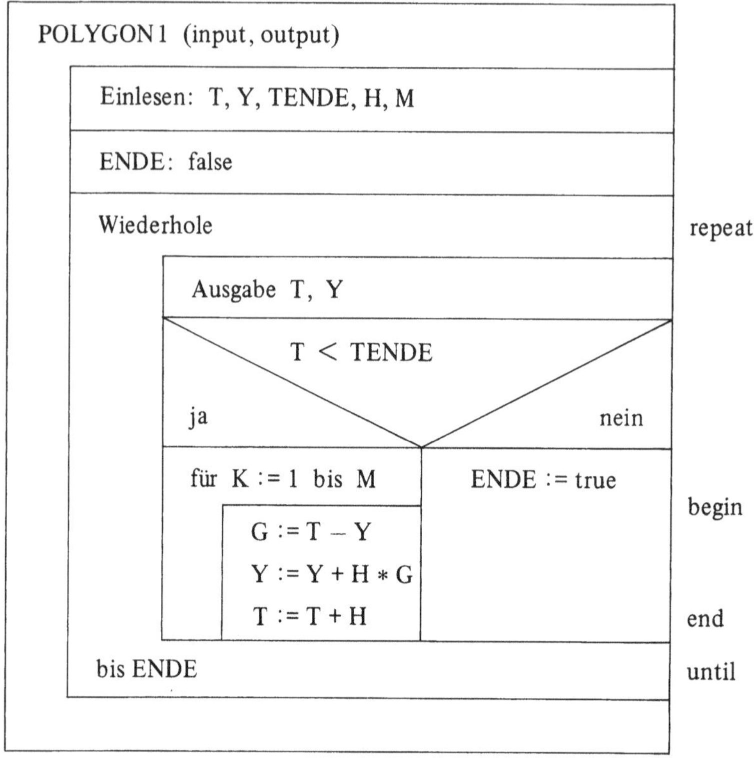

Bild 8.7-3: Struktogramm von POLYGON1

Die eigentliche Mathematik, also (8.7-5), steckt in dem innersten Strukturblock (begin – end). Dieser Block wird m-mal durchlaufen, dann erfolgt ein Ausdruck von t und y. Insgesamt wird dieser Block so lange wiederholt (repeat – until), bis die Abfrage T < TENDE mit nein (false) beantwortet wird. In diesem Fall ist ENDE wahr (true) und das Programm springt zum Ende. Bevor gerechnet werden kann, müssen die Variablen im Deklarationsblock definiert werden. Das Programm arbeitet mit real-Größen (reelle Zahlen), integer-Größen (ganze Zahlen) und booleschen Zahlen (wahr, unwahr). Sie alle sind unter var versammelt.

Die Eingabeanweisungen (read) und die Ausgabeanweisungen (write) entsprechen den Befehlen INPUT und PRINT bei Basic.

8.7.2 Lösung gewöhnlicher Differentialgleichungen zweiter Ordnung

Hat man in einer Schaltung zwei – oder mehr – Energiespeicher, so erhält man je Energiespeicher eine Dgl. erster Ordnung für die gesuchte Speicherzustandsfunktion. Der Unterschied, d.h. die Erweiterung zu obigem besteht darin, daß die „rechten Seiten" der Dgl.

jetzt von allen gesuchten Speicherfunktionen $y1, y2, \ldots$ abhängen. Dadurch ergibt sich ein gekoppeltes System von Dgl., das nach der gleichen Methode wie oben gelöst werden kann:

$$y_1'(t) = g_1(t, y_1(t), y_2(t))$$
$$y_2'(t) = g_2(t, y_1(t), y_2(t)) \tag{8.7-6}$$

mit den Anfangswerten

$$y_1(t_0) = y_{10}$$
$$y_2(t_0) = y_{20}. \tag{8.7-7}$$

Das Polygonzugverfahren liefert entsprechend (8.7-3) für $t = t_1$ die Näherungswerte

$$y_{11} = y_{10} + h \cdot g_1(t_0, y_{10}, y_{20})$$
$$y_{21} = y_{20} + h \cdot g_2(t_0, y_{10}, y_{20}) \tag{8.7-8}$$

mit
$$t_1 = t_0 + h.$$

Die Anfangswerte y_{10} und y_{20} hängen vom elektrotechnischen Problem ab. Bei Einschaltvorgängen ist z.B.

$$y_{10} = 0$$
$$y_{20} = 0.$$

Wegen der geringen Genauigkeit des Polygonzugverfahrens arbeiten wir auch jetzt wieder mit dem Druckzähler und erhalten so das Flußdiagramm des Programms POLYGON2 in Bild 8.7-4.

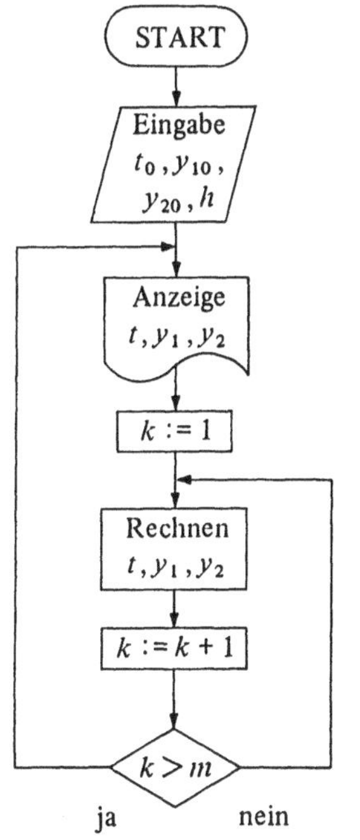

Eingabe: Schrittweite: h
Anfangswerte: t_0
y_{10}
y_{20}

Anzeige (Druck) von t, y_1, y_2, alle m Schritte

Zählindex setzen

Neue Werte nach Polygonzugverfahren (8.7-8) berechnen:
$$y_1 + h \cdot g_1(t, y_1, y_2) \to y_1$$
$$y_2 + h \cdot g_2(t, y_1, y_2) \to y_2$$
$$t + h \qquad\qquad \to t$$

Zählindex ändern

Zählindex testen

Bild 8.7-4:

Flußdiagramm von POLYGON2

9 Programme

9.1 Gleichstromnetzwerke

9.1.1 NETZWERK (BASIC)

Einsetzbar auf: Personal- und Taschencomputern

Zweck: Dieses Programm berechnet Knoten- und Zweigspannungen und Zweigströme eines linearen elektrischen Gleichstromnetzwerks mittels Gauß-Algorithmus.

Beschreibung: Gesamtprogramm im Kapitel „Die Berechnung linearer Gleichstromnetze"; Unterprogramm LGS (Lösung linearer Gleichungssysteme) in den „Mathematischen Ergänzungen": Berechnung linearer Gleichungssysteme.

Eingabe: Je Zweig: Knotennummern i und k,
     Zweigwiderstand R,
     Quellspannung Uq,
     Quellstrom Iq.

Ausgabe: Protokoll der Eingabe,
     Knotenspannungen Uk,
     Zweigspannungen Uz,
     Zweigströme Iz.

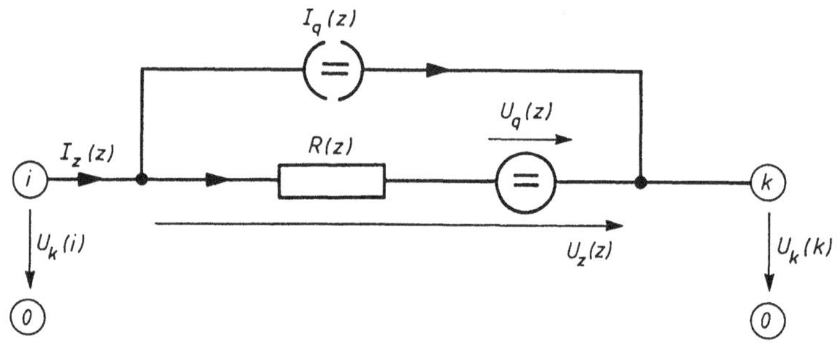

Testbeispiel

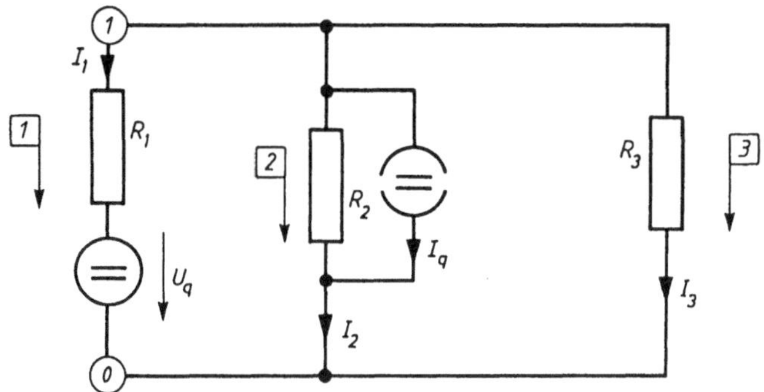

```
Anzahl der Zweige: Nz =?3
Je Zweig eingeben: i, k, R, Uq, Iq  <RETURN>
1
?1,0,19,11.1,0
2
?1,0,12,0,1.9
3
?1,0,38,0,0
   Uk              Uz              Iz
-8.108108      -8.108108       -1.010953
0         -8.108108        1.224324
0         -8.108108       -0.2133712
```

Programmliste NETZWERK

```
100 REM NETZW
110 REM N2=ANZAHL DER ZWEIGE
120 REM N1=ANZAHL DER KNOTEN,KNOTEN 0 FUER GND
130 REM JE ZWEIG Z VON KNOTEN I NACH KNOTEN K GILT:
140 REM UZ=U2, IZ=I2, UQ=U3, IQ=I3
150 REM
160 REM EINSCHRAENKUNG: N2 <= 20
170 DIM G(20)
180 DIM U1(20)
190 DIM U3(20)
200 DIM I3(20)
210 DIM U2(20)
220 DIM I2(20)
230 DIM B(20)
240 DIM A(20,20)
250 DIM E(20,20)
260 DIM H(20,20)
270 DIM C(20,21)
280 REM ---------- START --------------------
290 GOSUB 370
300 GOSUB 510
310 GOSUB 690
320 LET N=N1
330 GOSUB 920
```

```
340 IF D=0 THEN PRINT "FEHLER"
350 GOSUB 1400
360 GOTO 1630
370 REM ----------------------------------------
380 REM NULLSETZEN
390 LET N1=0
400 LET KO=0
410 INPUT "Anzahl der Zweige: Nz =";N2
420 FOR Z=1 TO N2
430 FOR K=1 TO N2
440 LET A(Z,K)=0
450 LET E(Z,K)=0
460 NEXT K
470 LET U1(Z)=0
480 LET B(Z)=0
490 NEXT Z
500 RETURN
510 REM ----------------------------------------
520 REM ZWEIGEINGABE
530 PRINT "Je Zweig eingeben: i, k, R, Uq, Iq (RETURN)"
540 FOR Z=1 TO N2
550 PRINT Z
560 INPUT I,K,R,U3(Z),I3(Z)
570 LET G(Z)=1/R
580 LET A(Z,Z)=G(Z)
590 LET B(Z)=B(Z)-G(Z)*U3(Z)+I3(Z)
600 IF I=0 THEN LET KO=1
610 IF I>0 THEN LET E(I,Z)=+1
620 IF K=0 THEN LET KO=1
630 IF K>0 THEN LET E(K,Z)=-1
640 IF I>N1 THEN LET N1=I
650 IF K>N1 THEN LET N1=K
660 NEXT Z
670 IF KO=0 THEN PRINT "KNOTEN 0 FEHLT"
680 RETURN
690 REM ----------------------------------------
700 REM LGSAUFSTELLEN
710 FOR K=1 TO N1
720 FOR Z=1 TO N2
730 LET H(K,Z)=0
740 FOR J=1 TO N2
750 LET H(K,Z)=H(K,Z)+E(K,J)*A(J,Z)
760 NEXT J
770 NEXT Z
780 NEXT K
790 FOR K=1 TO N1
800 FOR J=1 TO N1
810 LET C(K,J)=0
820 FOR Z=1 TO N2
830 LET C(K,J)=C(K,J)+H(K,Z)*E(J,Z)
840 NEXT Z
850 NEXT J
860 LET C(K,N1+1)=0
870 FOR Z=1 TO N2
880 LET C(K,N1+1)=C(K,N1+1)-E(K,Z)*B(Z)
890 NEXT Z
900 NEXT K
```

```
910 RETURN
920 REM   --------------------------------------------
930 REM GAUSS-ALGORITHMUS   D=DETERMINANTE
940 REM   >> DREIECKSGESTALT
950 LET D=1
960 FOR I=1 TO N
970 REM   PILOTELEMENT BESTIMMEN
980 LET M=0
990 LET S=0
1000 FOR K=I TO N
1010 IF ABS(C(K,I))<=S THEN GOTO 1040
1020 LET M=K
1030 LET S=ABS(C(K,I))
1040 NEXT K
1050 IF M=0 THEN GOTO 1360
1060 IF M=I THEN GOTO 1140
1070 REM   ZEILENTAUSCH
1080 FOR J=I TO N+1
1090 LET Z=C(I,J)
1100 LET C(I,J)=C(M,J)
1110 LET C(M,J)=Z
1120 NEXT J
1130 LET D=-D
1140 REM   DIVIDIEREN PILOTZEILE
1150 LET P=C(I,I)
1160 LET D=D*P
1170 FOR J=I+1 TO N+1
1180 LET C(I,J)=C(I,J)/P
1190 NEXT J
1200 IF I=N THEN GOTO 1280
1210 REM   ELIMINATIONSSCHRITT
1220 FOR K=I+1 TO N
1230 LET Z=C(K,I)
1240 FOR J=I+1 TO N+1
1250 LET C(K,J)=C(K,J)-Z*C(I,J)
1260 NEXT J
1270 NEXT K
1280 NEXT I
1290 REM   >> RUECKWAERTSEINSETZEN
1300 FOR I=N TO 2 STEP -1
1310 FOR K=I-1 TO 1 STEP -1
1320 LET C(K,N+1)=C(K,N+1)-C(K,I)*C(I,N+1)
1330 NEXT K
1340 NEXT I
1350 GOTO 1390
1360 REM MATRIX SINGULAER
1370 LET D=0
1380 PRINT "A SINGULAER"
1390 RETURN
1400 REM   --------------------------------------------
1410 REM AUSGABE
1420 FOR Z=1 TO N2
1430 IF Z<=N1 THEN LET U1(Z)=C(Z,N1+1)
1440 IF Z>N1 THEN LET U1(Z)=0
1450 NEXT Z
1460 FOR Z=1 TO N2
1470 LET U2(Z)=0
```

```
1480 FOR K=1 TO N1
1490 LET U2(Z)=U2(Z)+E(K,Z)*U1(K)
1500 NEXT K
1510 NEXT Z
1520 FOR Z=1 TO N2
1530 LET I2(Z)=B(Z)
1540 FOR J=1 TO N2
1550 LET I2(Z)=I2(Z)+A(Z,J)*U2(J)
1560 NEXT J
1570 NEXT Z
1580 PRINT "    Uk              Uz              Iz"
1590 FOR Z=1 TO N2
1600 PRINT U1(Z),U2(Z),I2(Z)
1610 NEXT Z
1620 RETURN
1630 END
```

Variablenzuordnung NETZWERK

Pascal bzw. Text	BASIC	Bedeutung
R	R	Widerstand
det	D	Determinante
smax	S	
pil	P	Pilotelement
zz	Z1	
i	I	
k	K	
nk	N1	Zahl der Knoten
j	J	
z	Z	
nz	N2	Zahl der Zweige
kmax	M	
n	N	
G	G	Leitwert im Zweig
Uk	U1	Spannung am Knoten
Uq	U3	Spannungsquelle
Iq	I3	Stromquelle
Uz	U2	Spannung am Zweig
Iz	I2	Strom am Zweig
V	B	
A	A	
E	E	
H	H	
C	C	
Knoten0	K0	

9.1.2 NETZWERK (Pascal)

Einsetzbar auf: Personalcomputern mit Pascalcompiler oder Großrechenanlagen

Zweck: Dieses Programm berechnet Knoten- und Zweigspannungen und Zweigströme eines linearen elektrischen Gleichstromnetzwerks mittels Gauß-Algorithmus.

Beschreibung: Gesamtprogramm im Kapitel „Die Berechnung linearer Gleichstromnetze"; Unterprogramm LGS (Lösung linearer Gleichungssysteme) in den „Mathematischen Ergänzungen": Berechnung linearer Gleichungssysteme.

Eingabe: Je Zweig: Knotennummern i und k,
Zweigwiderstand R,
Quellspannung Uq,
Quellstrom Iq.

Ausgabe: Protokoll der Eingabe,
Knotenspannungen Uk,
Zweigspannungen Uz,
Zweigströme Iz.

Testbeispiel

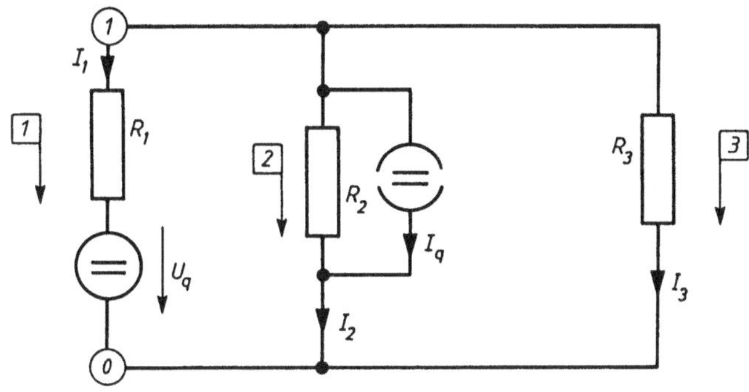


```
Netzwerkberechnung

Zweig  Knoten  --> Knoten      R          Uq           Iq
  1       1         0       10.000     111.000      0.00000
  2       1         0       20.000       0.000      1.90000
  3       1         0       30.000       0.000      0.00000

 Nr      Uk             Uz            Iz
  1   5.01818E1     5.01818E1     -6.08182
  2   0.00000       5.01818E1      4.40909
  3   0.00000       5.01818E1      1.67273
```

Programmliste NETZWERK

```
program NETZWERK(input,output)

(*   nz = Anzahl der Zweige
     nk+1 = Anzahl der Knoten , Knoten 0 fuer GND

  je Zweig z  von Knoten i nach Knoten k gilt:
```

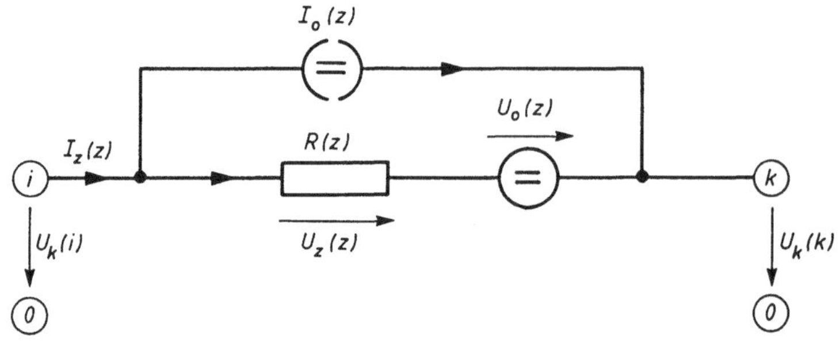


```
*)
const mmax = 20;
      mmax1 = 21;
      tab8 ='           ';
type  matrix = array[1..mmax,1..mmax] of real;
      matrix1 = array[1..mmax,1..mmax1] of real;
      vektor = array[1..mmax] of real;

var R,det,smax,pil,zz :real;
    i,k,nk,j,z,nz,kmax,n :integer;
    G,Uk,Uq,Iq,Uz,Iz,B :vektor;
    A,E,H :matrix;
    C : matrix1;
(**) PRINT :text;
    Knoten0 :boolean;

procedure NULLSETZEN;
  begin
  nk := 0;                    (* Bestimmen der Knotenanzahl *)
  Knoten0 := false;           (* Kontrolle auf Knoten 0 *)
  repeat                      (* Anzahl der Zweige *)
   write('Anzahl der Zweige: Nz =');
   read(nz)
  until nz <= mmax;
  for z := 1 to nz do    (* Matrix A und E loeschen *)
    begin                     (* Vektor Uk und B loeschen *)
    for k := 1 to nz do
      begin
      A[z,k] := 0;
      E[z,k] := 0
      end;
    Uk[z] := 0;
    B[z] := 0
    end
  end;
```

```pascal
procedure ZWEIGEINGABE;
  begin
  writeln('je Zweig eingeben: i  k  R  Uq  Iq');
  for z := 1 to nz do
    begin
    repeat
      write(z,'  ');
      readln(i,k,R,Uq[z],Iq[z])
    until ( R <> 0 ) and ( i <> k );
(**) writeln(PRINT,tab8,z:3,i:8,k:9,R:12:3,
                                  Uq[z]:12:3,Iq[z]:12:6);
    G[z]  := 1/R;
    A[z,z] := G[z];
    B[z]  := B[z] - G[z]*Uq[z] + Iq[z];

    if i=0 then Knoten0 := true else E[i,z] := +1;
    if k=0 then Knoten0 := true else E[k,z] := -1;
    if i > nk then nk := i;          (* nk bestimmen *)
    if k > nk then nk := k
    end;
  if Knoten0 = false then writeln('Knoten 0 fehlt')
  end;

procedure LGSAUFSTELLEN;
  begin
  for k := 1 to nk do
  for z := 1 to nz do
    begin
    H[k,z] := 0;                     (* Hilfsmatrix *)
    for j := 1 to nz do
      H[k,z] := H[k,z] + E[k,j] * A[j,z]
    end;
  for k := 1 to nk do
    begin
    for j := 1 to nk do
      begin
      C[k,j] := 0;
      for z := 1 to nz do
        C[k,j] := C[k,j] + H[k,z] * E[j,z]
      end;                  (* E[j,z] Transponierte zu E[z,j] *)
    C[k,nk+1] := 0;
    for z := 1 to nz do
      C[k,nk+1] := C[k,nk+1] - E[k,z] * B[z]
    end
  end;
procedure LGS;  (* gespeichert auf C[n,n+1] *)
  begin
  (* Dreiecksgestalt *)
  det := 1.0;
  for i := 1 to n do
  begin
  (* Pilotelement bestimmen *)
  kmax := 0;
  smax := 0;
  for k := i to n do
    if abs(C[k,i]) > smax then
      begin kmax := k;
      smax := abs(C[k,i]) end;
```

```
    if  kmax = 0 then
      det := 0
      else
      begin
      if not(kmax = i) then
        (* Zeilentausch *)
        begin
        for j := i to n+1 do
          begin
          zz := C[i,j];
          C[i,j] := C[kmax,j];
          C[kmax,j] := zz
          end;
        det := -det
        end;
      (* Dividieren Pilotzeile *)
      pil := C[i,i];
      det := det * pil;
      for j := i+1 to n+1 do
        C[i,j] := C[i,j] / pil ;
      (* Eliminationsschritt *)
      for k := i+1 to n do
        begin
        zz := C[k,i];
        for j := i+1 to n+1 do
          C[k,j] := C[k,j] - zz * C[i,j]
        end
      end
end;
(* Rueckwaertseinsetzen *)
for i := n downto 2 do
  for k := i-1 downto 1 do
    C[k,n+1] := C[k,n+1] - C[k,i] * C[i,n+1]
end (*LGS*);

procedure AUSGABE;
  begin
  for z := 1 to nz do
    if z <= nk then Uk[z] := C[z,nk+1]
                  else Uk[z] := 0; (* wegen Ausgabe *)
  for z := 1 to nz do
    begin
    Uz[z] := 0;
    for k := 1 to nk do
      Uz[z] := Uz[z] + E[k,z] * Uk[k]
    end;
  for z := 1 to nz do
    begin
    Iz[z] := B[z];
    for j := 1 to nz do
      Iz[z] := Iz[z] + A[z,j] * Uz[j]
    end;
  writeln('  Uk',tab8,'  Uz',tab8,'  Iz');
(**) writeln(PRINT);
(**) writeln(PRINT,tab8,' Nr        Uk ',tab8,'  Uz',
                              tab8,'  Iz');
  for z := 1 to nz do
```

```
      begin
      writeln(Uk[z]:12,Uz[z]:12,Iz[z]:12);
      writeln(PRINT,tab8,z:3,Uk[z]:14,Uz[z]:13,Iz[z]:13)
      end;
    end;

begin  (* Start *)
(**) rewrite(PRINT,'PRINTER:');
(**) writeln(PRINT,tab8,' Netzwerkberechnung');
(**) writeln(PRINT);
(**) writeln(PRINT,tab8,'Zweig Knoten --> Knoten',
                '    R',tab8,'  Uq ',tab8,'  Iq');
    NULLSETZEN;
    ZWEIGEINGABE;
    LGSAUFSTELLEN;
    n := nk;
    LGS;
    if det = 0  then writeln('Fehler');
    AUSGABE;
(**) close(PRINT)
end.
```

9.1.3 NETZWT (BASIC) mit Stromübertragung von Zweig zu Zweig

Einsetzbar auf: Taschenrechnern mit BASIC und Personalcomputern

Zweck: Dieses Programm berechnet Knoten- und Zweigspannungen und Zweigströme eines linearen elektrischen Gleichstromnetzwerks mittels Gauß-Algorithmus.

Beschreibung: Gesamtprogramm im Kapitel „Die Berechnung linearer Gleichstromnetze"; Unterprogramm LGS (Lösung linearer Gleichungssysteme) in den „Mathematischen Ergänzungen": Berechnung linearer Gleichungssysteme.

Eingabe: Je Zweig: Knotennummern i und k,
Zweigwiderstand R,
Quellspannung Uq,
Quellstrom Iq,
gesteuerte Stromeinspeisung Iw, Übertragungsfaktor BETA.

Ausgabe: Protokoll der Eingabe,
Knotenspannungen Uk,
Zweigspannungen Uz,
Zweigströme Iz.

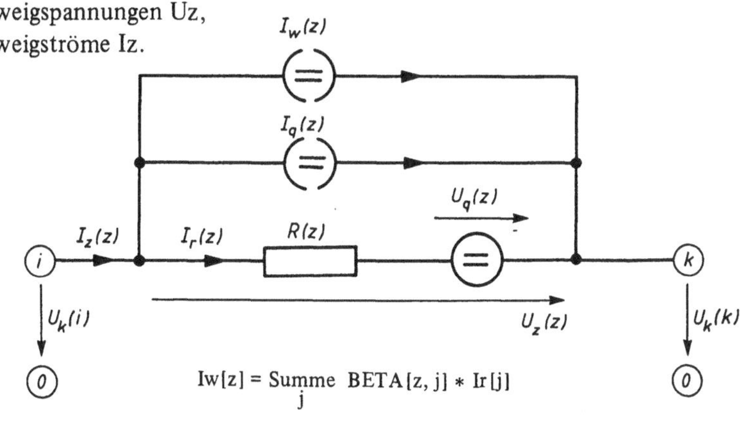

Testbeispiel

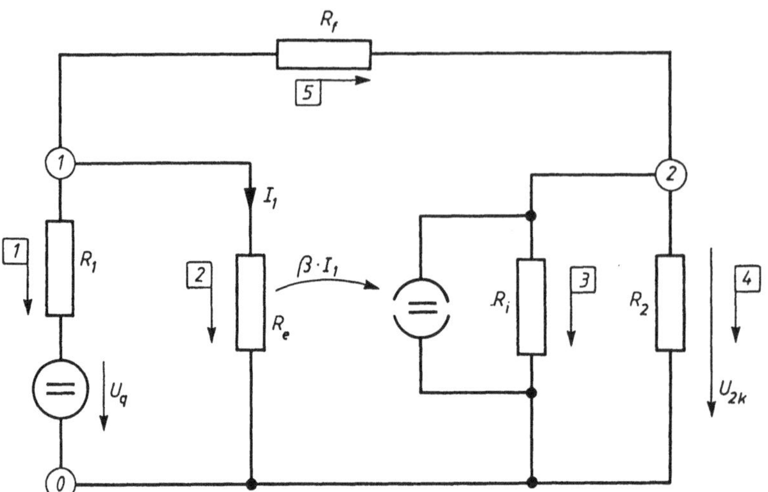

invertierender Verstärker mit Operationsverstärker

```
>RUN
Anzahl der Zweige: Nz =?5
Je Zweig eingeben: i, k, R, Uq, Iq <RETURN>
1
?1,0,2000,1,0
2
?1,0,1E4,0,0
3
?2,0,100,0,0
4
?2,0
?1000,0,0
5
?1,2,2E4,0,0
Anzahl der Stromübertragungen=?1
Je Stromuebertragung: Zweig,--->Zweig, BETA
?2,3,1E6
    Uk              Uz              Iz
1.103416 E-003   1.103416 E-003   -4.994483 E-004
-9.985657        1.103416 E-003   1.103416 E-007
0        -9.985657              1.0485 E-002
0        -9.985657              -9.985658 E-003
0        9.98676                4.99338 E-004
READY
```

Programmliste NETZWT

```
100 REM NETZWT
110 REM N2=ANZAHL DER ZWEIGE
120 REM N1=ANZAHL DER KNOTEN, KNOTEN O FUER GND
130 REM JE ZWEIG Z VON KNOTEN I NACH KNOTEN K GILT:
140 REM UZ=U2, IZ=I2, UQ=U3, IQ=I3
150 REM
160 REM EINSCHRAENKUNG: N2 <= 20
170 DIM G(20)
180 DIM U1(20)
190 DIM U3(20)
200 DIM I3(20)
210 DIM U2(20)
220 DIM I2(20)
230 DIM B(20)
240 DIM A(20,20)
250 DIM E(20,20)
260 DIM H(20,20)
270 DIM C(20,21)
280 REM ----------- START ----------------------------
290 GOSUB 380
300 GOSUB 520
310 GOSUB 700
320 GOSUB 810
330 LET N=N1
340 GOSUB 1040
350 IF D=0 THEN PRINT "FEHLER"
360 GOSUB 1520
370 GOTO 1750
380 REM ------------------------------------------------
390 REM NULLSETZEN
400 LET N1=0
410 LET KO=0
420 INPUT "Anzahl der Zweige: Nz =";N2
430 FOR Z=1 TO N2
440 FOR K=1 TO N2
450 LET A(Z,K)=0
460 LET E(Z,K)=0
470 NEXT K
480 LET U1(Z)=0
490 LET B(Z)=0
500 NEXT Z
510 RETURN
520 REM ------------------------------------------------
530 REM ZWEIGEINGABE
540 PRINT "Je Zweig eingeben: i, k, R, Uq, Iq (RETURN)"
550 FOR Z=1 TO N2
560 PRINT Z
570 INPUT I,K,R,U3(Z),I3(Z)
580 LET G(Z)=1/R
590 LET A(Z,Z)=G(Z)
600 LET B(Z)=B(Z)-G(Z)*U3(Z)+I3(Z)
610 IF I=0 THEN LET KO=1
620 IF I>0 THEN LET E(I,Z)=+1
630 IF K=0 THEN LET KO=1
640 IF K>0 THEN LET E(K,Z)=-1
650 IF I>N1 THEN LET N1=I
660 IF K>N1 THEN LET N1=K
```

```
670 NEXT Z
680 IF KO=0 THEN PRINT "KNOTEN O FEHLT"
690 RETURN
700 REM ----------------------------------------
710 REM TRAFOEINGABE
720 INPUT "Anzahl der Stromübertragungen=";N3
730 IF N3=0 THEN GOTO 800
740 PRINT "Je Stromuebertragung: Zweig, --->Zweig, BETA"
750 FOR Z=1 TO N3
760 INPUT I,K,B1
770 LET A(K,I)=A(K,I)+B1*G(I)
780 LET B(K)=B(K)-B1*G(I)*U3(I)
790 NEXT Z
800 RETURN
810 REM ----------------------------------------
820 REM LGSAUFSTELLEN
830 FOR K=1 TO N1
840 FOR Z=1 TO N2
850 LET H(K,Z)=0
860 FOR J=1 TO N2
870 LET H(K,Z)=H(K,Z)+E(K,J)*A(J,Z)
880 NEXT J
890 NEXT Z
900 NEXT K
910 FOR K=1 TO N1
920 FOR J=1 TO N1
930 LET C(K,J)=0
940 FOR Z=1 TO N2
950 LET C(K,J)=C(K,J)+H(K,Z)*E(J,Z)
960 NEXT Z
970 NEXT J
980 LET C(K,N1+1)=0
990 FOR Z=1 TO N2
1000 LET C(K,N1+1)=C(K,N1+1)-E(K,Z)*B(Z)
1010 NEXT Z
1020 NEXT K
1030 RETURN
1040 REM    ----------------------------------------
1050 REM GAUSS-ALGORITHMUS    D=DETERMINANTE
1060 REM    >> DREIECKSGESTALT
1070 LET D=1
1080 FOR I=1 TO N
1090 REM    PILOTELEMENT BESTIMMEN
1100 LET M=0
1110 LET S=0
1120 FOR K=I TO N
1130 IF ABS(C(K,I))<=S THEN GOTO 1160
1140 LET M=K
1150 LET S=ABS(C(K,I))
1160 NEXT K
1170 IF M=0 THEN GOTO 1480
1180 IF M=I THEN GOTO 1260
1190 REM    ZEILENTAUSCH
1200 FOR J=I TO N+1
1210 LET Z=C(I,J)
1220 LET C(I,J)=C(M,J)
1230 LET C(M,J)=Z
```

```
1240 NEXT J
1250 LET D=-D
1260 REM   DIVIDIEREN PILOTZEILE
1270 LET P=C(I,I)
1280 LET D=D*P
1290 FOR J=I+1 TO N+1
1300 LET C(I,J)=C(I,J)/P
1310 NEXT J
1320 IF I=N THEN GOTO 1400
1330 REM   ELIMINATIONSSCHRITT
1340 FOR K=I+1 TO N
1350 LET Z=C(K,I)
1360 FOR J=I+1 TO N+1
1370 LET C(K,J)=C(K,J)-Z*C(I,J)
1380 NEXT J
1390 NEXT K
1400 NEXT I
1410 REM   >> RUECKWAERTSEINSETZEN
1420 FOR I=N TO 2 STEP -1
1430 FOR K=I-1 TO 1 STEP -1
1440 LET C(K,N+1)=C(K,N+1)-C(K,I)*C(I,N+1)
1450 NEXT K
1460 NEXT I
1470 GOTO 1510
1480 REM MATRIX SINGULAER
1490 LET D=0
1500 PRINT "A SINGULAER"
1510 RETURN
1520 REM ----------------------------------------
1530 REM AUSGABE
1540 FOR Z=1 TO N2
1550 IF Z<=N1 THEN LET U1(Z)=C(Z,N1+1)
1560 IF Z>N1 THEN LET U1(Z)=0
1570 NEXT Z
1580 FOR Z=1 TO N2
1590 LET U2(Z)=0
1600 FOR K=1 TO N1
1610 LET U2(Z)=U2(Z)+E(K,Z)*U1(K)
1620 NEXT K
1630 NEXT Z
1640 FOR Z=1 TO N2
1650 LET I2(Z)=B(Z)
1660 FOR J=1 TO N2
1670 LET I2(Z)=I2(Z)+A(Z,J)*U2(J)
1680 NEXT J
1690 NEXT Z
1700 PRINT "    Uk            Uz            Iz"
1710 FOR Z=1 TO N2
1720 PRINT U1(Z),U2(Z),I2(Z)
1730 NEXT Z
1740 RETURN
1750 END
```

9.1.4 NETZWT (Pascal) mit Stromübertragung von Zweig zu Zweig

Einsetzbar auf: Personalcomputer mit Pascalcompiler und Großrechenanlagen.

Zweck: Dieses Programm berechnet Knoten- und Zweigspannungen und Zweig-
                 ströme eines linearen elektrischen Gleichstromnetzwerks mittels Gauß-
                 Algorithmus.

Beschreibung: Gesamtprogramm im Kapitel „Die Berechnung linearer Gleichstrom-
                 netze"; Unterprogramm LGS (Lösung linearer Gleichungssysteme) in den
                 „Mathematischen Ergänzungen": Berechnung linearer Gleichungssysteme.

Eingabe: Je Zweig: Knotennummern i und k,
                           Zweigwiderstand R,
                           Quellspannung Uq,
                           Quellstrom Iq,
                           gesteuerte Stromeinspeisung Iw, Übertragungsfaktor BETA.

Ausgabe: Protokoll der Eingabe,
                 Knotenspannungen Uk,
                 Zweigspannungen Uz,
                 Zweigströme Iz.

Testbeispiel

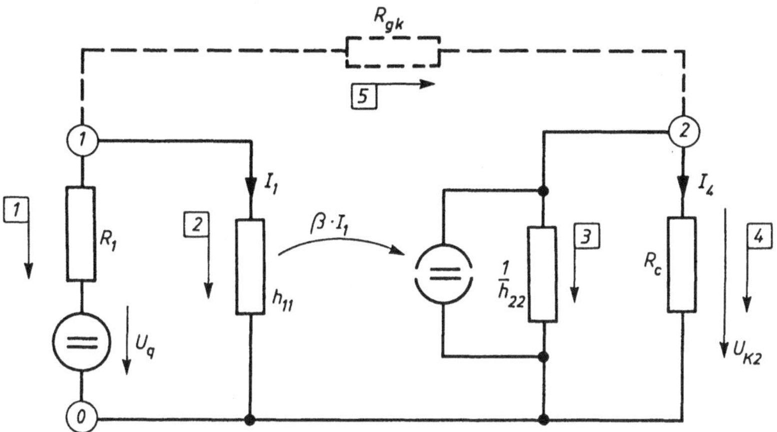

Emitterverstärker mit Spannungs-Gegenkopplung

```
Netzwerkberechnung

Zweig Knoten --> Knoten      R           Uq           Iq
  1     1        0      1000.00        0.100      0.00000
  2     1        0      2600.00        0.000      0.00000
  3     2        0      20000.0        0.000      0.00000
  4     2        0      3900.00        0.000      0.00000
  5     1        2      10000.0        0.000      0.00000

Zweig ---> Zweig          Beta
  2         3           100.000

Nr      Uk              Uz              Iz
  1    9.15438E-3     9.15438E-3     -9.08456E-5
  2   -8.64093E-1     9.15438E-3      3.52092E-6
  3    0.00000      -8.64093E-1       3.08887E-4
  4    0.00000      -8.64093E-1      -2.21562E-4
  5    0.00000       8.73247E-1       8.73247E-5
```

Programmliste NETZWT

```
program NETZWT(input,output);

(*  nz = Anzahl der Zweige
    nk+1 = Anzahl der Knoten , Knoten 0 fuer GND

 je Zweig z  von Knoten i nach Knoten k gilt:
```

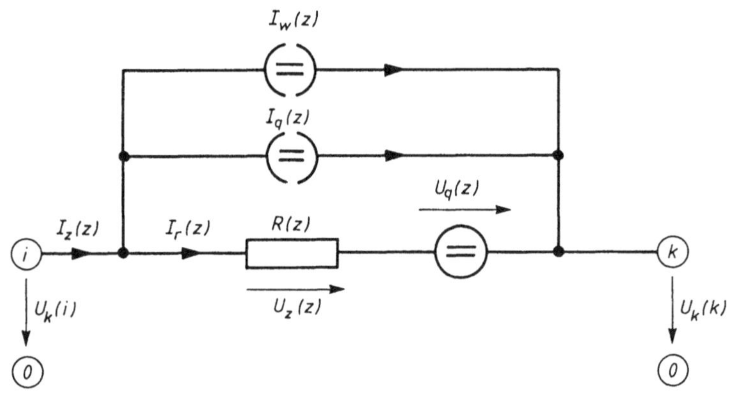


```
    Iw[z] = Summe der Stromuebertragungen von anderen Zeigen
       Uebertragungsfaktor BETA
       Iw[z] = Summe  BETA[z,j]*Ir[j]
                  j


*)
const mmax = 20;
      mmax1 = 21;
      tab8 ='          ';
type  matrix = array[1..mmax,1..mmax] of real;
      matrix1 = array[1..mmax,1..mmax1] of real;
      vektor = array[1..mmax] of real;

var R,BETA,det,smax,pil,zz :real;
    i,k,nk,j,z,nz,kmax,n,nt :integer;
    G,Uk,Uq,Iq,Uz,Iz,B :vektor;
    A,E,H :matrix;
    C : matrix1;
(**) PRINT :text;
    Knoten0 :boolean;

procedure NULLSETZEN;
  begin
  nk := 0;                      (* Bestimmen der Knotenanzahl *)
  Knoten0 := false;             (* Kontrolle auf Knoten 0 *)
  repeat                        (* Anzahl der Zweige *)
   write('Anzahl der Zweige: Nz =');
   read(nz)
  until nz <= mmax;
```

```
    for z := 1 to nz do    (* Matrix A und E loeschen *)
      begin                 (* Vektor Uk und B loeschen *)
      for k := 1 to nz do
        begin
        A[z,k] := 0;
        E[z,k] := 0
        end;
      Uk[z] := 0;
      B[z] := 0
      end
    end;

procedure ZWEIGEINGABE;
  begin
  writeln('je Zweig eingeben: i   k   R   Uq   Iq');
  for z := 1 to nz do
    begin
    repeat
      write(z,'   ');
      readln(i,k,R,Uq[z],Iq[z])
    until ( R <> 0 ) and ( i <> k );
(**) writeln(PRINT,tab8,z:3,i:8,k:9,R:12:3,
                                Uq[z]:12:3,Iq[z]:12:6);
    G[z] := 1/R;
    A[z,z] := G[z];
    B[z] := B[z] - G[z]*Uq[z] + Iq[z];

    if i=0 then Knoten0 := true else E[i,z] := +1;
    if k=0 then Knoten0 := true else E[k,z] := -1;
    if i > nk then nk := i;          (* nk bestimmen *)
    if k > nk then nk := k
    end;
  if Knoten0 = false then writeln('Knoten 0 fehlt')
  end;

procedure UETRAEINGABE;
  begin
  write('Anzahl der Stromuebertragungen=');
  read(nt);
  if nt <> 0 then
    begin
    writeln('je Stromuebertr. eingeben: Zweig --> Zweig Beta');
    writeln(PRINT);
    writeln(PRINT,tab8,'Zweig ---> Zweig         Beta');
    for z := 1 to nt do
      begin
      read(i,k,BETA);
      writeln(PRINT,tab8,i:4,k:10,BETA:16:4);
      A[k,i] := A[k,i] + BETA*G[i];
      B[k] := B[k] - BETA*G[i]*Uq[i]
      end
    end
  end;
```

```
procedure LGSAUFSTELLEN;
  begin
  for k := 1 to nk do
  for z := 1 to nz do
    begin
    H[k,z] := 0;                        (* Hilfsmatrix *)
    for j := 1 to nz do
      H[k,z] := H[k,z] + E[k,j] * A[j,z]
    end;
  for k := 1 to nk do
    begin
    for j := 1 to nk do
      begin
      C[k,j] := 0;
      for z := 1 to nz do
        C[k,j] := C[k,j] + H[k,z] * E[j,z]
      end;                   (* E[j,z] Transponierte zu E[z,j] *)
    C[k,nk+1] := 0;
    for z := 1 to nz do
      C[k,nk+1] := C[k,nk+1] - E[k,z] * B[z]
    end
  end;


procedure LGS;   (* gespeichert auf C[n,n+1] *)
  begin
  (* Dreiecksgestalt *)
  det := 1.0;
  for i := 1 to n do
  begin
  (* Pilotelement bestimmen *)
  kmax := 0;
  smax := 0;
  for k := i to n do
    if abs(C[k,i]) > smax then
      begin kmax := k;
      smax := abs(C[k,i]) end;
  if  kmax = 0 then
    det := 0
    else
    begin
    if not(kmax = i) then
      (* Zeilentausch *)
      begin
      for j := i to n+1 do
        begin
        zz := C[i,j];
        C[i,j] := C[kmax,j];
        C[kmax,j] := zz
        end;
      det := -det
      end;
    (* Dividieren Pilotzeile *)
    pil := C[i,i];
    det := det * pil;
    for j := i+1 to n+1 do
      C[i,j] := C[i,j] / pil ;
    (* Eliminationsschritt *)
```

```pascal
        for k := i+1 to n do
          begin
          zz := C[k,i];
          for j := i+1 to n+1 do
            C[k,j] := C[k,j] - zz * C[i,j]
          end
        end
  end;
  (* Rueckwaertseinsetzen *)
  for i := n downto 2 do
    for k := i-1 downto 1 do
      C[k,n+1] := C[k,n+1] - C[k,i] * C[i,n+1]
  end (*LGS*);

procedure AUSGABE;
  begin
  for z := 1 to nz do
    if z <= nk then Uk[z] := C[z,nk+1]
                  else Uk[z] := 0; (* wegen Ausgabe *)
  for z := 1 to nz do
    begin
    Uz[z] := 0;
    for k := 1 to nk do
      Uz[z] := Uz[z] + E[k,z] * Uk[k]
    end;
  for z := 1 to nz do
    begin
    Iz[z] := B[z];
    for j := 1 to nz do
      Iz[z] := Iz[z] + A[z,j] * Uz[j]
    end;
  writeln('  Uk',tab8,'  Uz',tab8,'   Iz');
(**) writeln(PRINT);
(**) writeln(PRINT,tab8,' Nr      Uk ',tab8,'    Uz',
                        tab8,'    Iz');
  for z := 1 to nz do
    begin
    writeln(Uk[z]:12,Uz[z]:12,Iz[z]:12);
    writeln(PRINT,tab8,z:3,Uk[z]:14,Uz[z]:13,Iz[z]:13)
    end;
  end;

begin  (* Start *)
(**) rewrite(PRINT,'PRINTER:');
(**) writeln(PRINT,tab8,' Netzwerkberechnung');
(**) writeln(PRINT);
(**) writeln(PRINT,tab8,'Zweig Knoten --> Knoten',
                   '      R',tab8,' Uq ',tab8,'  Iq');
  NULLSETZEN;
  ZWEIGEINGABE;
  UETRAEINGABE;
  LGSAUFSTELLEN;
  n := nk;
  LGS;
  if det = 0  then writeln('Fehler');
  AUSGABE;
(**) close(PRINT)
end.
```

9.2 Arbeitspunkt bei nichtlinearen Zweigen

9.2.1 ARBPKTK (BASIC) mit Kennlinie als Formel

Einsetzbar auf: Personalcomputer und Taschenrechner.

Zweck: Dieses Programm berechnet den Schnittpunkt (Arbeitspunkt) der als Funktion gegebenen Kennlinie eines Schaltungselements und der Widerstandsgeraden für konstante Betriebsspannung.

Beschreibung: Gesamtprogramm in Kapitel 2. Nullstellenproblen in den „Mathematischen Ergänzungen".

Eingabe: Beispiel Diode:
Sperrstrom Is, Thermospannung Ut,
Betriebsspannung Uo,
Arbeitswiderstand R,
Suchbereich für die Nullstelle U1, U2,
Kennlinie der Diode (Zeile 510).

Ausgabe: Strom und Spannung an der Diode im Arbeitspunkt,
verbleibende Abweichung.

Testbeispiel

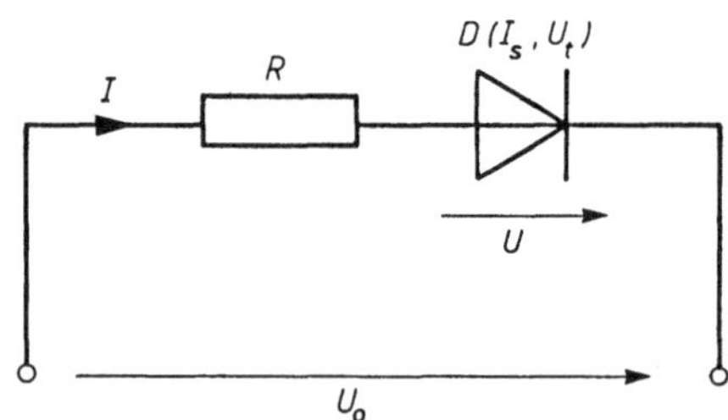


```
Arbeitspunktbestimmung, Diode mit Widerstand
Eingabe: Is, Ut, Uo, R ?1E-6,.026,1,100
Suchbereich: U1, U2 ?0,1
U=0.2325892    I=7.674108 E-003    Rest=-4.656613 E-010
```

Programmliste ARBPKTK

```
100 REM ARBEITSPUNKTBESTIMMUNG: DIODE MIT WIDERSTAND
110 REM 19.7.87 HY
120 GOTO 1000
200 REM EINPARAMETER
210 INPUT "Eingabe: Is, Ut, Uo, R ",I9,U9,UO,R
220 RETURN
300 REM SUCHBEREICH
310 INPUT "Suchbereich: U1, U2 ",U1,U2
320 RETURN
400 REM WIDERSTANDSKENNLINIE F2(U)
410 LET F2=-(U-UO)/R
```

```
420  RETURN
500  REM SCHALTUNGSKENNLINIE F1(U,I)
510  LET F1=I-I9*(EXP(U/U9)-1)
520  RETURN
600  REM NULLSTELLENPROBLEM
610  LET U=X
620  GOSUB 400: REM F2(U)
630  LET I=F2
640  GOSUB 500: REM F1(U,I)
650  LET F=F1
660  RETURN
700  REM NULLSTELLE DURCH INTERVALLHALBIERUNG
710  LET X=X1
720  GOSUB 600: REM F(X)
730  LET Y1=F
740  LET X=X2
750  GOSUB 600: REM F(X)
760  LET Y2=F
770  IF Y1*Y2<0 THEN GOTO 800
780  PRINT "Fehler am Suchbereich"
790  RETURN
800  LET L=ABS(X2-X1)
810  LET L1=2*L
820  IF L)=L1 THEN RETURN
830  LET L1=L
840  LET X=(X1+X2)/2
850  GOSUB 600: REM F(X)
860  LET Y2=F
870  IF Y1*Y2<0 THEN GOTO 900
880  LET X1=X
890  GOTO 910
900  LET X2=X
910  LET L=ABS(X2-X1)
920  GOTO 820
1000 REM HAUPTPROGRAMM
1010 PAGE : PRINT : PRINT
1020 PRINT "Arbeitspunktbestimmung, Diode mit Widerstand"
1030 GOSUB 200: REM EINPARAMETER
1040 GOSUB 300: REM SUCHBEREICH
1050 LET X1=U1
1060 LET X2=U2
1070 GOSUB 700: REM NULLSTELLE
1080 GOSUB 600: REM F(X)
1090 PRINT "U=";U;"   I=";I;"    Rest=";F
1100 END
```

9.2.2 ARBPKTK (Pascal) mit Kennlinie als Formel

Einsetzbar auf: Personalcomputer.

Zweck: Dieses Programm berechnet den Schnittpunkt (Arbeitspunkt) der als
                  Funktion gegebenen Kennlinie eines Schaltungselements und der Wider-
                  standsgeraden für konstante Betriebsspannung.

Beschreibung: Gesamtprogramm in Kapitel 2. Nullstellenproblem in den „Mathemati-
                  schen Ergänzungen".

Eingabe: Beispiel Diode:
                  Sperrstrom Is, Thermospannung Ut,
                  Betriebsspannung Uo,
                  Arbeitswiderstand R,
                  Suchbereiche für die Nullstelle U1, U2,
                  Kennlinie der Diode (im Programm).

Ausgabe: Strom und Spannung an der Diode im Arbeitspunkt,
                  verbleibende Abweichung.

Programmliste ARBPKTK

```
PROGRAM ARBPKTK (INPUT,OUTPUT);(* 11.7.87 *)
(* Funktion: Arbeitspunktbestimmung
             Diode (Kennlinie) mit Widerstand *)


VAR    Y1,Y2,L,L1,U1,U2,U,I: REAL;
       CH: CHAR;
       FEHL: BOOLEAN;
       I9,U9,UO,R: REAL; (* Spezielle Kennlinie *)
PROCEDURE EINPARAMETER;
  BEGIN
    WRITELN('Eingabe der Parameter');
    WRITE('Is/[A]=');
    READ(I9);
    WRITE('Uo/[V]=');
    READ(UO);
    WRITE('Ut/[V]=');
    READ(U9);
    WRITE('R/[Ohm]=');
    READ(R);
  END;

  PROCEDURE SUCHBEREICH;
    BEGIN
      WRITELN('Eingabe des Suchbereiches');
      WRITE('U1/[V]=');
      READ(U1);
      WRITE('U2/[V]=');
      READ(U2);
    END;

  FUNCTION F2(U:REAL):REAL;
          (* Widerstandsgerade I=F2(U)*)
    BEGIN
      F2:=-(U-UO)/R
    END;
```

```
FUNCTION F1(U,I:REAL):REAL;
          (* Elementkennlinie *)
  BEGIN
    F1:=I-I9*(EXP(U/U9)-1.0)
  END;
FUNCTION F(U:REAL):REAL;
          (* Nullstellenproblem *)
  BEGIN
    I:=F2(U);
    F:=F1(U,I)
  END;

PROCEDURE NULLST(X1,X2:REAL; VAR X:REAL;
                   VAR FEHLER:BOOLEAN);
                   (* Intervallhalbierung im x/y-System *)
  BEGIN
    Y1:=F(X1);
    Y2:=F(X2);
    IF Y1*Y2<0.0 THEN
      BEGIN
        FEHLER:=FALSE;
        L:=ABS(X2-X1);
        L1:=2*L;
        WHILE L<L1 DO
          BEGIN
            L1:=L;
            X:=(X1+X2)/2;
            Y2:=F(X);
            IF Y1*Y2<0.0
            THEN X2:=X
            ELSE X1:=X;
            L:=ABS(X2-X1)
          END;
      END
      ELSE FEHLER:=TRUE;
    END;

BEGIN   (* Hauptprogramm *)
  WRITELN('Schnitt Diodenkennlinie mit Widerstandsgerade');
  WRITELN('Eingabe jeder Zahl mit <return>');
  EINPARAMETER;
  SUCHBEREICH;
  NULLST(U1,U2,U,FEHL);
  IF FEHL THEN
    WRITELN('Fehler')
    ELSE
    BEGIN
      WRITELN('U/[V]=',U:11,'      I/[A]=',I:11,
              '          Rest=',F(U):9)
    END;
  END.
```

9.2.3 ARBPKTKS (BASIC) mit sinusförmiger Erregung

Einsetzbar auf: Personalcomputer und Taschenrechner.

Zweck: Dieses Programm berechnet den Schnittpunkt (Arbeitspunkt) der als Funktion gegebenen Kennlinie eines Schaltungselements und der Widerstandsgeraden für sinusförmig sich ändernde Spannung.

Beschreibung: Gesamtprogramm in Kapitel 2. Nullstellenproblem in den „Mathematischen Ergänzungen".

Eingabe: Beispiel Diode:
Sperrstrom Is, Thermospannung Ut,
Amplitude der Sinusspannung Uamp,
Zeitintervall T1, T2 für die Sinusspannung,
Schrittweite deltaT der Spannungsänderung,
Arbeitswiderstand R,
Suchbereich für die Nullstelle U1, U2,
Kennlinie der Diode (Zeile 510).

Ausgabe: für jeden T-Wert:
Strom und Spannung an der Diode im Arbeitspunkt.

Testbeispiel

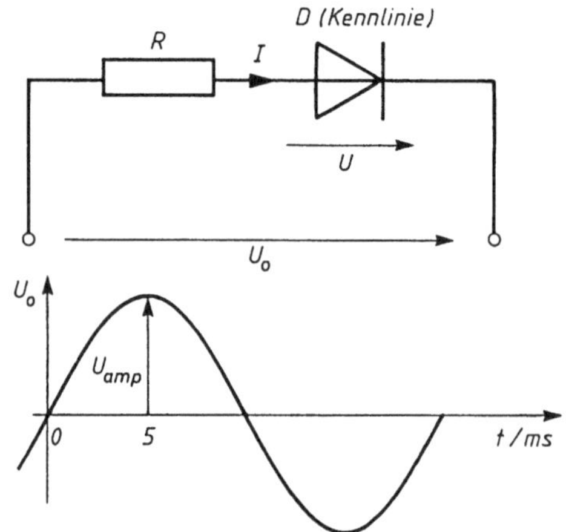


```
Arbpkt. Diode mit Widerstand, Wechselstrom 50 Hz
EINGABE: Is/A , Ut/V , R/Ohm , Uamp/V ?1E-6,0.026,100,1
Zeitintervall: T1/s , T2/s , DeltaT/s ?-0.5E-3,5.5E-3,1E-3
Suchbereich: U1/V , U2/V ?-1,1
T/ms=-0.5   Uo/V=-0.1564344 U/V=-0.1563347 I/A=-9.974837 E-007
T/ms=0.5   Uo/V=0.1564345 U/V=0.1370617 I/A=1.937278 E-004
T/ms=1.5   Uo/V=0.4539905 U/V=0.2034878 I/A=2.505027 E-003
T/ms=2.5   Uo/V=0.7071069 U/V=0.2207339 I/A=4.86373 E-003
T/ms=3.5   Uo/V=0.8910066 U/V=0.2287578 I/A=6.622488 E-003
T/ms=4.5   Uo/V=0.9876884 U/V=0.2321827 I/A=7.555056 E-003
READY
```

Programmliste ARBPKTKS

```
100  REM WECHSELSTROMARBEITSPUNKT, DIODE MIT WIDERSTAND
110  REM 14.3.86 HY
120  GOTO 1000
200  REM PROCEDURE EINPARAMETER
210  INPUT "EINGABE: Is/A , Ut/V , R/Ohm , Uamp/V ",I9,U9,R,U3
220  RETURN
250  REM PROCEDURE ZEITINTERVALL
260  INPUT "Zeitintervall: T1/s , T2/s , DeltaT/s ",T1,T2,T0
270  RETURN
300  REM PROCEDURE SUCHBEREICH
310  INPUT "Suchbereich: U1/V , U2/V ",U1,U2
320  RETURN
400  REM ARBEITSGERADE F2(U)
410  LET F2=-(U-U0)/R
420  RETURN
500  REM ELEMENTKENLINIE F1(U,I)
510  LET F1=I-I9*(EXP(U/U9)-1)
520  RETURN
600  REM NULLSTELLENPROBLEM F(X)
610  LET U=X
620  GOSUB 400
630  LET I=F2
640  GOSUB 500
650  LET F=F1
660  RETURN
700  REM NULLSTELLE DURCH INTERVALLHALBIERUNG
710  LET X=X1
720  GOSUB 600
730  LET Y1=F
740  LET X=X2
750  GOSUB 600
760  LET Y2=F
770  IF Y1*Y2<0 THEN GOTO 800
780  PRINT "Fehler am Suchbereich"
790  RETURN
800  LET L=ABS(X2-X1)
810  LET L1=2*L
820  IF L>=L1 THEN RETURN
830  LET L1=L
840  LET X=(X1+X2)/2
850  GOSUB 600
860  LET Y2=F
870  IF Y1*Y2<0 THEN GOTO 900
880  LET X1=X
890  GOTO 910
900  LET X2=X
910  LET L=ABS(X2-X1)
920  GOTO 820
1000 REM HAUPTPROGRAMM
1010 PAGE : PRINT : PRINT
1020 PRINT "Arbpkt. Diode mit Widerstand, Wechselstrom 50 Hz"
1030 GOSUB 200
1035 GOSUB 250
1040 GOSUB 300
1044 LET T=T1
1046 LET U0=U3*SIN(2*PI*50*T)
1050 LET X1=U1
```

```
1060 LET X2=U2
1070 GOSUB 700
1090 GOSUB 600
1110 PRINT "T/ms=";T*1000;" Uo/V=";UO;"U/V=";U;"I/A=";I
1114 LET T=T+TO
1116 IF T<=T2 THEN GOTO 1046
1120 END
```

9.2.4 ARBPKTKS (Pascal) mit sinusförmiger Erregung

Einsetzbar auf: Personalcomputer.

Zweck: Dieses Programm berechnet den Schnittpunkt (Arbeitspunkt) der als
                 Funktion gegebenen Kennlinie eines Schaltungselements und der Wider-
                 standsgeraden für konstante Betriebsspannung.

Beschreibung: Gesamtprogramm in Kapitel 2. Nullstellenproblem in den „Mathemati-
                 schen Ergänzungen".

Eingabe: Beispiel Diode:
                 Sperrstrom Is, Thermospannung Ut,
                 Amplitude der Sinusspannung Uamp,
                 Zeitintervall T1, T2 für die Sinusspannung,
                 Schrittweite deltaT der Spannungsänderung,
                 Arbeitswiderstand R,
                 Suchbereiche für die Nullstelle U1, U2,
                 Kennlinie der Diode (im Programm).

Ausgabe: für jeden T-Wert:
                 Strom und Spannung an der Diode im Arbeitspunkt.

Programmliste ARBPKTKS

```
PROGRAM ARBPKTKS (INPUT,OUTPUT);
(* Funktion: Arbeitspunktbestimmung Wechselstrom
             Diode (Kennlinie) mit Widerstand *)


CONST  PI=3.141592654;
VAR    Y1,Y2,L,L1,U1,U2,U,I: REAL;
       CH: CHAR;
       FEHL: BOOLEAN;
       I9,U9,UO,R: REAL; (* Spezielle Kennlinie *)
       T1,T2,TO,T,UAMP: REAL; (* Zeitintervall *)
PROCEDURE EINPARAMETER;
  BEGIN
    WRITELN('Eingabe der Parameter');
    WRITE('Sperrstrom Is/[A]=');
    READ(I9);
    WRITE('Amplitude Umax/[V]=');
    READ(UAMP);
    WRITE('Ut/[V]=');
    READ(U9);
    WRITE('R/[Ohm]=');
    READ(R);
  END;
```

```
PROCEDURE SUCHBEREICH;
  BEGIN
    WRITELN('Eingabe des Suchbereiches');
    WRITE('U1/[V]=');
    READ(U1);
    WRITE('U2/[V]=');
    READ(U2);
  END;

FUNCTION F2(U:REAL):REAL;
        (* Widerstandsgerade I=F2(U)*)
  BEGIN
    F2:=-(U-UO)/R
  END;

FUNCTION F1(U,I:REAL):REAL;
        (* Elementkennlinie *)
  BEGIN
    F1:=I-I9*(EXP(U/U9)-1.0)
  END;

FUNCTION F(U:REAL):REAL;
          (* Nullstellenproblem *)
  BEGIN
    I:=F2(U);
    F:=F1(U,I)
  END;

PROCEDURE NULLST(X1,X2:REAL; VAR X:REAL;
                  VAR FEHLER:BOOLEAN);
                  (* Intervallhalbierung im x/y-System *)
  BEGIN
    Y1:=F(X1);
    Y2:=F(X2);
    IF Y1*Y2<0.0 THEN
      BEGIN
        FEHLER:=FALSE;
        L:=ABS(X2-X1);
      L1:=2*L;
      WHILE L<L1 DO
        BEGIN
          L1:=L;
          X:=(X1+X2)/2;
          Y2:=F(X);
          IF Y1*Y2<0.0
          THEN X2:=X
          ELSE X1:=X;
          L:=ABS(X2-X1)
        END;
    END
    ELSE FEHLER:=TRUE;
  END;
```

```
PROCEDURE ZEITINTERVALL;
  BEGIN     (* Eingabe des Zeitinervalles *)
    WRITE('T1/[s]=');
    READ(T1);
    WRITE('T2/[s]=');
    READ(T2);
    WRITE('DeltaT/[s]=');
    READ(TO)
  END;

BEGIN     (* Hauptprogramm *)
  WRITELN('Wechselspannung und -strom an der Diode');
  WRITELN('Eingabe jeder Zahl mit <return>');
  EINPARAMETER;
  ZEITINTERVALL;
  SUCHBEREICH;
  T:=T1;
  REPEAT
    UO:=UAMP*SIN(2.0*PI*50.0*T);
    NULLST(U1,U2,U,FEHL);
    IF FEHL THEN
      WRITELN('Fehler am Suchbereich')
      ELSE
      BEGIN
        WRITELN('T/s=',T:9,' Uo/V=',UO:9,
        ' U/V=',U:9,' I/A=',I:9)
      END;
    T:=T+TO;
  UNTIL T>=T2;
END.
```

9.2.5 ARBPKTT (BASIC) mit Kennlinie in Tabellenform

Einsetzbar auf: Personalcomputer und Taschenrechner.

Zweck: Dieses Programm berechnet den Schnittpunkt (Arbeitspunkt) der als Wertetabelle gegebenen Kennlinie eines Schaltungselements und der Widerstandsgeraden für konstante Betriebsspannung.

Beschreibung: Gesamtprogramm in Kapitel 2. Nullstellenproblen in den „Mathematischen Ergänzungen".

Eingabe: Betriebsspannung Uo.
                 Arbeitswiderstand R,
                 Suchbereich für die Nullstelle U1, U2,
                 Meßpunkte des nichtlinearen Elements (z. B. Glühlampe) als Tabelle (Zeilen 1210 ... 1260).

Ausgabe: Werte der Kennlinie,
                 Strom und Spannung am nichtlinearen Element im Arbeitspunkt.

Testbeispiel

(die Kennlinie ist hier eine andere als in der Programmliste)

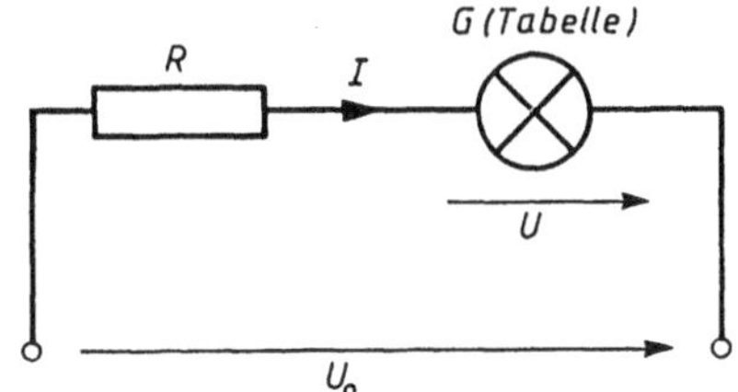


```
Arbeitspunkt  nichtlin.  Element  mit  Widerstand
Eingabe:  Uo,  R  ?220,500
Suchbereich:  U1,  U2  ?0,150
Kennlinie  des  nichtlin.  Elements  im  Suchbereich
Ukenn/V=          0              Ikenn/A=          0
Ukenn/V=          30             Ikenn/A=          0.102
Ukenn/V=          60             Ikenn/A=          0.192
Ukenn/V=          90             Ikenn/A=          0.258
Ukenn/V=          120            Ikenn/A=          0.308
Ukenn/V=          150            Ikenn/A=          0.35
U/V=      90.4762     I/A= 0.2590476        Rest=       -2.980232 E-008
```

Programmliste ARBPKTT

```
100 REM ARBEITSPUNKTBESTIMMUNG: NICHTLIN. ELEMENT MIT
110 REM WIDERSTAND (19.7.87 HY)
120 DIM U5(5): REM KENNLINENWERTE
130 DIM I(5)
140 GOTO 2000: REM HAUPTPROGRAMM
200 REM EINPARAMETER
210 INPUT "Eingabe: Uo, R ",UO,R
220 RETURN
300 REM SUCHBEREICH
310 INPUT "Suchbereich: U1, U2 ",U1,U2
320 RETURN
400 REM WIDERSTANDSKENNLINIE F2(U)
410 LET F2=-(U-UO)/R
420 RETURN
500 REM ELEMENTKENNLINIE F1(U,I)
510 LET X5=U
520 GOSUB 1000: REM INTERPOL
530 LET F1=I-I6
540 RETURN
600 REM NULLSTELLENPROBLEM F(X)
610 LET U=X
620 GOSUB 400: REM F2(U)
630 LET I=F2
640 GOSUB 500: REM F1(U,I)
650 LET F=F1
660 RETURN
700 REM NULLSTELLE DURCH INTERVALLHALBIERUNG
710 LET X=X1
720 GOSUB 600: REM F(X)
730 LET Y1=F
740 LET X=X2
750 GOSUB 600: REM F(X)
760 LET Y2=F
```

```
770 IF Y1*Y2<0 THEN GOTO 800
780 PRINT "Fehler am Suchbereich"
790 RETURN
800 LET L=ABS(X2-X1)
810 LET L1=2*L
820 IF L>=L1 THEN RETURN
830 LET L1=L
840 LET X=(X1+X2)/2
850 GOSUB 600: REM F(X)
860 LET Y2=F
870 IF Y1*Y2<0 THEN GOTO 900
880 LET X1=X
890 GOTO 910
900 LET X2=X
910 LET L=ABS(X2-X1)
920 GOTO 820
1000 REM INTERPOL(X5,N5,U5,I5) --> I6
1010 IF X5>=U5(1) THEN GOTO 1040
1020 LET I6=I5(1)
1030 RETURN
1040 IF X5<U5(N5) THEN GOTO 1070
1050 LET I6=I5(N5)
1060 RETURN
1070 FOR K5=2 TO N5
1080 IF (X5<U5(K5-1)) OR (X5>=U5(K5)) THEN GOTO 1100
1090 LET A=(X5-U5(K5-1))*(I5(K5)-I5(K5-1))/(U5(K5)-U5(K5-1))
1092 LET I6=I5(K5-1)+A
1100 NEXT K5
1110 RETURN
1200 REM EINKENNLINIE, ZB. GLUEHLAMPE
1210 LET N5=5
1220 LET U5(1)=0: LET I5(1)=0
1230 LET U5(2)=50: LET I5(2)=0.17
1240 LET U5(3)=100: LET I5(3)=0.28
1250 LET U5(4)=150: LET I5(4)=0.35
1260 LET U5(5)=200: LET I5(5)=0.4
1270 RETURN
1400 REM AUSKENNLINIE
1410 LET A6=5
1420 PRINT "Kennlinie des nichtlin. Elements im Suchbereich"
1430 FOR K6=0 TO A6
1440 LET U=U1+(U2-U1)/A6*K6
1450 LET X5=U
1460 GOSUB 1000: REM INTERPOL
1470 PRINT "Ukenn/V=",U,"   Ikenn/A=",I6
1480 NEXT K6
1490 RETURN
2000 REM HAUPTPROGRAMM
2010 PRINT "Arbeitspunkt nichtlin. Element mit Widerstand"
2020 GOSUB 200: REM EINPARAMETER
2030 GOSUB 1200: REM EINKENNLINIE
2040 GOSUB 300: REM SUCHBEREICH
2050 GOSUB 1400: REM AUSKENNLINIE
2060 LET X1=U1
2070 LET X2=U2
2080 GOSUB 700: REM NULLSTELLE
2090 GOSUB 600: REM F(X)
2100 PRINT "U/V=",U;"   I/A=",I;"      Rest=",F
2110 END
```

9.2.6 ARBPKTT (Pascal) mit Kennlinie in Tabellenform

Einsetzbar auf: Personalcomputer.

Zweck: Dieses Programm berechnet den Schnittpunkt (Arbeitspunkt) der als Wertetabelle gegebenen Kennlinie eines Schaltungselements und der Widerstandsgeraden für konstante Betriebsspannung.

Beschreibung: Gesamtprogramm in Kapitel 2. Nullstellenproblem in den „Mathematischen Ergänzungen".

Eingabe: Betriebsspannung Uo,
Arbeitswiderstand R,
Suchbereiche für die Nullstelle U1, U2,
Meßpunkte des nichtlinearen Elements (z. B. Glühlampe) als Tabelle (im Programm).

Ausgabe: Werte der Kennlinie,
Strom und Spannung am nichtlinearen Element im Arbeitspunkt.

Programmliste ARBPKTT

```pascal
PROGRAM ARBPKTT (INPUT,OUTPUT);
(* Funktion: Arbeitspunktbestimmung
             nichtlin. Element (Tabelle) mit Widerstand *)

TYPE    VEKTOR=ARRAY[1..20] OF REAL;

VAR     Y1,Y2,L,L1,U1,U2,U,I: REAL;
        CH: CHAR;
        FEHL: BOOLEAN;
        UO,R: REAL; (* Spezielle Kennlinie *)
        NKENN: INTEGER;
        IKENN,UKENN: VEKTOR;

PROCEDURE EINPARAMETER;
  BEGIN
    WRITELN('Eingabe der Parameter');
    WRITE('Uo/[V]=');
    READ(UO);
    WRITE('R/[Ohm]=');
    READ(R);
  END;

  PROCEDURE SUCHBEREICH;
    BEGIN
      WRITELN('Eingabe des Suchbereiches');
      WRITE('U1/[V]=');
      READ(U1);
      WRITE('U2/[V]=');
      READ(U2);
    END;

  FUNCTION F2(U:REAL):REAL;
          (* Widerstandsgerade I=F2(U)*)
    BEGIN
      F2:=-(U-UO)/R
    END;
```

```
PROCEDURE EINKENNLINIE;  (* Beispiel: Gluehlampe *)
  BEGIN
    NKENN:=5;
    UKENN[1]:=  0.0;   IKENN[1]:= 0.00;
    UKENN[2]:= 50.0;   IKENN[2]:= 0.17;
    UKENN[3]:=100.0;   IKENN[3]:= 0.28;
    UKENN[4]:=150.0;   IKENN[4]:= 0.35;
    UKENN[5]:=200.0;   IKENN[5]:= 0.40;
  END;


  FUNCTION INTERPOL(X :REAL;N :INTEGER;
                      VAR XX,YY: VEKTOR):REAL;
    VAR K :INTEGER;
      BEGIN
        IF X<XX[1] THEN INTERPOL:=YY[1]
          ELSE
            IF X>=XX[N] THEN INTERPOL:=YY[N]
          ELSE
            FOR K:=2 TO N DO
              BEGIN
                IF (X>=XX[K-1]) AND (X<XX[K]) THEN
                INTERPOL:=YY[K-1]+(X-XX[K-1])*
                          (YY[K]-YY[K-1])/(XX[K]-XX[K-1]);
              END;
      END;

PROCEDURE AUSKENNLINIE;
  CONST  ANZAHL=5;
  VAR    K :INTEGER;

  BEGIN
    WRITELN('Kennlinie des Elements im Suchbereich');
    FOR K:= 0 TO ANZAHL DO
      BEGIN
        U:=U1+(U2-U1)/ANZAHL*K;
        I:=INTERPOL(U,NKENN,UKENN,IKENN);
        WRITELN('Ukenn/[V]=',U:13:6,' Ikenn/[A]=',I:13:6);
      END;
  END;

  FUNCTION F1(U,I:REAL):REAL;
          (* Elementkennlinie *)
    BEGIN
      F1:=I-INTERPOL(U,NKENN,UKENN,IKENN)
    END;

  FUNCTION F(U:REAL):REAL;
          (* Nullstellenproblem *)
    BEGIN
      I:=F2(U);
      F:=F1(U,I)
    END;

  PROCEDURE NULLST(X1,X2:REAL; VAR X:REAL;
                   VAR FEHLER:BOOLEAN);
              (* Intervallhalbierung im x/y-System *)
```

```
    BEGIN
      Y1:=F(X1);
      Y2:=F(X2);
      IF Y1*Y2<0.0 THEN
        BEGIN
          FEHLER:=FALSE;
          L:=ABS(X2-X1);
          L1:=2*L;
          WHILE L<L1 DO
            BEGIN
              L1:=L;
              X:=(X1+X2)/2;
              Y2:=F(X);
              IF Y1*Y2<0.0
              THEN X2:=X
              ELSE X1:=X;
              L:=ABS(X2-X1)
            END;
        END
        ELSE FEHLER:=TRUE;
      END;

BEGIN    (* Hauptprogramm *)
  WRITELN('Nichtlin. Element (Wertetabelle) mit Widerstand');
  WRITELN('Eingabe jeder Zahl mit <return>');
  EINPARAMETER;
  EINKENNLINIE;
  SUCHBEREICH;
  AUSKENNLINIE;
  NULLST(U1,U2,U,FEHL);
  IF FEHL THEN
    WRITELN('Fehler am Suchbereich')
    ELSE
    BEGIN
    WRITELN('U/[V]=',U:11,'        I/[A]=',I:11,
            '         Rest=',F(U):9)
  END;
END.
```

9.3 Wechselstromnetzwerke

9.3.1 SINUS4 (BASIC) zur Addition von Sinusfunktionen

Programmiersprache: BASIC mit Graphikbefehlen

Einsetzbar auf: Personalcomputern (evtl. mit Drucker)

Zweck: Das Programm berechnet und zeichnet im Graphikmodus

$$u1(t) = 1V*\sin (Omega*t),$$
$$u2(t) = \hat{u}2*\sin (n*Omega*t + delta\text{-}phi),$$
$$us(t) = u1(t) + u2(t).$$

Beschreibung: Keine besondere Beschreibung, da

1. das Programm sehr einfach ist und
2. nur lauffähig ist mit BASIC-Dialekten, die über den Befehl MOVE(x,y,m) o.ä. verfügen. Der Rechner druckt dabei vom vorigen Punkt nach x, y eine Gerade der Strichart m aus;
3. das Koordinatensystem rechnertypisch ist.

Unser Programm soll als Anregung dienen.
Siehe dazu auch Abschnitt 3.1.5.

Eingabe   Omega = Anzahl der gezeichneten Perioden von $u1(t)$,
                  n = Vielfaches der $u2(t)$-Perioden gegen $u1(t)$,
                 U2 = Amplitude von $u2(t)$,
         delta-phi = Phasenvoreilung von $u2(t)$ gegen $u1(t)$.

Ausgabe: Protokoll der Eingabe,
$u1(t)$, $u2(t)$, $us(t)$ im Graphikmodus auf dem Bildschirm und wahlweise Drucker.

Testbeispiel

Omega, n, delta-phi, U2 = ?2, 1, 270, 1.5

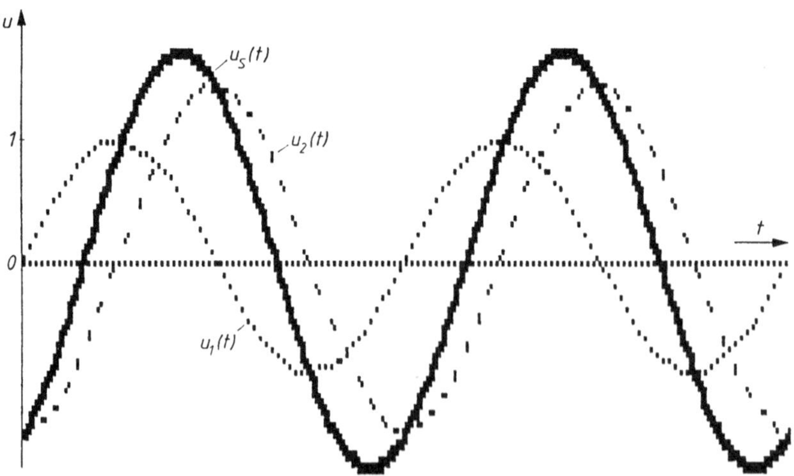

Programmliste SINUS4

```
100  REM SINUS4: SUMME ZWEIER SINUSSPANNUNGEN    9.87SN
110  REM u1(t)=1*sin(Omega*t),u2(t)=U2*sin(n*Omega*t+deltaPhi)
120  PAGE : SCREEN : ALPHA : GRAPH
130  INPUT "Omega, n, deltaPhi, U2 = ",O,N,D,U
140  LET D=D*PI/180
150  MOVE (0,59,7): MOVE (255,59,3)
160  REM ------------U1(T)-------------------------------------
170  LET M=7: FOR T=0 TO 2*PI STEP 0.1: LET X=T*255/(2*PI)
180  LET Y=60+20*SIN(O*T): MOVE (X,Y,M)
190  LET M=3: NEXT T
200  REM AUSGABE: M=3, KEINE AUSGABE: M=7
210  REM -------------U2(T)-------------------------------------
220  LET M=7: FOR T=0 TO 2*PI STEP 0.1: LET X=T*255/(2*PI)
230  LET Y=60+20*U*SIN(O*T*N+D): MOVE (X,Y,M)
240  LET M=4: NEXT T
250  REM AUSGABE: M=4, KEINE AUSGABE: M=7
260  REM -------------U1(T)+U2(T)-------------------------------
270  LET M=7: FOR T=0 TO 2*PI STEP 2 E-002: LET X=T*255/(2*PI)
280  LET Y=(3+SIN(O*T)+U*SIN(O*T*N+D))*20: MOVE (X,Y,M)
290  REM HARDCOPY: --- 305 PSCR ---- (PRINTSCREEN) EINFUEGEN
300  LET M=2: NEXT T
305  PSCR
310  END
```

9.3.2 SINUS5 (BASIC) zur Multiplikation von Sinusfunktionen

Programmiersprache:	BASIC mit Graphikbefehlen
Einsetzbar auf:	Personalcomputern (evtl. mit Drucker)
Zweck:	Das Programm berechnet und zeichnet im Graphikmodus

$$u1(t) = m*\cos(Omega*t),$$
$$u2(t) = 1V*\cos(n*Omega*t + delta\text{-}phi),$$
$$up(t) = u2(t) + u1(t)*u2(t)$$
(Modulationsprodukt).

Beschreibung: Keine besondere Beschreibung, da

1. das Programm sehr einfach ist und
2. nur lauffähig ist mit BASIC-Dialekten, die über den Befehl MOVE (x, y, m) o.ä. verfügen. Der Rechner druckt dabei vom vorigen Punkt nach x, y eine Gerade der Strichart m aus;
3. das Koordinatensystem rechnertypisch ist.

Unser Programm soll als Anregung dienen.
Siehe dazu auch Abschnitt 3.1.5.

Eingabe: Omega = Anzahl der gezeichneten Perioden von $u1(t)$,
n = Vielfaches der $u2(t)$-Perioden gegen $u1(t)$,
m = $\hat{u}1/\hat{u}2$ = Modulationsgrad,
delta-phi = Phasenvoreilung von $u2(t)$ gegen $u1(t)$.

Ausgabe: Protokoll der Eingabe,
$u1(t)$, $u2(t)$, $up(t)$ im Graphikmodus auf dem Bildschirm und wahlweise Drucker.

Testbeispiel

Omega, n, delta-phi, n = ? 1, 10, 0, 0.75

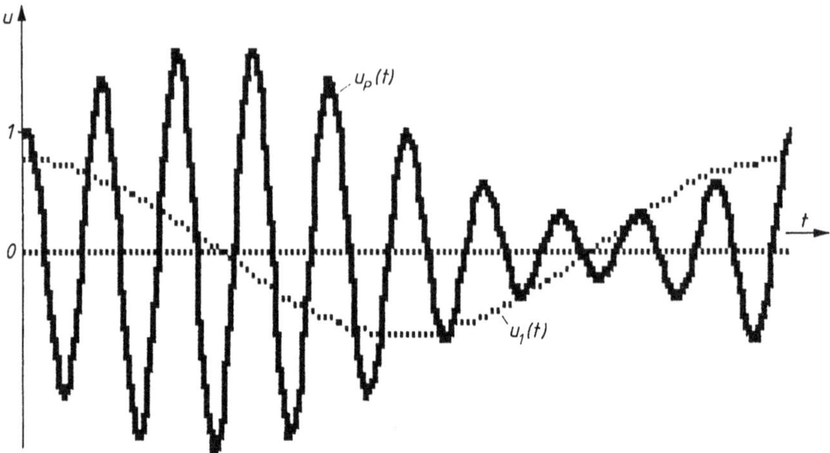

Programmliste SINUS 5

```
100 REM SINUS5: MODULATIONSPRODUKT ZWEIER SINUSSPGN.    9.87SN
110 REM u1(t)=m*cos(Omega*t)
115 REM u2(t)=1*cos(n*Omega*t+deltaPhi)
120 PAGE : SCREEN : ALPHA : GRAPH
130 INPUT "Omega, n, deltaPhi, m = ",O,N,D,U
140 LET D=D*PI/180
150 MOVE (0,59,7): MOVE (255,59,3)
160 REM -----------U1(T)---------------------------------
170 LET M=7: FOR T=0 TO 2*PI STEP 0.1: LET X=T*255/(2*PI)
180 LET Y=60+20*U*COS(O*T): MOVE (X,Y,M)
190 LET M=3: NEXT T
200 REM AUSGABE: M=3, KEINE AUSGABE: M=7
210 REM -----------U2(T)---------------------------------
220 LET M=7: FOR T=0 TO 2*PI STEP 0.1: LET X=T*255/(2*PI)
230 LET Y=60+20*COS(O*T*N+D): MOVE (X,Y,M)
240 LET M=7: NEXT T
250 REM AUSGABE: M=4, KEINE AUSGABE: M=7
260 REM ---------U(2)+U1(T)*U2(T)-------------------------
270 LET M=7: FOR T=0 TO 2*PI STEP 2 E-002: LET X=T*255/(2*PI)
280 LET Y=(3+COS(O*T*N+D)*(1+U*COS(O*T)))*20: MOVE (X,Y,M)
290 REM HARDCOPY: --- 305 PSCR ---(PRINTSCREEN) EINFUEGEN
300 LET M=2: NEXT T
305 PSCR
310 END
```

9.3.3 WNETZWERK (BASIC) mit Stromübertragung von Zweig zu Zweig

Einsetzbar auf: Personalcomputern

Zweck: Dieses Programm berechnet die Knoten- und Zweigspannungen und die Zweigströme eines linearen, komplexen elektrischen Netzwerks bei Wechselstrom mittels Gauß-Algorithmus. Stromübertragung von einem Zweig zu einem anderen ist dabei zulässig.

Beschreibung: Gesamtprogramm im Kapitel „Berechnung linearer Wechselstromnetze". Wir verweisen auch auf das Kapitel „Berechnung linearer Gleichstromnetze" und, für den Gauß-Algorithmus, auf die „Mathematischen Ergänzungen".

Eingabe: Je Zweig: Knotennummern i und k,
Zweigleitwert G,
Zweiginduktivität L,
Zweigkapazität C,
Quellspannung Uq (Betrag und Phase),
Quellstrom Iq (Betrag und Phase),
gesteuerter Quellstrom Iw (Betrag und Phase).
Siehe dazu Schaltskizze unten.

Ausgabe: Protokoll der Eingabe,
Knotenspannungen Uk,
Zweigspannungen Uz,
Zweigströme Iz.

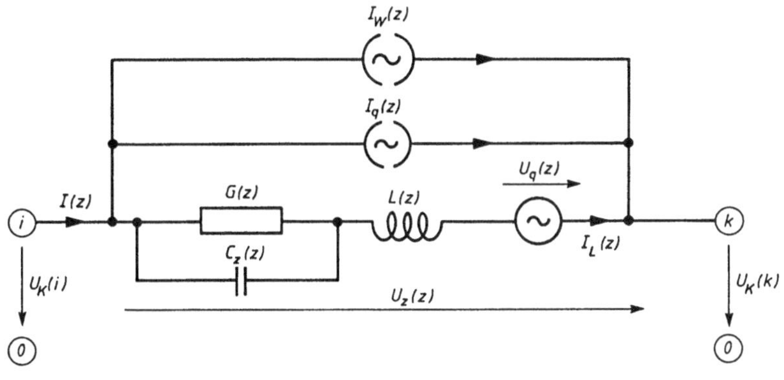

IW[z] = Summe der Stromübertragungen von anderen Zweigen
Übertragungsfaktor BETA
IW[z] = Summe BETA[j, z] * IL[j]
j

Variablenzuordnung WNETZWERK

Pascal	BASIC	Bedeutung
SMAX	S1	
P	P	Phase einer komplexen Zahl
S	S	Betrag einer komplexen Zahl
OMEGA	O1	Kreisfrequenz
DET	D	Determinante
PIL	P1	Pilotelement
ZZ	Z1	
ZN	Z2	
I	I	
K	K	
NK	N1	Zahl der Knoten
J	J	
Z	Z	
NZ	N2	Zahl der Zweige
NT	N3	Zahl der Übertragungen
KMAX	M	
N	N	
KNOTEN0	K0	
UETRA	T0	
CH	C$	
G	G	Leitwert im Zweig
L	L	Induktivität im Zweig
CZ	C2	Kapazität im Zweig
GZ	G2	Ersatzleitwert im Zweig
UK	U1	Spannung am Knoten
UQ	U3	Spannungsquelle
IQ	I3	Stromquelle
UZ	U2	Spannung am Zweig
IZ	I2	Strom am Zweig
B	B	
BETA	B0	Stromübertragungsfaktor
E	E	
H	H0, H1	
A	A0, A1	für Real-, Imaginärteil
C	C0, C1	
im UP:　A	U	
B	V	
C	W	

Testbeispiel

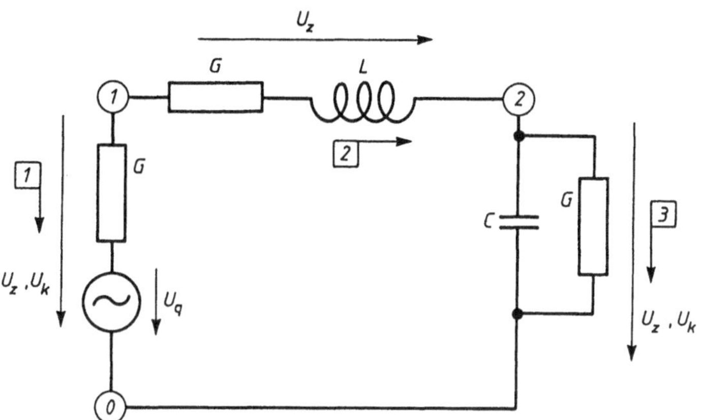


```
WECHSELSTROMNETZWERK-BERECHNUNG   (C)HY
ANZAHL DER ZWEIGE: NZ=?3
JE ZWEIG EINGEBEN: I,K,C,G,L. UQ,IQ (BETRAG,PHASE)
ZWEIG1
KNOTEN I=?1
K=?O
C/[F]=?O
G/[S]=?.5
L/[H]=?O
UQ(BETRAG/[V],PHASE/[DEG])=?200,0
IQ(BETRAG/[A],PHASE/[DEG])=?0,0
ZWEIG2
KNOTEN I=?1
K=?2
C/[F]=? 0
G/[S]=?1E6
L/[H]=?.016
UQ(BETRAG/[V],PHASE/[DEG])=?0,0
IQ(BETRAG/[A],PHASE/[DEG])=?0,0
ZWEIG3
KNOTEN I=?2
K=?O
C/[F]=?5.5E-4
G/[S]=?.06897
L/[H]=?O
UQ(BETRAG/[V],PHASE/[DEG])=?0,0
IQ(BETRAG/[A],PHASE/[DEG])=?0,0
ANZAHL DER STROMUEBERTRAGUNGEN =?0
FREQUENZ F =
?50
UK/[V] </[DEG]    UZ/[V] </[DEG]       IZ/[A] </[DEG]
99.82685 <0.4965169 99.82685 <0.4965169 50.09033 <179.5052
269.239 <-68.73483 251.7815 <89.50523 50.09033 <-0.4947647
0 <0 269.239 <-68.73483 50.09033 <-0.4947699
NEUE FREQUENZ? (Y/N)
?
```

Programmliste WNETZWERK

```
100 PAGE
110 REM WNETZWERK (HOYER, 10.07.87)
120 REM BERECHNUNG EINES LINEAREN WECHSELSTROMNETZES MIT STROM-
130 REM UEBERTRAGUNG ZWISCHEN DEN ZWEIGEN
140 REM KOMPLEXE RECHNUNG
150 REM DER REALTEIL DER FELDER A, H, C
160 REM STEHT AUF A0, H0, C0, DER
170 REM IMAGINAERTEIL AUF A1, H1, C1
180 REM BEI VEKTOREN UND EINFACHEN VARIABLEN
190 REM WIRD EINFACH INDIZIERT:
200 REM 0 = REALTEIL, 1 = IMAGINAERTEIL
210 REM EIN- UND AUSGABE DER KOMPLEXEN ZAHLEN
220 REM DURCH: BETRAG UND PHASE (IN WINKELGRAD)
230 REM EINSCHRAENKUNG: N1, N2 <= 10
240 REM FELDER COMPLEX
250 DIM G2(10,1)
260 DIM U1(10,1)
270 DIM U3(10,1)
280 DIM I3(10,1)
290 DIM U2(10,1)
300 DIM I2(10,1)
310 DIM B(10,1)
320 DIM H0(10,10)
330 DIM H1(10,10)
340 DIM A0(10,10)
350 DIM A1(10,10)
360 DIM C0(10,11)
370 DIM C1(10,11)
380 REM FELDER REAL
390 DIM G(10)
400 DIM L(10)
410 DIM C2(10)
420 DIM B0(10,10)
430 DIM E(10,10)
440 REM KOMPLEXE ZAHLEN
450 DIM D(1)
460 DIM P1(1)
470 DIM Z1(1)
480 DIM Z2(1)
490 DIM U(1)
500 DIM V(1)
510 DIM W(1)
520 PRINT "WECHSELSTROM-NETZWERK BERECHNUNG   (C)HY"
530 REM --- START ---
540 GOSUB 1850: REM NULLSETZEN
550 GOSUB 1970: REM ZWEIGEINGABE
560 GOSUB 2230: REM UETRAEINGABE
570 REM NEUE RECHNUNG
580 PRINT "FREQUENZ F ="
590 INPUT O1
600 LET O1=O1*2*PI
610 GOSUB 2320: REM ABRECHNEN
620 GOSUB 2740: REM LGS AUFSTELLEN
630 LET N=N1
640 GOSUB 1030: REM LGS
650 IF (D(0)=0) AND (D(1)=0) THEN GOTO 670
660 GOSUB 3020: REM AUSGABE
```

```
670 PRINT "NEUE FREQUENZ? (Y/N)"
680 INPUT C$
690 IF C$="Y" THEN GOTO 570
700 GOTO 3500: REM ENDE
710 REM KOMPLEXE ARITHMETIK
720 REM CMULT: W= U*V
730 LET W(0)=U(0)*V(0)-U(1)*V(1)
740 LET W(1)=U(1)*V(0)+U(0)*V(1)
750 RETURN
760 REM CINVERS: V=1/U
770 LET V(1)=U(0)*U(0)+U(1)*U(1)
780 LET V(0)=U(0)/V(1)
790 LET V(1)=-U(1)/V(1)
800 RETURN
810 REM UMRECHNUNG POLAR- IN RECHTWINKLIGE KOORDINATEN
820 REM S=BETRAG, P=PHASE IN WINKELGRAD
830 REM PTOR (S, P -) W)
840 REM POLAR IN RECHTWINKLIG
850 LET W(0)=S*COS(P/180*PI)
860 LET W(1)=S*SIN(P/180*PI)
870 RETURN
880 REM RTOP (W - S,P)
890 REM RECHTWINKLIG IN POLAR
900 LET S=SQR(W(0)*W(0)+W(1)*W(1))
910 IF W(0)=0 THEN GOTO 960
920 LET P=ATN(W(1)/W(0))
930 IF W(0))=0 THEN GOTO 950
940 LET P=P+PI
950 GOTO 1010
960 LET P=0
970 IF W(1)=0 THEN GOTO 1010
980 LET P=PI/2
990 IF W(1))0 THEN GOTO 1010
1000 LET P=-P
1010 LET P=P/PI*180
1020 RETURN
1030 REM GAUSS-ALGORITHMUS: LGS
1040 REM GESPEICHERT AUF C(N,N+1)
1050 REM DREIECKSGESTALT
1060 LET D(0)=1
1070 LET D(1)=0
1080 FOR I=1 TO N
1090 REM PILOTELEMENT BESTIMMEN
1100 LET M=0
1110 LET S1=0
1120 FOR K=I TO N
1130 LET R=ABS(C0(K,I))+ABS(C1(K,I))
1140 IF R<=S1 THEN GOTO 1170
1150 LET M=K
1160 LET S1=R
1170 NEXT K
1180 IF M=0 THEN GOTO 1800
1190 IF M=I THEN GOTO 1310
1200 REM ZEILENTAUSCH
1210 FOR J=I TO N+1
1220 LET Z1(0)=C0(I,J)
1230 LET Z1(1)=C1(I,J)
```

```
1240 LET CO(I,J)=CO(M,J)
1250 LET C1(I,J)=C1(M,J)
1260 LET CO(M,J)=Z1(0)
1270 LET C1(M,J)=Z1(1)
1280 NEXT J
1290 LET D(0)=-D(0)
1300 LET D(1)=-D(1)
1310 REM DIVIDIEREN PILOTZEILE
1320 LET P1(0)=CO(I,I)
1330 LET P1(1)=C1(I,I)
1340 LET U(0)=D(0)
1350 LET U(1)=D(1)
1360 LET V(0)=P1(0)
1370 LET V(1)=P1(1)
1380 GOSUB 720: REM CMULT
1390 LET D(0)=W(0)
1400 LET D(1)=W(1)
1410 FOR J=I+1 TO N+1
1420 LET U(0)=P1(0)
1430 LET U(1)=P1(1)
1440 GOSUB 760: REM CINVERS
1450 LET U(0)=CO(I,J)
1460 LET U(1)=C1(I,J)
1470 GOSUB 720: REM CMULT
1480 LET CO(I,J)=W(0)
1490 LET C1(I,J)=W(1)
1500 NEXT J
1510 IF I=N THEN GOTO 1660
1520 REM ELIMINATIONSSCHRITT
1530 FOR K=I+1 TO N
1540 LET Z1(0)=CO(K,I)
1550 LET Z1(1)=C1(K,I)
1560 FOR J=I+1 TO N+1
1570 LET U(0)=Z1(0)
1580 LET U(1)=Z1(1)
1590 LET V(0)=CO(I,J)
1600 LET V(1)=C1(I,J)
1610 GOSUB 720: REM CMULT
1620 LET CO(K,J)=CO(K,J)-W(0)
1630 LET C1(K,J)=C1(K,J)-W(1)
1640 NEXT J
1650 NEXT K
1660 NEXT I
1670 REM RUECKWAERTSEINSETZEN
1680 FOR I=N TO 2 STEP -1
1690 FOR K=I-1 TO 1 STEP -1
1700 LET U(0)=CO(K,I)
1710 LET U(1)=C1(K,I)
1720 LET V(0)=CO(I,N+1)
1730 LET V(1)=C1(I,N+1)
1740 GOSUB 720: REM CMULT
1750 LET CO(K,N+1)=CO(K,N+1)-W(0)
1760 LET C1(K,N+1)=C1(K,N+1)-W(1)
1770 NEXT K
1780 NEXT I
1790 GOTO 1840
1800 REM MATRIX SINGULAER
```

```
1810 LET D(0)=0
1820 LET D(1)=0
1830 PRINT "A SINGULAER"
1840 RETURN : REM ENDE LGS
1850 REM NULLSETZEN
1860 LET N1=0
1870 LET K0=0
1880 LET T0=0
1890 INPUT "ANZAHL DER ZWEIGE: NZ=";N2
1900 FOR Z=1 TO N2
1910 FOR K=1 TO N2
1920 LET B0(Z,K)=0
1930 LET E(Z,K)=0
1940 NEXT K
1950 NEXT Z
1960 RETURN
1970 REM ZWEIGEINGABE
1980 PRINT "JE ZWEIG EINGEBEN: I,K,C,G,L. UQ,IQ (BETRAG,PHASE)"
1990 FOR Z=1 TO N2
2000 PRINT "ZWEIG";Z
2010 INPUT "KNOTEN I=";I
2020 INPUT "K=";K
2030 INPUT "C/[F]=";C2(Z)
2040 INPUT "G/[S]=";G(Z)
2050 INPUT "L/[H]=";L(Z)
2060 INPUT "UQ(BETRAG/[V],PHASE/[DEG])=";S,P
2070 GOSUB 830: REM PTOR
2080 LET U3(Z,0)=W(0)
2090 LET U3(Z,1)=W(1)
2100 INPUT "IQ(BETRAG/[A],PHASE/[DEG])=";S,P
2110 GOSUB 830: REM PTOR
2120 LET I3(Z,0)=W(0)
2130 LET I3(Z,1)=W(1)
2140 IF I=0 THEN LET K0=1
2150 IF I)0 THEN LET E(I,Z)=+1
2160 IF K=0 THEN LET K0=1
2170 IF K)0 THEN LET E(K,Z)=-1
2180 IF I)N1 THEN LET N1=I
2190 IF K)N1 THEN LET N1=K
2200 NEXT Z
2210 IF K0=0 THEN PRINT "KNOTEN 0 FEHLT"
2220 RETURN
2230 REM UETRAEINGABE
2240 INPUT "ANZAHL DER STROMUEBERTRAGUNGEN =";N3
2250 IF N3=0 THEN GOTO 2310
2260 LET T0=1
2270 PRINT "JE UEBERTRAGUNG EINGEBEN:I,K,BETA"
2280 FOR Z=1 TO N3
2290 INPUT I,K,B0(I,K)
2300 NEXT Z
2310 RETURN
2320 REM ABRECHNEN
2330 FOR Z=1 TO N2
2340 FOR K=1 TO N2
2350 LET A0(Z,K)=0
2360 LET A1(Z,K)=0
2370 NEXT K
```

```
2380 LET U(0)=1-O1*O1*L(Z)*C2(Z)
2390 LET U(1)=O1*L(Z)*G(Z)
2400 GOSUB 760: REM CINVERS
2410 LET U(0)=G(Z)
2420 LET U(1)=O1*C2(Z)
2430 GOSUB 720: REM CMULT
2440 LET G2(Z,0)=W(0)
2450 LET G2(Z,1)=W(1)
2460 LET A0(Z,Z)=G2(Z,0)
2470 LET A1(Z,Z)=G2(Z,1)
2480 LET U(0)=G2(Z,0)
2490 LET U(1)=G2(Z,1)
2500 LET V(0)=U3(Z,0)
2510 LET V(1)=U3(Z,1)
2520 GOSUB 720: REM CMULT
2530 LET B(Z,0)=I3(Z,0)-W(0)
2540 LET B(Z,1)=I3(Z,1)-W(1)
2550 NEXT Z
2560 IF T0=0 THEN GOTO 2730
2570 FOR K=1 TO N2
2580 FOR I=1 TO N2
2590 IF B0(I,K)=0 THEN GOTO 2710
2600 LET Z1(0)=B0(I,K)*G2(I,0)
2610 LET Z1(1)=B0(I,K)*G2(I,1)
2620 LET A0(K,I)=A0(K,I)+Z1(0)
2630 LET A1(K,I)=A1(K,I)+Z1(1)
2640 LET U(0)=Z1(0)
2650 LET U(1)=Z1(1)
2660 LET V(0)=U3(I,0)
2670 LET V(1)=U3(I,1)
2680 GOSUB 720: REM CMULT
2690 LET B(K,0)=B(K,0)-W(0)
2700 LET B(K,1)=B(K,1)-W(1)
2710 NEXT I
2720 NEXT K
2730 RETURN
2740 REM LGSAUFSTELLEN
2750 FOR Z=1 TO N2
2760 FOR K=1 TO N1
2770 LET H0(Z,K)=0
2780 LET H1(Z,K)=0
2790 FOR J=1 TO N2
2800 LET H0(Z,K)=H0(Z,K)+A0(Z,J)*E(K,J)
2810 LET H1(Z,K)=H1(Z,K)+A1(Z,J)*E(K,J)
2820 NEXT J
2830 NEXT K
2840 NEXT Z
2850 FOR K=1 TO N1
2860 FOR J=1 TO N1
2870 LET C0(K,J)=0
2880 LET C1(K,J)=0
2890 FOR Z=1 TO N2
2900 LET C0(K,J)=C0(K,J)+E(K,Z)*H0(Z,J)
2910 LET C1(K,J)=C1(K,J)+E(K,Z)*H1(Z,J)
2920 NEXT Z
2930 NEXT J
2940 LET C0(K,N1+1)=0
2950 LET C1(K,N1+1)=0
```

```
2960 FOR Z=1 TO N2
2970 LET C0(K,N1+1)=C0(K,N1+1)-E(K,Z)*B(Z,0)
2980 LET C1(K,N1+1)=C1(K,N1+1)-E(K,Z)*B(Z,1)
2990 NEXT Z
3000 NEXT K
3010 RETURN
3020 REM AUSGABE
3030 FOR Z=1 TO N2
3040 IF Z<=N1 THEN GOTO 3080
3050 LET U1(Z,0)=0
3060 LET U1(Z,1)=0
3070 GOTO 3100
3080 LET U1(Z,0)=C0(Z,N1+1)
3090 LET U1(Z,1)=C1(Z,N1+1)
3100 NEXT Z
3110 FOR Z=1 TO N2
3120 LET U2(Z,0)=0
3130 LET U2(Z,1)=0
3140 FOR K=1 TO N1
3150 LET U2(Z,0)=U2(Z,0)+E(K,Z)*U1(K,0)
3160 LET U2(Z,1)=U2(Z,1)+E(K,Z)*U1(K,1)
3170 NEXT K
3180 NEXT Z
3190 FOR Z=1 TO N2
3200 LET I2(Z,0)=B(Z,0)
3210 LET I2(Z,1)=B(Z,1)
3220 FOR J=1 TO N2
3230 LET U(0)=A0(Z,J)
3240 LET U(1)=A1(Z,J)
3250 LET V(0)=U2(J,0)
3260 LET V(1)=U2(J,1)
3270 GOSUB 720: REM CMULT
3280 LET I2(Z,0)=I2(Z,0)+W(0)
3290 LET I2(Z,1)=I2(Z,1)+W(1)
3300 NEXT J
3310 NEXT Z
3320 PRINT "UK/[V] ([DEG]    UZ/[V] (/[DEG]      IZ/[A] (/[DEG]"
3330 FOR Z=1 TO N2
3340 LET W(0)=U1(Z,0)
3350 LET W(1)=U1(Z,1)
3360 GOSUB 880: REM RTOP
3370 LET U1(Z,0)=S
3380 LET U1(Z,1)=P
3390 LET W(0)=U2(Z,0)
3400 LET W(1)=U2(Z,1)
3410 GOSUB 880: REM RTOP
3420 LET U2(Z,0)=S
3430 LET U2(Z,1)=P
3440 LET W(0)=I2(Z,0)
3450 LET W(1)=I2(Z,1)
3460 GOSUB 880: REM RTOP
3470 PRINT U1(Z,0);"(";U1(Z,1);U2(Z,0);"(";U2(Z,1);S;"(";P
3480 NEXT Z
3490 RETURN
3500 END
3510 PRINT B(K,0),B(K,1)
3520 PRINT A0(K,I),A1(K,I)
3530 NEXT K
3540 END
```

9.3.4 WNETZWERK (Pascal) mit Stromübertragung von Zweig zu Zweig

Einsetzbar auf: Personalcomputern

Zweck: Dieses Programm berechnet die Knoten- und Zweigspannungen und die Zweigströme eines linearen, komplexen elektrischen Netzwerks bei Wechselstrom mittels Gauß-Algorithmus. Stromübertragung von einem Zweig zu einem anderen ist dabei zulässig.

Beschreibung: Gesamtprogramm im Kapitel „Berechnung linearer Wechselstromnetze". Wir verweisen auch auf das Kapitel „Berechnung linearer Gleichstromnetze" und, für den Gauß-Algorithmus, auf die „Mathematischen Ergänzungen".

Eingabe: Je Zweig: Knotennummern i und k,
                     Zweigleitwert G,
                     Zweiginduktivität L,
                     Zweigkapazität C,
                     Quellspannung Uq (Betrag und Phase),
                     Quellstrom Iq (Betrag und Phase),
                     gesteuerter Quellstrom Iw (Betrag und Phase).
                     Siehe dazu Schaltskizze im Kopf der Programmliste.

Ausgabe: Protokoll der Eingabe,
                 Knotenspannungen Uk,
                 Zweigspannungen Uz,
                 Zweigströme Iz.

Testbeispiel

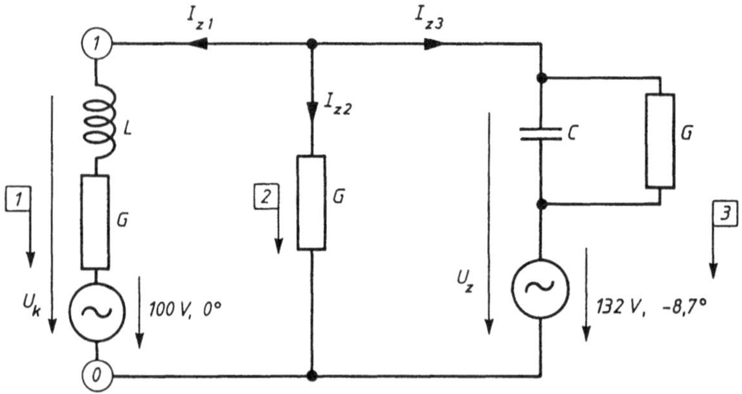

```
Wechselstromnetzwerk-Berechnung  (C)Hy

z= 1 i= 1 k= 0  C=        0.00000 G=        1.00000 L=   3.18000E-3
(Betrag und Winkel)  Uq=    1.00000E2    0.0 Iq=         0.00000    0.0
z= 2 i= 1 k= 0  C=        0.00000 G=   5.00000E-3 L=        0.00000
(Betrag und Winkel)  Uq=        0.00000    0.0 Iq=         0.00000    0.0
z= 3 i= 1 k= 0  C=   3.18000E-6 G=   1.00000E-3 L=        0.00000
(Betrag und Winkel)  Uq=    1.32000E2   -8.7 Iq=         0.00000    0.0
Frequenz f =       1000.00

 Nr       Uk                      Uz                      Iz
  1      81.2296    2.1          81.2296    2.1      0.952765  83.9
  2       0.0000    0.0          81.2296    2.1      0.406148   2.1
  3       0.0000    0.0          81.2296    2.1      1.08804  242.2
Frequenz f =        100.00

 Nr       Uk                      Uz                      Iz
  1      99.4816   -0.5          99.4816   -0.5      0.430661 173.8
  2       0.0000    0.0          99.4816   -0.5      0.497408  -0.5
  3       0.0000    0.0          99.4816   -0.5      0.081429 211.7
```

Programmliste WNETZWERK

```
program WNETZWERK(input,output)

(*  NZ  = Anzahl der Zweige
    NK+1 = Anzahl der Knoten , Knoten 0 fuer GND
```

je Zweig z von Knoten i nach Knoten k gilt:

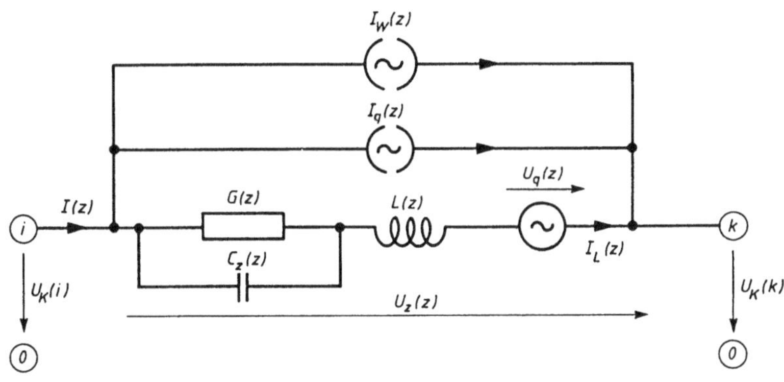

IW[z] = Summe der Stromübertragungen von anderen Zweigen
    Übertragungsfaktor BETA
    IW[z] = Summe BETA[j, z] * IL[j]
        j

```
*)
const MMAX = 20;
      MMAX1 = 21;
      PI  = 3.141592654;
      TABB ='           ';
      TEXT1 = '';
```

```pascal
type complex = record re,im : real end;
     matrix = array[1..MMAX,1..MMAX] of real;
     cmatrix = array[1..MMAX,1..MMAX] of complex;
     cmatrix1 = array[1..MMAX,1..MMAX1] of complex;
     vektor = array[1..MMAX] of real;
     cvektor = array[1..MMAX] of complex;

var SMAX,P,S,OMEGA :real;
    DET,PIL,ZZ,ZN : complex;
    G,L,Cz : vektor;
    GZ,UK,UQ,IQ,Uz,IZ,B :cvektor;
    BETA,E :matrix;
    H,A : cmatrix;
    C : cmatrix1;
    I,K,NK,J,Z,NZ,NT,KMAX,N :integer;
    PRINT :text;
    KNOTENO,UETRA :boolean;
    CH:CHAR;

(*   komplexe Arithmetik.
  A.re   bedeutet    Realteil von A
  A.im   bedeutet    Imaginaerteil von A .
*)
procedure CMOVE(A:complex;var C:complex);
begin
C.re := A.re;
C.im := A.im
end;


procedure CADD(A,B:complex;var C:complex);
begin
C.re := A.re + B.re;
C.im := A.im + B.im
end;


procedure CSUB(A,B:complex;var C:complex);
begin
C.re := A.re - B.re;
C.im := A.im - B.im
end;


procedure CMUL(A,B:complex;var C:complex);
begin
C.re := A.re * B.re - A.im * B.im ;
C.im := A.im * B.re + A.re * B.im
end;


procedure CINV(A:complex;var C:complex);
var NENNER:real;
begin
 NENNER := sqr(A.re) + sqr(A.im);
 C.re := A.re / NENNER;
 C.im := -A.im / NENNER
end;
```

```
procedure CDIV(A,B:complex;var C:complex);
begin
CINV(B,B);
CMUL(A,B,C)
end;
(* Umrechnung von Polar- in kartesische Koordinaten
   S = Betrag ,  P = Phase in Winkelgrad  *)

procedure PTOR(var C:complex);
begin
  C.re := S * cos( P/180*PI);
  C.im := S * sin( P/180*PI)
end;

procedure RTOP(C:complex);
begin
  S := sqrt( C.re*C.re + C.im*C.im );
  if C.re <> 0
    then begin
      P := atan(abs( C.im/C.re ));
      if C.im < 0 then P := -P;
      if C.re < 0 then P := -P + PI
      end
    else if C.im = 0 then P := 0 else
      if C.im < 0 then P := -PI/2 else P := PI/2;
  P := P / PI * 180
end;

procedure LGS;   (*gespeichert auf C[N,N+1]*)
begin
(* Dreiecksgestalt *)
det.re := 1.0; det.im := 0;
for i := 1 to n do
begin
(* Pilotelement bestimmen *)
kmax := 0;
smax := 0;
for k := i to n do
 begin
 RTOP(C[k,i]);
 if S  > smax then
     begin kmax := k;
        smax := S end
 end;
if  kmax = 0
  then begin det.re := 0 ; det.im := 0 end
  else
  begin
  if not(kmax = i) then
    (* Zeilentausch *)
    begin
    for j := i to n+1 do
      begin
      CMOVE(C[i,j],ZZ);
      CMOVE(C[kmax,j],C[i,j]);
      CMOVE(ZZ,C[kmax,j])
      end;
```

```
      det.re := -det.re;
      det.im := -det.im
      end;
   (* Dividieren Pilotzeile *)
   CMOVE(C[i,i],pil);
   CMUL(det,pil,det);
   for j := i+1 to n+1 do
     CDIV(C[i,j],pil,C[i,j]);
   (* Eliminationsschritt *)
   for k := i+1 to n do
     begin
     CMOVE(C[k,i],ZZ);
     for j := i+1 to n+1 do
       begin
        CMUL(ZZ,C[i,j],ZN);
        CSUB(C[k,j],ZN,C[k,j])
       end;
     end
   end
end;
(* Rueckwaertseinsetzen *)
for i := n downto 2 do
  for k := i-1 downto 1 do
    begin
      CMUL(C[k,i],C[i,n+1],ZZ);
      CSUB(C[k,n+1],ZZ,C[k,n+1])
    end
end (*LGS*);

procedure NULLSETZEN;
  begin
  NK := 0;
  KNOTENO := false;
  UETRA := false;
  repeat
    write('Nz=');                (* Anzahl der Zweige *)
    read(NZ)
  until NZ <= MMAX;
  for z := 1 to NZ do
    begin
    for k := 1 to NZ do
      begin
      BETA[z,k] := 0;
      E[z,k] := 0
      end;
    end
  end;

procedure ZWEIGEINGABE;
  begin
  writeln('je Zweig eingeben: i k C G L sowie');
  writeln(TAB8,TAB8,'Uq und Iq (Betrag und Phase)');
  for z := 1 to NZ do
    begin
    repeat
      write('Zweig',z:3,' Knoten i=');
      read(i);
```

```pascal
          write(' k=');
          read(k)
      until i <> k ;
      write(' C/[F]=');
      read(CZ[z]);
      write(' G/[S]=');
      read(G[z]);
      write(' L/[H]=');
      read(L[z]);
      writeln(PRINT,TAB8,'z=',z:2,' i=',i:2,' k=',k:2,
              '  C=',CZ[z]:12,' G=',G[z]:12,' L=',L[z]:12);
      write(' Uq/[V] (space) Winkel/[Deg]=');
      read(S,P);
      PTOR(UQ[z]);
      write(PRINT,TAB8,'Betrag und Winkel:  Uq=',S:12,P:6:1);
      write(' Iq/[A] (space) Winkel/[Deg]=');
      readln(S,P);
      PTOR(IQ[z]);
      writeln(PRINT,' Iq=',S:15,P:6:1);
      if i=0 then KNOTENO := true else E[i,z] := +1;
      if k=0 then KNOTENO := true else E[k,z] := -1;
      if i > NK then NK := i;          (* NK bestimmen *)
      if k > NK then NK := k
      end;
  if KNOTENO = false then writeln('Knoten 0 fehlt')
  end;

procedure UETRAEINGABE;
  begin
  write('Anzahl der Stromuebertragungen =');
  read(NT);
  if NT <> 0 then
    begin
    UETRA := true;
    writeln('je Uebertragung eingeben: i  k  Beta');
    writeln(PRINT);
    writeln(PRINT,TAB8,'Zweig ---> Zweig          Beta');
    for z := 1 to NT do
      begin
      read(i,k,BETA[i,k]);
      writeln(PRINT,TAB8,i:4,k:10,BETA[i,k]:14:4)
      end
    end
  end;

procedure ABRECHNEN;
  begin
  for z := 1 to NZ do
    begin
    for k := 1 to NZ do
      begin
      A[z,k].re := 0;
      A[z,k].im := 0
      end;
    ZZ.re := G[z];
    ZZ.im := OMEGA * CZ[z];
    ZN.re := 1 - OMEGA * OMEGA * L[z] * CZ[z];
```

```
          ZN.im := OMEGA * L[z] * G[z];
          CDIV(ZZ,ZN,GZ[z]);
          A[z,z] := GZ[z];
          CMUL(GZ[z],UQ[z],ZZ);
          CSUB(IQ[z],ZZ,B[z])
          end;
    if UETRA then
      for k := 1 to NZ do
      for i := 1 to NZ do
        if BETA[i,k] <> 0
          then begin
            ZZ.re := BETA[i,k] * GZ[i].re;
            ZZ.im := BETA[i,k] * GZ[i].im;
            CADD(A[k,i],ZZ,A[k,i]);
            CMUL(ZZ,UQ[i],ZZ);
            CSUB(B[k],ZZ,B[k])
            end
  end;

procedure LGSAUFSTELLEN;
  begin
  for z := 1 to NZ do
  for k := 1 to NK do
    begin
    H[z,k].re := 0;
    H[z,k].im := 0;
    for j := 1 to NZ do
      begin
      H[z,k].re := H[z,k].re + A[z,j].re*E[k,j];
      H[z,k].im := H[z,k].im + A[z,j].im*E[k,j]
      end
    end;
  for k := 1 to NK do
    begin
    for j := 1 to NK do
      begin
      C[k,j].re := 0;
      C[k,j].im := 0;
      for z := 1 to NZ do
        begin
        C[k,j].re := C[k,j].re + E[k,z]*H[z,j].re;
        C[k,j].im := C[k,j].im + E[k,z]*H[z,j].im
        end
      end;
    C[k,NK+1].re := 0;
    C[k,NK+1].im := 0;
    for z := 1 to NZ do
      begin
      C[k,NK+1].re := C[k,NK+1].re - E[k,z]*B[z].re;
      C[k,NK+1].im := C[k,NK+1].im - E[k,z]*B[z].im
      end
    end
  end;
```

```pascal
procedure AUSGABE;
  begin
  for z := 1 to NZ do
    if z <= NK
      then CMOVE(C[z,NK+1],UK[z])
      else begin UK[z].re := 0; UK[z].im := 0 end;
  for z := 1 to NZ do
    begin
    Uz[z].re := 0;
    Uz[z].im := 0;
    for k := 1 to NK do
      begin
      Uz[z].re := Uz[z].re + E[k,z]*UK[k].re;
      Uz[z].im := Uz[z].im + E[k,z]*UK[k].im
      end
    end;
  for z := 1 to NZ do
    begin
    CMOVE(B[z],IZ[z]);
    for j := 1 to NZ do
      begin
      CMUL(A[z,j],Uz[j],ZZ);
      CADD(IZ[z],ZZ,IZ[z])
      end
    end;
  writeln(PRINT);


  writeln(PRINT,TAB8,' Nr',TAB8,' Uk/V',TAB8,TAB8,' Uz/V',
                TAB8,TAB8,'Iz/A');
  writeln(TAB8,'  Uk',TAB8,TAB8,'   Uz',TAB8,TAB8,'   Iz');
  for z := 1 to NZ do
    begin
    RTOP(UK[z]);
    write(S:15:4,P:6:1);
    write(PRINT,TAB8,z:3,S:15:4,P:6:1);
    RTOP(Uz[z]);
    write(S:15:4,P:6:1);
    write(PRINT,S:15:4,P:6:1);
    RTOP(IZ[z]);
    writeln(S:15:6,P:6:1);
    writeln(PRINT,S:15:6,P:6:1);
    end;
  end;


begin  (* Start *)
  rewrite(PRINT,'PRINTER:');
  writeln(PRINT,TAB8,'Wechselstromnetzwerk-Berechnung (C)Hy');
  writeln('Wechselstromnetzwerk-Berechnung (C)Hy');
  writeln(PRINT);
  writeln(TAB8,'Zweig z, Knoten i --> Knoten k,  C,  G,  L');
  NULLSETZEN;
  ZWEIGEINGABE;
  UETRAEINGABE;
  repeat
    write('Frequenz f=');
```

```
      readln(OMEGA);
      writeln(PRINT,TAB8,'Frequenz f = ',OMEGA:10:2);
      OMEGA := OMEGA * 2 * PI;
      ABRECHNEN;
      LGSAUFSTELLEN;
      N:=NK;
      LGS;
      if (DET.re = 0) and (DET.im = 0)  then writeln('Fehler')
      else AUSGABE;
      write('neue Frequenz?  (Y/N)');
      read(CH);
      writeln;
   until not ((CH='Y') or (CH='y'));
   close(PRINT)
end.
```

9.4 Fourieranalyse

9.4.1 FOURIER (BASIC) zur Berechnung der Fourierkoeffizienten

Einsetzbar auf: Taschen- und Personalcomputern

Zweck: Dieses Programm berechnet die Koeffizienten $a(i)$ und $b(i)$ der Fourier-
reihe $f(x) = a_0 + \Sigma (a(i) * \cos(i * x) + b(i) * \sin(i * x))$ näherungsweise.

Beschreibung: Im Kapitel „Nichtsinusförmige, periodische Wechselspannungen".

Eingabe: Die Anzahl k der einzugebenden Amplitudenwerte $y(k)$, maximal 50;
die Amplitudenwerte $y(k)$ an den Stützstellen $x(k)$.

Ausgabe: Protokoll der Eingabe;
die Fourierkoeffizienten a_0, $a(i)$, $b(i)$, wobei $i < k/2$ ist.

Testbeispiel

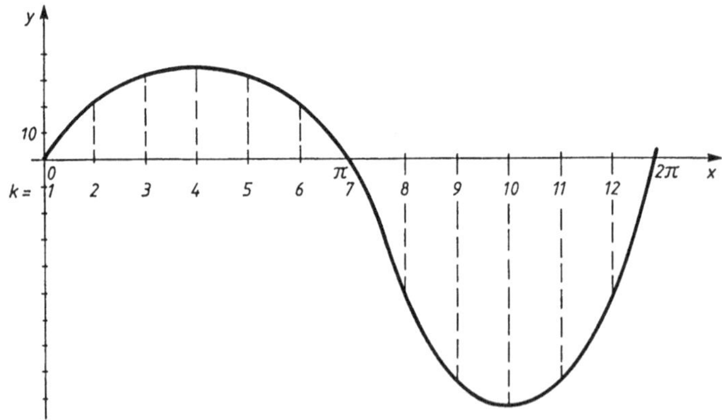

```
Fourierkoeffizienten
k          x(K)                 y(k)
1          0          0
2          0.5235988            24
3          1.047198             34
4          1.570796             36
5          2.094395             34
6          2.617994             24
7          3.141593             0
8          3.665192             -50
9          4.18879              -84
10         4.712389             -94
11         5.235988             -84
12         5.759587             -50
i   a(i)              b(i)                   Amplitude
0  -17.5              0               17.5
1  -6.357829 E-007            68.06368               68.06368
2  13.66667            -6.357829 E-007               13.66667
3  8.90096 E-006               2.999981               2.999981
4  2.999978            -1.271566 E-006               2.999978
5  2.733866 E-005              -6.364218 E-002                6.364219 E-002
```

Programmliste FOURIER

```
100  REM FOURIERKOEFFIZIENTEN
110  REM PUNKTE: X(K), Y(K), K = 1,...,M, M GERADE, MMAX = 50
120  DIM X(50)
130  DIM Y(50)
140  DIM A(25)
150  DIM B(25)
160  REM --------------------------------------------------------------------
170  REM EINGABE DER PUNKTE
180  INPUT "Zahl der Punkte: m=";M
190  IF M)50 THEN GOTO 180
200  FOR K=1 TO M
210  LET X(K)=(K-1)/M*2*PI
220  PRINT "k = ";K;"        x(k) = ";X(K)
230  INPUT "y(k) = ";Y(K)
240  NEXT K
250  REM --------------------------------------------------------------------
260  REM BERECHNUNG DER FOURIERKOEFFIZIENTEN
270  LET Z1=0
280  FOR K=1 TO M
290  LET Z1=Z1+Y(K)
300  NEXT K
310  LET A(0)=Z1/M
320  LET B(0)=0
330  FOR I=1 TO M/2-1
340  LET Z1=0
350  LET Z2=0
360  FOR K=1 TO M
370  LET Z1=Z1+COS(I*X(K))*Y(K)
380  LET Z2=Z2+SIN(I*X(K))*Y(K)
390  NEXT K
400  LET A(I)=Z1*2/M
410  LET B(I)=Z2*2/M
420  NEXT I
```

```
430 REM -----------------------------------------------------------
440 REM AUSGABE DER KOEFFIZIENTEN
450 PRINT "i a(i)              b(i)              Amplitude"
460 FOR I=0 TO M/2-1
470 LET R=SQR(A(I)^2+B(I)^2)
480 PRINT I;A(I),B(I),R
490 NEXT I
500 REM -----------------------------------------------------------
510 REM DRUCKERPROTOKOLL
520 OPEN FILE (1,1),"$LP"
530 PRINT FILE (1),"Fourierkoeffizienten"
540 PRINT FILE (1),"k          x(k)              y(k)"
550 FOR K=1 TO M
560 PRINT FILE (1),K,X(K),Y(K)
570 NEXT K
580 PRINT FILE (1),"i   a(i)              b(i)              Amplitude"
590 FOR I=0 TO M/2-1
600 LET R=SQR(A(I)^2+B(I)^2)
610 PRINT FILE (1),I;A(I),B(I),R
620 NEXT I
630 CLOSE FILE (1)
640 END
```

9.4.2 FOURIER (Pascal) zur Berechnung der Fourierkoeffizienten

Einsetzbar auf: Personalcomputern

Zweck: Dieses Programm berechnet die Koeffizienten a(i) und b(i) der Fourier-
                  reihe $f(x) = a_0 + \Sigma (a(i) * \cos(i * x) + b(i) * \sin(i * x))$ näherungsweise.

Beschreibung: Im Kapitel „Nichtsinusförmige, periodische Wechselspannungen".

Eingabe: Die Anzahl k der einzugebenden Amplitudenwerte y(k), maximal 50,
                  die Amplitudenwerte y(k) an den Stützstellen x(k).

Ausgabe: Protokoll der Eingabe;
                  die Fourierkoeffizienten a_0, a(i), b(i), wobei $i < k/2$ ist.

Testbeispiel

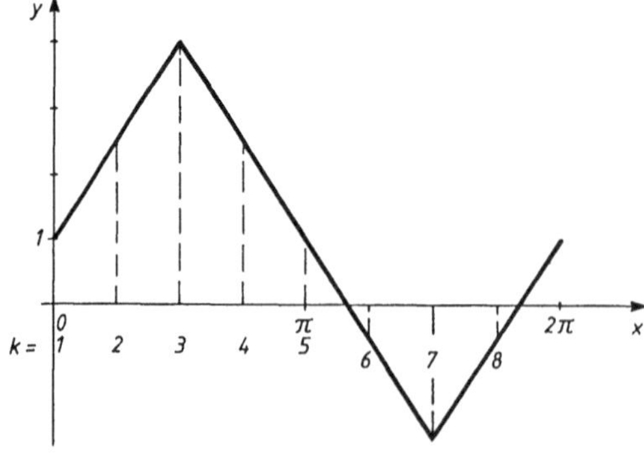

Fourier-Koeffizienten

```
K       X(K)              Y(K)
1      0.0000            1.00000
2      0.7854            2.50000
3      1.5708            4.00000
4      2.3562            2.50000
5      3.1416            1.00000
6      3.9270           -5.00000E-1
7      4.7124           -2.00000
8      5.4978           -5.00000E-1
```
Fourierkoeffizienten:
```
i       a(i)              b(i)              Amplitude
0        1.00000          0.00000            1.00000
1       6.70552E-7        2.56066            2.56066
2      -1.49012E-7       -2.98023E-7        3.33200E-7
3      -4.91738E-7       -4.39340E-1        4.39340E-1
```

Programmliste FOURIER

```pascal
program FOURIERKOEFF (input,output); (* 13.7.87 Hy *)
(*  Punkte: x(k), y(k); k=1,...,M; M<MMAX, M gerade
   Ausgabe: Fourierkoeffizienten a, b und Betrag   *)

     CONST  MMAX=50;
            MMAX2=25;
            PI  =3.141592654;
            TAB8='        ';
     TYPE   VEKTOR =ARRAY[1..MMAX] OF REAL;
            VEKTORA=ARRAY[0..MMAX2] OF REAL;
     VAR    M,K,I         :INTEGER;
            Z1,Z2,R       :REAL;
            X,Y           :VEKTOR;
            A,B           :VEKTORA;
            PRINT         :text;

   begin
     rewrite(PRINT,'PRINTER:');
     writeln(PRINT,TAB8,'Fourier-Koeffizienten');
     writeln(PRINT);
     writeln(PRINT,TAB8,' K       X(K)',TAB8,' Y(K)');
         (*  Eingabe der Punkte  *)
     repeat
       write ('Anzahl der Punkte: M= ');
       read (M);
     until M<=MMAX;
     for K:=1 to M do
       begin
         X[K]:=(K-1)/M*2*PI;
         write('K=',K:2,'   X(K)=',X[K]:7:4,'   Y(K)=');
         read(Y[K]);
         writeln(PRINT,TAB8,K:2,X[K]:10:4,Y[K]:15);
       end;
         (*  Berechnung der Fourierkoeffizienten   *)
     Z1:=0.0;
     for K:=1 to M do Z1:=Z1+Y[K];
     A[0]:=Z1/M; B[0]:=0.0;
```

```
for I:=1 to MMAX2-1 do
  begin
    Z1:=0.0; Z2:=0.0;
    for K:=1 to M do
      begin
        Z1:=Z1+cos(I*X[K])*Y[K];
        Z2:=Z2+sin(I*X[K])*Y[K];
      end;
    A[I]:=Z1*2/M; B[I]:=Z2*2/M;
  end;
            (*  Ausgabe der Koeffizienten  *)
writeln('i    a(i)       b(i)          Amplitude');
writeln(PRINT,TAB8,'Fourierkoeffizienten:');
writeln(PRINT,TAB8,
' i      a(i)              b(i)                    Amplitude');
  for I:=0 to M div 2 - 1 do
    begin
      R:=sqrt(A[I]*A[I]+B[I]*B[I]);
      writeln(I:2,A[I]:15,B[I]:15,R:15);
      writeln(PRINT,TAB8,I:2,A[I]:15,B[I]:15,R:15);
    end;
    close (PRINT);
end.
```

9.5 Ausgleichsvorgänge

9.5.1 POLYGON1 (BASIC) für einen Energiespeicher

Einsetzbar auf: Personal- und Taschencomputern

Zweck: Dieses Programm berechnet die numerische Lösung von Ausgleichsvorgängen mit einem Energiespeicher.

Beschreibung: Es wird eine Differentialgleichung erster Ordnung mittels Polygonzugverfahren gelöst. Mathematische Grundlage und Flußdiagramm in den „Mathematischen Ergänzungen".

Eingaben: Schaltungsparameter R, L oder C,
evtl. nichtlineares Schaltelement (Kennlinie: POLYGON1.7 und 1.11; Tabelle: POLYGON1.9),
Störglied (rechte Seite der Dgl.),
Startzeit tStart, Anfangswert bei tStart, tEnde,
Verfahrenswerte Schrittweite, Schritte-bis-Druck.

Ausgabe: Protokoll der Eingabe,
Tabelle der berechneten Werte.

Programmliste POLYGON1.3

```
100 REM     POLYGON 1.3
110 PRINT "RC-Glied , Gleichspannung"
120 PRINT "Parameter:  R , Re , C , U "
130 INPUT R,R1,C,U
140 PRINT " tStart, Uc(tStart), tEnde "
150 INPUT T,Y,T1
160 PRINT "Schrittweite , Schritte-bis-Druck"
170 INPUT H,M
180 PRINT "t = ",T,"Uc = ",INT(Y*10000)/10000
190 IF T)T1 THEN GOTO 400
200 FOR K=1 TO M
210 LET U1=U                             (----- Störfunktion
    ------------------------------------------------------------
220 LET G=((U1-Y)/R-Y/R1)/C                    aktuelle Dgl.
    ------------------------------------------------------------
230 LET Y=Y+H*G
240 LET T=T+H
250 NEXT K
260 GOTO 180
400 END
```

Programmliste POLYGON1.7

```
100 REM     POLYGON 1.7
110 PRINT "RC-Glied , Einweggleichrichtung"
120 PRINT "Parameter:  R , Re , C , Amplitude U , Freq "
130 INPUT R,R1,C,U,F
140 PRINT "tStart, Uc(tStart) , tEnde "
150 INPUT T,Y,T1
160 PRINT "Schrittweite , Schritte-bis-Druck"
170 INPUT H,M
180 PRINT " t = ",T,"Uc = ",INT(Y*10000)/10000
190 IF T)T1 THEN GOTO 400
200 FOR K=1 TO M
210 LET U1=U*SIN(2*PI*F*T)               (----- Störfunktion
    ------------------------------------------------------------
211 LET I=(U1-Y)/R                             Diodenkennlinie
212 IF I(0 THEN LET I=0
    ------------------------------------------------------------
220 LET G=(I-Y/R1)/C                           aktuelle Dgl.
    ------------------------------------------------------------
230 LET Y=Y+H*G
240 LET T=T+H
250 NEXT K
260 GOTO 180
400 END
```

Programmliste POLYGON1.9

```
100 REM      POLYGON 1.9
110 PRINT "RL-Glied mit variablem R, Gleichspannung"
120 PRINT "Parameter:  R , L , U "
130 INPUT R,L,U
140 GOSUB 410
150 PRINT " tStart  , iL(tStart) , tEnde "
160 INPUT T,Y,T1
170 PRINT "Schrittweite , Schritte-bis-Druck"
180 INPUT H,M
190 PRINT " t = ";T,"iL = ";INT(Y*10000)/10000
-------------------------------------------------------------
200 IF T)T1 THEN GOTO 290                    Polygonzug
210 FOR K=1 TO M
220 LET I=Y
230 GOSUB 300
240 LET G=(U-W-Y*R)/L
250 LET Y=Y+H*G
260 LET T=T+H
270 NEXT K
280 GOTO 190
290 END
-------------------------------------------------------------
300 IF I(A(1) THEN GOTO 360                   Bearbeitung
310 FOR K1=2 TO N                             der Tabelle
320 IF I(A(K1) THEN GOTO 380
330 NEXT K1
340 LET W=V(N)
350 RETURN
360 LET W=V(1)
370 RETURN
-----------------------------
380 LET W=(I-A(K1-1))*(V(K1)-V(K1-1))/(A(K1)-A(K1-1))
390 LET W=W+V(K1-1)
400 RETURN                                    Interpolation
-------------------------------------------------------------
410 REM GLUEHLAMPE                            Tabelle mit
420 DIM A(5)                                  5 Wertepaaren
430 DIM V(5)                                  Ampere/Volt
440 LET N=5
450 LET A(1)=0
460 LET V(1)=0
470 LET A(2)=0.17
480 LET V(2)=50
490 LET A(3)=0.28
500 LET V(3)=100
510 LET A(4)=0.35
520 LET V(4)=150
530 LET A(5)=0.4
540 LET V(5)=200
550 RETURN
```

Programmliste POLYGON 1.11

```
100 REM     POLYGON 1.11
110 PRINT "RL-Glied mit variablem L , Sinusspannung"
120 PRINT "Eisendrossel: RCu,RFe,Windungen,FeQuer,FeLaenge "
130 INPUT R1,R2,W,Q1,L1
---------------------------------------------------------------
140 LET B=W/L1                              Berechnung der
150 LET A=B*W*Q1                            Kennlinienparameter
160 LET C=-78
170 LET D=1.47
180 LET Q=A*D/B
190 LET R=C/B
---------------------------------------------------------------
200 PRINT "Amplitude von u1, Frequenz"
210 INPUT U,F
220 PRINT "tStart, iL(tStart), tEnde "
230 INPUT T,Y,T1
240 PRINT "Schrittweite , Schritte-bis-Druck"
250 INPUT H,M
260 PRINT " t = ",T,",iL = ",INT(Y*10000)/10000
---------------------------------------------------------------
270 IF T>T1 THEN GOTO 380                              Polygonzug
280 FOR K=1 TO M
290 GOSUB 340
300 LET Y=Y+H*G
310 LET T=T+H
320 NEXT K
330 GOTO 260
---------------------------------------------------------------
340 LET U1=U*SIN(2*PI*F*T)                          aktuelle Dgl.
350 LET L=Q/(ABS(Y)-R)*(1-ABS(Y)/(ABS(Y)-R))   (---Kennlinie
360 LET G=(U1-Y*R1)/(L*(1+R1/R2))
370 RETURN
---------------------------------------------------------------
380 END
```

9.5.2 POLYGON1 (Pascal) für einen Energiespeicher

Einsetzbar auf: Personalcomputern

Zweck: Dieses Programm berechnet die numerische Lösung von Ausgleichsvor-
                gängen mit einem Energiespeicher.

Beschreibung: Es wird eine Differentialgleichung erster Ordnung mittels Polygonzug-
                verfahren gelöst. Mathematische Grundlage und Struktogramm in den
                „Mathematischen Ergänzungen".

Eingaben: Schaltungsparameter R, L oder C,
                evtl. nichtlineares Schaltelement (Kennlinie: POLYGON1.7 und 1.11,
                Tabelle: POLYGON1.9),
                Störglied (rechte Seite der Dgl.),
                Startzeit tStart, Anfangswert bei tStart, tEnde,
                Verfahrenswerte Schrittweite, Schritte-bis-Druck.

Ausgabe: Protokoll der Eingabe,
                Tabelle der berechneten Werte.

Programmliste POLYGON1.3

```pascal
program POLYGON1.3( input,output );
var      T,Y,TENDE,H,Z,U1  : real;
         K,M : integer;
         ENDE : boolean;
         R,Re,C,U  : real;                 (* Parameter *)


procedure G(T:real; Y:real; var Z:real);
begin
         U1 := U;                  (* Gleichspannung *)
         Z := (( U1 - Y ) / R - Y / Re ) / C;

end;


begin
writeln('Das RC-Glied , Gleichspannung');
writeln('Parameter:   R    Re    C    U ');
read( R, Re, C, U);
writeln(' t    Uc(t)   tEnde ');
read ( T, Y, TENDE );
writeln('Verfahrenswerte:    Schrittweite    Schritte-bis-Druck');
read ( H , M);
ENDE := false;
repeat
   writeln(' t = ', T:10:3, ' ,    Uc =  ', Y:10:3);
   if  T ( TENDE
     then for  K := 1 to M do
          begin
          G ( T , Y , Z );
          Y := Y + H * Z;
          T := T + H
          end
     else ENDE := true
until ENDE
end.
```

Programmliste POLYGON1.7

```
program POLYGON1.7( input, output );
const   PI = 3.1415926;
var     T, Y, TENDE, H, Z, U1, I   : real;
        K, M : integer;
        ENDE : boolean;
        R, Re, C, U, Freq  : real;              (* Parameter *)

procedure G(T:real; Y:real; var Z:real);
begin
        U1 := U*sin(2*PI*Freq*T);       (* Sinusspannung *)
        I := ( U1 - Y ) / R ;
        if  I < 0 then I := 0;          (* Gleichrichtung *)
        Z := ( I - Y / Re ) / C;

end;


begin
writeln('Das RC-Glied , Einweggleichrichtung');
writeln('Parameter:    R      Re     C       U       Freq');
read( R, Re, C, U, Freq);
writeln(' t      Uc(t)   tEnde ');
read ( T, Y, TENDE );
writeln('Verfahrenswerte:     Schrittweite    Schritte-bis-Druck');
read ( H , M);
ENDE := false;
repeat
    writeln(' t = ', T:10:3, ' ,    Uc =  ', Y:10:3);
    if  T < TENDE
      then for  K := 1 to M do
            begin
            G ( T , Y , Z );
            Y := Y + H * Z;
            T := T + H
            end
      else ENDE := true
until ENDE
end.
```


Programmliste POLYGON1.9

Beschreibung eines Elementes durch Kennlinie.
Es wird ein allgemeines Unterprogramm für die lineare Interpolation eingeführt.
Die Kennlinie wird beschrieben durch Punkte mit den Koordinaten $(XX[k], YY[k])$ für $k = 1, ..., NKenn$.
Für Werte außerhalb des „Meßwertebereiches", d.h. für $XX < XX[1]$ und $XX > XX[NKenn]$ wird YY konstant auf den Eckwert gesetzt. Dies setzt voraus, daß die Abszissenwerte XX in aufsteigender Reihenfolge, d.h. $XX[k-1] < XX[k]$ abgespeichert sind.
Programmtechnisch werden Vektoren eingeführt. Wir ssetzen einheitlich einen Maximalwert von 20 für die Anzahl der Punkte.
Die Eingabe der Kennlinie kann entweder fest im Programm oder durch Eingabe erfolgen.
Daher wird eine procedure KENNLINIE eingeführt.

```pascal
program POLYGON1.9( input,output );
type    VEKTOR  =  array [1..20] of real;
var     T,Y,TENDE,H,Z,U1,Uw  : real;
        K,M,NKenn : integer;
        iKenn,uKenn : VEKTOR;
        ENDE : boolean;
        R,L,U  : real;              (* Parameter *)


function INTERPOL ( X:real; N:integer; var XX,YY:VEKTOR):real;
   var  K:integer;
   begin
   if X < XX[1]     then               INTERPOL := YY[1]
      else if X >= XX[N]   then INTERPOL := YY[N]
          else for K := 2 to N do
              if X < XX[K] then
                 INTERPOL := YY[K-1] + (X - XX[K-1]) *
                     (YY[K] - YY[K-1]) / (XX[K] - XX[K-1])
   end;

procedure KENNLINIE;   (*  Gluehlampe  *)
   begin
   NKenn := 5;
   uKenn[1] :=   0; iKenn[1] := 0.00;
   uKenn[2] :=  50; iKenn[2] := 0.17;
   uKenn[3] :=100; iKenn[3] := 0.28;
   uKenn[4] :=150; iKenn[4] := 0.35;
   uKenn[5] :=200; iKenn[5] := 0.40
   end;

procedure  G ( T:real; Y:real; var Z:real );
   begin
        U1 := U;                    (*  Gleichspannung *)
        Uw := INTERPOL( Y , NKenn , iKenn , uKenn );
         Z := ( U1 - Uw - Y * R ) / L ;
   end;

begin    (* Hauptprogramm *)
writeln('Das RL-Glied mit variablem R, Gleichspannung');
writeln('Parameter:   R     L     U ');
read( R, L, U );
KENNLINIE;
writeln(' t      i(t)   tEnde ');
read ( T, Y, TENDE );
writeln('Verfahrenswerte:   Schrittweite   Schritte-bis-Druck');
read ( H , M);
ENDE := false;
repeat
   writeln(' t = ', T:10:3, ' ,     iL = ', Y:10:3);
   if  T < TENDE
     then for  K := 1 to M do
            begin
            G ( T , Y , Z );
            Y := Y + H * Z;
            T := T + H
            end
     else ENDE := true
until ENDE
end.
```

Programmliste POLYGON1.11

```pascal
program POLYGON1.11( input,output );
const    PI = 3.1415926;
var      T,Y,TENDE,H,Z,U1   : real;
         A,B,C,D,Q,R,L : real;
         K,M : integer;
         ENDE : boolean;
         RCu,RFe,WINDUNG,FeQuer,FeLaenge,U,Freq    : real;

procedure  G ( T:real; Y:real; var Z:real );
   begin
         U1  := U * sin( 2*PI*Freq*T) ;      (*  Sinusspannung *)
         L   := Q/(abs(Y) - R)*(1 - abs(Y)/(abs(Y) - R));
         Z  := ( U1 - Y * RCu ) / ( L * (1 + RCu / RFe )) ;
   end;

begin    (* Hauptprogramm *)
writeln('Das RL-Glied mit variabem L,   Sinusspannung');
writeln('Eisendrossel: RCu   RFe   Windungen   FeQuer   FeLaenge');
read( RCu, RFe, WINDUNG, FeQuer, FeLaenge);
B  := WINDUNG / FeLaenge;
A  := B * WINDUNG * FeQuer;
C  := -78;
D  := 1.47;
Q  := A * D / B;
R  := C / B;
writeln('Eingangsspannung:  U   Frequenz');
read( U, Freq);
writeln(' t      iL(t)   tEnde ');
read ( T, Y, TENDE );
writeln('Verfahrenswerte:   Schrittweite   Schritte-bis-Druck');
read ( H , M);
ENDE := false;
repeat
   writeln(' t = ', T:10:5, ' ,    iL = ', Y:10:5);
   if  T ( TENDE
     then for  K := 1 to M do
          begin
          G ( T , Y , Z );
          Y := Y + H * Z;
          T := T + H
          end
     else ENDE := true
until ENDE
end.
```

9.5.3 POLYGON2 (BASIC) für zwei Energiespeicher

Einsetzbar auf: Personal- und Taschencomputern

Zweck: Dieses Programm berechnet die numerische Lösung von Ausgleichsvorgängen mit zwei Energiespeichern.

Beschreibung: Es wird eine Differentialgleichung zweiter Ordnung mittels Polygonzugverfahren gelöst. Mathematische Grundlage und Flußdiagramm in den „Mathematischen Ergänzungen".

Eingaben: Schaltungsparameter R, L, C,
                 Störglied (rechte Seite der Dgl.),
                 Startzeit tStart, Anfangswert (tStart), tEnde,
                 Verfahrenswerte Schrittweite, Schritte-bis-Druck,

Ausgabe: Protokoll der Eingabe,
                 Tabelle der berechneten Werte

Programmliste POLYGON2

```
100 REM    POLYGON 2
110 PRINT "RLC-Reihenschaltung; Dgl. 2. Ordn.; Sprungspg."
120 INPUT "L/H=",L, "C/F=",C, "R/O=",R, "Start bei ts=",T,
    "i(ts)=",Y1,"uc(ts)=",Y2,"U(ts)=",U,"Schrittweite h=",H,
    "Wertepaare n=",A,"Druck nach m Schritten, m=",M
130 LET N=1
140 PRINT "t/s = ";T;TAB(12);"i/mA = ";
    INT(Y1*1000000)/1000;TAB(36);"uc/V = ";INT(Y2*10000)/10000
150 LET N=N+1
160 IF N)A THEN GOTO 260
170 FOR K = 1 TO M
180 LET G1=(U-R*Y1-Y2)/L
190 LET G2=Y1/C
200 LET T=T+H
210 LET Y1=Y1+H*G1
220 LET Y2=Y2+H*G2
230 NEXT K
240 GOTO 140
260 END
```

Beispiel

Aktiver RCRC-Tiefpaß (vgl. Abschnitt 7.2.2.2)

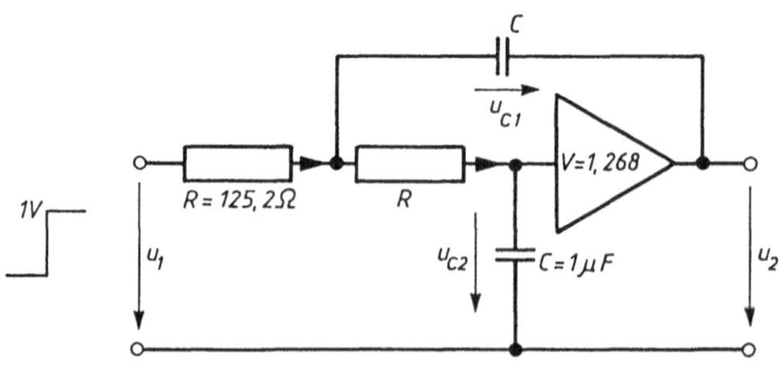

```
100 REM POLYGON2 RCRC
110 PRINT "Aktiver Tiefpass; Dgl. 2. Ordn.; Sprungspg."
120 INPUT "Verstärkungsfaktor=";V
130 INPUT "Zeitkonstante=";W
140 INPUT "U/V=";U1
150 INPUT "ts=";T
160 INPUT "uc1=";Y1
170 INPUT "uc2=";Y2
180 INPUT "h=";H
190 INPUT "n=";A
200 INPUT "Druck nach m Schritten";M
210 LET N=1
220 PRINT "t/ms= ";INT(T*1000000!)/1000;TAB(15)
230 PRINT "A=";INT((V*Y2/U1)*10000)/10000;TAB(34)
240 PRINT "uc1/V= ";INT(Y1*1000)/1000;TAB(53)
250 PRINT "uc2/V= ";INT(Y2*1000)/1000
260 LET N=N+1
270 IF N>A THEN GOTO 380
280 FOR K = 1 TO M
290 LET A1=Y1+Y2*(V-1)
300 LET B1=U1-Y2-2*A1
310 LET G1=W*B1
320 LET G2=W*A1
330 LET T=T+H
340 LET Y1=Y1+H*G1
350 LET Y2=Y2+H*G2
360 NEXT K
370 GOTO 220
380 END


Aktiver Tiefpass; Dgl. 2. Ordn.; Sprungspg.
Verstärkungsfaktor=? 1.268
Zeitkonstante=? 7.99E3
U/V=? 1
ts=? 0
uc1=? 0
uc2=? 0
h=? 5E-8
n=? 5
Druck nach m Schritten? 1000
t/ms=  0          A= 0              uc1/V=  0          uc2/V=  0
t/ms=  .05        A= 8.030001E-02   uc1/V=  .263       uc2/V=  .063
t/ms=  .1         A= .2555          uc1/V=  .335       uc2/V=  .201
t/ms=  .15        A= .4584          uc1/V=  .302       uc2/V=  .361
t/ms=  .2         A= .652           uc1/V=  .221       uc2/V=  .514
Ok
```

9.5.4 POLYGON2 (Pascal) für zwei Energiespeicher

Einsetzbar auf: Personalcomputern

Zweck: Dieses Programm berechnet die numerische Lösung von Ausgleichsvor-
                 gängen mit zwei Energiespeichern.

Beschreibung: Es wird eine Differentialgleichung zweiter Ordnung mittels Polygonzug-
                 verfahren gelöst. Mathematische Grundlage und Flußdiagramm in den
                 „Mathematischen Ergänzungen".

Eingaben: Schaltungsparameter R, L, C,
                 Störglied (rechte Seite der Dgl.),
                 Startzeit tStart, Anfangswert (tStart), tEnde,
                 Verfahrenswerte Schrittweite, Schritte-bis-Druck.

Ausgabe: Protokoll der Eingabe,
                 Tabelle der berechneten Werte.

Programmliste POLYGON2

```pascal
program POLYGON2 ( input,output );
var      T,Y1,Y2,TENDE,H,G1,G2 : real;
         L,C,R,U : real;
         K,M : integer;
         ENDE : boolean;

begin
writeln('RLC-Reihenschaltung; Dgl. 2. Ordn.; Sprungspg.');
writeln('Parameter:  L/H    C/F    R/Ohm ');
read( L , C , R );
write('Start bei t=');
read(T);
writeln('Anfangswerte: i(t)    uc(t)    U(t) ');
read( Y1 , Y2 , U );
write('Endwert von t=');
read(TENDE);
write('Schrittweite h=');
read(H);
write('Druck nach m Schritten, m=');
read(M);
ENDE := false;
repeat
   writeln(' t/s = ', T:10:3, ',     i/mA = ', Y1*1000:10:3,
                             ',    uc/V = ', Y2:10:4);
   if  T < TENDE
     then for  K := 1 to M do
             begin
             G1 := ( U - R*Y1 - Y2 ) / L ;
             G2 := Y1 / C  ;
             T := T + H;
             Y1 := Y1 + H * G1;
             Y2 := Y2 + H * G2
             end
     else ENDE := true
until ENDE
end.
```

10 Literatur

[1] *Grafe / Loose / Kühn:* Grundlagen der Elektrotechnik 1. Berlin 1971.
[2] *Jensen / Liebermann:* Electronic Circuit Analysis Program. New York 1968.
[3] *Hoefer / Nielinger:* SPICE, Analyseprogramm für elektronische Schaltungen. Berlin 1985.
[4] IBM: Advanced Statistical Analysis Program. Manual 1973.
[5] *Spiro:* Simulation integrierter Schaltungen. München 1985.
[6] *Bystron:* Technische Elektronik 1. München 1974.
[7] *Führer / Heidemann / Nerreter:* Grundgebiete der Elektrotechnik 1, 2. München 1984.
[8] *Stoll:* Einführung in die Nachrichtentechnik. Heidelberg 1979.
[9] Telefunken Laborbuch 1. Ulm 1962.
[10] *Greuel:* Mathematische Ergänzungen und Aufgaben für Elektrotechniker. München 1976.
[11] *Hoyer / Schnell:* Einfache Ausgleichsvorgänge in der Elektrotechnik. Braunschweig 1985.

Weitere Bücher, die zur Ergänzung und Weiterführung empfehlenswert sind:

Küpfmüller: Einführung in die theoretische Elektrotechnik. Berlin 1983.
Simonyi: Theoretische Elektrotechnik. Berlin 1979.
Philippow: Taschenbuch der Elektrotechnik 1–6. München 1976–1982.
Bronstein-Semendjajew: Taschenbuch der Mathematik. Frankfurt 1985.

11 Lösungen der Übungsaufgaben

1.1-1: $v = 0{,}74$ mm/s

1.1-2: Aus (1.1-4) folgt: $\alpha = -\,0{,}0129/\mathrm{K}$

1.2-1: a) Mit (1.2-3): $I = 0{,}45$ A
b) $R\,(2250\ ^\circ\mathrm{C}) = 484$ Ohm, daraus $R\,(20\ ^\circ\mathrm{C}) = 32$ Ohm, $I = 6{,}87$ A

1.2-2: a) Mit (1.2-4), (1.2-5) und (1.2-6) folgt: $P_{v\,\max} = 312{,}5$ W.
b) Mit $R_v = R_i/2$: $P_v = 277{,}8$ W. Die Fehlanpassung bewirkt eine um 11 % geringere Leistungsabgabe.

1.2-3: Man kann (1.2-7) umformen: $\eta = 1 - R \cdot P_0/U_0^2$. Damit:
a) $\eta = 0$ (alle Leistung geht in R_i und R_l verloren).
b) $\eta = 0{,}52$
c) $\eta = 0{,}995$

1.4-1: $R_i = 0{,}326$ Ohm (0,081 Ohm)

1.4-3: a) $V_i = \dfrac{h_{21}}{1 + R_l \cdot h_{22}}$

b) $V_u = \dfrac{-R_l \cdot h_{21}}{h_{11} + R_l \cdot \Delta h}$, $\qquad (\Delta h = h_{11} \cdot h_{22} - h_{21} \cdot h_{12})$

c) Wegen $R_e = (U_2/V_u) \cdot (V_i/I_2)$:

$$R_e = \frac{h_{11} + R_l \cdot \Delta h}{1 + R_l \cdot h_{22}}$$

d) $R_i = \dfrac{h_{11} + R_g}{\Delta h + R_g \cdot h_{22}}$

Diese Betriebsparameter spielen bei Verstärkerberechnungen eine wichtige Rolle.

2.2-1: a) U am Heißleiter $= 2{,}89$ V, $I = 15{,}2$ mA (siehe Bild 2.2-5).
b) $T = 386{,}9$ K ($\stackrel{\wedge}{=} 113{,}9\ ^\circ\mathrm{C}$).

3.1-1: $\bar{u} = \dfrac{2}{3} \cdot \hat{u}$.

3.1-2: $\hat{u} = 311{,}13$ V.

3.1-3: $U_{ef} = \hat{u}/\sqrt{2}$.

3.1-4: $U_{ef} = 4 \cdot \hat{u}/\sqrt{30}$.

3.1-5: Aus (3.1-5a) folgt $\varphi_s = 56{,}3^\circ$. Aus (3.1-5b) folgt $A = 1{,}80$ V.

3.1-6:   a) Höchste Frequenz 604,5 kHz, niedrigste Frequenz 595,5 kHz.

b) $0 < f_1 < 4,5$ kHz.

Die Übertragungsqualität ist also bei Musik sehr bescheiden.

3.1-7:   a) Nach (3.1-12): $S = U_{ef} \cdot I_{ef} = 3172$ VA.

b) Nach (3.1-10): $P = S \cdot \cos \varphi = 2506,2$ W.

c) Nach (3.1-11): $Q = S \cdot \sin \varphi = 1945,0$ var.

3.1-8:   Wegen (3.1-10) muß der Strom I_{ef} hier um 10 % gegenüber Aufgabe 3.1-7 abnehmen.
Also: Leitungsverlustabnahme $(P_{l1} - P_{l2})/P_{l1} = 21 \%$.

3.2-1:   (3.2-6)   ergibt $Z = 15,70$ Ohm.

(3.2-4a) ergibt $\varphi = 40,14°$.

(3.2-5)   ergibt $\hat{u}_0 = 15,7$ V.

3.2-2: $$\hat{i}_0 = \hat{u}_0 \cdot \sqrt{G^2 + \left(\omega C - \frac{1}{\omega \cdot L}\right)^2}$$

$$= \hat{u}_0 \cdot Y.$$

$$\varphi_0 = \arctan \frac{\omega C - 1/\omega L}{G}.$$

Zahlenwerte: $\hat{i}_0 = 87,5$ mA

$\varphi_0 = 17,8°$.

3.2-3: $A = \dfrac{1}{1 + j \cdot a}$ $(a = \omega \cdot R \cdot C)$.

3.2-4: $u_2 \cong \dfrac{1}{R \cdot C} \cdot \displaystyle\int u_1 \, dt$ für $\omega \gg 1/(R \cdot C)$.

3.2-5:   Wegen $\tan \vartheta \ll 1$ aus (3.2-10a): $R_s = 4,97$ Ohm; $G_p = 1,81 \mu$S, $(R_p = 552,3$ kOhm).

3.2-6:   a) $R = 52,57$ kOhm,

b) $f_1 = 302,78$ Hz.

3.2-7: $A = \dfrac{1}{1 - a^2 + j \cdot 3 \cdot a}$, $\omega_0 = 0,303/(R \cdot C)$, $\omega_1 = 1/(R \cdot C)$.

3.2-8: $A = \dfrac{U_2}{U_1} = \dfrac{-v}{\left(\dfrac{\omega}{\omega_0}\right)^2 - j \cdot \dfrac{\omega}{\omega_0} \cdot (3 - v) - 1}$, $\omega_1 = \omega_0$.

Dies ist ein Butterworth-Tiefpaß zweiter Ordnung.

3.2-9:   a) Nach (3.2-17) ist $f_0 = 500$ kHz,   nach (3.2-18) ist $D = 1,1$.

b) Nach (3.2-19) ist $f_t = 64,05$ kHz und $f_h = 3,903$ MHz.

Nach (3.2-19a) ist $\Delta f = 3,839$ MHz.

c) Nach (3.2-15a) ist $D(f_t, f_h) = 1,556$.

d) Nach (3.2-18b) ist $Q = 7,68$.

3.2-10: a) $Y' = j \cdot \omega \cdot C + \dfrac{1}{R_s + j \cdot \omega \cdot L}$

b) Aus a) folgt die Frequenz ω_{res}, bei der Y' reell wird:

$$\omega_{res} = \sqrt{\omega_0^2 - (R_s/L)^2} \, .$$

Man sieht, daß Y' nur reell werden kann, wenn $R_s < \sqrt{L/C}$ ist.

c) Aus a):

$$Y'(\omega_{res}) = \dfrac{R_s}{R_s^2 + (\omega_{res} \cdot L)^2} \, .$$

3.2-11: a) Nach (3.2-17): $f_0 = 1528,1$ Hz.

b) Nach (3.2-21): $f_{res} = 1337,7$ Hz.

c) Nach (3.2-20): $Z'(f_0) = 2493,1$ Ohm $\underline{/-25,8°}$.

d) Nach (3.2-22): $Z'(f_{res}) = 2244,6$ Ohm.

3.2-12: a) $U_r = P/I = 90,9$ V.

b) $U_L = \sqrt{U_n^2 - U_r^2} = 200,3$ V, $L = 1,45$ H.

c) $\tan \varphi_0 = R/(\omega \cdot L)$, also $\cos \varphi_0 = 0,41$.

d) Nach (3.2-23): $C = 4,15 \, \mu F$.

e) Siehe Bild 3.2-14. Die Zahlen bedeuten die Konstruktionsfolge.

3.2-13: a) Nach (3.2-23): $C = 180 \, \mu F$.

b) Netzstrom ohne Kompensation: $I = 25,2$ A.
Netzstrom mit Kompensation: Aus dem Zeigerdiagramm (Bild 3.2-14) liest man allgemein ab:

$$\overline{SE} = I_n = \dfrac{I \cdot \cos \varphi_0}{\cos \varphi} \, .$$

Dies ergibt hier $I_n = 16,3$ A. Der Strom geht also beträchtlich zurück.

3.4-1: Bild 3.4-7: Es ergeben sich die dort an der 1 kHz-Senkrechten gespiegelten Kurven.

3.4-2: Es ergibt sich ein Amplitudengang, der bei der Eckfrequenz f_1 schärfer ausgeprägt ist, dafür aber im Durchlaßbereich nicht flach verläuft. Die Eckfrequenz liegt bei $f_1 = 1,39 \cdot f_0$.

3.4-3: Man erhält den zur Senkrechten bei $f = 1$ kHz in Bild 3.4-13 symmetrischen Frequenzgang eines Tiefpasses zweiter Ordnung.

3.4-4: Die Ersatzschaltung ist ein Spannungsteiler:
$A = (888,3 \, k\Omega \, /\!/ \, 2893 \, \Omega) \, / \, (888,3 \, k\Omega \, /\!/ \, 2893 \, \Omega + 289,3 \, \Omega)$
   $= 0,909$
   $\hat{=} -0,83$ dB.

3.4-5: Nach (3.2-19a): alt: $(G_i + G_v) = 3,8115$ mS, neu: $(G_i + G_v) = 0,38115$ mS.
Das läßt sich z.B. erreichen durch $G_i = 0,3465$ mS, $G_v = 0,03465$ mS.
Nach (3.2-19): $f_h = 727,55$ kHz, $f_t = 343,61$ kHz, $\Delta f = 383,94$ kHz.

3.4-6: a) $P_0 = U_q \cdot I_{z1} = 635,6 \, \text{W}$.

b) $P_i = R_i \cdot I_{z1}^2 = 323,2 \, \text{W}$.

c) $P_h = U_{k3}^2/R = 110,93 \, \text{W}$, $\quad P_t = U_{k2}^2/R = 102,98 \, \text{W}$.

d) $\eta = 0,3365$ (optimal: 0,5).

e) $\eta = 0,289$.

3.5-1: Siehe Bild 3.5-2b.

3.5-2: $f_1 = 806,9 \, \text{Hz}$, $f_2 = 4291,8 \, \text{Hz}$.

3.5-3: Siehe Bild 3.5-2c.

3.5-4: Siehe Bild 3.5-3c.

Nach (3.2-17): $f(0°) = 1528,1 \, \text{Hz}$, nach (3.2-19): $f(45°) = 3856 \, \text{Hz}$, $f(-45°) = 605,5 \, \text{Hz}$.

4.2-1: Die elektrische Energie gemäß (4.2-1) und (4.2-2a): $W_e = e \cdot U$, die mechanische Energie (Wucht): $W_m = \dfrac{m \cdot v^2}{2}$. Wegen $W_e = W_m$:

$$v = \sqrt{\frac{2 \cdot e \cdot U}{m}}.$$

Mit $e/m = 1,76 \cdot 10^{11}$ $[C/\text{kg} = \text{m}^2/(\text{Vs}^2)]$:

$$v = 593 \cdot \sqrt{U} \qquad (\text{km/s, V}),$$
$$= 18762 \, \text{km/s}.$$

Man beachte, daß v nur von der durchlaufenen Spannung, nicht aber vom Weg abhängig ist.

4.4-1: Wegen (4.4-5): $C = 134,4 \, \text{pF}$ ($\epsilon_r = 2,3$).

4.4-2: Nach (4.4-8): $C = 709,3 \, \mu\text{F}$.

4.4-3: Nach (4.4-11) ist $C/l = 94,15 \, \text{pF/m}$.

4.4-4: a) Nach (4.4-10) ist $Q/l = 3 \, \text{nAs/m}$.

b) $\varphi(r) = 8,8 \cdot (1/r - 1/0,08)$ $[\text{V, m}]$. Vgl. Bild 4.4-4.

4.4-5: a) Nach (4.4-7) ist $Q = 89 \, \text{pAs}$.

b) $\varphi(r) = 53,9 \cdot \ln(0,08/r)$ $[\text{V, m}]$. Vgl. Bild 4.4-4.

4.4-6: $C_{ab} = 0,4 \cdot C$.

4.5-1: a) Nach (4.5-1): $Q = 1,112 \cdot 10^{-10} \, \text{As}$.

b) Nach (4.2-3): $E \cong 0,97 \, \text{V/m}$.

4.5-2: $\varphi(0/0) \cong 2,0 \, \text{V}$.

4.5-3: a) Nach (4.4-1): $C \cong (1,112 \cdot 10^{-10} \, \text{As})/(4,4 \, \text{V}) = 25,3 \, \text{pF}$. (Wegen anderer Geometrie gilt (4.4-8) hier nicht, statt dessen näherungsweise:

$$C \approx \frac{2 \cdot \pi \cdot \epsilon}{1/r - 1/a};$$

a Abstand Kugelmittelpunkt/Kugelmittelpunkt, r Kugelradius.)

b) Nach (4.2-3): $E \cong -(0,4 \, \text{V}/(0,205 \, \text{m})) = -1,95 \, \text{V/m}$. (Auch mittels (4.4-6) wäre eine Lösung möglich; man versuche sie.)

4.5-4:   a) Die angegebene Gleichung hat die Lösungen
$$x_1 = 0 , \qquad x_2 = +\sqrt{2} , \qquad x_3 = -\sqrt{2} .$$
b) Vgl. Text.

4.5-5:   a) $C/l = (Q/l)/U \cong (5{,}56 \cdot 10^{-11}\,\text{As/m})/2{,}6\,\text{V} = 21{,}4\,\text{pF/m}.$
b) Nach (4.5-6): $C/l \cong 23{,}1\,\text{pF/m}.$

4.6-1:   a) Mit (4.6-1) folgt $t = 3{,}74\,\text{s}.$
b) Aus (4.4-5) berechnet man das Volumen V, dann mit (4.6-1): $w = 179\,\text{Ws/m}^3$.
Beide Ergebnisse zeigen, daß eine Verwendung des Kondensators als wirtschaftlicher
Energiespeicher aussichtslos ist.

4.6-2:   a) $\tan \alpha = \dfrac{l \cdot U_y}{2 \cdot d \cdot U_x}$.

b) $U_y = 158{,}7\,\text{V}.$

5.3-1: $B = 1{,}02\,\text{T}$, vgl. Bild 5.3-4.

5.4-1: $H_p\,(a) = \dfrac{I}{2 \cdot \pi \cdot a}$.

5.4-2: $H_p\,(0,0) = \dfrac{I \cdot \sqrt{2}}{\pi \cdot a}$.

5.5-1:   Nach (5.3-2) ist $H_e \cdot l_e + H_y\,(0/0) \cdot l_0 = n \cdot I$, $B_e \cdot l_e/\mu_e + H_y\,(0/0) \cdot l_0/\mu_0 = n \cdot I$.
Daraus $n \cdot I = 20\,\text{A}.$

5.5-2:   Wegen (5.5-9): $B_x\,(0/0) = 6{,}56\,\text{T}.$

5.5-3:   Nach (5.5-9): $B_x\,(0/0) = 5{,}9\,\text{T}.$

5.5-4:   Bei gleicher Stromdichte G sinkt der Gesamtstrom um den Faktor 10^4; die Luftspalt-
länge nur um den Faktor 100. Gemäß (5.3-9) geht damit B um den Faktor 100 gegenüber
der Originalrechnung zurück.

5.6-1:   a) Nach Übung 4.2-1: $v = 59360\,\text{km/h}.$ Damit ist nichtrelativistische Rechnung gerade
noch zulässig.
b) Nach (5.6-6): $B = 5{,}96\,\text{mT}.$ Diese magnetische Flußdichte ist bei einer FS-Röhre
technisch leicht erzeugbar.
c) Nach (4.6-5): $E = 500\,\text{kV/m}.$ Diese elektrische Feldstärke wäre bei einer FS-Röhre
technisch mühsam erzeugbar.

5.6-2:   Nach (5.6-7a): $F/l = 41{,}4\,\text{N/m}.$

5.6-3:   Nach (5.6-9) ist $F = 25{,}3\,\text{N}.$

5.7-1:   a) $L_1 = 8{,}17\,\mu\text{H}.$
b) $L_2 = 5{,}98\,\mu\text{H}.$

5.7-2:   Nach (5.7-3): $L/l = 1{,}95\,\mu\text{H/m}.$

5.7-3:   Nach (5.7-4): $L/l = 0{,}32\,\mu\text{H/m}.$

5.8-1: Nach (5.8-2): $u = 1,0$ V.

5.8-2: $A = A_0 \cdot \cos\alpha$, $A = A_0 \cdot \cos\omega \cdot t$.
Auf die Leiterschleife wirkt also ein sich zeitlich ändernder Fluß $\phi(t) = B \cdot A_0 \cdot \cos\omega \cdot t$.
Dies in (5.8-2) ergibt als Klemmenspannung $u = \hat{u} \cdot \sin\omega \cdot t$, wobei
$\hat{u} = n \cdot B \cdot A_0 \cdot \omega = 314$ V ist.
Wir haben hiermit auf einfachste Weise die technisch wichtige Wechselspannung erzeugt.

5.8-3: $L = \dfrac{\mu_0 \cdot l}{2 \cdot \pi} \cdot \left(\ln\dfrac{b}{a} + 0,25\right)$, für Dielektrikum Luft oder Vakuum.

Korrektur: $+ 15,5\%$.

5.8-4: a) Nach (5.8-7): U_{eff}/Windung $= 90,6$ mV.
b) Nach (5.8-8): $\ddot{u} = 18,33$.
c) $n_1 = 2613$ Windungen, $n_2 = 143$ Windungen.
d) Nach Bild 5.8-6 ist das reale $\ddot{u}' = 18,33 \cdot 0,805 = 14,76$.
e) $n_1' = 2345$ Windungen, $n_2' = 159$ Windungen.

Dies, weil $\dfrac{n_1'}{n_2'} = \dfrac{n_1}{n_2} \cdot 0,805 = \dfrac{n_1 \cdot \sqrt{0,805}}{n_2 / \sqrt{0,805}}$.

5.9-1: Nach (5.9-4) ist $d = 0,71$ mm.
In der Praxis schichtet man Trafokerne mit Blechen von 0,5 bis 1 mm Stärke. Die Bleche sind gegeneinander isoliert. Dadurch erreicht man, daß die Kerne bei 50 Hz praktisch vollständig vom Feld durchdrungen werden.

6.3-1: Siehe Bild 6.3-3.

6.4-1: $U_{ef} = \hat{u} / \sqrt{3}$.

Dieses Ergebnis hätte man durch Anwendung von (3.1-3a) oder (3.1-3b) ebenfalls gefunden.

6.4-2: $U_{ef} = 0,628 \cdot \hat{u}$.

6.4-3: $k = 62,6\%$

6.4-4: $k = 32,8\%$

6.4-5: Aus (6.4-3):
a) $k = 8,60\%$,
b) $k = 8,54\%$.
Die Verbesserung ist nicht hörbar und kaum meßbar; also lohnt der zusätzliche Aufwand nicht.

6.5-1:   Vgl. Bild 6.5-4.

7.1-1: $u_C\,(1{,}2\ \text{s}) = 6{,}41\ \text{V}$ (vgl. Bild 7.2-3)

7.1-2: $u_C\,(1\,\text{s}) = 17{,}7\ \text{V}$ (vgl. Bild 7.2-4)

7.1-3:   a) −
          b) Aus Bild: $\vartheta = 0{,}98\ \ 1/\text{s}$
             aus (7.1-2): $\vartheta = 1{,}02\ \ 1/\text{s}$.

7.2-1:

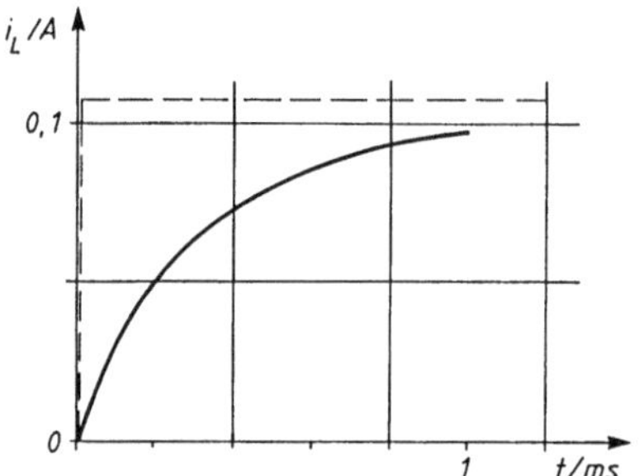

t/s	i_L/A
0.0000	0.0000
0.0001	0.0288
0.0002	0.0492
0.0003	0.0638
0.0004	0.0742
0.0005	0.0816
0.0006	0.0869
0.0007	0.0907
0.0008	0.0934
0.0009	0.0953
0.0010	0.0966 (exakt: 0.09643)

Sachwortverzeichnis